Ingenieurbiologie

Wurzelwerk und Standsicherheit von Böschungen und Hängen

Impressum

Jahrbuch 2 (1985) der Gesellschaft für Ingenieurbiologie

Herausgeber: Professor Wolfram Pflug
Gesellschaft für Ingenieurbiologie e.V.
Lochnerstraße 4–20
5100 Aachen
Tel. 0241/805050

Redaktion: D. Boeminghaus, K. Limpert, W. Pflug

Der Druck dieses Buches wurde ermöglicht durch die freundliche Unterstützung der nachfolgend genannten Firmen, denen wir unseren Dank aussprechen:

Alois Dauer, Arnschwang
ATL-Begrünungs GmbH, Kolmar
Badische Anilin- und Soda-Fabrik AG, Ludwigshafen
Deutag-Mischwerke GmbH, Niederlassung Köln
Enka-AG, Wuppertal
F. C. Trapp Bauunternehmung & Co, Wesel
Gerhard Hülskens & Co, Wesel
Gesellschaft für Landeskultur GmbH, Zweigniederlassung München
Heinrich Hirdes GmbH, Hamburg
Hermann Fleischhacker, Würzburg
H. G. Rathe, Klenganstalten und Baumschule, Wietze bei Celle
Hochtief AG, Köln
Majuntke GmbH, Landschafts- und Sportstättenbau, Deggendorf
Philipp Holzmann AG, Köln
Plastoplan GmbH, Rohwinkel- Wankendorf
Rheinische Braunkohlenwerke AG, Köln
Rheinische Kalksteinwerke GmbH, Wülfrath
S/48 Grünanlagen GmbH, Frechen
Strabag-Bau AG, Köln
Wayss & Freitag AG, Niederlassung Köln

Übersetzung ins Englische:
Rolf und Nelly Goldstein, Lily Heyen, Christel Bongartz
Buchgestaltung und Layout: Dieter Boeminghaus
Einband: Idee W. Pflug, Gestaltung K.-H. Jeiter
Druck: Mecke Druck, Duderstadt
Printed in Germany 1985

ISBN 3-925537-00-7

INGENIEURBIOLOGIE

Wurzelwerk und Standsicherheit von Böschungen und Hängen

SEPiA Verlag Aachen

Inhaltsverzeichnis/Contents

Der Beitrag des Wurzelwerks von Pflanzen zur Standsicherheit von Böschungen und Hängen auf unterschiedlichen Standorten

Jahrestagungen 1981 und 1982 der Gesellschaft für Ingenieurbiologie in Aachen und Saarburg

Vorwort des Herausgebers

In ihrer zweiten und dritten Jahrestagung befaßte sich die Gesellschaft für Ingenieurbiologie mit dem Beitrag des Wurzelwerks von Pflanzen zur Standsicherheit von Böschungen auf unterschiedlichen Standorten. Ausgenommen wurden Uferböschungen, die Gegenstand der ersten Jahrestagung am 26. und 27. 9. 1980 in Mosbach/Baden waren (vgl. Jahrbuch 1980 »Ingenieurbiologie – Uferschutzwald an Fließgewässern«). Auf der zweiten Jahrestagung, die am 18. und 19. September 1981 in Aachen stattfand, konnte der Vorsitzende der Gesellschaft, Professor Pflug, rund 200 Teilnehmer begrüßen.

Bei Eingriffen in die Landschaft, z. B. durch den Straßenbau, Eisenbahnbau, Wasserbau, Bergbau und Hochbau, entstehen immer wieder Böschungen, die gegen Abtrag gesichert und gleichzeitig in den Naturhaushalt und in das Landschaftsbild eingefügt werden müssen. Für diese Aufgabe eignen sich ingenieurbiologische Bauweisen in besonderem Maße, da bei diesen Bauweisen Pflanzen und Pflanzenteile als lebende Baustoffe so eingesetzt werden, daß sie im Laufe ihrer Entwicklung in Verbindung mit Boden, Gestein und Bodenwasser den wesentlichen Beitrag zur dauerhaften Sicherung und Erhaltung leisten. Durch die Verwendung lebender Baustoffe tragen somit ingenieurbiologische Bauweisen neben der notwendigen Sicherungsfunktion auch zur Gestaltung der Landschaft und zur Entwicklung und Verbesserung des Naturhaushaltes bei.

Obwohl in Theorie und Praxis zahlreiche ingenieurbiologische Bauweisen bekannt sind, werden sie doch nur in relativ begrenztem Umfang eingesetzt. Die Ursache dafür dürfte vorwiegend darin liegen, daß ihnen das Bauingenieurwesen noch immer wenig Vertrauen entgegenbringt. Über ihre Wirkungsweisen ist noch wenig bekannt. Dies ist auch ein Grund dafür, daß der aus den Wirkungsweisen ableitbare rechnerische Nachweis für ihre Sicherungswirkungen fehlt. Auch ist das bisher gesicherte Wissen nicht allgemein bekannt. Daher ist ein Abschätzen des Risikos bei der Anwendung ingenieurbiologischer Bauweisen heute noch stark an persönliche Erfahrungen gebunden. Je geringer nun diese persönliche Erfahrung bei der Anwendung ingenieurbiologischer Bau-

weisen ist, desto größer ist auch die Scheu, diese Bauweisen anzuwenden.
Die Entwicklung der letzten Jahrzehnte auf dem Gebiet der Ingenieurbiologie hat gezeigt, daß eine wissenschaftliche Disziplin allein nicht in der Lage ist, die im Zusammenhang mit der Wirkung ingenieurbiologischer Bauweisen auftretenden Fragen zu beantworten. Grundlagenwissen, Beobachtungen und Erfahrungen zahlreicher Disziplinen, von der Bodenmechanik über den Erdbau, die Bodenkunde, den Landschaftsbau, den Waldbau und die Vegetationskunde bis hin zur Bodenbiologie müssen miteinander verknüpft werden, um in dieser Kernfrage der Ingenieurbiologie zu gesicherten Erkenntnissen zu kommen.
Mit ihrer Tagung in Aachen wollte die Gesellschaft für Ingenieurbiologie versuchen, einen Erfahrungs- und Wissensaustausch zwischen verschiedenen Disziplinen und der Baupraxis herbeizuführen, um einer Antwort auf die Frage nach der Wirkungsweise und damit der Anwendbarkeit ingenieurbiologischer Bauweisen näher zu kommen. In Vorträgen und Diskussionen sollten die Wechselbeziehungen zwischen Pflanzenwurzeln und Standort einschließlich des Bodenlebens sowie die Bedeutung von Pflanzenwurzeln für die Standsicherheit von Hängen und Böschungen erörtert werden.
Auf dieser Tagung wurde der Wunsch ausgesprochen, das behandelte Thema anhand konkreter Beispiele zu vertiefen. Die dritte Jahrestagung, die am 24. und 25. September 1982 in Saarburg stattfand und an der rund 150 Fachleute aus zahlreichen Disziplinen teilnahmen, stand daher im Zeichen der Vegetationsentwicklung im Bereich zweier Eingriffe in die Landschaft.
Der 596 m hohe Hellerberg ist ein Teil der Freisener Höhen. Diese bilden die Wasserscheide zwischen Nahe und Glan. Im Zuge des Ausbaues der A 62 wurde der Hellberberg angeschnitten. Während der Bauarbeiten kamen Teile des rund 90 m hohen Hanganschnittes ins Rutschen. Durch die Verlegung der Autobahntrasse um etwa 50 m wurde die weitere Rutschung verhindert und sichergestellt, daß nach Inbetriebnahme der Autobahn der Verkehr vor eventuellem Steinschlag und weiteren Rutschungen bewahrt bleibt. Gegenstand der Exkursion war vor allem die Vegetationsentwicklung auf dem Anschnitt und auf dem vergleichbaren Standort in einem benachbarten Waldbestand sowie die Wirkung der Vegetationsdecke auf die Standsicherheit. Wurzelausgrabungen auf dem Anschnitt und an älteren Rotbuchen und Eichen im benachbarten Waldbestand sollten einen Einblick in die Wurzelentwicklung auf diesen Standorten geben.
Der Hangrutsch bei Weilerbach an der Sauer entstand beim Neubau der Kreisstraße (K 19) zwischen Ferschweiler und Weilerbach. Er befindet sich im Staatswald Ernzen im Keuper und Muschelkalk unterhalb einer rund 50 m dicken Platte aus Lias-Sandstein. Auf dem von zahlrei-

chen Quellhorizonten, aber auch flachgründigen, trockenen Rendzinen, Kalksintern und Kalktuffen durchsetzten Hang zeigen zahlreiche Pflanzenarten die besonderen Standorteigenschaften, vor allem auch die Instabilität seiner Böden und Gesteine an. Durch Ausgrabungen sollte die Wurzelentwicklung verschiedener Pflanzenarten gezeigt werden. Daran anknüpfend sollte u. a. die Frage diskutiert werden, ob und inwieweit die Vegetationsdecke einen noch umfangreicheren Hangrutsch mit noch größeren Schäden verhindert hat.
Der zweite Band des Jahrbuches der Gesellschaft ist dem Thema der beiden Tagungen gewidmet. Er enthält die Vorträge, die zwei Exkursionsbeispiele und weitere Fachbeiträge zum Thema.

The Contribution of Plant Roots to the Stability of Embankments and Slopes in Various Locations

1981 and 1982 Annual Conferences of the Society for Biological Engineering in Aachen and Saarburg

Foreward by the Publisher

In its second and third annual conferences, the Society for Biological Engineering considered the contribution of plant roots to the stability of embankments in various locations. River embankments were excluded, however, since they were the subject of the first annual conference in Mosbach, Baden, on 16 and 27 September, 1980 (cf. 1980 Yearbook **Ingenieurbiologie – Uferschutzwald an Fließgewässern**). To the second annual conference in Aachen on 18 and 19 September, 1981, the Chairman, Professor W. Pflug, was able to welcome more than 200 participants.

Quite frequently when man intervenes in the natural landscape, in putting up buildings, constructing roads or rail lines, canals or mines, embankments have to be constructed that require protection against erosion and have to become part of both the balance of nature and the general scenery. Bio-engineering is particulary suited for all of these functions since it employs plants and parts of plants as living construction material in such a way that they contribute in the course of their development, in interaction with the soil, rock and groundwater, to lasting stability. In the same way, bio-engineering contributes to an improved balance of nature and to a more scenic appearance of the landscape, apart from its stability function.

Even though bio-engineering methods are well known in both theory and practice, they are being employed only to a limited extent. The reason for this seems to lie in the fact that construction engineers continue to have a low level of confidence in these methods. How these methods function is still not very well known. As a consequence, what is lacking is a calculable function which can only be derived from known facts about how these methods work. The little that has been established as fact is, moreover, not widely known. Because of this, determining the risks in employing bio-engineering methods continues to be tied to the knowledge and experience of individuals. The less the personal experience is with bio-engineering methods, the more the individual is inclined to shy away from employing them.

The development in the field of bio-engineering during the last decades has shown that a single scientific discipline is not capable of answering the questions relating to the function of bio-engineering methods. The basic knowledge, observations and experience of a wide range of disciplines, from soil mechanics to earthworks and soil science, landscaping, forestry, botany, right down to soil biology have to come together in an interdiciplinary effort to establish facts in this core question of bio-engineering.

With its Aachen conference, the Society for Biological Engineering intended to bring about an exchange of knowledge and experience between various disciplines and construction practice in order to move a little closer to answering the question of the way in which bio-engineering methods work and in how far they can be employed. In lectures and discussions, the interrelationship between plants, roots and site, including soil life, and the importance of roots for the stability of embankments and slopes were examined.

This conference expressed the wish to treat the subject in more depth by looking at specific examples. Therefore, the third conference in Saarburg on 24 and 25 September, 1982, which was attended by about 150 experts from numerous disciplines, was marked by the study of vegetation development on two specific sites where human intervention in the landscape had taken place.

Hellerberg is a hill of 596 m and froms part of Freisener Heights which are the water divide between the rivers Nahe and Glan. To build the A 62 Expressway, the side of the hill was cut, but a section of the 90 m high cut slid down during the constrution work. The course of the expressway was then moved by 50 m to prevent further damage and to make sure that traffic later on would not be in danger of falling rock or further slides. The purpose of the excursion was to examine the development of vegetation on the cut and in a neighbouring forest as well as to look at the effect of the vegetation on stability. Root examinations both on the cut and on older copper beach trees and oaks in the neighbouring forest were done to compare root development.

The land slide near Weilerbach-on-Sauer occured while route K 19 between Ferschweiler and Weilerbach was under construction. The slide took place in Ernzen State Forest in a bed of keuper and seashell lime below a 50 m thick sandstone plate. A large variety of plant species provide indications of both the specific characteristics of this habitat and, above all, of the instability of soil and rock in this site. Excavations were done to show the root development of various species. This provided the material for discussing the question if and to what extent the plant cover prevented an ever larger land slide and more extensive damage.

The second volume of the Society's Yearbook deals with the subjects of both these Annual conferences. It contains the papers delivered, the excursions to the two examples as well as further contributions on the subject.

Wolfram Pflug

Bodenschutzwald – eine Einführung in die Jahrestagungen der Gesellschaft für Ingenieurbiologie 1981 und 1982 in Aachen und Saarburg

Soil Protection Forest – An Introduction to the 1981 and 1982 Annual Conferences of the Society for Biological Engineering in Aachen and Saarburg

Zusammenfassung:
Unter Verwendung des von Arthur von Kruedener geprägten Begriffes »unterirdischer Wald« wird auf die Bedeutung des Wurzelsystems von Waldbeständen für den Bodenschutz auf Böschungen und Hängen eingegangen. Die Aufgaben eines Bodenschutzwaldes werden anhand des Leitfadens zur Kartierung der Schutz- und Erholungsfunktion des Waldes erläutert. Die Frage nach dem Stellenwert des Wurzelwerkes einer geschlossenen Vegetationsdecke im Rahmen von Standsicherheitsberechnungen für Böschungen wird aufgeworfen und darauf aufmerksam gemacht, daß die Ursachen für Erosionen und Rutschungen von bewachsenen Böschungen oft außerhalb derselben zu suchen sind. Angesprochen wird der Zusammenhang zwischen saurem Niederschlag, Wurzelschäden und Gefahren für die Standsicherheit von Böschungen und Hängen.

Summary:
Using the term »underground forest« coined by Arthur von Kruedener, the article treats the importance of root systems of forests for soil protection on embankments and slopes. The function of a soil protection forest is explained with the help of the guidelines for mapping protective and recreational functions of forests. The importance of the roots of a dense plant cover for stability calculations for embankments is discussed; it is pointed out that the causes of erosion and slides on plant-protected embankments are fequently elsewhere, not in the embankment itself. Mention is made of acid precipitation, root demage and threats to the stability of embankments and slopes.

1. Der unterirdische Wald

In seinem 1951 erscheinenden Buch »Ingenieurbiologie« gebraucht von KRUEDENER im Abschnitt »Die Pflanze als Baustoff« den Begriff »unterirdischer Wald« und beschreibt ihn mit folgenden Worten:
»Auch der unterirdische Wald braucht Luft zum Atmen, Raum zur Entfaltung, Wärme zum Wachsen. Je tiefer und raumeinnehmender der unterirdische Wald ist, um so höher und ausgedehnter ist auch der oberirdische Bestand. Und derselbe Konkurrenzkampf zwischen den einzelnen Vertretern wie im oberirdischen Wald geht auch im unterirdischen vor sich. Der unterirdische Wald ist der große Feuchtigkeitshalter, Wasserführer und Wasserspeicher; er speist die Quellen und die oberirdischen Wasseradern. Dabei spielen die Wurzeln, die an sich die Aufgabe haben, das Wasser aus dem Boden zu holen, damit es in die Kronen gelangt und von dort in die Atmosphäre transpiriert wird, eine wichtige Rolle. Sie durchziehen den Boden und verwandeln ihn durch ihr Hin- und Her-, Auf- und Niedergreifen in ein Holzfachwerk mit mineralischem Füllwerk. Dieses Gerüst nimmt mit dem Wachstum an Umfang, Verzweigungen, An- und Einbauten zu.«
Im Anschluß an die Erläuterung seines Begriffes »unterirdischer Wald« kommt von KRUEDENER in der erwähnten Buchveröffentlichung auf die bodenlockernde und zugleich bodenfestigende Wirkung von Wald-

beständen zu sprechen. »Durch die starke Hebelwirkung des oberirdischen Bestandes, namentlich der höheren und stärkeren Bäume, unter dem Druck des Windes, durch das Schaukeln der Bäume wird ein ständiges Drängen und Ziehen der Wurzeln und eine stampfende Bewegung auf den Oberboden ausgeübt. Der Boden wird gelockert, es entstehen Hohlräume, Leitwege für Luft, Wasser, Wärme und Frost. Andererseits bewirkt diese ständige Beanspruchung eine zunehmende Verankerung der ausgreifenden Wurzeln im Boden; die Bäume wirken je nach der Ausdehnung ihres unterirdischen Wurzelsystems als Bodenfestiger. Die Fähigkeit, den Boden zu verfestigen, macht die Pflanze zu einem ganz wertvollen, lebenden Baustoff.« In der sich an diese Äußerungen anschließenden Liste der »technisch wichtigen Bäume, Sträucher und Gräser«, in der vermerkt ist, »in welchem Maße das Wurzelwerk auf die Verfestigung des Bodens einwirkt«, steht der Satz: »Daraus kann dann für den praktischen Fall geschlossen werden, welche Bedeutung z. B. die Erhaltung eines Bestandes auf die Standsicherheit von Hängen haben kann, und zweitens, mit welchen Holzarten und schließlich auch Gräsern neu geschaffene Böschungen, überhaupt durch technische Maßnahmen in ihrem natürlichen, gewachsenen Zustand veränderte Geländeflächen bepflanzt werden müssen, um einen festen Halt zu gewinnen.«
Mit den zueinander in Beziehung gesetzten Begriffen Wurzelwerk, Standsicherheit, Böschung und Hang spricht Arthur Freiherr von Kruedener, der Altmeister der Ingenieurbiologie, eine Aufgabe an, die bisher nur zu einem Teil gelöst werden konnte und die Gesellschaft für Ingenieurbiologie nicht nur auf den beiden Tagungen in Aachen und Saarburg beschäftigt hat, sondern auch weiterhin beschäftigen wird.

2. Bodenschutzwald

Der Schutz der Böden auf Böschungen und Hängen vor Abschwemmung, Abwehung und Rutschung obliegt vor allem der Vegetationsdecke. Ist sie als Wiese oder Weide ausgebildet, bedarf sie, um Erosionsschäden und Rutschungen vermeiden zu helfen, der ständigen Aufmerksamkeit des Menschen (u. a. durch Mahd und Beweidung).
Der Wald als die bei uns auf fast allen Standorten von Natur aus vorkommende Vegetationsform bedarf, um die Böden auf Hängen und Böschungen vor Abschwemmung, Abwehung oder Rutschung zu schützen, dieser ständigen Aufmerksamkeit nicht. Das gilt auch in abgeschwächter Form für die zu ihm hinführenden Sukzessionsstufen (u. a. Hochstaudenfluren und Gebüsche). Der Wald stellt daher den naturgegebenen und damit auf lange Sicht auch kostengünstigsten Bodenschutz dar. Voraussetzung ist allerdings, seine Artenzusammensetzung entspricht der jeweils natürlichen Waldgesellschaft oder steht ihr nahe und seine Behandlung ist auf den Bodenschutz abgestellt.

Die Bedeutung von Waldbeständen für den Schutz der Böden auf Hängen und Böschungen wird daher auch schon früh erkannt. Aus Schaden klug geworden, behandelt der Mensch den Wald dort, wo dieser ihn und seine Kulturen vor Gefahren wie Geröll- und Schneelawinen, Steinschlag, Bodenabschwemmung und Rutschung bewahren soll, als Schutz- und Bannwald (PFLUG 1982).
In den ab Mitte des vergangenen Jahrhunderts in zahlreichen Ländern Europas erlassenen Schutzwaldgesetzen werden als Gründe für die Ausweisung von Schutzwäldern u. a. genannt: Bodenbefestigung und Schutz gegen Erdabrutschungen (Österreich 1852, Bayern 1852, Preußen 1875, Schweiz 1876, Italien 1877, Frankreich 1882, Rußland 1886, Württemberg 1902 und Polen 1927) und Bindung von Flugsand (Bayern, Preußen, Spanien 1877, Ungarn 1879, Frankreich, Rußland, Schweden 1903 und Sachsen 1923). Nach § 12 Bundeswaldgesetz kommt eine Erklärung von Wäldern zu Schutzwald infrage, wenn Böden gegen Erosion durch Wasser und Wind geschützt werden müssen. Zum Schutz von Straßen gegen nachteilige Einwirkungen der Natur und im Interesse der Verkehrssicherheit können Waldungen entlang der Straße zu Schutzwald erklärt werden (§ 28 Landesstraßengesetz für Rheinland-Pfalz, vgl. auch § 10 Bundesfernstraßengesetz).
Der enge Zusammenhang zwischen Bodenschutz und Wald kommt z. B. zum Ausdruck in Begriffen wie »Bodenschutzholz« und »Bodenschutzwald«.
In dem von BUSSE im Jahr 1930 herausgegebenen Forstlexikon lesen wir unter dem Stichwort Bodenschutzholz: »Unter B. versteht man ganz allgemein jene Bestandsglieder, deren Aufgabe nicht in der Holzerzeugung, sondern in dem Schutz des Bodens gegen die Einwirkung der Sonne (Verunkrautung, Verwilderung), der Niederschläge (Bodenverdichtung, Auswaschung, Abschwemmen) und der Luftbewegung (Aushagerung, Verwehen bei Flugsand) beruht. Das B. ist also nicht Selbstzweck, sondern Mittel zum Zweck. Im weitesten Sinn des Wortes kann somit ein ganzer Bestand als B. erscheinen, z. B. ein Legföhrenbestand auf den steilen Hängen des Hochgebirges, ein Kiefernbestand auf Flugsand oder Dünensand.«
Die Arbeitsgruppe Landespflege im Arbeitskreis Zustandserfassung und Planung der Arbeitsgemeinschaft Forsteinrichtung weist im Leitfaden zur Kartierung der Schutz- und Erholungsfunktionen des Waldes (Waldfunktionenkartierung, WFK, Frankfurt am Main 1974) als eine von mehrere den »Bodenschutzwald« aus. Danach soll Bodenschutzwald seinen Standort sowie benachbarte Flächen vor den Auswirkungen von Wasser- (Rinnen-, Flächen-), Schnee- und Winderosion, Aushagerung, Steinschlag, Rutschvorgängen und Bodenkriechen schützen. Die Wirkungen des Bodenschutzwaldes werden im Leitfaden wie folgt beschrieben:

»– Durch Verminderung des Oberflächenabflusses (s. a. Wasserschutzwald) wird dessen erodierende Kraft geschwächt.
– Durch das Wurzelskelett wird der Boden mechanisch gefestigt.
– Durch Windabschwächung und durch sein Wurzelskelett schützt der Wald seinen Standort vor Auswehung und nachgelagerte Flächen vor Verwehung.
– Durch intensive und tiefe, gestufte Durchwurzelung kann Wald Rutschvorgänge verhindern. Durch seinen Wasserverbrauch trägt der Wald zur Drainage gefährdeter Hänge bei.
– Auf flachgründigen Standorten – besonders auf Kalkstein und Dolomit – schützt der Wald die Bodenkrume vor Verpuffung (Humusschwund) und Aushagerung.
– Dichter Wald verhindert das Schneegleiten, das Abrutschen von Schneebrettern und die Bildung von Bodenlawinen (s. a. Lawinenschutzwald). Dadurch werden auch Bodenaufschürfungen mit nachfolgender Bodenerosion verhindert.«

Der Leitfaden enthält Hinweise, nach denen Wälder als Bodenschutzwald im Rahmen der Waldfunktionenkartierung der Länder in den letzten Jahren abgegrenzt worden sind. Sie betreffen einmal die Erosion durch Wasser. Hier werden als Entscheidungshilfen u. a. das Auftreten von Erosionsrinnen im Wald, das Beobachten von Erosionserscheinungen auf angrenzendem landwirtschaftlich genutzten Gelände, die Erosionsanfälligkeit verschiedener Böden und Richtwerte für Hangneigungen genannt. Als Bodenschutzwald können auch Wälder auf Standorten ausgewiesen werden, die durch Windauswehung, Rutschung, Verpuffung und Steinschlag gefährdet sind oder in exponierten Lagen liegen und mittel- bis flachgründige Böden aufweisen (u. a. Flachkuppen, Hochflächenränder und Hangrippen). Der Leitfaden enthält ferner Hinweise zur Behandlung der Bodenschutzwälder.

Unter dem Begriff Bodenschutzwald wird im Leitfaden auch der Uferschutzwald eingeordnet. Er hätte es aufgrund seiner besonderen biotechnischen Aufgaben, seinem auf das Fließgewässer abzustimmenden Aufbau und seiner von den üblichen Waldbaumethoden gänzlich abweichenden Behandlung verdient, als eigenständige Schutzkategorie im Leitfaden ausgewiesen zu werden (BEGEMANN 1982, KIRWALD 1982, MESZMER 1982, PFLUG 1980 und 1982, PFLUG, RUWENTROTH, STÄHR, LIMPERT, REGENSTEIN und SCHOTT 1980).

3. Bodenschutzwald und Standsicherheit von Böschungen und Hängen

In seiner lesenswerten Arbeit über den unterirdischen Wald stellt von KRUEDENER (1950/51) fest: »Es ist eine – ich möchte sagen ›bittere Tatsache‹, daß wir uns über den unterirdischen Wald gar keine oder viel zu wenig Gedanken machen, Gedanken, die von großer praktischer Bedeutung für die Leistung und das ganze Leben des Waldes sind.«

Diese Tatsache trifft insbesondere für das Verhältnis Wurzelwerk und Standsicherheit zu. Die Möglichkeit, das Verhältnis zwischen Trieb- und Wurzelvolumen abschätzen zu können, um die Zugfestigkeit verschiedener Pflanzenarten zu wissen, sich die Ausbildung des Wurzelwerks nach den bekannten Schemata vorstellen zu können und den Bodentyp zu kennen, stellt zwar eine erste Hilfe zur Beurteilung der bodenfestigenden Wirkung einer Vegetationsdecke dar, reicht aber in keiner Weise aus, sie einigermaßen sicher übersehen zu können. Hier fehlt es an Kenntnissen und Erfahrungen. »Noch wissen wir kaum etwas über die Auswirkung der Wurzelsysteme gemischter, geschlossener, gleichaltriger oder ungleichaltriger Bestände aus Bäumen und Sträuchern auf die Stabilität der Böschungen – ja, wir kennen nicht einmal die Struktur und die Tiefenwirkung des ›unterirdischen Waldes‹ ... in den Böschungen von Einschnitten und Dämmen. Es fehlen ferner genaue Kenntnisse über die Wirkung unterschiedlich zusammengesetzter, verschieden alter Pflanzenbestände auf die Entwässerung zu feuchter und damit gefährdeter Böschungen« (PFLUG 1971).

In allen Werken, die sich mit den Wurzeln der Pflanzen befassen, wird nur das Wurzelwerk der einzelnen Pflanzenart dargestellt und behandelt (vgl. u. a. KÖSTLER, BRÜCKNER und BIBELRIETHER 1968, von KRUEDENER, BECKER, ESCHER, MUSSGNUG und ZACHARIAS 1941 und KUTSCHERA 1960). Das so oft beschworene bodenfestigende »Wurzelfachwerk« wird zwar für einzelne Pflanzenarten, nicht aber für Bestände unterschiedlicher Artenzusammensetzung auf verschiedenartigen Böden, geschweige denn auf Hanglagen unterschiedlicher Exposition und Neigung, sichtbar und handhabbar gemacht. Der geschlossene Wald hat mit seinem Wurzelwerk und seinem oberirdischen Bestand sicher andere Wirkungen auf die Standsicherheit von Böschungen und Hängen, als sie sich aus dem Wurzelwerk einzelner Pflanzen ableiten lassen. Man denke hier z. B. nur an den Einfluß der Struktur und des Aufbaues der Böden auf die Wurzelausbreitung nebeneinander wachsender verschiedener Pflanzenarten, an das Zusammenwachsen von Wurzeln mehrerer Individuen, an Wurzelverflechtungen und Wurzelkonkurrenz. Ein erster Ansatz, das Wurzelwerk von Beständen aufzuzeigen, ist in einigen wenigen schematischen Darstellungen, z. B. bei MEYER (1951) oder SCHIECHTL (1973), zu sehen (Abb. 1 und 2).

In ihrer Arbeit »Die Pflanze als Baustoff« weisen BECKER und MUSSGNUG (1943) bereits vor vierzig Jahren auf die Schwierigkeiten hin, die einer Berechnung der bodenfestigenden Wirkung der Vegetation entgegenstehen. »Der Techniker ist gewohnt, dem Einsatz seiner Baumittel genaueste Berechnungen zugrunde zu legen oder wenigstens die Voraussetzungen bestimmt zu umreißen. Die Wirksamkeit der Pflanze kann leider in der Weise nicht berechnet werden. Ihr Einsatz

Abb. 1
Uferschutz durch Schwarzerlen und Eschen (aus Meyer 1951)

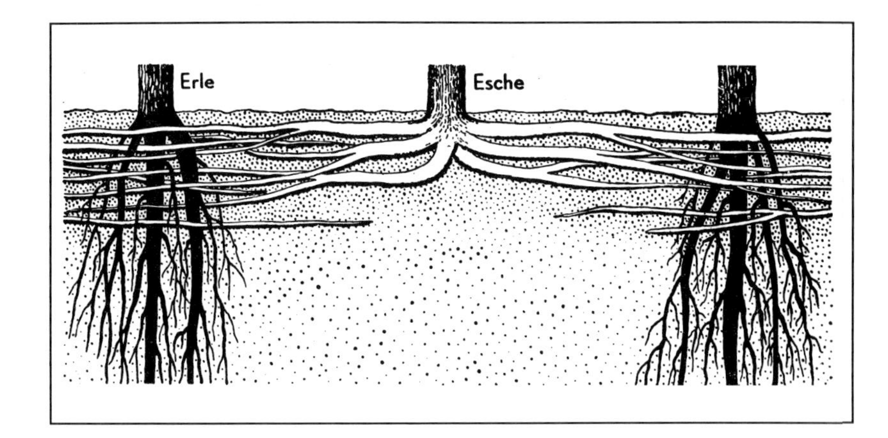

Abb 2
Schematisches Wurzelprofil einer Begrünung im Reißenden Ranggen bei Zirl. Terrassenschotter (nach SCHIECHTL, 1973)

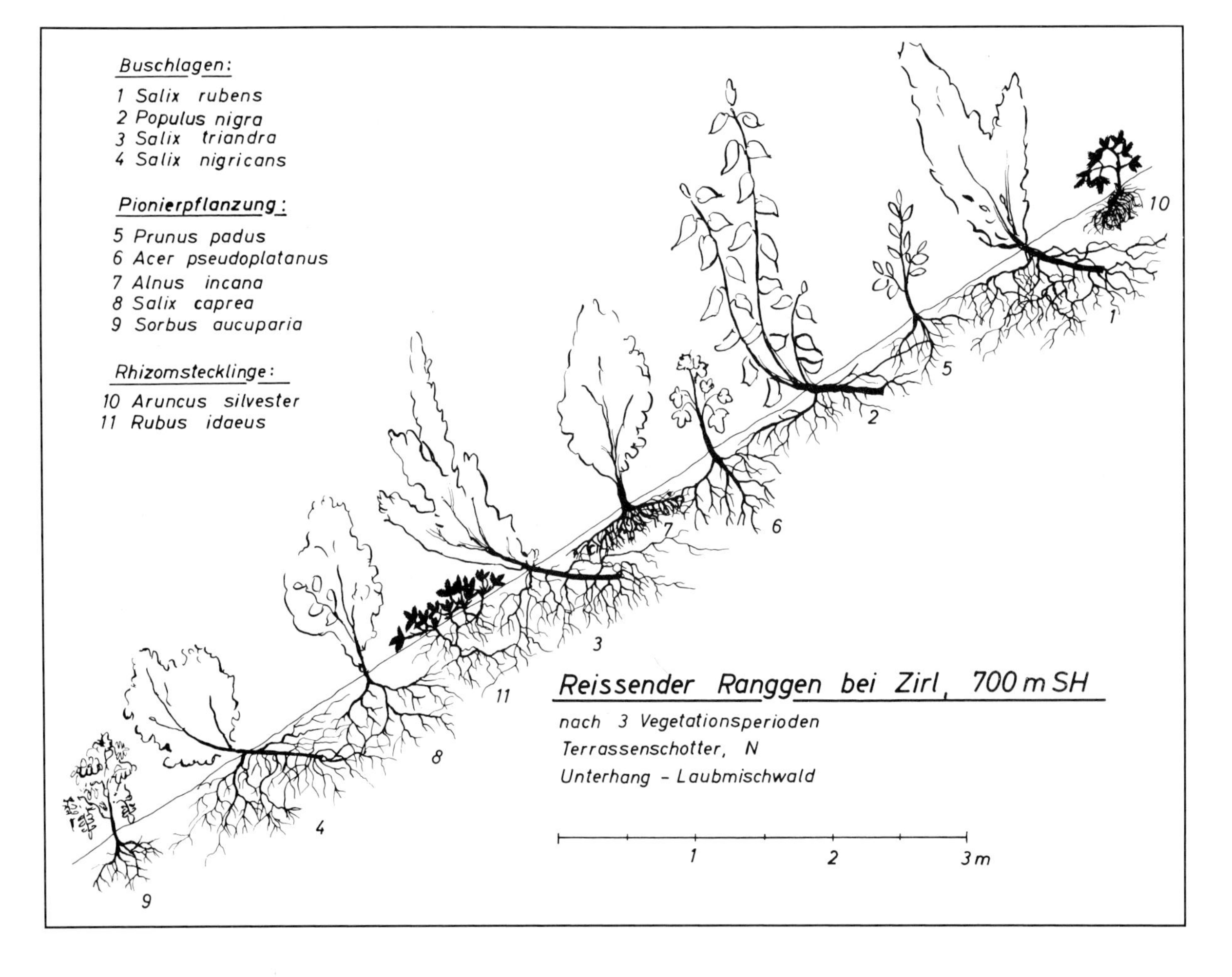

gründet sich auf empirisch gewonnene Erfahrungen und deren Abschätzung im Vergleich zu den möglichst genau zu erfassenden jeweils gegebenen Voraussetzungen. Während bei gärtnerischen Kulturpflanzen die Durchdringung des Pflanzraumes einigermaßen übersehbar ist, fehlen für Wildpflanzen, auch für forstliche Nutzpflanzen, Beobachtungen und Untersuchungen teilweise ganz ... In der vielstufigen und zeitlichen gegenseitigen Abhängigkeit der verschiedenen biologischen Bestimmungsgrößen liegt die Schwierigkeit, wenn nicht Unmöglichkeit, absolute Größen im Haushalt der Pflanzen anzugeben. Man muß sich daher mit einem überschlägigen Bild ... begnügen ... Wenn auch im allgemeinen aus der oberirdischen Ausbildung der Pflanze Rückschlüsse auf den unterirdischen Lebensraum gezogen werden können, so hängt doch diese Entwicklung wieder sehr stark von der Struktur und dem Aufbau des Bodens und seines Wasserhaushalts ab, als daß sich hieraus Regeln ableiten ließen.« Auch wenn inzwischen durch Untersuchungen manche Lücke über das Verhalten von Pflanzen und ihres Wurzelwerks auf extremen Standorten geschlossen werden konnte, behält die grundsätzliche Aussage in den Ausführungen von BECKER und MUSSGNUG ihre Gültigkeit.

Es kann davon ausgegangen werden, daß keine Pflanze ein Interesse daran hat, sich selbst aufzugeben, indem sie dazu beiträgt, den Boden auf Hängen oder Böschungen zum Abgleiten zu bringen. Im Gegenteil, und das haben zahlreiche Beobachtungen und Untersuchungen gezeigt, verteidigt sie mit allen ihr zur Verfügung stehenden Mitteln ihren Wuchsort in dem Bereich, der ihr zugänglich ist. Dies geschieht auch dann, wenn das Substrat, auf dem sie steht, infolge Durchnässung in Bewegung gerät oder extremen Naturereignissen wie Sturm, Starkregen oder starkem Wasserangriff ausgesetzt ist. Im Zusammenhang mit der Standsicherheit von Böschungen im Wasser-, Straßen-, Bahn-, Berg- und Hochbau stellen sich daher bezüglich der Vegetationsdecke eine Reihe von Fragen, die einer Beantwortung harren. Solche Fragen sind unter anderem:

- Dürfen Humus und Wurzelwerk bei einem rechnerischen Nachweis der Standfestigkeit einer Böschung außer acht gelassen werden, obwohl sich in unseren Breiten auf fast jeder Böschung eine Vegetationsdecke einfindet und diese mit der Zeit an Umfang und Gewicht zunimmt?
- Hat die aufgebrachte oder sich nach und nach entwickelnde humose Schicht einschließlich des lebenden Wurzelwerks einen Einfluß auf die in der Böschung auftretenden Kräfte und wenn ja, wie sieht dieser Einfluß auf verschiedenen Standorten aus?
- Kann es sein, daß die geschlossene Vegetationsdecke als »lebendes Deckwerk« auf Dauer gesehen vorteilhafte Auswirkungen auf die Standsicherheit von Böschungen hat?

Fig. 1
Alder tree and ash-tree as embankment protection (MEYER, 1951)

Fig. 2
Schematic root profile of a plantation in the »Reissenden Ranggen« near Zirl. Terrace slag. (after SCHIECHTL, 1973)

- Darf die Standsicherheit der Böden auf Böschungen nur unter bodenmechanischen, muß sie nicht auch unter bodenbiologischen und bodendynamischen Gesichtspunkten gesehen und »berechnet« werden?
- Stellt die Vegetationsdecke nur eine zusätzliche und demnach eigentlich nicht notwendige Sicherung für die nach bodenmechanischen Gesichtspunkten bereits standfeste vegetationslose Böschung dar?

Rutschungen und Bodenerosionen auf Böschungen und Hängen haben oft ihre Ursache in außerhalb auftretenden Ereignissen. So kann ein Nutzungswandel (z. B. Waldrodung, Kahlschlag, Aufforstung mit ungeeigneten Baumarten oder Anbau bodenerosionsfördernder landwirtschaftlicher Kulturpflanzen auf der Hochfläche oder im Oberhang, Straßen- und Wegebau im Hangbereich sowie Bodenverdichtung, Versiegelung, Entwässerung, Gewässerausbau oder Entfernung von Flurgehölzen im Einzugsgebiet) den Wasserhaushalt und damit den ober- und unterirdischen Wasserabfluß von Böschungen derart verändern, daß ihre Standsicherheit trotz einer ansonsten ausreichenden bodenbefestigenden Vegetationsdecke nicht mehr gegeben ist. Auf diese Frage machten schon BECKER und MUSSGNUG (1943) vor vierzig Jahren mit folgenden Worten aufmerksam: »Die Ursachen von Erdbewegungen und schädlichen Wassereinflüssen an Böschungen und Hängen liegen meist im Vorgelände, und dort ist die Stelle des wirksamsten Einsatzes ingenieurbiologischer Maßnahmen.«

4. Bodenschutzwald und saure Niederschläge

Bei der Betrachtung der Zusammenhänge zwischen Wurzelwerk und Standsicherheit von Böschungen und Hängen wird von Waldbeständen mit einem dem Standort angepaßten, gesunden, kräftigen, tiefgreifenden und feinverästelten Wurzelsystem ausgegangen. Inzwischen ist allgemein bekannt, daß über die Luft kommende Stoffe schwerwiegende nachteilige Auswirkungen auf die Struktur und die Funktion der Waldökosysteme haben. »In Mitteleuropa sind die Eintragsraten in die Waldökosysteme heute um den Faktor 10 (z. B. für Nährstoffe) bis 100 oder mehr (Säure, viele Schwermetalle und organische Stoffe) höher als man für eine vom Menschen unberührte Natur annehmen kann« (ULRICH 1983). Als Folge dieses Eintrags kommt es zu einer Schwächung der Vitalität der Waldbäume und damit der Widerstandskraft (Stabilität) der Waldbestände. Im unterirdischen Wald führt dieser Eintrag zur Erkrankung und Rückbildung des Wurzelwerks. Natürlicher Nachwuchs an Jungpflanzen und damit an Wurzeln bleibt aus. Die Bestände sind nur noch bedingt in der Lage, ihre bodenbefestigende Wirkung auszuüben und den Einwirkungen extremer Witterungsbedingungen (u. a. Sturm, Starkregen, Naßschnee) zu widerstehen. Im Gefolge des Waldsterbens ist daher mit einem Anwachsen von Erdrutschungen und Bodenerosionen vor allem im Hügel- und Bergland mit erhöhten Gefahren für Siedlungen, Verkehrswege und landwirtschaftlich genutzte Flächen zu rechnen. Praxis und Wissenschaft der Ingenieurbiologie sehen sich damit vor neue und schwer zu lösende Aufgaben gestellt.

5. Literatur

Arbeitsgemeinschaft Forsteinrichtung (1974): Leitfaden zur Kartierung der Schutz- und Erholungsfunktionen des Waldes (Waldfunktionenkartierung). I. D. Sauerländer's Verlag. Frankfurt am Main.

BECKER, A. und R. MUSSGNUG (1943): Die Pflanze als Baustoff. Archiv für Wasserwirtschaft. Die lebende Verbauung. Franckh'sche Verlagshandlung. Stuttgart und Berlin.

BEGEMANN, W. (1982): Der Gewässerwald. Jahrbuch 1980 der Gesellschaft für Ingenieurbiologie. Karl Krämer Verlag. Stuttgart.

BUSSE, J. (Hrsg. 1930): Forstlexikon. 2 Bände, Verlagsbuchhandlung Paul Parey. Berlin.

KIRWALD, E. (1982): Schäden und Nutzen von Gewässerwäldern. Jahrbuch 1980 der Gesellschaft für Ingenieurbiologie. Karl Krämer Verlag Stuttgart.

KÖSTLER, N., E. BRÜCKNER und H. BIBELRIETHER (1968): Die Wurzeln der Waldbäume. Verlag Paul Parey. Hamburg und Berlin.

KRUEDENER, A. von, A. BECKER, W. ESCHER, R. MUSSGNUG und I. ZACHARIAS (1941): Atlas standortkennzeichnender Pflanzen. Wiking Verlag GmbH. Berlin.

KRUEDENER, A. von (1950/51): Der unterirdische Wald. Allg. Forst- und Jagdzeitung. 122. H. 8. S. 226–233.

KRUEDENER, A. von (1951): Ingenieurbiologie. Ernst Reinhard Verlag. München und Basel.

KUTSCHERA, L. (1960): Wurzelatlas mitteleuropäischer Ackerunkräuter und Kulturpflanzen. Frankfurt am Main.

MESZMER, F. (1982): Baum und Strauch als Bau- und ökologisches Element an Fließgewässern. Jahrbuch 1980 der Gesellschaft für Ingenieurbiologie. Karl Krämer Verlag. Stuttgart.

MEYER, F. J. (1951): Kulturtechnische Botanik. Naturwissenschaftlicher Verlag vormals Gebrüder Bornträger. Berlin.

PFLUG, W. (1971): Zur ingenieurbiologischen Seite des Problems. In: SCHAARSCHMIDT, G. und V. KONECNY: Der Einfluß von Bauweisen des Lebendverbaues auf die Standsicherheit von Böschungen. Mitteilungen aus dem Institut für Verkehrswasserbau, Grundbau und Bodenmechanik der Technischen Hochschule Aachen. H. 49.

PFLUG, W. (1979): Ursachen für die unzureichende Berücksichtigung landschaftsökologischer und ingenieurbiologischer Aufgaben bei der Regulierung von Fließgewässern. Schriftenreihe des Deutschen Rates für Landespflege. H. 33. S. 258–263.

PFLUG, W., G. RUWENSTROTH, E. STÄHR, K. LIMPERT, G. REGENSTEIN und K. SCHOTT unter Mitarbeit von H. J. BAUER, K. DETTNER und R. RABE (1980): Wasserbauliche Modellplanung Ems bei Rietberg auf landschaftsökologischer Grundlage. Landesamt für Agrarordnung Nordrhein-Westfalen (Hrsg.). Münster.
PFLUG, W. (1982): Wasserschutzwald, Gewässerschutzwald, Uferschutzwald – eine Einführung in die Jahrestagung 1980 der Gesellschaft für Ingenieurbiologie e. V. in Mosbach/Baden. Jahrbuch 1980 der Gesellschaft für Ingenieurbiologie. Karl Krämer Verlag. Stuttgart.
SCHIECHTL, H. M. (1973): Sicherungsarbeiten im Landschaftsbau. Grundlagen, lebende Baustoffe, Methoden. Verlag Georg D. W. Callwey. München.
ULRICH, B. (1983): Versauerung der Ökosphäre. Ein Großexperiment, dessen Folgen man nicht vorhersehen konnte. Die Umschau, das Wissenschaftsmagazin. H. 4.

Professor Wolfram Pflug
Lehrstuhl für Landschaftsökologie und Landschaftsgestaltung der Technischen Hochschule Aachen
Lochnerstraße 4–20
5100 Aachen

Karl-Heinz Hartge

Wechselbeziehung zwischen Pflanze und Boden bzw. Lockergestein unter besonderer Berücksichtigung der Standortverhältnisse auf neu entstandenen Böschungen

Interaction between Plants and Soil or Loose Rocks with Particular Reference to condition in Newly-Built Embankments

Zusammenfassung:
Die obersten Bodenschichten von Böschungen sind nach der Fertigstellung überkonsolidiert. Die einsetzende Bodenbildung führt daher zu einer Lockerung, deren Intensität und Tiefe von der Art des Bodenmaterials und der Zusammensetzung der entstehenden Vegetation abhängig ist.
Im Verlaufe der Bodenentwicklung wird unter dem gleichzeitigen Einfluß der oberirdischen Pflanzendecke die Erosion an der Bodenoberfläche vermindert. Das Risiko seltener Rutschungen auf tiefer gelegene Gleitflächen wird um so weniger vermindert, je tiefere Bereiche des Böschungsinneren betroffen werden.

Summary:
The upper layers of embankments are overconsilidated after completion. The beginning soil formation leads to a loosening, the intensity and depth of which is a function of the type of material of which the embankment consists and the variety in the vegetation that is beginning to grow.
In the course of soil formation the surface erosion is reduced, under the simultaneous influence of the soil cover above ground. The risk of rare slides on deeper slide planes is reduced proportionate by less the deeper the plants are in the embankment.

Einführung:

Die Wechselbeziehungen zwischen Boden und Pflanze auf neu entstandenen Böschungen unterscheiden sich grundsätzlich nicht von denen auf anderen Standorten. Es treten jedoch im Vergleich zu sonstigen Standorten einige Aspekte besonders hervor, andere zurück, so daß sich insgesamt ein spezifisch verändertes Bild ergibt.
Beide möglichen Böschungsarten, geschüttete wie eingeschnittene sind, wenn sie neu angelegt werden, Oberflächen, auf denen die Einwirkung von Atmosphärilien und Lebewesen gerade erst beginnt. Die bautechnische Fertigstellung der Böschungen ist daher der Zeitpunkt »Null« für die Bodenentwicklung. Im Sinne der klassischen Pedologie, die unter einem Boden jene Zone der Lithosphäre versteht, in der sie von der Atmosphäre und der Biosphäre durchdrungen und beeinflußt wird, ist eine neuangelegte Böschung kein Boden, sondern nur das Ausgangssubstrat für einen solchen. Hier soll jedoch in einer weiter gefaßten Definition das Lockergestein der Böschung, auf der Pflanzen wachsen sollen, als Boden bezeichnet werden.

Böschung und Stabilität

Das Ausgangssubstrat aller neuen Böschungen hat eine gemeinsame Eigenschaft: Es ist an der Oberfläche überkonsolidiert. Dieser Zustand rührt entweder davon her, daß infolge des Baues Substratteile zu Oberflächen werden, die früher unter der Last der darüberliegenden Schichten lagen, oder davon, daß geschüttete Oberflächen künstlich verdichtet wurden, um ihre Standfestigkeit zu erhöhen.

Für die Erstbesiedlung durch Pflanzen liegen damit Bedingungen vor, die an anderen Standorten zwar nicht ausgeschlossen sind, aber nicht notwendigerweise auftreten müssen.
Ein weiteres Spezifikum von Böschungen ist die Tatsache, daß alle Teile derselben eine labile oder indifferente Gleichgewichtslage einnehmen. Das gilt sowohl für einzelne Bodenteilchen aller vorkommenden Korngrößen als auch für Aggregate und die Böschung als Ganzes. Die Gleichgewichtslage eines Einzelteilchens bzw. Aggregates läßt sich vereinfachen und auf ein ebenes zentrales Kräftesystem zurückführen, in dem über Berührungen mit Nachbarpartikeln übertragene Auflasten und Adhäsionskräfte zu je einer Resultierenden zusammengefaßt und neben dem Strömungsdruck des Wassers und der Gewichtskraft des Teilchens dargestellt werden (Abb. 1).
Die in diesem Schema dargestellten Kräfte können für jede Kontaktfläche zwischen Körnern bzw. Aggregaten in eine Normal- und eine Tangentialkomponente aufgeteilt werden. In dieser Kategorie ist Gleichgewicht – verstanden als Ruhelage gegenüber den Nachbarn – vorhanden, solange die Auflagerkraft als Gegenkraft für die Normalkomponente und der Scherwiderstand als Gegenkraft für die Tangentialkomponente mobilisiert werden können.
Dieser Zustand ist bei Fertigstellung einer Böschung zunächst gegeben

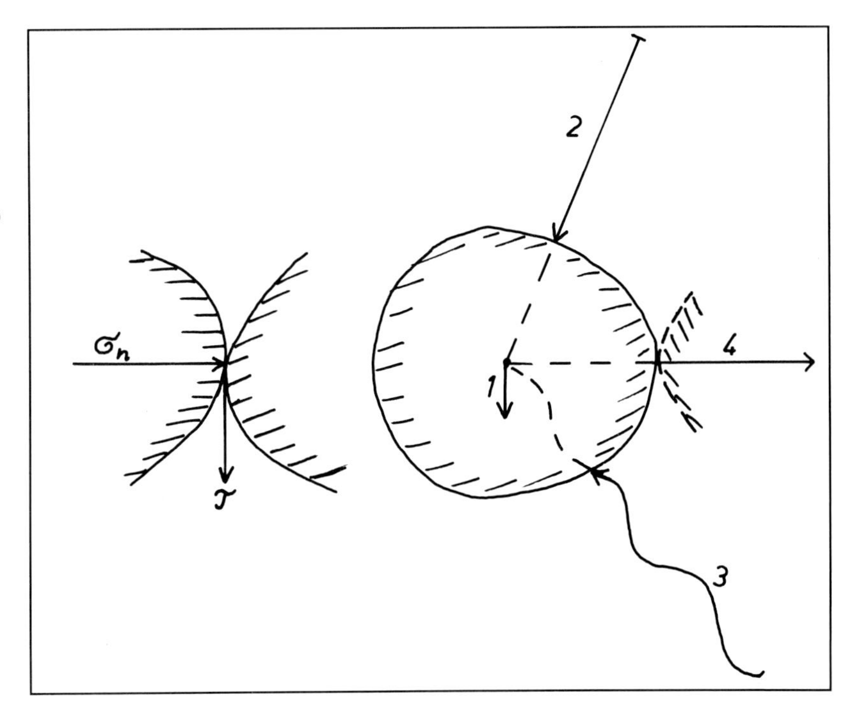

Abb. 1
Schema der an einem Korn bzw. Aggregat angreifenden Kräfte: Gewichtskraft (1) Auflast (2) Strömungsdruck (3) Co- und Adhäsion (4). Eine stabile Lage ist vorhanden, wenn die resultierende durch Scherwiderstand (τ) und Auflagerkraft (σ_n) kompensiert wird.

Fig. 1
Scheme of forces affecting an aggregate: bearing pressure (1), weight (2), flow-pressure (3), cohesion and adhesion (4). Stability is given by compensation of shearing resistance and bearing pressure

und sichert damit die Standfestigkeit. Die Konfiguration der in Abb. 1 dargestellten Kräfte ändert sich jedoch im Verlaufe der Zeit, wobei die durch Klima, Topographie und Böschungsgeometrie beeinflußten Geschehnisse des Wasserhaushaltes und die durch diese sowie durch die Pflanzen hervorgerufenen Veränderungen die wesentlichsten sind. Da Überschreitungen der für die Einhaltung der Ruhelage erforderlichen Scherwiderstände im Verlaufe dieser Geschehnisse nie mit Sicherheit verhindert werden können, sind Böschungen auf lange Sicht gesehen stets weniger stabil als ebene Oberflächen.
Bei dem gesamten Geschehen in einer Böschung kommt dem Wasser ein besonderer Platz zu, weil seine wirksame Menge besonders schnell wechselt und innerhalb weiter Grenzen schwanken kann. Ort des Zutritts zur Böschung und Art der Flußwege spielen dabei eine wichtige Rolle und sind daher in Abb. 2 schematisch dargestellt. Darüberhinaus beeinflußt es alle in Abb. 1 dargestellten Komponenten: Der Strömungsdruck ist von Menge und Verteilung des Wassers abhängig, die Adhäsion ändert sich mit dem Wassergehalt, ebenso die Auflast, bzw. als Folge hydrostatischen Auftriebes die Gewichtskraft. Zeitpunkt, Ort, Richtung und Ausmaß dieser Beeinflussungen wechseln und sind nicht in einfacher, eindeutiger Art untereinander korreliert. Man muß daher davon ausgehen, daß Wasser stets auftreten kann und zwar als Oberflä-

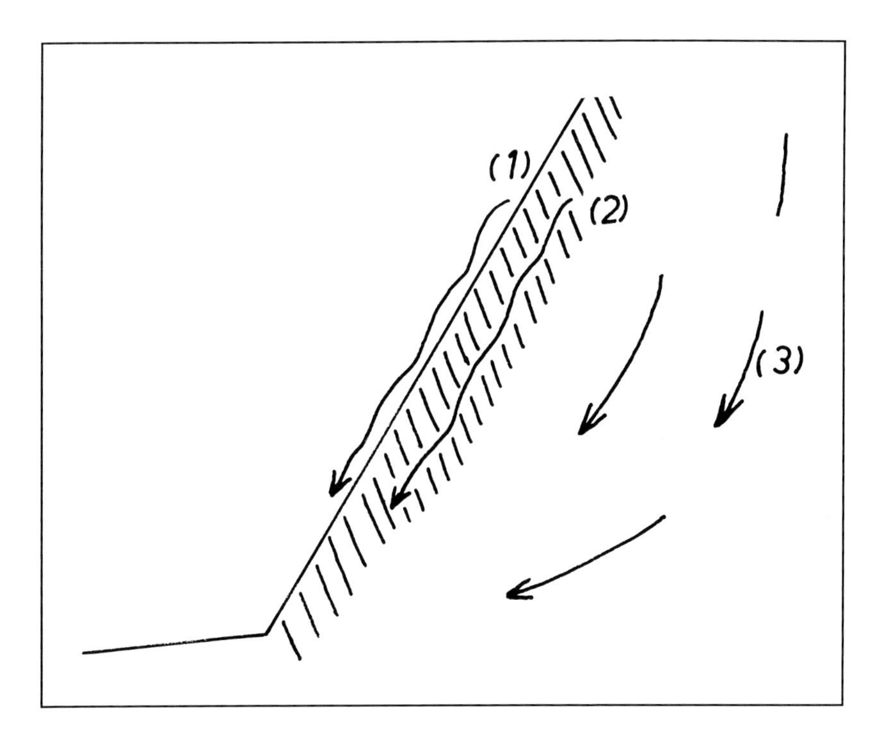

Abb. 2
Schema der in und an einer Böschung möglichen Wasserbewegungen: Oberflächenablauf (1), oberflächennahe Sickerung (2), Sickerung auf tiefliegenden Fließwegen (3).

Fig. 2
Scheme of possible water motions in and near an embankment: overland flow (1), surface infiltration (2), deep infiltration (3)

chenwasser und als Sickerwasser, oberflächennah oder oberflächenfern (Abb. 2). Da die dadurch bewirkten Veränderungen der Belastung sehr unterschiedlich sein können, ist auch der Einfluß der Pflanzen bzw. der Wurzeln auf die Stabilität sehr verschiedenartig.

Einfluß der Wurzelbildung
Wurzelspitzen benötigen, um in den Boden einzudringen bzw. dort weiter vorzudringen, ein Widerlager. Dieses besteht vor allem aus der Mantelreibung der hinter der Spitze befindlichen Teile der Wurzel. Sind diese kurz wie bei der Keimung oder schwach verankert wie in einem lockeren Oberboden oder einer Pflanzgrube, so können die Wurzeln oft nur auf vorhandenen Klüften, Spalten oder in Gängen weiterwachsen und in das übrige Substrat erst eindringen, wenn sie hier die nötigen Widerlager gefunden haben.
Im folgenden wird die Veränderung der Lagerung und der von ihr abhängigen Festigkeit durch die Wurzeleinwirkung bei Sand und bei Ton beschrieben. Diese beiden Körnungen wurden gewählt, weil bei ihnen die beiden wichtigsten Mechanismen am stärksten ausgeprägt sind. Bei allen anderen Körnungen treten Übergangserscheinungen auf, die durch das Zusammenwirken beider Mechanismen bedingt sind.

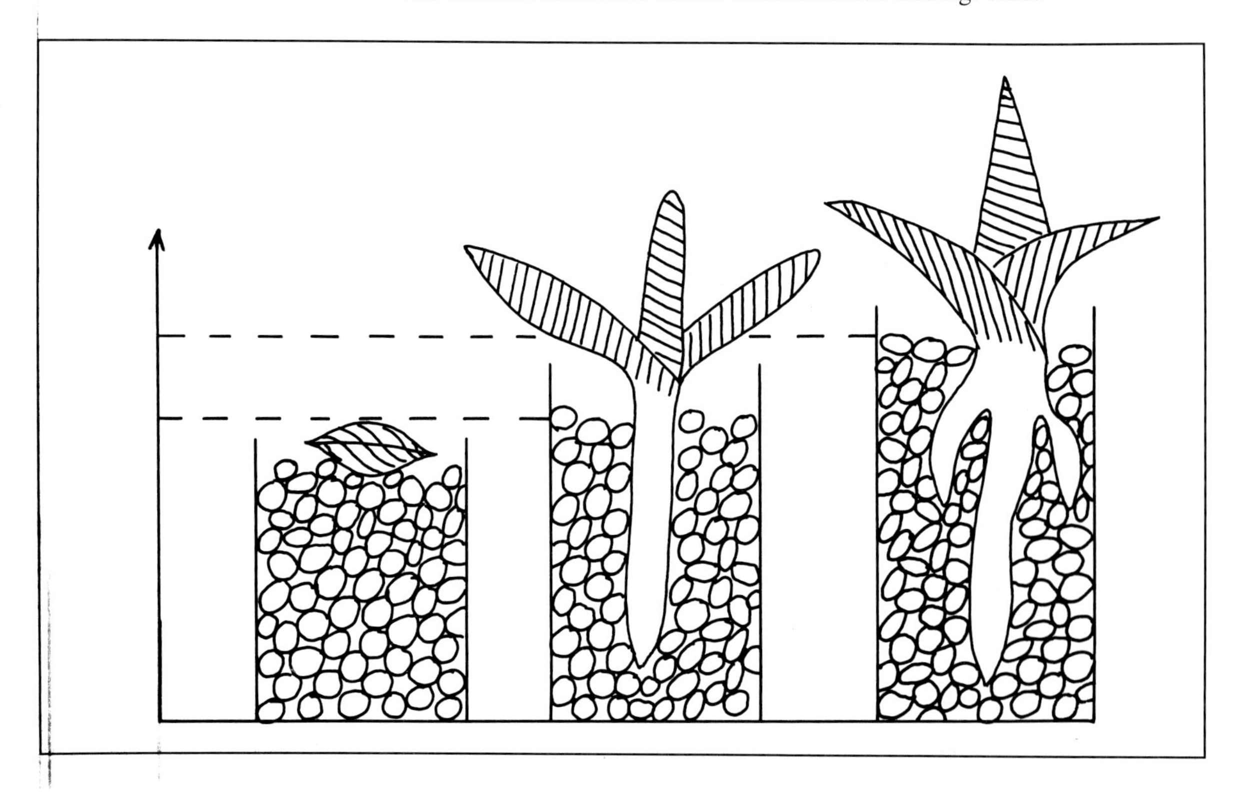

Abb. 3
Vordringen einer Wurzel in dicht gelagerten Sand: Der benötigte Raum wird durch Hochschieben erzeugt.

Fig. 3
Penetration of roots in thick sand. The needed space is being produced by pushing up

Entwicklung auf Sandböden

Bei überkonsolidierten Böden mit Korn-zu-Kornkontakten wie bei Sand müssen die Wurzeln sich Platz schaffen, indem sie die Körner wegdrängen. Je dichter die Lagerung der Körner, also je stärker die Überkonsolidierung, desto ausschließlicher ist dabei das Wegdrängen nach oben (Abb. 3). Wenn die eingedrungene Wurzel abstirbt, wird ihr Körper an Ort und Stelle abgebaut und die Abbauprodukte verhindern auch bei kohäsionslosem Sand das Zurücksinken der Nachbarkörner noch lange Zeit. Insgesamt ergibt diese Verlagerung bei Sandböden mit zunehmender Durchwurzelung eine Vergrößerung des Porenanteils bei gleichzeitiger Anhebung der Bodenoberfläche (Abb. 4).

Der Zustand der Überkonsolidierung wird dabei aufgehoben und macht einer Verteilung der vertikalen Spannungen Platz, die für jede Tiefe nur durch das Gewicht der darüberliegenden Bodenschicht gegeben ist. Solche Spannungsverteilungen findet man unter Bedingungen, wo weder Viehtritt noch Befahrungen vorkommen, also z. B. im Wald (Abb. 5).

Abb. 4
Zunahme des Porenvolumens, der Anteile an Mittel- und Feinporen sowie Anhebung der Bodenoberfläche beim Verlauf der Bodenentwicklung in einem Sand.

Fig. 4
Increase of the pore volume, the proportion of the middle and fine pores and elevation of soil surface during soil development in sand

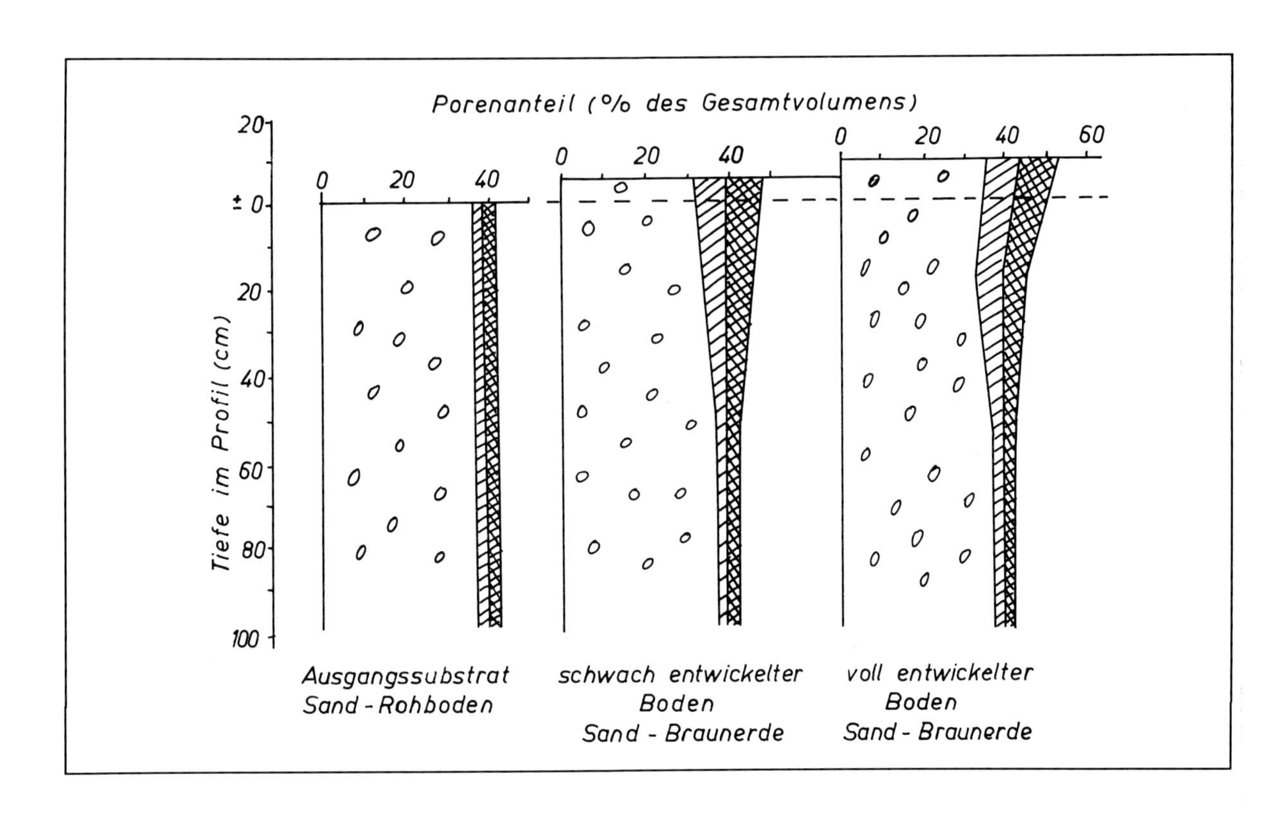

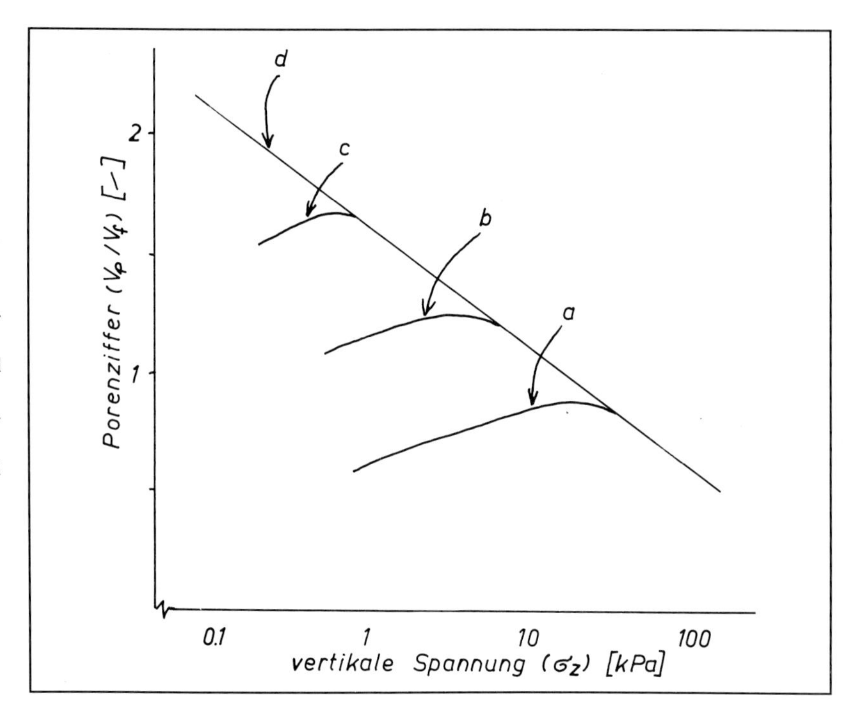

Abb. 5
Zusammenhang zwischen Porenziffer und vertikaler Spannung bei einem durch Befahren stark überkonsolidierten Boden (a) durch Befahren bzw. Viehtritt meliorierter Flächen gering überkonsolidierten Böden (b und c) sowie normal konsolidierten und voll entwickelten Waldböden (d).

Fig. 5
Cohesion between void ratio and vertical tension in highly consolidated soil caused by driving (a) ameliorated surfaces of moderately overconsolidated soil caused by driving resp. cattle steps (b) and (c) normal consolidated and fully developped forest soil (d)

Entwicklung auf Tonböden
Bei überkonsolidierten Böden, in denen Wasserfilmkontakte überwiegen und Kornkontakte zurücktreten, wie bei vielen Tonen, ist der Vorgang um die Wurzeln herum komplizierter. Überkonsolidiertes tonreiches Material ohne Entlastungsrisse ist für Pflanzen oft zunächst nicht durchwurzelbar. Es kann sich den Wurzeln gegenüber zunächst wie Fels verhalten. Überkonsolidierte Tone lagern jedoch Wasser an, wenn sie damit in Berührung kommen und quellen infolge der Zunahme der Filmdicke um jedes Teilchen.
Das Ausmaß dieses Vorganges ist einerseits von der Art der Tonminerale, der Zusammensetzung ihres austauschbaren Ionenbelages, dem Salzgehalt des zugeführten Wassers und andererseits von ihrer Lagerung bzw. Wasserleitfähigkeit und damit den Zutrittsmöglichkeiten des Wassers abhängig. Die Zugänglichkeit der Mineraloberflächen für zusätzliches Wasser wird durch Knetungen und Scherungen erhöht, diese wirken daher quellungsfördernd. Dies gilt z. B. für Betreten und Befahren, aber auch schon für Schlag von Regentropfen und Übertragung des Winddrucks auf Stämme von Bäumen und Sträuchern auf die Wurzeln. Sobald infolge Entlastung gequollener Ton an der exponierten Oberfläche austrocknet, bilden sich Schrumpfungsrisse. Dies kann sowohl infolge Evaporation allein als auch in Kombination mit dem Wasserent-

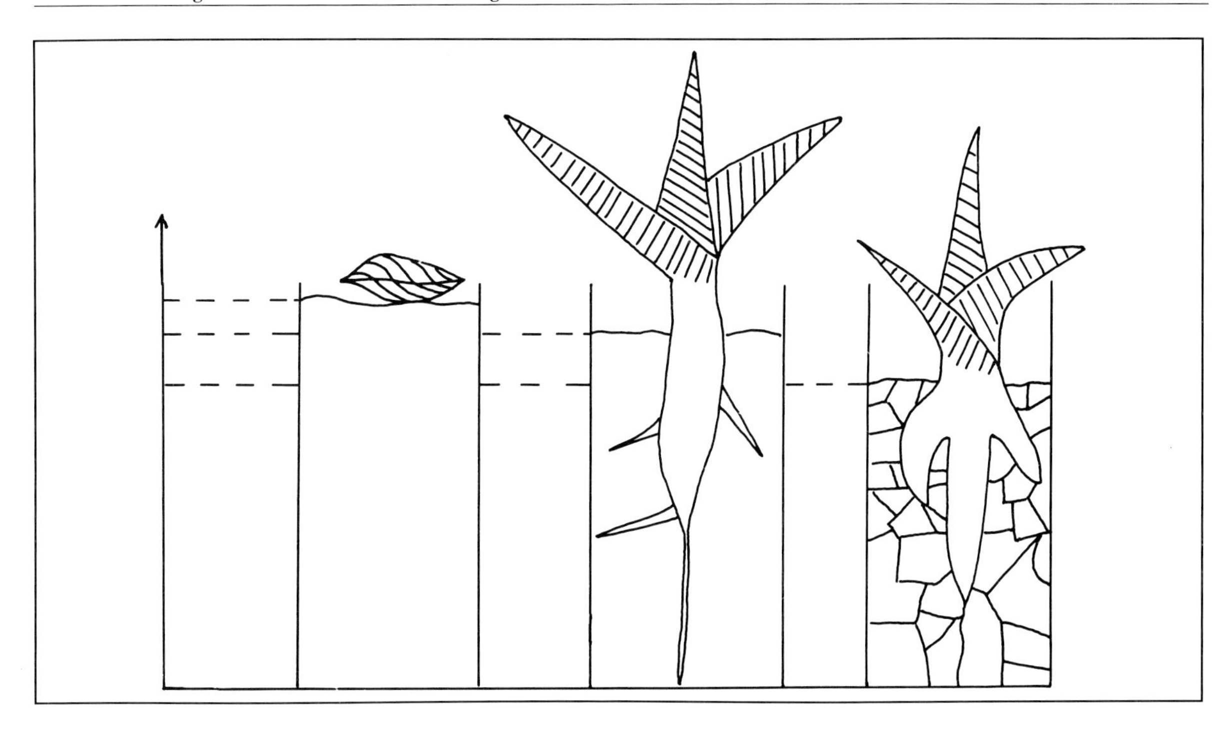

zug bei beginnendem Pflanzenwuchs erfolgen. Die Wurzeln entwässern dabei ihre Umgebung, und die dadurch hervorgerufene Schrumpfung führt zur Riß- und damit Aggregatbildung (Abb. 6). Diese Aggregate, deren Bildung zunächst mit einer Abnahme des Gesamtvolumens einherging, können nun nachträglich lockerer gelagert werden, so daß das Porenvolumen im Oberboden wieder zunimmt.

Abb. 6
Vordringen einer Wurzel in wasserreichen luftfreien Ton: Der benötigte Raum wird durch Wegschieben unter Entwässerung erzeugt, dabei nimmt das Gesamtvolumen ab und es entstehen Schrumpfungsrisse.

Fig. 6
Penetration of a root in a well-watered and airtight clay soil: The needed space is being produced by pushing away during drainage, this decreasing the total volume and producing shrinking-fissures

Einfluß mehrjähriger Wurzeln mit fortlaufendem Dickenwachstum
Bei den Wurzeln mehrjähriger Bäume und strauchartiger Pflanzen kommen neben den beschriebenen Auswirkungen noch einige spezielle hinzu. Dies sind vor allem die durch fortlaufendes Dickenwachstum hervorgerufene Volumenzunahmen und durch die Übertragung von an den oberirdischen Pflanzenteilen angreifenden Kräften auf den Boden. Die Volumenzunahme führt zu einer Anhebung der Bodenoberfläche oberhalb der Hauptwurzelzone, vor allem in Stämmnähe (Abb. 7). Diese Abhebung führt zu einer um so stärkeren Lockerung, je fester der Verband vorher war, weil die Festigkeit dazu führt, daß praktisch das ganze Dickenwachstum nach oben hin wirksam wird. Wenn die angehobene aufgelockerte Abdeckung über der Wurzel durch Erosion weggeführt wird, scheinen die Wurzeln der Bodenoberfläche näher zu kommen, obgleich die gesamte Durchwurzelungstiefe gleich bleibt.

Abb. 7
Höhenlagenverteilung der Bodenoberfläche im Bereich eines 20jährigen Kirschbaumes mit 40 cm Stammdurchmesser (schwarz).

Fig. 7
Level distribution of soil surface in the area of a 20-year-old cherry tree with a trunk of 40 cms diameter (black)

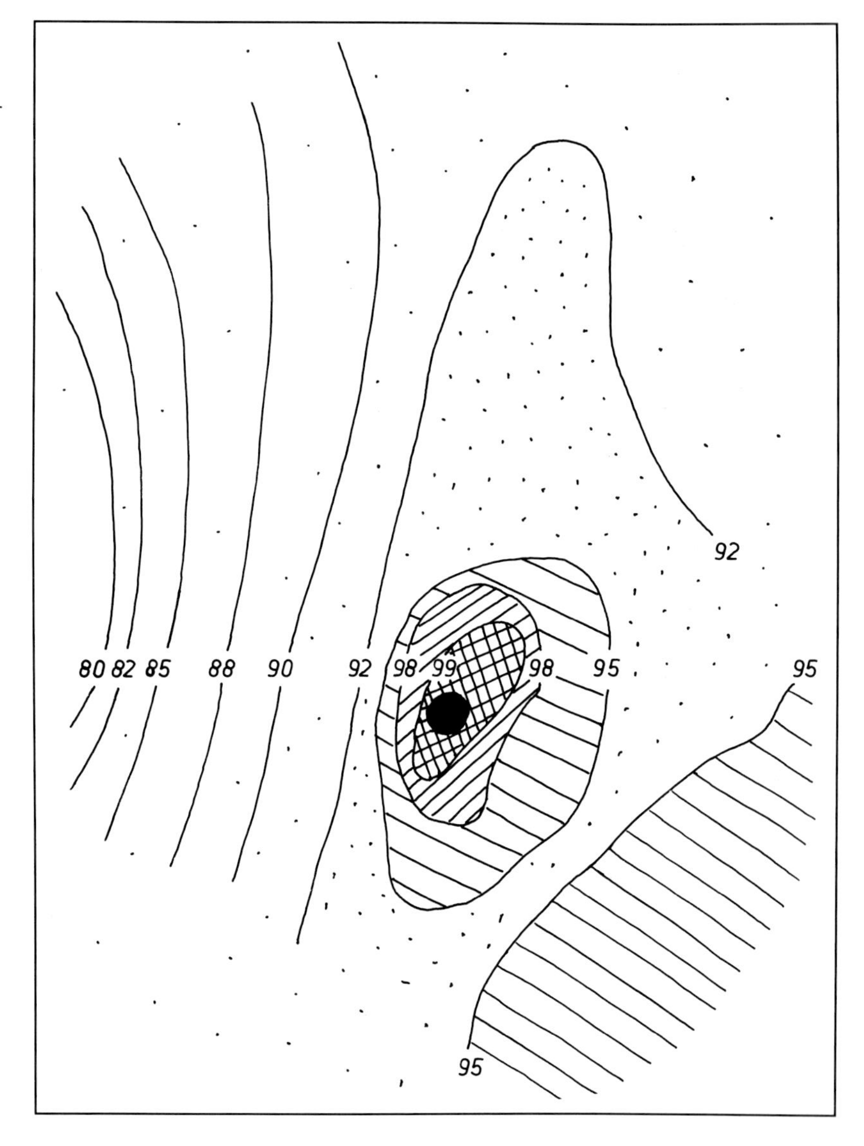

Die Abstützungsfunktion der Wurzeln für am Stamm angreifende Kräfte führt zu einer Verdichtung des Substrates durch die diese Kräfte übertragenden Wurzeln bzw. zu einer Dichterhaltung an der jeweiligen Leeseite. An der Luvseite wird, durch Teile der mit ihren feinen verzweigten Enden im Boden verankerten Wurzeln, eine lockernde Hebelwirkung hervorgerufen. Außerdem entsteht ein radial auf den Stamm hin gerichteter Zug. Dieser Zug ist bei vielen Wurzeln mittleren

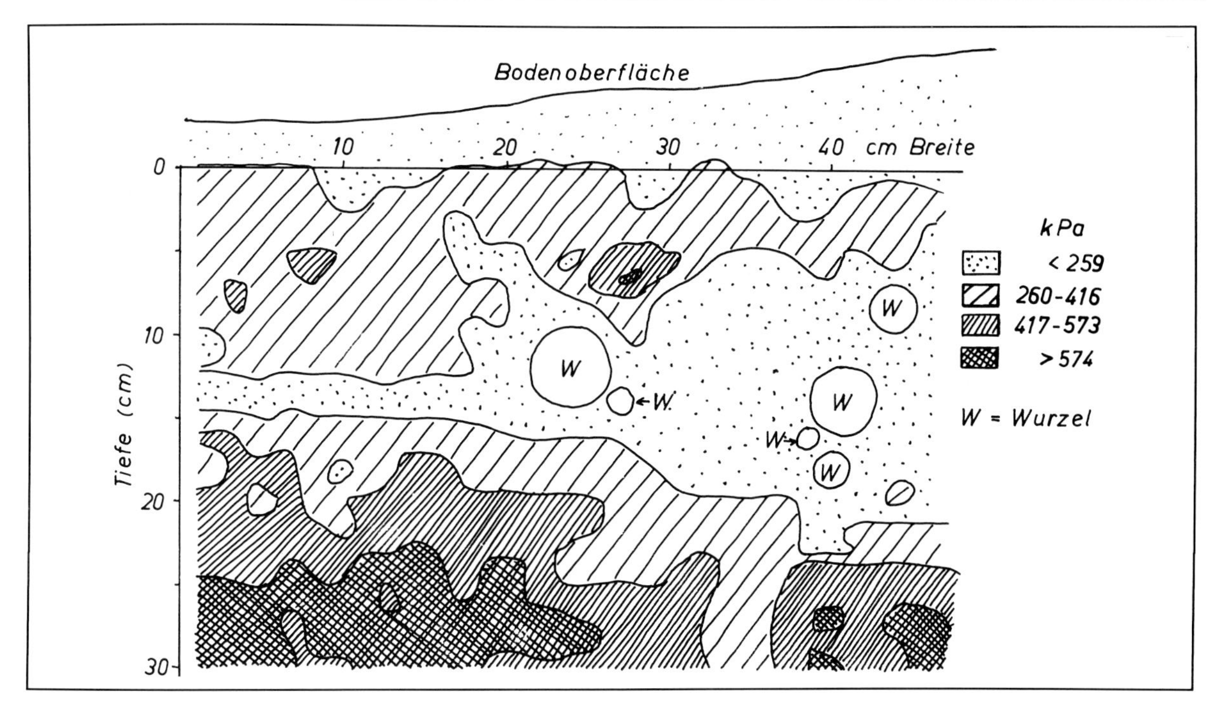

Abb. 8
Verteilung der einachsialen seitlich nicht begrenzten Druckfestigkeit im Wurzelraum eines Kirschbaumes in einem Lößboden (Parabraunerde).

Fig. 8
Distribution of the monaxial laterally unrestricted compression in the root area of a cherry tree in loess soil (Gray brown Podzolio soil)

Durchmessers ein wesentlicher Grund für die Lockerheit der engsten Umgebung, die in sehr dicht gelagerten Böden dazu führt, daß Gruppen dünner Wurzeln sich um eine vorhandene dickere scharen, so daß ganze Zonen stärkererLockerung entstehen (Abb. 8).

Die Ruhelage in Böden

Das ständige Wachsen von Wurzeln, die damit verbundenen Verschiebungen des Bodenmaterials durch Hebung (Abb. 3 und 7) und Entwässerung (Abb. 6), ferner Knetung infolge Betretens (Abb. 5) und Lockerung infolge Windwirkung auf Gehölze (Abb. 8) führen dazu, daß der Bereich der obersten 40–60 cm in einem Bodenprofil nie vollständig in Ruhe ist. Wenn die Tätigkeit von Tieren hinzukommt, wird die Bewegungsintensität sogar noch verstärkt.
Ihr Ausmaß kann man an den Relativbewegungen horizontaler, in verschiedenen Bodentiefen eingebauter Platten im Verlauf der Zeit erkennen. Ergebnisse derartiger Messungen an einem Sand- und einem Lehmboden unter Wald und einem Tonboden (Ödland) sind in Abb. 9 für den Bereich zwischen 40 und 60 cm Tiefe dargestellt. Die Abbildung zeigt beim Sandboden eine geringe unregelmäßige Bewegung der Plattenabstände im Bereich von 2–3 mm. Im Geschiebelehm ist die Relativbewegung größer und im Ton läßt sich sogar ein jahreszeitlich bedingter Schrumpfungs-Quellungs-Zyklus schwach erkennen.

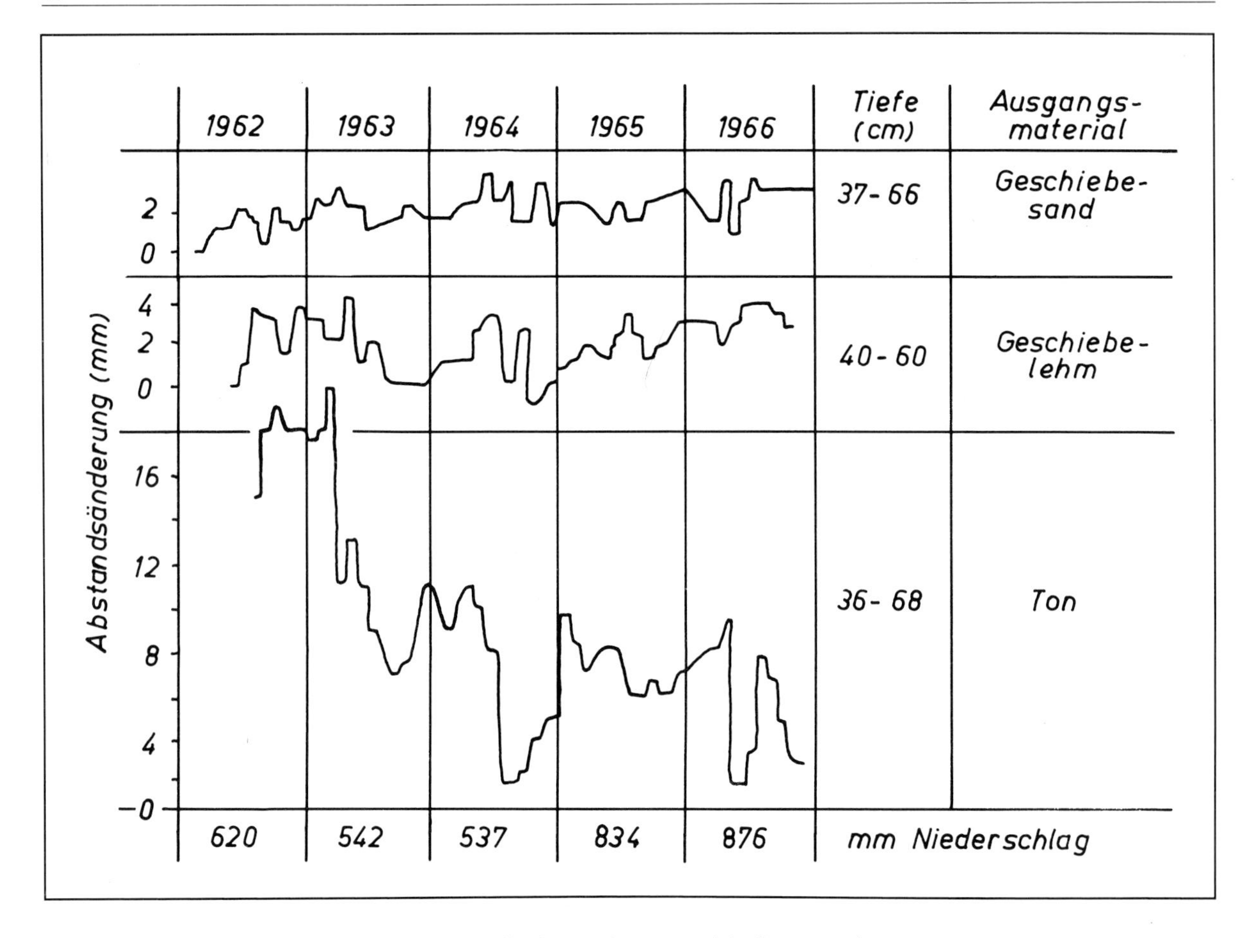

Abb. 9
Abstandsänderungen horizontal in den ungestörten Boden eingebrachter Platten im Tiefenbereich zwischen ca. 35 und 65 cm im Verlaufe von 5 Jahren.

Fig. 9
Horizontal distance alterations in undisturbed soil of plates placed in a depth between 35 and 65 cms during a period of 5 years

Im oberflächennahen Bereich (0–40 cm) ist diese Bewegung intensiver als in der in Abb. 9 gezeigten Tiefe. Infolge ihrer absolut gesehen geringeren Ausmaße ist sie dort jedoch über längere Zeitspannen nur schwer zu erfassen. Im Sandboden ist diese Bewegung im wesentlichen durch Bioturbation bedingt, im Geschiebelehm und noch mehr im Ton kommen Quellungs- und Schrumpfungsvorgänge dazu.

Folgerungen für Böschungen

Betrachtet man die Auswirkung der beschriebenen Bodenveränderung als Folge von Pflanzenwuchs und Wurzelbildung auf die Stabilitätssituation an einer Böschung, so erkennt man, daß jeder der angesprochenen Aspekte sowohl stabilitätsfördernd als auch stabilitätsvermindernd in Erscheinung treten kann.

Alle Aggregierungsvorgänge stabilisieren zunächst das Einzelaggregat, aber nicht die gesamte Schicht. Für diese wirken sie meist als Locke-

schädlich (−)		**förderlich** (+)
	Aggregierung	
Bildung lockerer labiler Schichten		Hemmungen der Oberflächenerosion von Einzelkörnern
	Lockerung	
Erosionsgefahr einzelner Partikel (Aggregate) erhöht		Wasseraufnahmen des Gesamtkörpers (Erosionshemmung)
	Infiltrationszunahme	
Bildung schwerer labiler Massen		Hemmungen der Oberflächenerosion
	Pflanzenkörper	
Gewichtszunahme		Verankerung, Schutz vor Regenschlag
	Pflanzentätigkeit	
Festigkeitsabnahme (Lockerung, Knetung) unter Wurzeln		Festigkeitszunahme durch Austrocknung Verankerung

Tabelle 1
Ambivalenz des Einflusses von Bodenbildungsvorgängen und Pflanzenentwicklung auf die Stabilität einer Böschung

Chart 1
Ambivalence of the influence of pedogenesis and plant development upon the stability of an embankment

rung. Die Wirkung auf die in Abb. 1 dargestellten Komponenten des Kräftesystems ist daher von der Betrachtungsebene abhängig, d. h. davon, ob Korn, Aggregat oder Bodenschicht gemeint sind.
Das gleiche gilt für die Veränderungen des Wasserhaushaltes, die als Folge von Aggregierung und Lockerung auftreten, wie vor allem für die Vergrößerung der Infiltration. Hier wird besonders deutlich, daß die durch sie hervorgerufene Verminderung des Anfalls von Oberflächenwasser und damit der Erosion gleichzeitig eine Zunahme des Wasserinhaltes im oberflächennahen gelockerten Boden und damit eine Veränderung des stabilitätsbedingenden Kräftesystems bedeutet. Es wird ferner deutlich, daß die stabilitätsfördernde Austrocknung des Bodens, die durch Gehölzbestand im Vergleich zu Gras- oder Krautvegetation entsteht, durch zusätzliche Auflockerung, quellungsfördernde Knetung an Durchwurzelungsgrenzen und zusätzliches Gewicht erkauft wird.

Die Ambivalenz der Wirkung von Aggregierung und Lockerung, von Infiltration und Pflanzenwuchs auf das in Abb. 1 veranschaulichte komplizierte Kräftesystem wird durch die Gegenüberstellung der möglichen Auswirkungen in Tabelle 1 deutlich.
Es zeichnet sich schließlich ab, daß eine Pflanzendecke – abgesehen von ihrem Einfluß auf die Evapotranspiration und damit auf die Menge des Sickerwassers – vor allem eine Verlagerung der Angriffe des Wassers von der Oberfläche weg in tiefere Schichten zur Folge hat.
Wenn man von den drei in Abb. 2 schematisch getrennt dargestellten möglichen Wegen des Wassers ausgeht, so kann man sagen, daß eine Pflanzendecke den Ablauf der im Gravitationsfeld der Erde unausweichlichen Einebnung einer Böschung in der Form verändert, daß sie den oberflächennahen Abtrag hemmt, der bei den häufigen geringen Überwässerungen mehr oder weniger regelmäßig abläuft.
Das Risiko der Überwässerung tieferer Böschungsbereiche, die im Sinne statistisch seltener Ereignisse zu Brüchen der Böschung führen können, wird durch die Einwirkung der Pflanzendecke und von ihr hervorgerufene Substratveränderungen nicht vermindert, sondern infolge der Verkleinerungen des schnellen Oberflächenablaufes eher erhöht. Dies gilt vor allem, wenn sich eine scharfe Grenze zwischen wurzelbeeinflußtem und nicht durchwurzeltem Boden ausbildet. Das Ziel einer Böschungsstabilisierung mit Pflanzen muß daher neben Reduzierung der Oberflächenerosion vor allem darin liegen, die Entstehung bzw. das Wirksamwerden tieferliegender Gleitflächen wie Schichtgrenzen oder Sprünge der Lagerungsdichte und der Wasserleitfähigkeit zu verhindern.

Professor Dr. Karl-Heinz Hartge
Institut für Bodenkunde
der Universität Hannover
Herrenhäuser Straße 2
3000 Hannover 21

Rudolf Floss

Zur Standsicherheit von Böschungen mit Lebendverbau aus der Sicht von Bodenmechanik und Grundbau

On the Stability of Embankments with Plants from the Point of View of Soil Mechanics and Foundation Practice

Zusammenfassung:
Der Beitrag gibt in seinem ersten Teil einen Überblick der analytischen Betrachtungsweise hinsichtlich der Standsicherheit von Erd- und Felsböschungen und des Sicherheitsbegriffs aus der Sicht des Grundbauingenieurs.
Aus diesen Überlegungen folgt, daß Lebendverbaumaßnahmen zur Standsicherheit von Erdböschungen dann beitragen, wenn diese nur in ihrem oberflächennahen Bereich abgleit- bzw. erosionsgefährdet sind. Dabei muß gewährleistet sein, daß der Lebendverbau standortgemäß gewählt und ausgeführt wird, rechtzeitig vor niederschlagsreichen Perioden und Schneeschmelzen wirksam werden kann und flächenabdeckend wirkt.
Ein allgemeines, durch die Erfahrung zuverlässig bestätigtes Berechnungsverfahren, mit dem sich die durch den jeweiligen Lebendverbau zu erzielende Sicherheitserhöhung auch analytisch bereits beim Böschungsentwurf berücksichtigen ließe, existiert bisher nicht.
In den Fällen, bei denen Böschungen und Hänge durch räumliches oder flächenhaftes Gleiten mit tiefliegenden Verzerrungs- bzw. Gleitzonen gefährdet sind, kann die Instabilität durch Lebendverbaumaßnahmen nicht aufgehoben werden.
Im weiteren befaßt sich der Beitrag mit der bautechnischen Bedeutung des Lebendverbaues als Schutz gegen Erosion und schwerkraftbedingte Labilisierung der oberflächennahen Böschungsbereiche und führt außerdem auch einige schädliche Wirkungen bzw. Fehlanwendungen, z. B. bei wasserbaulichen Anlagen, an. Hieraus werden schließlich einige allgemeine Anforderungen abgeleitet, die erfüllt sein müssen, damit Lebendverbaumaßnahmen zur Standsicherheit von Erdböschungen beitragen können.

1. Einleitung

Die zwingenden Forderungen unserer Zeit nach Schutz des Naturhaushalts beinhalten eine Reihe von Aufgaben, bei denen der Bauingenieur und der Ingenieurbiologe als naturverhafteter Fachmann auf gegenseitige Zusammenarbeit angewiesen sind. Zu Recht darf daher festgestellt werden, daß zur Lösung der Aufgaben das Wissen und die Erfahrung mehrerer Disziplinen zusammenkommen müssen.
Wenn es in der Vergangenheit zu Entwurfsfehlern oder zu naturwidrigem Bauen gekommen ist, dann dürften die Ursachen nicht vordergründig in der Verständnislosigkeit der einen Seite für die Aufgaben und Erfahrungen der anderen zu suchen sein, sondern zumeist in dem organisatorisch bedingten Mangel, die verschiedenen Fachleute zu einer rechtzeitigen und wirksamen Zusammenarbeit vor Ort zu bringen. Dieser Mangel wird allerdings schon recht lange beklagt, wenn man bedenkt, daß er bereits von HEUSON (1946) beim Bau des Mittellandkanals als gravierend hervorgehoben wird.
Im Beitrag wird zu folgenden vier Fragenkomplexen Stellung genommen:

1. Wie wird die Standsicherheit von Böschungen aus der Sicht der Bodenmechanik bzw. der Felsmechanik grundsätzlich betrachtet?
2. Wie kann die Wirkungsweise des Lebendverbaues bei der rechnerischen Stabilitätsanalyse berücksichtigt werden?
3. Wie wird der Einfluß des Lebendverbaues aus der Sicht des Bauingenieurs gesehen?
4. Welche Anforderungen müssen gestellt werden, damit der Lebendverbau zur Standsicherheit beiträgt?

Summary:
The first part of this contribution gives a survey of the analytic methods of determining the stability of soil and rock embankments and the safety of soil mechanics.
Il follows that securing soil embankments with plants will only be effective if embankments are threatened only by slides or erosion close to the surface. This presupposes that species sellected from a solid ground cover are suitable to the given conditions, and are planted in time to be effective in periods of high precipitations or spring thaw. No general proven method of calculating the degree to which safety of embankments is increased by plants exists as yet which can be used analytically for designing embankments.
In cases where the stability of slopes and embankments is threatened by slides with deep deformation and slides zones, the instability cannot be counteracted by plants.
The article goes on to treat the importance of plants to construction technology as protection against erosion and gravity-caused instability of slope sufaces and also mentions various damaging effects an misapplications, for example in water construction.
Finally, some general requirements are derived which must be met of plants are to be effective in stabilising soil embankments.

Diese Fragenkomplexe waren auch bei der Erarbeitung der neuen Richtlinien für die Landschaftsgestaltung (RAS-LG Teil 3: Lebendverbau) Diskussionsgegenstand.
Spezielle Stützkonstruktionen an Böschungen in Verbundbauweise, d. h. in Kombination mit Lebendverbau, wie z. B. begrünte Raumgitterwände, sind nicht Gegenstand des Beitrags.

2. Grundsätzliche Betrachtung der Standsicherheit von Böschungen aus boden- und felsmechanischer Sicht

2.1 Bruchmechanismen

Es gilt der Grundsatz, die Standsicherheit einer Böschung durch bautechnische Eingriffe zu keinem Zeitpunkt – weder während der Bauzeit noch später – zu reduzieren, sondern sie erforderlichenfalls durch geeignete Maßnahmen auf Dauer zu vergrößern.
Die bei der Stabilitätsanalyse wesentlichen Unterscheidungsmerkmale für instabile Zustände sind der Bruchmechanismus (Verlauf und Form potentieller Gleitzonen sowie wirksamer Gleitwiderstand) und die Formänderungen nach Größe, Geschwindigkeit und Zeitdauer. Da sich die Festigkeit von Boden und Fels durch äußere Kräfte ändern kann (im Gegensatz zu anderen Materialien) und eine zeitabhängige Größe ist, ist es notwendig, zwischen Anfangs- und Endstandsicherheit einer Böschung zu unterscheiden. Hinter diesen Begriffen verstecken sich komplizierte mechanische Vorgänge und physikalisch-chemische Zusammenhänge. Für die Beurteilung der Wirkung von Lebendverbauweisen genügt es, an dieser Stelle die folgenden instabilen Zustände vereinfachend auseinanderzuhalten:

2.1.1 Räumliches Gleiten

Kennzeichen:
Verzerrung einer Böschung über einen größeren Tiefenbereich infolge Schubspannungen (Verzerrungsgleitung). In Anfangsphase oder auch über eine längere Zeit langsame Kriechbewegung (u. U. nur wenige Millimeter pro Jahr), danach periodische oder kontinuierliche Beschleunigung der Bewegung (kritischer Wert etwa größer 2 cm pro Woche) mit Übergang zum räumlichen Gleiten bis zum plastischen Bruch der Böschung. Die Gleitgeschwindigkeit ist abhängig von der Böschungsneigung und dem Verhältnis der nach dem Bruch verbleibenden Restscherfestigkeit des Bodens zu seiner maximal mobilisierten Scherfestigkeit unmittelbar vor Eintreten des Bruches.
Die Schubspannungen in der Oberflächenschicht entwickeln sich oft größer als darunter, wodurch dementsprechend auch größere Abwärtsbewegungen dieser Schicht entstehen können. Indiz für solche Vorgänge geben fest verwurzelte Bäume, bei denen der anfangs erzwungene

Schrägwuchs durch aufwärts gerichtete starke Krümmung des unteren Stammendes ausgeglichen wird.

2.1.2 Flächenhaftes Gleiten

Kennzeichen:
Das Abgleiten der Böschung erfolgt auf geraden oder meist gekrümmten Flächen (Verschiebungs-, Translations-, Flächengleitung) aufgrund von Schubspannungen, die den Scherwiderstand des Bodens bzw. Felsens längs der Gleitflächen überwinden. Die Verzerrungen sind zwar größer als beim räumlichen Gleiten, aber auf schmale flächenhafte Zonen (Gleitflächen) begrenzt. Die Dicke dieser Zonen kann oft nur auf ein Vielfaches der mittleren Korngröße begrenzt sein.
Sonderform:
Flache Translationsgleitung der oberflächennahen Schicht infolge Schichtwechsel in geringer Tiefe (z. B. Oberboden auf Unterlage) oder bei Entfestigung, z. B. durch Erosion oder Aufweichen des Bodens.

2.1.3 Besonderheiten bei Gleitungen im Fels

Die Bruchmechanismen bei Felsgleitungen sind in der Regel vorgeprägt durch die geometrische Stellung geologisch bedingter Trennflächen zum Verlauf der Böschungslinie: Schichtfugen, Schieferungsfugen, Klüfte, Verwerfungen, Mylonitzonen. Die Zuverlässigkeit von Stabilitätsanalysen bei Anwendung erdstatischer Verfahren ist hierbei besonders beeinträchtigt durch die unbekannten inneren Spannungen bzw. Restspannungen des Gebirgskörpers; sie lassen sich nur durch aufwendige spezielle Untersuchungen näherungsweise ermitteln.

2.2 Standsicherheitsbegriff

Nach den Lehrbegriffen der Bodenmechanik und Felsmechanik ist die Standsicherheit einer Böschung das Ergebnis einer mit den Hilfsmitteln der Erd- bzw. Felsstatik durchgeführten Berechnung auf der Grundlage eines Baugrund- bzw. Böschungsmodells. Das Modell umfaßt vereinfachende Annahmen über den Schichtenaufbau des Untergrundes, die hydrologischen Verhältnisse und über den Bruchmechanismus, ferner eine Quantifizierung der Berechnungsgrößen (Scherverformungseigenschaften, Porenwasserdruck, Durchlässigkeit); in der Regel wird es auf boden- bzw. felsmechanische Untersuchungen (Versuche, in-situ-Messungen, Bruchmodelle) gestützt.
In der praktischen Stabilitätsanalyse lassen sich die räumlichen und translativen Bruchmechanismen bisher nicht oder nur in Näherung berücksichtigen, weil die tatsächliche Verteilung der Eigengewichtsspannungen in der Böschung und die den tatsächlichen plastischen Formänderungen zugrunde liegenden Stoffgesetze weitgehend unbekannt sind. Hilfsweise wird daher von der Annahme ausgegangen, daß längs einer

kinematisch möglichen Bruchfläche der Scherwiderstand des Bodens voll mobilisiert und überschritten wird (Bruchzustand). Der von der Bruchfläche begrenzte Gleitkörper wird als Starrkörper angenommen, dessen Grenzgleichgewicht bei gegebener Böschungshöhe und Böschungsneigung von Lastwirkungen (Eigengewicht, Strömungsdruck bzw. Porenwasserdruck in der Bruchfläche, äußere Lasten) sowie vom Widerstand des Bodens gegen Schubspannungen (Scherfestigkeit, Parameter φ und c) beeinflußt wird. Das Gleichgewicht dieses Starrkörpers wird rechnerisch an die einfache statische Bedingung geknüpft, daß sowohl die angreifenden und widerstehenden Kräfte als auch deren Momente um den Drehpunkt der Bewegung miteinander im Gleichgewicht sein müssen.
Aus dieser Gleichgewichtsbetrachtung werden verschiedene Sicherheitsdefinitionen abgeleitet:

a) Der Sicherheitsgrad η ist derjenige Faktor, mit dem die gegebenen angreifenden Kräfte oder Momente multipliziert werden müssen, damit die rückhaltenden Kräfte bzw. Momente dem Gleitkörper das Grenzgleichgewicht halten:

$$\eta = \frac{M_p}{M_a}$$

b) Alternativ wird die Scherfestigkeit τ des Bodens und die in der Gleitfläche vorhandene Schubspannung für die Sicherheitsdefinition verwendet (FELLENIUS, 1927). In diesem Fall ergibt sich η als Koeffizient der vorhandenen Scherfestigkeit (τ_{vorh}) zu jener Schubspannung (Scherfestigkeit) in der Gleitfläche, die das Gleichgewicht gerade aufrecht erhält (τ_{erf}):

$$\eta = \frac{\tau_{vorh}}{\tau_{erf}}$$

Aufgrund der verschiedenen Sicherheitsdefinitionen ergeben sich im konkreten Einzelfall unterschiedliche Zahlenwerte für den Sicherheitsgrad, mit Ausnahme des Falles $\eta = 1{,}0$.
Die Risiken, die aufgrund der vereinfachend getroffenen Annahmen in den rechnerischen Stabilitätsanalysen enthalten sind, werden bei der praktischen Bemessung der Böschung durch die Vorschrift bestimmter Sicherheitsgrade (in der Regel zwischen 1,2 und 1,5 je nach Lastfall) teilweise wieder ausgeglichen. Damit wird gefordert, daß die in der potentiellen Bruchfläche auftretende Schubspannung τ mindestens um den

Faktor $\frac{1}{\eta}$ kleiner als die vorhandene Scherfestigkeit des Bodens sein muß:

$$\tau_{Bem.} < \frac{\tau_{vorh}}{\eta} < \frac{c' + \sigma' \cdot \tan \varphi'}{\eta}$$

Weitere Risiken, die nicht durch diese Art der Bemessung erfaßt sind, werden in der Regel durch in-situ-Messungen, mit denen bestimmte kritische Grenzwerte der Berechnungsgrößen überwacht bzw. kontrolliert werden, abgedeckt. Die Rückrechnung von Rutschungen zeigt auch, daß der Einflußwert unterschiedlicher Sicherheitsdefinitionen und Berechnungsverfahren auf das Ergebnis der Stabilitätsanalyse im Vergleich zu denjenigen des zugrundegelegten Baugrundmodells bedeutend geringer veranschlagt werden kann. Deshalb ist die möglichst genaue Baugrunderkundung und die Ermittlung der Scherfestigkeitseigenschaften von größter Bedeutung. Bei allen Scherfestigkeitsuntersuchungen für Stabilitätsanalysen gilt daher die Grundregel, daß die in-situ-Bedingungen (Belastung, Verformungsgeschwindigkeit, Entwässerung) weitestgehend simuliert werden müssen. Die Festigkeit des Bodens richtet sich als zeit- und verformungsabhängige Größe nach dem Konsolidierungsgrad, den Entwässerungsbedingungen (dräniertes oder undräniertes Verhalten) und dem Volumenverhalten beim Abscheren (dilatantes oder kontraktantes Volumenverhalten) (Abb. 1).
Bei Schubspannungen, die Volumenvergrößerung (dilatantes Verhalten) bewirken, fällt die Scherfestigkeit nach Erreichen der Bruchfestigkeit bereits bei relativ geringen Formänderungen ab. Der Bruch solcher Böden kann ohne Voranzeichen plötzlich unter großer Verformung erfolgen. Bei Volumenverminderung (kontraktantes Verhalten) gehen dagegen dem Bruch sichtbare, oft sehr langsame und lang andauernde Formänderungen (Kriechverformungen) voraus.

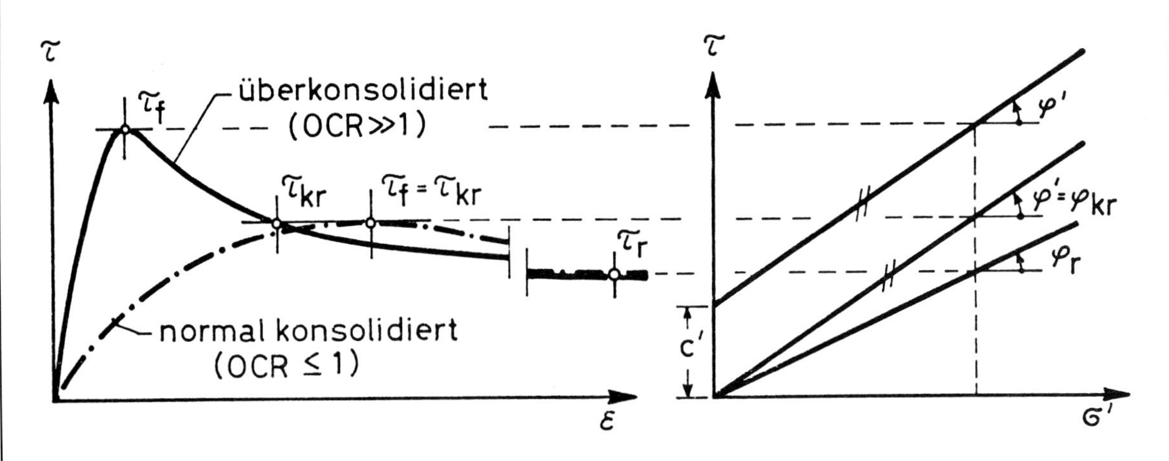

Abb. 1
Scherfestigkeit in Abhängigkeit von der Formänderung (Stauchung γ, Dehnung ε): schematische Arbeitslinien

σ' = wirksame Normalspannung
c = Kohäsion
ϱ = Reibungswinkel
τ_f = Bruchscherfestigkeit
τ_{Kr} = Scherfestigkeit im kritschen Zustand ($\triangle V = O, e_{Kr}$)
τ_r = Restscherfestigkeit

Fig. 1
Shearing strength in dependency on shape alterations (compression dilatation): schematic working lines
σ' = effective normal stress
c = cohesion
ϱ = angle of friction
τ_f = ultimate shearing strength
τ_{Kr} = shearing strength in critical state
τ_r = residual shearing strength

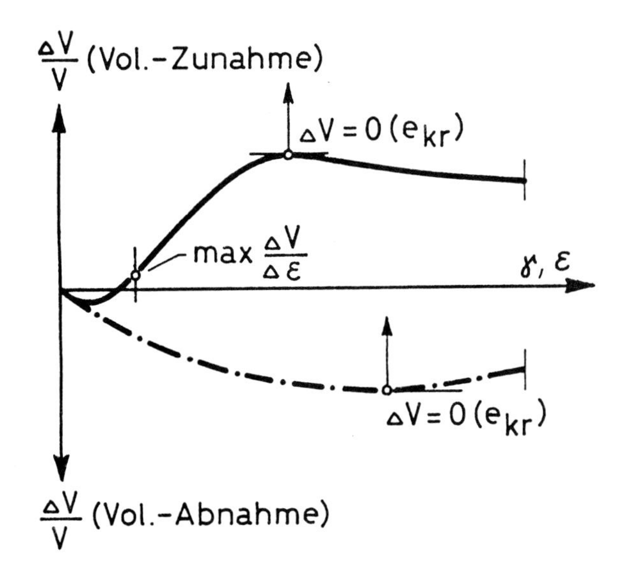

2.3 Zuverlässigkeitstheorie

Gegenwärtig bemüht man sich um neue Sicherheitstheorien, mit denen die Risiken weiter eingeschränkt werden sollen. Grundlage dieser Theorien, die über die Zuverlässigkeit einer baulichen Anlage aussagen, sind:

- planerische und organisatorische Strategien
- Beurteilung der Bauwerkssicherheit nach probabilistischen Methoden
- Differenzierung der Maßnahmen für die Bemessung und Kontrolle der baulichen Anlage nach ihrem jeweiligen Gefährdungsgrad.

Die Anwendung probabilistischer Methoden erfordert die Kenntnis der statistischen Daten der Einflußgrößen, z. B. Mittelwert, Standardabweichung und Verteilungstyp der Scherparameter φ' und c'. Die Einflußgrößen werden durch charakteristische Fraktilwerte und auf sie bezogene Fraktilsicherheitsbeiwerte berücksichtigt.

Im Hinblick auf die künftige Anwendung dieser Zuverlässigkeitstheorie für den Nachweis der Böschungsstandfestigkeit besteht die Notwendigkeit, auch statistische Daten über Lebendverbauweisen systematisch und rechtzeitig zu sammeln.

3. Berücksichtigung der Wirkung des Lebendverbaues bei der rechnerischen Analyse der Böschungsstabilität

Aus den grundsätzlichen Ausführungen in Abschn. 2 folgt, daß es vom potentiellen Bruchmechanismus einer Böschung im Einzelfall abhängt, ob ein bestimmter Lebendverbau zur Standsicherheit der Böschung beitragen kann oder nicht:

a) Im Fall des räumlichen Gleitens mit tiefreichender Verzerrungszone und langzeitigen Kriechbewegungen kann der Lebendverbau die Instabilität der Böschung nicht aufheben. Vorstellbar ist zwar in diesem Fall, daß die von der Vegetation beeinflußte Bodenschicht infolge Verwurzelung so weit stabilisiert ist, daß ihre Bewegung nach Größe und Geschwindigkeit etwas reduziert wird. Für die Gesamtstandsicherheit ist dieser Effekt jedoch von untergeordneter Bedeutung, ein rechnerischer Nachweis speziell für den Lebendverbau ist daher nicht geboten.

b) Im Fall des flächenhaften Gleitens einer Böschung auf tief unter dem Wurzelwerk liegender Gleitfläche ist die Verwurzelung der vegetationstragenden Schicht ebenfalls ohne Bedeutung für die Gesamtstandsicherheit.

c) Die Standsicherheit einer in Nähe der Böschungslinie (Tiefenbereich etwa 1 bis 1,5 m) abgleitgefährdeten Böschung läßt sich erfahrungsgemäß durch einen sorgfältig ausgeführten und rechtzeitig wirksam werdenden Lebendverbau erhöhen. Für solche Fälle kommt ein rechnerischer Nachweis der Standsicherheit des Lebendverbaues in Frage.

Bisher gibt es aber kein zuverlässiges, d. h. durch die Erfahrung zuverlässig bestätigtes Nachweisverfahren, weder rechnerisch noch auf der Grundlage von Modellversuchen. Die Gründe für diese Situation sind in folgendem zu suchen:

1. Die boden- oder felsmechanische Stabilitätsanalyse ist in erster Linie auf die Untersuchung tiefliegender Gleitflächen ausgerichtet, um über die Gesamtsicherheit der Böschung und die sich daraus ergebenden Konsequenzen für bauliche Sicherungsmaßnahmen aussagen zu können. Demgegenüber steht das Abgleiten eines Lebendverbaus im Hintergrund, zumal die Fragen der Notwendigkeit eines biologischen Böschungsverbaus und die hiervon zu erwartenden Erfolgsaussichten vorrangig Erfahrungssache waren und bleiben sollten.
2. Es liegen nur wenig Angaben über Festigkeitsparameter (Reibungswinkel, Kohäsion, Durchlässigkeit) von durchwurzelten Bodenschichten vor; es fehlen somit zuverlässige Eingabedaten für rechnerische Nachweise.

Theoretisch lassen sich, wie die Abb. 2 als Beispiele zeigt, verschiedene kinematisch mögliche Bruchmechanismen vorstellen, mit denen der Standsicherheitsnachweis von vegetationstragenden Schichten erfolgen könnte. Nur im Einzelfall läßt sich entscheiden, welcher Mechanismus für den rechnerischen Nachweis geeignet ist, je nach den Böschungs- und Wasserverhältnissen, der Art des Lebendverbaues und den maßgebenden Lastwirkungen einschließlich Strömungsdruck. An dieser Stelle darf die Arbeit von SCHAARSCHMIDT und KONEČNÝ (2) nicht unerwähnt bleiben, weil darin einige der Bruchmechanismen für den relativen Modellvergleich der Wirkung von Buschlagen und Flechtwerk angewendet worden sind. Weitergehende Untersuchungen in der Richtung dieser Arbeit wären durchaus wünschenswert.

Für einfache homogene Bodenverhältnisse ohne Porenwasserdruck ließe sich die Standsicherheit einer Erdböschung mit und ohne Lebendverbau mit Hilfe vorhandener Diagramme (z. B. von TAYLOR/FELLENIUS), aus denen sich für die Sicherheit $\eta = 1{,}0$ die zulässige Böschungshöhe in Abhängigkeit von der Böschungsneigung β und den Scherparametern c', φ' des Bodens ermitteln läßt, leicht vergleichen. Voraussetzung wäre aber auch in diesem Falle die Kenntnis der maßgebenden Scherfestigkeitsparameter der vegetationstragenden Schicht und der von ihr beeinflußten Unterlage.

Ersetzt man die tatsächliche Verfestigungswirkung des Lebendverbaues durch die Modellvorstellung einer gewichtsmäßig wirkenden Flächenauflast, dann läßt sich das erforderliche Gewicht eines solchen Böschungsverbaues in einfacher Weise erdstatisch aus dem aufzunehmenden Erddruck bemessen (Abb. 3). Dieser Modellansatz wird beim erdstatischen Nachweis von Schwergewichtsdeckwerk (z.B. Platten) verwendet und käme auch für konstruktive Verbundbauweisen mit Le-

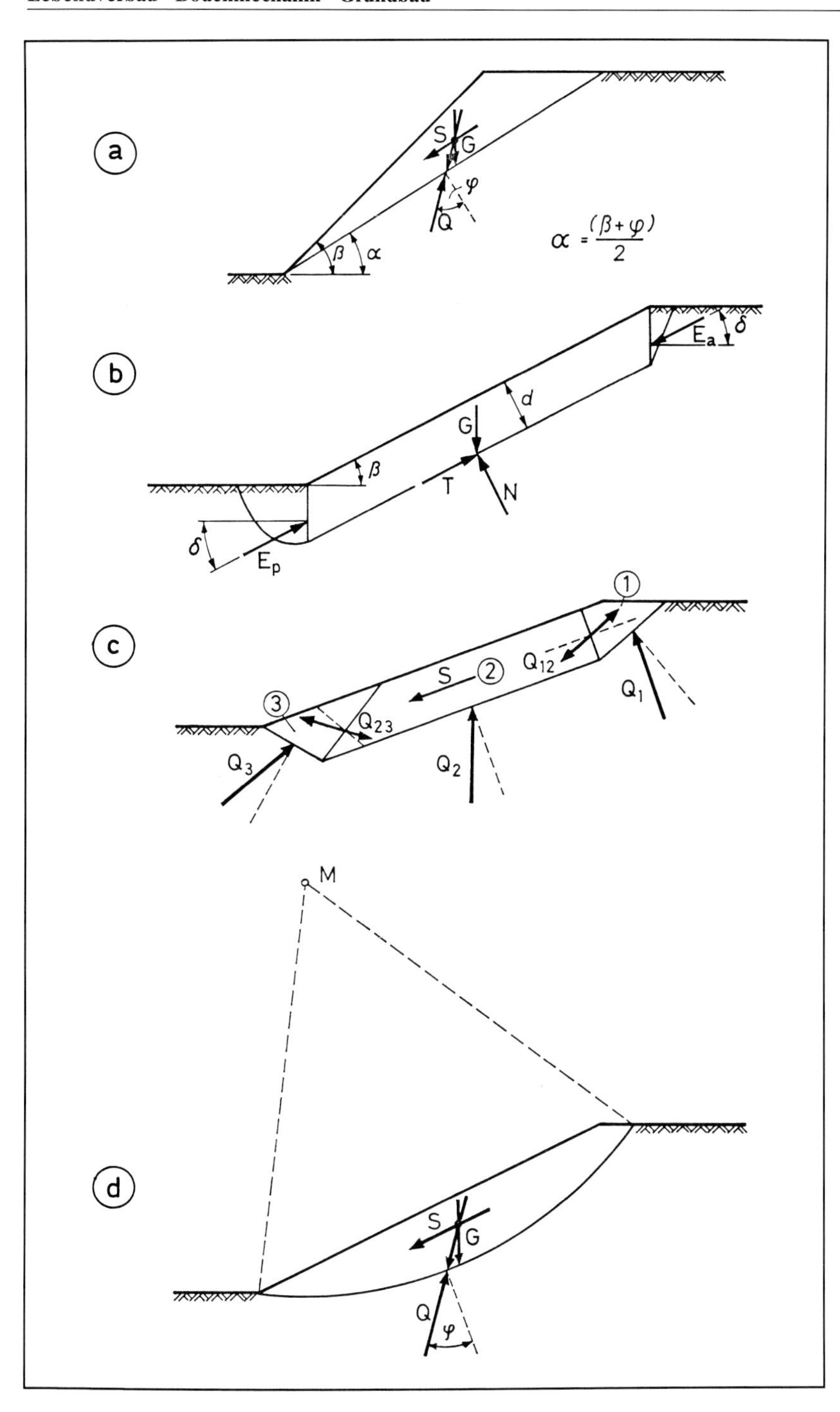

G = Eigenmasse
S = Strömungsdruck
E_a = aktiver Erddruck
E_p = passiver Erddruck
Q = Reaktionskraft (abhängig von ϱ' c') mit den Komponenten N und T

G = fixed force of the sliding bed
S = flow pressure
E_a = active earth pressure
E_p = passive earth pressure
Q = reaction power (depending on ϱ' c') with components N and T

Abb. 2
Beispiele für Bruchmechanismen zur Untersuchung der Standsicherheit vegetationstragender Oberflächenschichten

Fig. 2
Examples of breaking mechanism for tests on the stability of vegetation covered soil surfaces

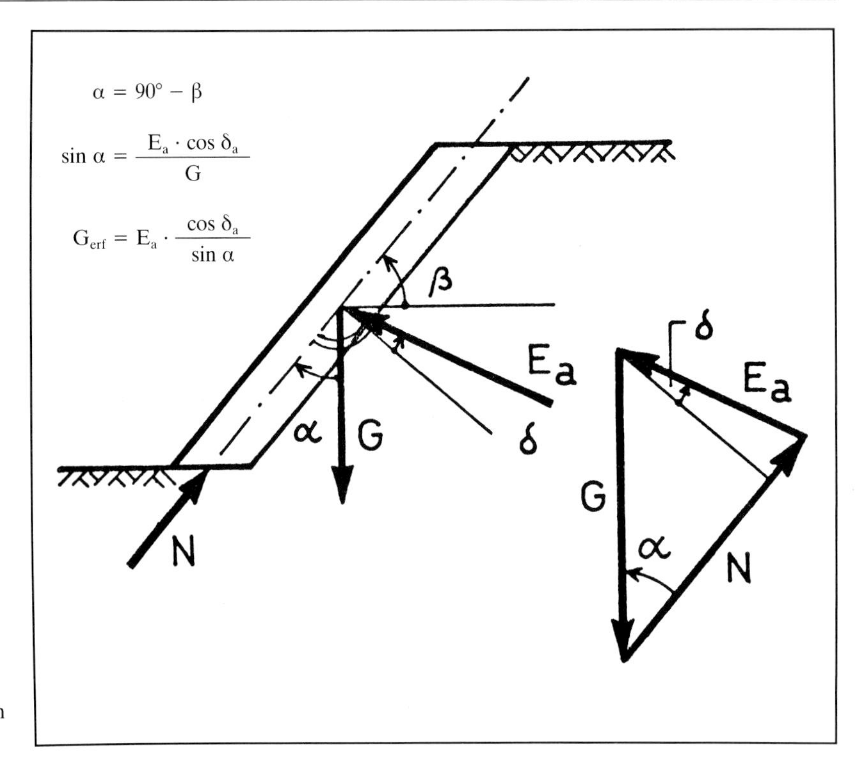

Abb. 3
Bemessung des erforderlichen Gewichts G_{erf} eines Böschungsdeckwerkes aus dem Erddruck E_a

Fig. 3
Rating of the required weight G_{erf} of an embankment cover out of earth pressure E_a

bendverbau, die auf Steilböschungen aufliegen, in Frage.
Untersuchungen an Sand von SIEDEK (1965) auf der Grundlage dieses Ansatzes führten zu folgenden Ergebnissen:

a) Bereits eine geringe Auflast, z.B. in Form einer dünnen Auflage, genügt, die Standsicherheit der Böschung zu verbessern bzw. die Böschungsneigung zu erhöhen.
b) Kurze Pfähle, z.B. Pflöcke des Flechtwerks, tragen in der Anfangsphase nicht zur Böschungsbefestigung bei, insbesondere nicht in lokkerem Sand und selbst dann noch nicht, wenn sie die doppelte Länge unter die Gleitfläche reichen. Im Endzustand (Durchwurzelung beendet) zeigen sie jedoch eine gute Verfestigungswirkung, besonders in dichtem Sand.
c) Eine wesentliche Verbesserung der Standfestigkeit der Böschung wird erreicht, wenn die Pfähle bzw. Pflöcke nach oben verhängt, an der Böschungsoberkante umgelenkt und mehrere Meter dahinter verankert werden. Zur Wirkung von Pfählen in Böschungen siehe auch Lit. (8).

Um hinsichtlich des rechnerischen Nachweises der Standsicherheit von Lebendverbauweisen weiter zu kommen, seien an dieser Stelle Forschungsarbeiten mit folgendem Inhalt vorgeschlagen:

a) In-situ-Untersuchungen über die zeit- und standortabhängigen Festigkeitseigenschaften von Vegetations- und vegetationstragenden Schichten
b) Kartierungsgemäße Aufnahme von abgerutschten Vegetationsschichten zur Klärung ihrer Bruchmechanismen und zur erdstatischen Rückrechnung (Sicherheit, Scherfestigkeit).

4. Beurteilung der Wirkung von Lebendverbauweisen aus der Sicht des Bauingenieurs

4.1 Im Grundsatz bestehen keine wesentlichen Auffassungsunterschiede zum ingenieurbiologischen Standpunkt: Ein standortgemäß gewählter, rechtzeitig vor niederschlagsreichen Perioden bzw. vor der Schneeschmelze wirksam werdender und flächenhaft abdeckender Lebendverbau wirkt günstig auf die Stabilisierung der oberflächennahen Böschungszone. Diese Wirkung äußert sich in mehrfacher Hinsicht:
a) Das auf der Böschung abfließende Oberflächenwasser und in die Böschung eindringende Sickerwasser werden mengenmäßig durch die Verdunstungswirkung des Lebendverbaues reduziert.
b) Durch die Wasseraufnahme der Wurzeln wird dem Boden Wasser entzogen.
c) Die vegetationstragende Schicht wird durch den Lebendverbau verfestigt, und zwar durch folgende Teilwirkungen:
   – mechanische Verfestigung durch die Verwurzelung
   – Erhöhung der Kohäsion bindiger Böden durch den Entzug von Wasser
   – Bildung einer »scheinbaren Kohäsion« des Bodens, da die kapillare Saugwirkung der Wurzeln Porenwasserunterdrücke bzw. Kapillarspannungen in den Poren erzeugt.

Diese Effekte sind unter natürlichen Bedingungen nach Größe und Zeitabhängigkeit bisher weitgehend unbekannt.

4.2 Aus den in 4.1 beschriebenen Wirkungen ergeben sich für den Bauingenieur folgende Hauptvorteile des Lebendverbaues neben seiner Bedeutung als landschaftsgestaltendes Element:

4.2.1 Schutz gegen Wassererosion (Abspülung durch die Schleppkraft des auf der Böschung herabfließenden Wassers). Vorrangige Bedeutung zur Sicherung oberflächennaher Schichten aus nichtbindigen Böden, besonders Feinsande, aber auch Böden mit hohem Schluffanteil.

4.2.2 Schutz gegen Winderosion (Auswehung). Empfindlich sind besonders Böschungen aus Böden mit hohen Feinsandanteilen.

4.2.3 Schutz gegen schwerkraftbedingte Bodenerosion: Labilisierung der oberflächennahen Schicht (0,5 bis 1,0 m Tiefe) durch Entfestigung von Schluff- und Tonböden oder durch Gleitflächen in geringer Tiefe. Der Lebendverbau erhöht den Reibungswiderstand der Deckschicht (innerer Reibungswiderstand und Haftreibung) auf der Unterlage.

Die Labilisierung der oberflächennahen Schichten in Böschungen und Hängen hat vielfältige Ursachen, z. B.: Verwitterung, starke Vernässung, Aufweichen, Auftauen über gefrorener Unterlage. Sie ist eine häufige Erscheinung und oft der Ausgang für tiefere Rutschungen und Hangabbrüche, entsprechend groß ist ihr volkswirtschaftlicher Schaden. Eine wesentliche Einflußgröße für die Labilisierung der Schichten ist die Böschungs- bzw. Hangneigung; z. B. gibt RICHTER (s. Olschowy) folgende kritischen Werte an: Tonböden 12 bis 15°, Sandböden 20 bis 25°, Lehmböden 25 bis 30°, Hangschutt 35 bis 40°.
Oft ist die Labilisierung der oberflächennahen Schichten aber auch durch nachteilige Böschungsbauweisen bautechnisch bedingt, und zwar:

1. Trend zu profilgerechter Herstellung von Böschungen mit Regelneigungen 1:1,5 oder flacher durch Einsatz von Flachbaggern, im Fels mit Reißgerät. Im Fels wird dabei die Oberflächenzone zerrissen und das gerissene Material maschinell einplaniert. Das Ergebnis ist eine mehr oder weniger labile Gerölldeckschicht auf standfestem Fels.
2. Herstellen von Erdböschungen mit starker Verdichtung der Oberfläche, so daß sich eine glatte, nicht durchwurzelbare Gleitfläche bildet.

4.2.4 Ein weiterer Vorteil des Lebendverbaues besteht darin, Böschungen unter bestimmten Bedingungen steiler als üblich anlegen zu können. Diese Fälle sind allerdings beispielsweise an die Voraussetzungen gebunden, daß die Böschungen eine relativ hohe Gesamtstandfestigkeit haben, ihre Herstellung mit dem Lebendverbau in einem Zuge bei günstigen Witterungsverhältnissen erfolgt und ein rasch und flächenhaft wirksamer Lebendverbau ohne kritische Anlaufzeit gewählt wird.

4.3 Ungeachtet der potentiell günstigen Wirkungen des Lebendverbaues auf die Standfestigkeit von Böschungen dürfen einige schädliche Wirkungen bzw. Fehlanwendungen des Lebendverbaues nicht übersehen werden:

4.3.1 Das Abgleiten von Mutterboden (Oberboden) auf Böschungen ist nach wie vor eine ungewöhnlich häufige Erscheinung, z. B. an Straßenböschungen. Obwohl seit Jahrzehnten bekannt ist (HEUSON, 1946, Mittellandkanal), daß der Auftrag von Mutterboden oder die Aussaat von Rasen auf Böschungen schwierig ist, erfolgt dies auch heute noch oft mit bedenkenloser Selbstverständlichkeit. Diese Deckschichten bilden Isolierungen, da sie in der Anfangsphase keine und später nur eine schwache Verbindung mit dem mineralischen Unterboden eingehen. Sie stauen bzw. speichern Sickerwasser und neigen daher dazu, auf glatter Unterfläche, selbst auf relativ flachen Böschungen, abzurutschen. Die Gefahr des Abgleitens besteht besonders auf nassen Böschungen, auf Anschnitten mit starker Wasserführung, bei Regelböschungen und auch bei stark mit Lebendverbau überlasteten Flächen (SCHIECHTL, 1965, 1973). Da die Gefahr des Abgleitens außerdem mit zunehmender Dicke der Mutterbodenschicht wächst, empfehlen die RAS-LG, Teil 3

nur Dicken bis zu 10 cm.
Alternative Lösungen sind z. B. folgende:

1. Gehölzanpflanzung auf mineralischem Unterboden
2. Unterboden etwa 1 m tief zusammen mit Mutterboden aufnehmen und als Mischboden aufbringen (HEUSON, 1946).
3. Anwendung von oberbodenfreien Begrünungsverfahren, wie Anspritzverfahren und Decksaaten, die rasch und flächenhaft gleichmäßig wirksam werden (SCHIECHTL, 1965).
4. Anwendung von Bestecken, begrünten Hangrosten, Geflechten, Rasenmauern bei Steilböschungen (siehe RAS-LG, Teil 3).

4.3.2 Beim Einbau von Flechtwerken können die zahlreichen Pflanzhölzer und Spieker zumindest während der kritischen Anlaufzeit die Oberflächenschicht der Böschung auflockern und vor allem das Eindringen von Wasser fördern. Das Abrutschen von Böschungen mit Flechtwerkverbau ist daher ebenfalls eine häufige Erscheinung. Ähnlich nachteilige Folgen können von Pflanzriefen ausgehen; sie sollten mindestens unter 30° zur Böschung geneigt angelegt werden, damit das Oberflächenwasser abfließen kann.

4.3.3 Das Abholzen von Bäumen und Sträuchern auf Hängen kann Instabilitäten auslösen: Der unter der Saugwirkung der Gehölze entstandene natürliche Wasserhaushalt eines Hanges bildet sich nach der Rodung um, und die auf die Bodenfestigkeit günstig wirkenden Kapillarspannungen bzw. Porenwasserdrücke werden wesentlich abgebaut. Außerdem können sich durch Verrottung bzw. Rodung von Stubben Hohlräume und Auflockerungen bilden. Die Rodungstrichter fördern die tiefgreifende Bewässerung des Hanges, die Entfestigung des Bodens und den Abbruch von Böschungskanten.

4.3.4 Bei wasserbaulichen Anlagen (Böschungen von Staudämmen, Uferbefestigungen) ist besondere Sorgfalt mit Lebendverbaumaßnahmen geboten. Die fortschreitende Wurzelentwicklung des biologischen Verbaues darf keine bevorzugten Sickerwege bzw. Leitkanäle schaffen oder gar Dichtungen durchbrechen. Erhöhte Erosionsgefahr besteht direkt an den Wurzelsträngen, insbesondere bei Wellenschlag. Die Auswahl der Baustoffe und Bauweisen des Lebendverbaus ist nach der unterschiedlichen Belastung durch Schubkraft und Strömungsgeschwindigkeit des Wassers in der Unter- und Überwasserzone sowie in der Wasserwechselzone zu treffen. Lebendverbaumaßnahmen sind eigentlich nur für die relativ gering beanspruchte Überwasserzone zu empfehlen.

4.3.5 Die Sprengwirkung von Pflanzen in Felsklüften und der Hebungsdruck kräftiger Wurzeln kann Abbrüche an Böschungen verursachen.

4.3.6 Sonderfälle, bei denen sich ein Lebendverbau ungünstig auswirken kann, sind:

– Verstopfung von Dräns (Sickerstränge, Rohre), durch Wurzelbildung

- Sprengwirkung in Bauwerksfugen, z. B. bei Plattendeckwerk auf Kanalböschungen, und Hebungsdruck an Bauwerken.
- Schrumpfsetzungen an Bauwerken, besonders bei tonigen Böden, infolge Wasserentzug durch Bäume in Trockenperioden (PRINZ, 1974).

5. Anforderungen an Lebendverbaumaßnahmen, die zur Standsicherheit von Böschungen beitragen

Da sich diese Anforderungen im wesentlichen bereits aus den in Abschnitt 4 genannten Vorzügen und Fehlanwendungen des Lebendverbaues von selbst ableiten, seien hier nur noch zusammenfassend einige allgemeine Gesichtspunkte herausgestellt:

1. Der Lebendverbau muß den Standortbedingungen der Böschung angepaßt sein (Bodenverhältnisse, geologische und morphologische Gegebenheiten, Wasserverhältnisse). Vom Stabilisierungseffekt aus gesehen, sollten Pflanzen und Gehölze mit starker Wurzelbildung und Wassersaugkraft sowie flächenhaft wirksam werdende Decksaaten und Anspritzbegrünungen den Vorzug haben.
2. Es sollten nur solche erdbautechnischen und ingenieurbiologischen Arbeitsweisen zur Anwendung kommen, die für die Standfestigkeit der Böschung schonend wirken. Schema- und gewohnheitsgemäße Verbaumaßnahmen sind häufig nicht zu befürworten und wirtschaftlich unrationell.
3. Dem Zeitfaktor kommt in mehrfacher Hinsicht entscheidende Bedeutung zu:

   a) Die kritische Anlaufzeit bis zum Wirksamwerden des Lebendverbaues muß so kurz wie möglich sein. Bei empfindlichen Böden bzw. relativ wenig standfesten Böschungen empfiehlt es sich, die Erdarbeiten in der Endphase mit dem Lebendverbau in einem Zunge in geeigneter Jahreszeit auszuführen.
   b) Die Lebensdauer des Grünverbaues darf nicht begrenzt sein.

6. Schlußbemerkung

Der Lebendverbau muß den für das Bauobjekt maßgebenden bautechnischen Sicherheiten im Einzelfall Rechnung tragen. Daher sei nochmals hervorgehoben, daß sich der Böschungsbau, zumindest in komplizierten Fällen, als echte Gemeinschaftsaufgabe für Bauingenieur, Geologe und landschaftsverhaftetem Fachmann (Ingenieurbiologe) darstellt. Diese Zusammenarbeit ist von jeher ein dringliches Anliegen, aber selbstverständlich nicht nur für den Böschungsbau, sondern für alle bautechnischen Maßnahmen im Rahmen der Landschaftserhaltung und Landschaftspflege.

Literatur

HEUSON, R.: Biologischer Wasserbau und Wasserschutz. Siebeneicher Verlag, Berlin-Charlottenburg, 1946
SCHAARSCHMIDT, G., KONEČNÝ, V.: Der Einfluß von Bauweisen des Lebendverbaues auf die Standsicherheit von Böschungen. Mitteilungen des Instituts für Verkehrswasserbau, Grundbau und Bodenmechanik, Techn. Hochschule Aachen, VGB 49, 1971
SIEDEK, P.: Böschungssicherung. Straßen- und Tiefbau, H. 6, 1965
OLSCHOWY, G.: Naturschutz und Umweltschutz in der Bundesrepublik Deutschland. Parey-Verlag, Hamburg und Berlin, 1978
SCHIECHTL, H. M.: Grundsätzliche Überlegungen zur Hangsicherung durch Grünverbau. Zeitschrift für Kulturtechnik und Flurbereinigung, 6. Jahrgang, 1965, S. 136–145
SCHIECHTL, H. M.: Sicherungsarbeiten im Landschaftsbau. Verlag Georg D. W. Callwey, München, 1973
PRINZ, H.: Gebäudeschäden in Tonböden infolge Austrocknung. Vorträge Baugrundtagung 1974. Deutsche Gesellschaft für Erd- und Grundbau e. V., Essen
LORENZ, H.: Verhindern und Stabilisieren von Böschungsrutschungen. Die Bautechnik, H. 11, 1948, S. 243–246 mit Zuschrift von OHDE, J.: Die Bautechnik, Heft 8, 1949, S. 254–255

Professor Dr.-Ing. Rudolf Floss
Lehrstuhl und Prüfamt für Grundbau und Bodenmechanik der Technischen Universität München
Baumbachstraße 7
8000 München 60

Zusammenfassung:
Langjährige Untersuchungen führten zu praktisch verwertbaren Ergebnissen:
1. Form und Größe des durchwurzelten Erdkörpers sind nach Pflanzenart und Standort unterschiedlich,
2. Größenordnungen der Wurzelmassen:
fünfjährige Pflanzen:
Gräser ca. 10 ccm/Pflanze
tiefwurzelnde Kräuter ca. 100 ccm/Pflanze
Sträucher über 1000 ccm/Pflanze
Ganze Pflanzengesellschaften: Trokkengewicht je m² Bestand
Zwergstrauchheide 3000 bis 4000 g/m²
Curvuletum/Seslerio-Semperviretum 2500 g/m²
14jährige Berasung in 1800 m Höhe 700 g/m²
artenarme Gramineenrasen aus Begrünung 300 g/m²
3. Verhältnis Wurzel- zu Triebvolumen spielt für die ingenieurbiologische Praxis eine wichtige Rolle,
4. Zugfestigkeit der Pflanzenwurzeln ist sehr verschieden.
Gräser und Kräuter 30 bis 600 kg/cm²
Gehölze 100 bis 1600 kg/cm².
Für die ingenieurbiologische Praxis entstanden aus diesen Erkenntnissen einige neue Arbeitsmethoden, die inzwischen weltweit angewendet werden.
Dadurch ist es möglich, neben ökologischen und landschaftsgestalterischen Funktionen auch technische Funktionen durch ingenieurbiologische Verbauungen zu erfüllen.

Hugo Meinhard Schiechtl

Pflanzen als Mittel zur Bodenstabilisierung

Plants as Soil Stabilizers

1. Einleitung

Als ich vor 33 Jahren mit dem ingenieurbiologischen Bauen begann, sah ich von Anfang an in der Pflanze das Baumaterial, mit dem die technischen und ökologischen Ziele bei diesen Baumaßnahmen erreicht werden sollten.
Die technischen Ziele waren primär zunächst der Erosionsschutz und die Stabilisierung von Lockermassen.
Von den für unsere Aufgaben in Frage kommenden Arten auf den verschiedensten Standorten im Alpenraum wußten wir hinsichtlich ihrer technischen Fähigkeiten fast nichts.
Zu den ersten Untersuchungen gehörten deshalb in den 50er Jahren die inzwischen veröffentlichten Experimente über die vegetative Vermehrbarkeit von Gehölzen und von Rhizompflanzen, ferner jene über Ernte und Aussaat wildwachsender, im Handel nicht erhältlicher Arten und die Messung der Zugfestigkeit von Pflanzenwurzeln.
Für meine Aufgaben mußte ich auch möglichst viele und möglichst genaue Informationen über die Wurzelsysteme der für ingenieurbiologische Arbeiten geeigneten Pflanzenarten haben. Deshalb nützte ich meine Tätigkeit bei der Wildbach- und Lawinenverbauung, um in den dortigen Baufeldern immer wieder Pflanzen auf verschiedensten Standorten auszugraben und ihr Wurzelsystem zu studieren. Im Laufe der Jahre entstand aus diesen Untersuchungen eine Sammlung von Ergebnissen, die ich 1958 erstmals in mehreren grundsätzlichen Thesen zu formulieren versuchte.
Die inzwischen auf weitere Länder und Kontinente sowie andere Einsatzgebiete ausgedehnte Tätigkeit brachte eine weitgehende Bestätigung dieser Grundtatsachen.
Alle in der Folge mitgeteilten Ergebnisse beziehen sich vorwiegend auf Pionierpflanzen, weil wir es beim ingenieurbiologischen Bauen in der Regel mit Rohböden zu tun haben.

2. Wurzelform und ihre Anpassung an spezielle Standortverhältnisse

Die einzelnen Pflanzen weisen eine erbliche Tendenz auf, eine bestimmte Form des Wurzelsystems auszubilden. Im Volksmund sind deshalb seit altersher Begriffe wie »Pfahlwurzler«, »Herzwurzler«, »Flachwurzler« etc. üblich.

Demgegenüber lassen sich nach meinen Untersuchungen alle Pflanzenarten in drei verschiedene Wurzelformtypen ordenen, nämlich in

Extensivwurzler mit weitstreichenden und meist auch tiefgehendem Wurzelsystem. Beispiele: Salix, Pinus, Tamarix, Leguminosen, Petasites, Silene vulgaris etc.

Intensivwurzler mit kurzen, stark verzweigten, dicht beieinander liegenden Wurzeln. Beispiele: Horstgräser, verschiedene Kräuter, gemeine Esche

Kombinierte, also Pflanzen, die zwar weitstreichende Wurzeln ausbilden, aber an deren Enden dichte Verzweigungen ausbilden, die hauptsächlich der Nährstoffaufnahme dienen.

Eine besondere Eigenschaft mancher Pflanzen ist die Fähigkeit zur Ausbildung von Wurzelbrut. Diese Fähigkeit dient vor allem der vegetativen Ausbreitung.

Beispiele: Hippophae rhamnoides, Robinia pseudaccacia, Ephedra, Rhus typhina, Acacia sp., Prosopis etc.

Spezielle Standorte erzwingen eine Anpassung und damit eine Abweichung von diesen Grundtendenzen.

Beispiele: auf dichten oder flachen Böden (z. B. über Gleyhorizont, über Beton oder undurchdringbaren Folien) werden Tiefwurzler zu Flachwurzlern, bleiben aber Extensivwurzler.

Flachwurzler können auf nährstoffarmen, aber lockeren Substraten zu Extensivwurzlern werden.

Auf toxischen Industriesubstraten werden die meisten Pflanzen zu Intensivwurzlern oder kombinierten, vor allem dringen sie nicht tief in das Substrat ein.

Eine für die Praxis sehr wichtige Eigenschaft ist die Ausbildung von **Zuganker-Wurzeln** als Reaktion auf Bodenbewegung oder Auftreten anderer Zugkräfte im Wurzelbereich (Abb. 1 und 2).

Ebenso wichtig ist die Kenntnis jener Pflanzen, die nicht nur ihre oberirdischen Organe besonderen mechanischen Belastungen anzupassen vermögen (Mechanomorphosen nach RAUH 1939, 1942), sondern auch das Wurzelsystem. So können etwa Weiden, Tamarisken, Ulmen, Ahorn, Eschen, aber auch einige Koniferen sowie krautige Arten und Gräser durch die Ausbildung adventiver Wurzelstockwerke Verschüttungen durch Sandverwehung oder Übermurung aber auch nachfolgende Erosion schadlos überstehen (Abb. 3, 4, 5 und 6).

Die Frage, ob man vom oberirdischen Wuchs auf die Form des Wurzelsystems schließen kann, darf nur sehr bedingt bejaht werden. Dies ist nur möglich, wenn man die Wuchsform der ober- und unterirdischen Organe einer Pflanze auf Normalstandorten und deren Abweichung auf Sonderstandorten kennt.

Summary:

Long-term studies have yielded results for practical applications:

1. Shape and size of the soil mass penetrated by roots vary according to plant species and location.
2. Volume of soil masses penetrated: five-year old plants:
   Grasses ca. 10 ccm/plant
   deep-rooting stalky plants ca. 100 ccm/plant
   shrubs, bushes over 1000 ccm/plant
   whole plant communities:
   (dry weight per sq.m. plants surface).
   dwarf heather 3,000–4,000 g/sq.m
   Curvuletum/Seslerio-Semperviretum 2,500 g/sq.m
   Curvuletum/Seslerio-Semperviretum 2,500 g/sq.m
   14-year old grass cover at 1800 m altitude 700 g/sq.m
   grass cover made up of few varieties 300 g/sq.m
3. The ratio root to plant volume plays an important role in biological engineering.
4. The tensile strength of roots varies widely between species:
   Grasses and small leaf plants: 30 to 600 kg/sq.cm
   Bushes 100 to 1600 kg/sq.cm

For biological engineering, new working methods were derived from these findings which are meanwhile in general use worldwide. This makes it possible for biological engineering to have technical functions in addition to ecological and landscape-design functions.

Abb. 1
Extreme Ausbildung von Zuganker-Wurzeln in einem Rutschhang. Sorbus aria.

Fig. 1
Extreme development of contractile rotts in a sliding slope

Abb. 2
Ausbildung von Zuganker-Wurzeln bei einer Purpurweide. Ausgegrabene Buschlage, Wurzeln mehr als 5 m lang.

Fig. 2
Development of contractile roots near a red osier. Digged out shrub layers. Roots longer than 5 m

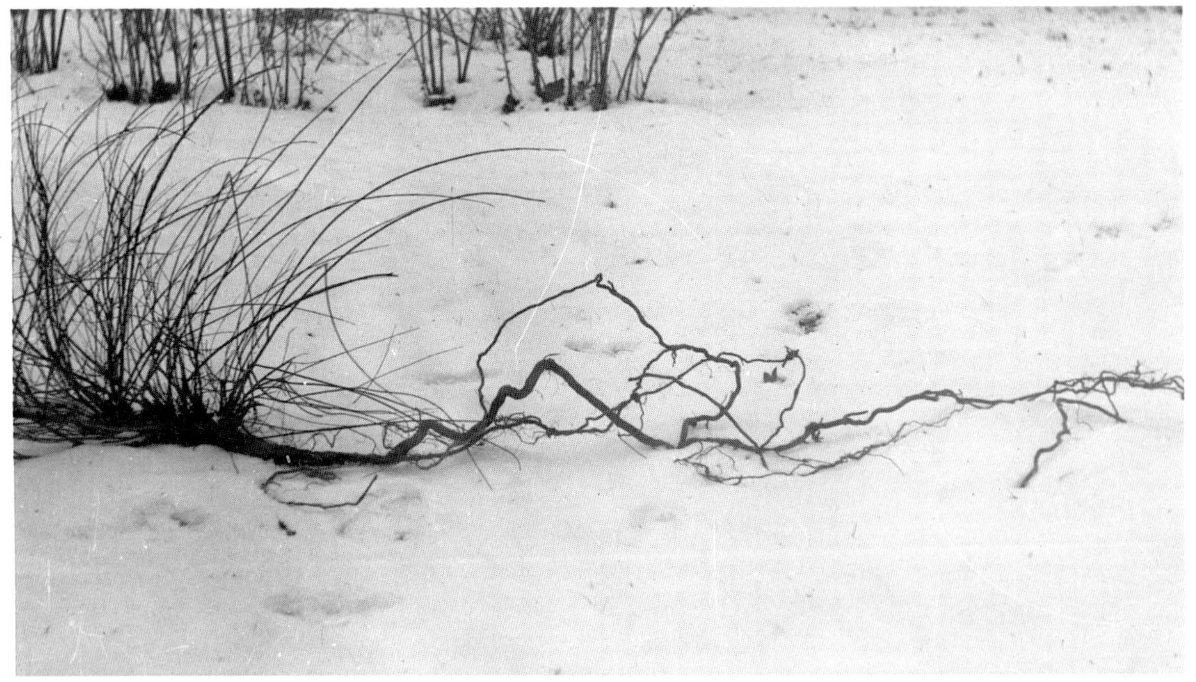

Abb. 3
Grauweide, die abwechselnd verschüttet und wieder freigespült wird.

Fig. 3
Gray osier, alternately being burried and washed out

Abb. 4
Purpurweide mit Adventivwurzeln im Überschüttungsbereich.

Fig. 4
Red osier, with adventitious roots in a covered up area

3. Form und Größe des durchwurzelten Erdkörpers

Die Form und die Größe des durchwurzelten Erdkörpers sind wichtige Kenngrößen für die Auswahl der Pflanzenarten in der ingenieurbiologischen Baupraxis.
Den Vorstellungen von einer Bodenstabilisierung durch Vegetation liegt die Idee zugrunde, daß die Pflanzenwurzeln ähnlich wie der Bewehrungsstahl im Beton wirken. Bei beiden kommt es auf die Anzahl, die Dicke, die Zugfestigkeit, aber auch die Lage der einzelnen Stäbe – in unserem Fall der einzelnen Wurzeln – an.
Die zahllosen Ausgrabungen am natürlichen Standort zeigten, daß analog der Tendenz bestimmter Wurzelformen der durchwurzelte Erdkörper die Form flach- oder tiefreichender, unregelmäßiger Kegel, Kugeln oder Zylinder aufweist. Sie variieren im wesentlichen nach Alter und Nährstoffgehalt in ihrer Größe und nach der Bodenstruktur in ihrer Form.

4. Wurzelmasse

Die Publikationen über Wurzelmassen beziehen sich zum Teil auf Messungen des Trockengewichtes, zum Teil auf solche des Wurzelvolumens. Bei geringen Wurzelmassen sind die Volumsmessungen vorzuziehen, weil die Meßfehler durch haftenbleibende, schwere mineralische Bodenteile relativ groß sind.

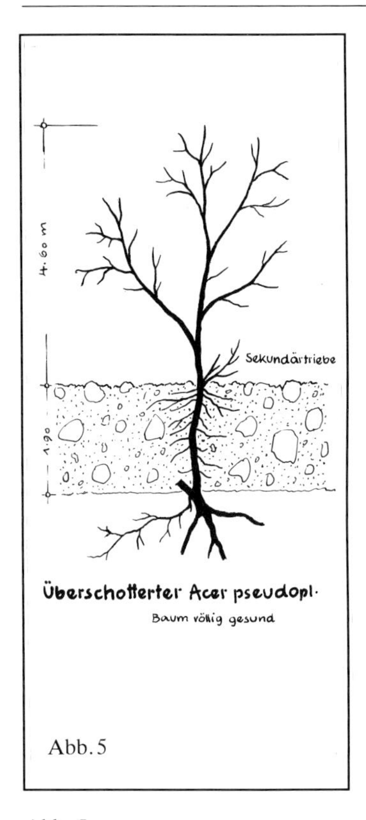

Abb. 5

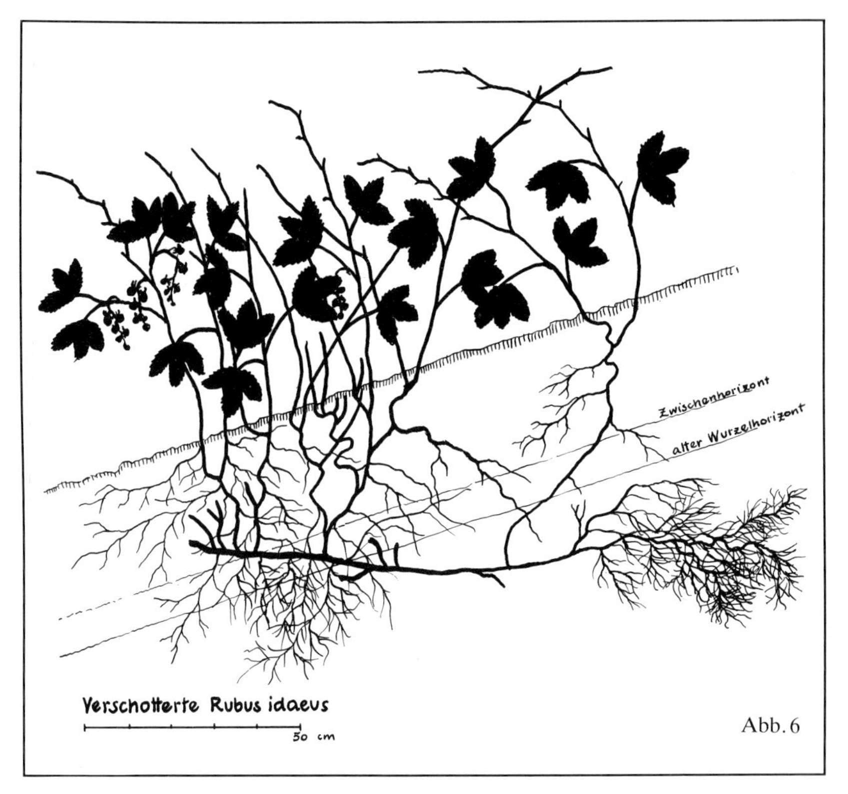

Abb. 6

Abb. 5
Adventivwurzelbildung bei einem überschütteten Bergahorn.

Fig. 5
Adventitious roots on a covered up sycamore

Abb. 6
Adventivwurzelbildung bei überschütteter Himbeere.

Fig. 6
Adventitious roots on a covered up raspberry-bush

Es gibt zahlreiche Untersuchungen über Wurzelmassen und Gesamtwurzellängen. Hier soll nur die Größenordnung für einzelne Artengruppen bzw. Bestände angedeutet werden (Details siehe in der zitierten Literatur).
Als Beispiele für diese Größenordnungen können die Zahlen in den Tabellen 1 und 2 dienen.

Tabelle 1
Durchschnittliches Wurzelvolumen auf Rohböden in 1000–1500 m SH

Gräser	ca. 10 ccm je Pflanze
Extensivwurzelnde Kräuter	100 ccm je Pflanze
Gehölze	1000 ccm je Pflanze und mehr.

(siehe auch Abb. 7 und 8).

Tabelle 2
Durchschnittliches Trockengewicht von Pflanzengesellschaften in der subalpinen und alpinen Stufe des Alpenraumes

Rasen (Curvuletum und Seslerio-Semperviretum)	ca. 2500 g/m²
Zwergstrauchheide (Rhododendretum ferruginei)	3–4000 g/m²

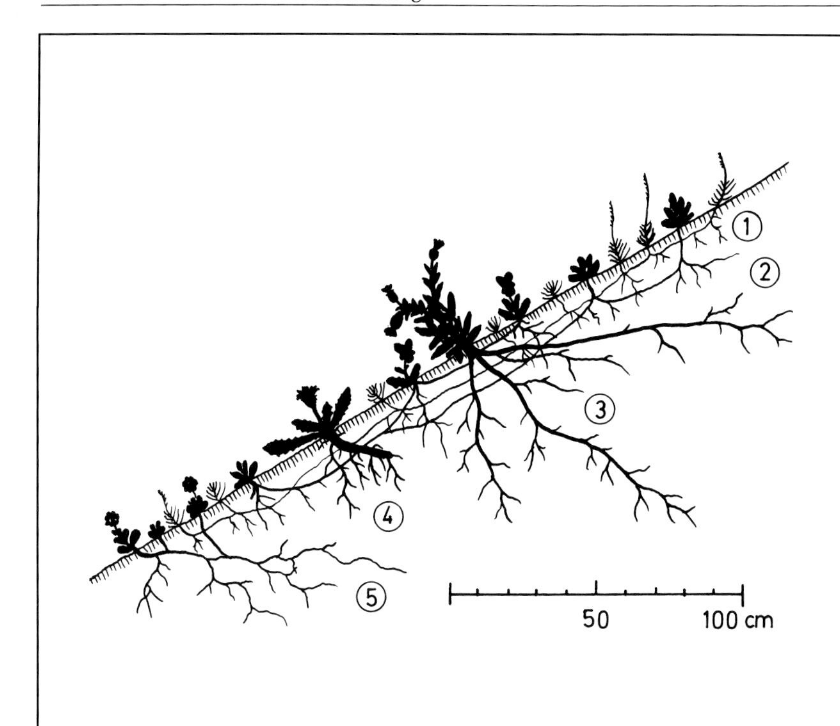

Abb. 7
Natürlicher Pionierbestand auf alpinem Kalk-Schutt (Trisetetum distichophylli):
1 Trisetum distichophyllum
2 Viola calcarata
3 Silene vulgaris
4 Crepis tergloviensis
5 Thlaspi rotundifolia

Fig. 7
Natural pioneer growth on alpine lime detritus (Trisetetum distichophylli):
1 Trisetum distichophyllum
2 Viola calcarata
3 Silene vulgaris
4 Crepis terglovienis
5 Thlapsi rotundifolia

14jährige künstliche Berasung mit kräuterreicher Samenmischung in 1800 m Seehöhe 700 g/m²
14jährige künstliche Berasung mit artenarmer Gramineenmischung meist unter 300 g/m².

5. Verhältnis Wurzel- zu Triebvolumen
Für die Durchwurzelung tieferer Bodenschichten sind Extensivwurzler erforderlich. Sie besitzen in der Regel einen Verhältniswert von Wurzel- zu Triebvolumen, der über 1.0 liegt, das heißt, daß die Masse der unterirdischen Organe größer ist als die der oberirdischen.
Die bestgeeigneten Pflanzenarten besitzen Verhältniswerte zwischen 1 und 2, so etwa Weiden, Eschen, Liguster, Tamarisken etc. Sanddorn hat einen Verhältniswert von ca. 1.0.
Aber auch Pflanzen mit weit überwiegender oberirdischer Triebmasse und folglich einem Verhältniswert unter 1.0 können für spezielle ingenieurbiologische Zwecke besonders geeignet sein, etwa wegen ihrer raschen Bodenabdeckung.
Beispiele: Efeu, Ipomaea pes caprae, Mesembryanthemen, Stenotaphrum secundatum, Cynodon dactylon etc.

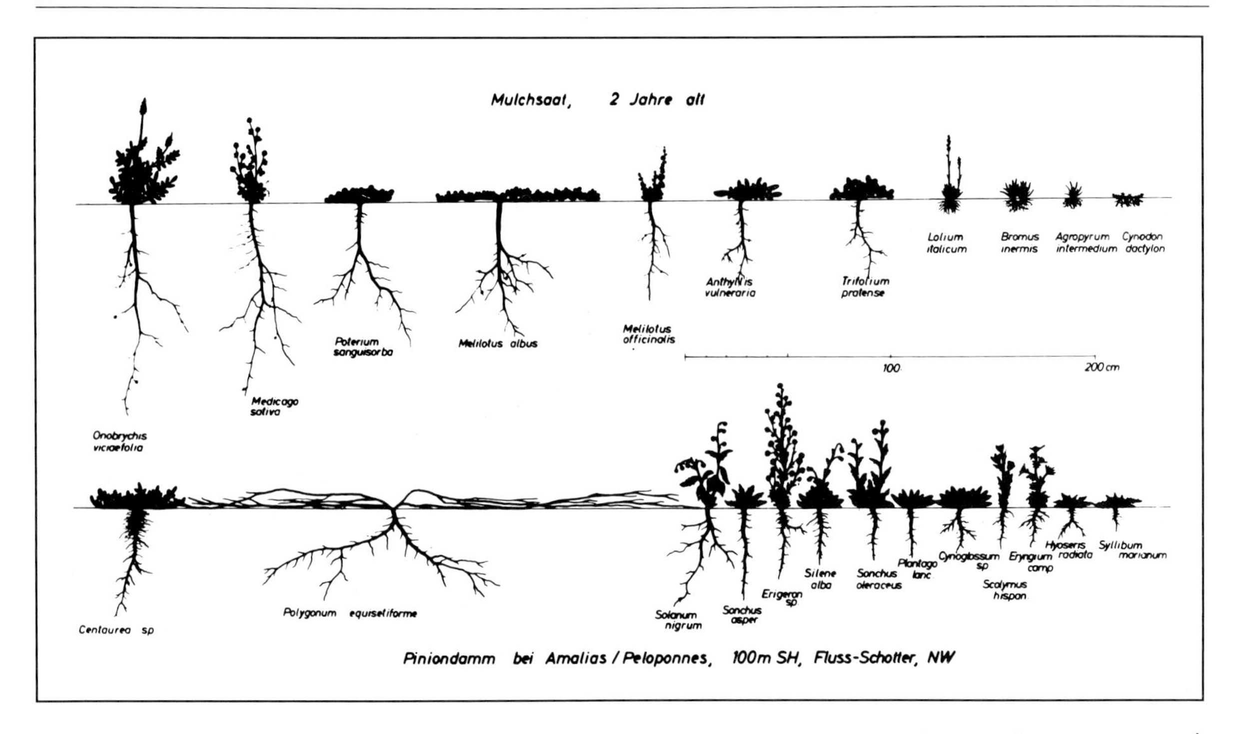

Abb. 8
Unterschiedliche Wurzelmasse bei gleich alten Gräsern und Kräutern einer zweijährigen Berasung in Griechenland

Fig. 8
Different root substances of equally old grasses and herbs of a 2-year-old lawn in Greece

Die besten und sichersten praktischen Ergebnisse werden stets artenreiche Bestände bringen, die sowohl aus Extensiv- als auch aus Intensivwurzlern zusammengesetzt sind und daher alle erreichbaren Bodenschichten ohne Ausbildung deutlicher Wurzelhorizonte gut durchwurzeln (Abb. 7 und 8).

6. Zugfestigkeit der Pflanzenwurzeln

Seit den ersten Untersuchungen durch STINY 1947 und den Verfasser (1958) publizierten einige weitere Autoren über dieses Thema (HATHAWAY R. L. 1973, HATHAWAY R. L. and PENNY D. 1975, HILLER H. 1966, CHENG C. C. 1972, KUMAGAI und TURMANINA V. I. 1965). Auch hier sind vor allem die Größenordnungen interessant. Dabei darf nicht unerwähnt bleiben, daß es aus verschiedensten Gründen große Streuungen gibt (Tabelle 3).

Tabelle 3
Zugfestigkeit von Pflanzenwurzeln:

Gräser	50–100 kg/cm²
Kräuter	30–600 kg/cm²
Gehölze	100–700 kg/cm² (max. 1600)

Diese Werte variieren nach dem Wassergehalt der Pflanzenwurzeln (je trockener, um so zugfester) und daher auch nach der Jahreszeit und nach dem Alter.
KUMAGAI 1974 wies überdies nach, daß Wurzeln, die primär der Verankerung dienen, höhere Festigkeiten besitzen und zwar bis zum doppelten Wert von Wurzeln, die vorwiegend zur Nährstoffaufnahme bestimmt sind.
Nach VIDAL's (1966) Theorie von der bewehrten Erde spielt allerdings neben der Zugfestigkeit auch der Widerstand der inneren Oberflächenreibung eine bedeutende Rolle. Dies untermauert die Auffassung, daß eine dichte Durchwurzelung des zu festigenden Erdkörpers bzw. der Einbau bewurzelungsfähiger Äste und Legruten mit möglichst großer Oberfläche von Wichtigkeit ist. Die Entwicklung des Lagenbaues (Buschlagenbau, Heckenlagenbau und Heckenbuschlagenbau nach SCHIECHTL 1973) war eine konsequente Folge dieser Erkenntnisse.

7. Wuchsgeschwindigkeit der Pflanzenwurzeln

Das Risiko einer mangelhaften Bodendurchwurzelung kann um so mehr reduziert werden, je rascher sich das Wurzelsystem entwickelt. Daher ist die Kenntnis von der Wuchsgeschwindigkeit der Pflanzenwurzeln für die praktische Nutzanwendung in der Ingenieurbiologie ebenfalls wertvoll.
Hierüber gibt es bisher nur vom Verfasser konkrete Untersuchungen (SCHIECHTL 1973, 1980), die sich vor allem auf die kritische Phase der ersten drei Vegetationsperioden beziehen.
Die Wuchsgeschwindigkeit der Pflanzenwurzeln ist ebenfalls artspezifisch und standortabhängig.
Auf durchlässigen, lockeren und nährstoffarmen Substraten sind die Pflanzen schon aus Ernährungsgründen zur raschen Entwicklung extensiver Wurzelsysteme gezwungen.
Daher zeigen sich in der Entwicklungsgeschwindigkeit des Wurzelsystems je nach Bodenverhältnissen ebenso große Unterschiede wie etwa nach der Höhenlage (je höher um so langsamer) (Abb. 9, 10 und 11). Trotzdem überwiegen die artspezifischen Unterschiede. So etwa erreichen verschiedene Gräser bei künstlichen Mulchsaaten auf Rohböden in 800 m Höhe nach der 2. Vegetationsperiode eine Wurzeltiefe bis 30 cm, einige Leguminosen hingegen bie 160 cm. Die Wurzelentwicklung unterliegt im übrigen einem Jahres-Rhythmus, der gegen die Entwicklung der oberirdischen Pflanzenteile etwas verschoben ist. Die Wurzeln wachsen zu Ende der Vegetationsperiode noch einige Zeit weiter, wenn das oberirdische Wachstum bereits abgeschlossen ist.

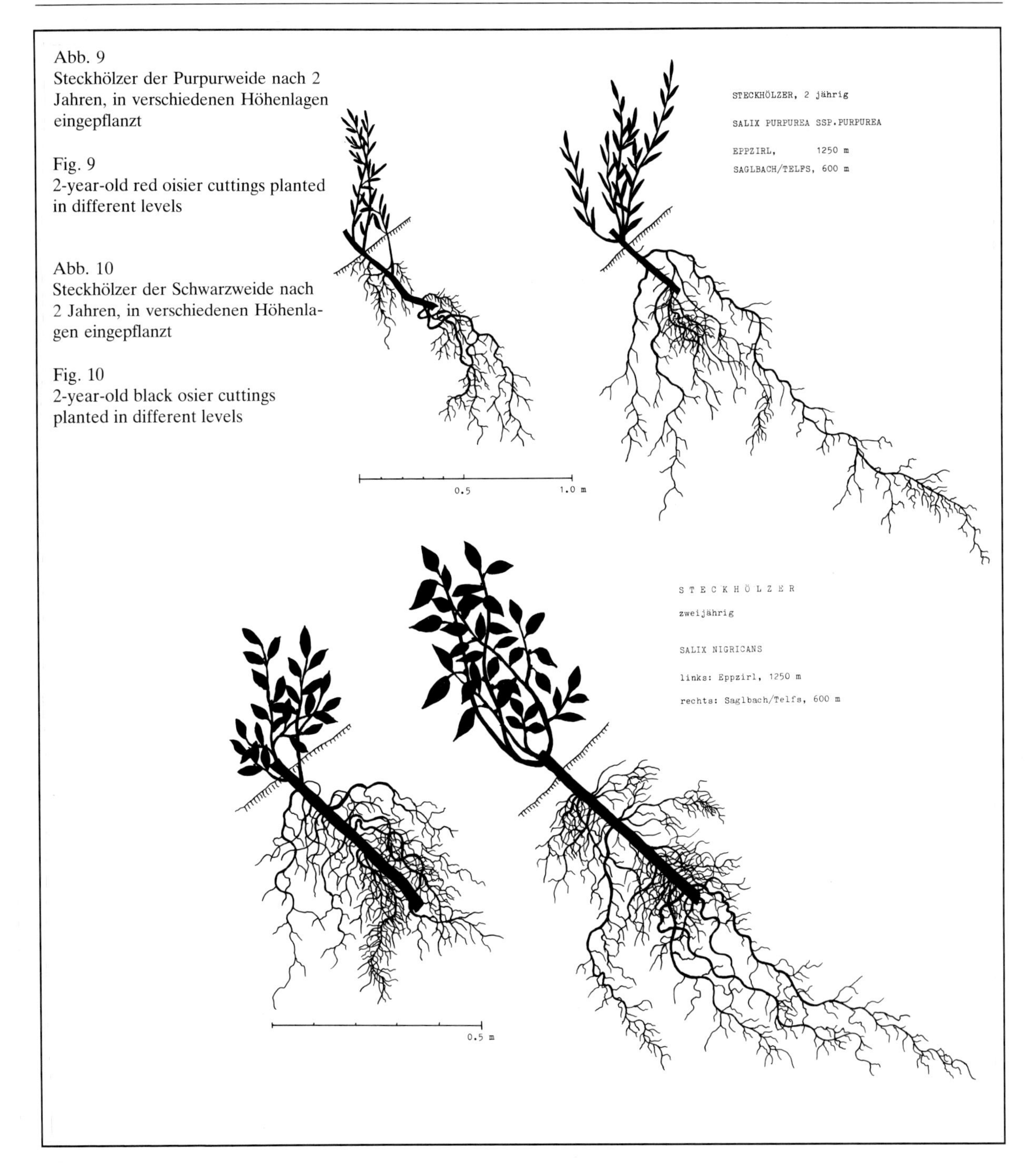

Abb. 9
Steckhölzer der Purpurweide nach 2 Jahren, in verschiedenen Höhenlagen eingepflanzt

Fig. 9
2-year-old red oisier cuttings planted in different levels

Abb. 10
Steckhölzer der Schwarzweide nach 2 Jahren, in verschiedenen Höhenlagen eingepflanzt

Fig. 10
2-year-old black osier cuttings planted in different levels

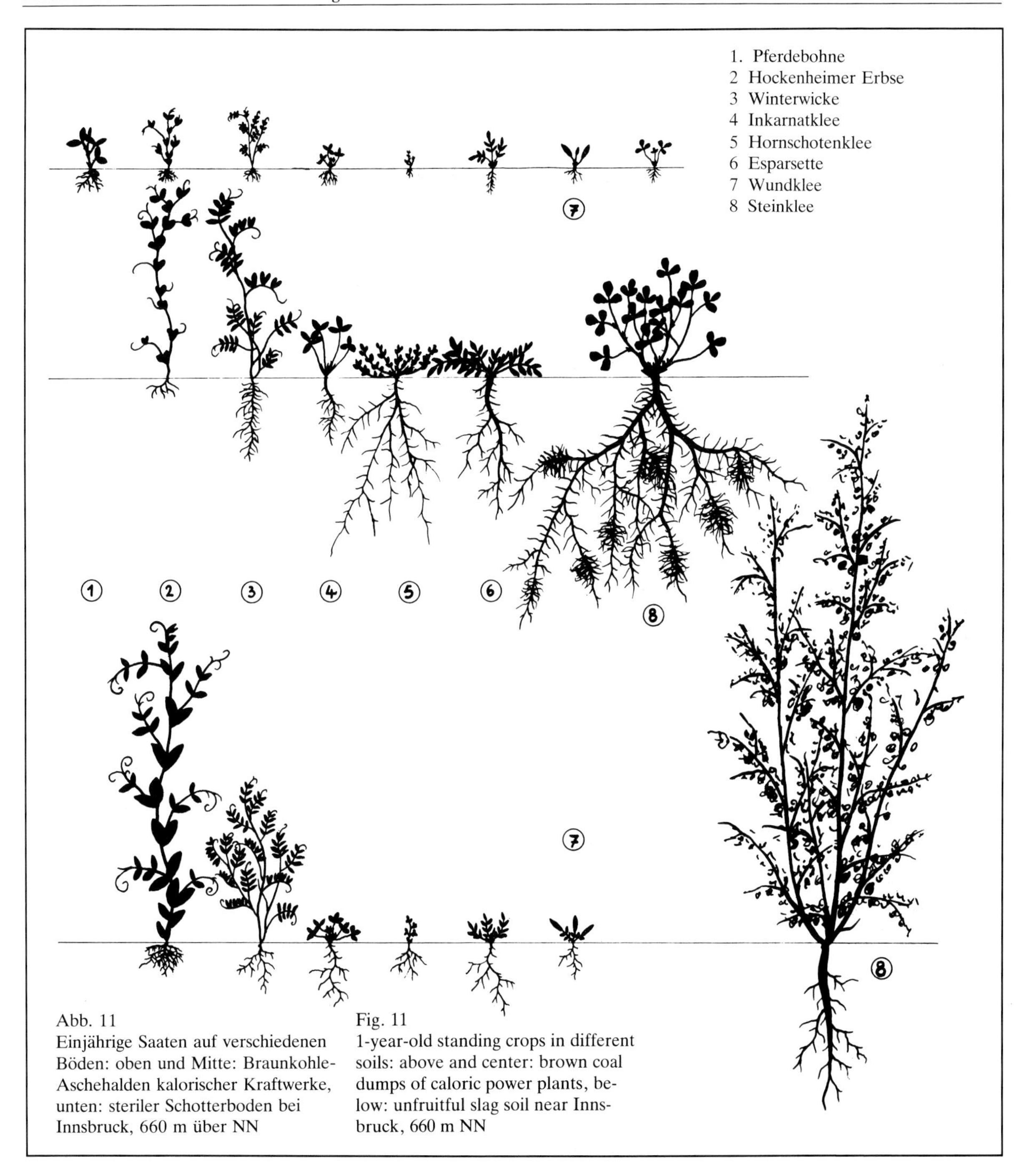

Abb. 11
Einjährige Saaten auf verschiedenen Böden: oben und Mitte: Braunkohle-Aschehalden kalorischer Kraftwerke, unten: steriler Schotterboden bei Innsbruck, 660 m über NN

Fig. 11
1-year-old standing crops in different soils: above and center: brown coal dumps of caloric power plants, below: unfruitful slag soil near Innsbruck, 660 m NN

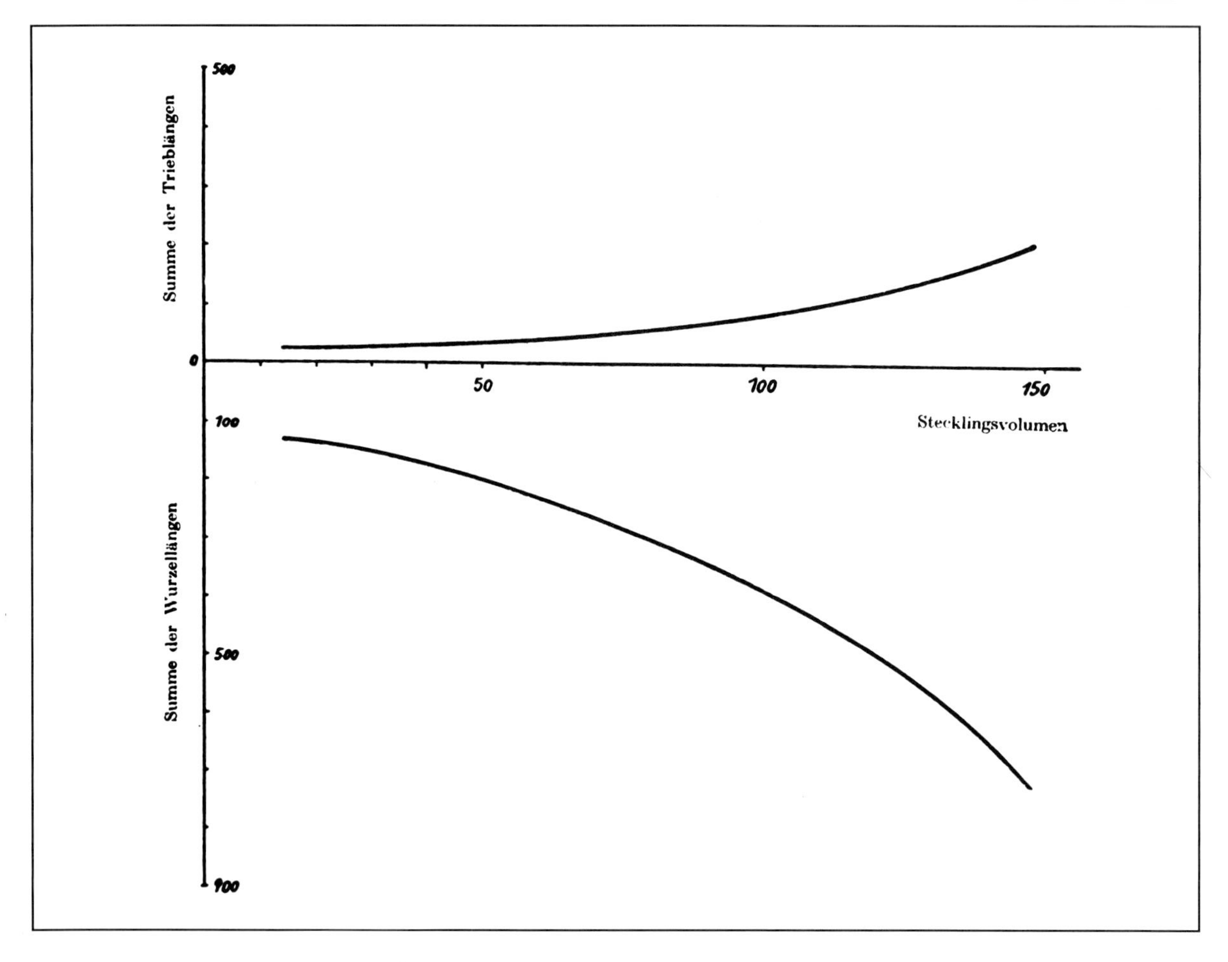

Abb. 12
Abhängigkeit des Trieb- und Wurzelwachstums vom Volumen der Steckhölzer bei Purpurweide.

Fig. 12
Dependence of germinating power and root-growing on the volume of red osier cuttings

8. Bewurzelung bei vegetativer Vermehrung

Für die wirkungsvollsten ingenieurbiologischen Bauweisen nützt man die Eigenschaft der vegetativen Vermehrbarkeit vieler Pflanzenarten. Im Vordergrund stehen dabei die vegetativ vermehrbaren Gehölze, also in unserem Florenbereich die meisten Weiden, Pappeln, Liguster und Goldregen.

Bei den grundlegenden Untersuchungen der heimischen Arten, die stets am Beginn jeder ingenieurbiologischen Arbeit stehen müssen, ergaben sich für Mitteleuropa und den Alpenraum einige grundlegende Tatsachen, die nicht nur einen Einfluß auf die Wahl der Pflanzenarten, sondern auch auf ihre Einbaumethode hatten (SCHIECHTL 1958, 1973, 1980, HILLER 1966, CHMELAŘ 1967, 1974).

So zeigte sich, daß

– das Alter der verwendeten Steckhölzer oder ausschlagfähigen Äste

kaum einen Einfluß auf die Bewurzelungsfähigkeit hat.
Praktische Nutzanwendung: alle Teile jeder Dicken- und Altersklasse können verwendet werden, was besonders für die Beschaffung aus natürlichen Beständen wichtig ist.

- Das Bewurzelungsprozent ist am Beginn der Vegetationszeit am höchsten. Dabei ist das Schnittdatum entscheidend. Praktische Nutzanwendung: bestes Schnittdatum zu Beginn der winterlichen Ruhezeit, also im laublosen Zustand etwa ab Mitte Oktober.
- Eine Lagerung der abgeschnittenen Gehölzteile ist immer nachteilig, weil dadurch Austrocknungsgefahr entsteht. Nur wenn es möglich ist, den Winterzustand der abgeschnittenen Gehölzteile zu erhalten und dabei die Austrocknung zu verhindern, ist eine Lagerung – auch über mehrere Monate – möglich.
  Praktische Nutzanwendung: sofortiger Einbau der abgeschnittenen Gehölzteile oder Zwischenlagerung unter kühlem Wasser, im Schnee oder im Kühlhaus mit gleichzeitigem Austrocknungsschutz.
- Die Bildung adventiver Wurzeln und Triebe aus vegetativ vermehrbaren Gehölzteilen ist vom Volumen derselben abhängig (Abb. 12).
  Praktische Nutzanwendung: die verwendeten Gehölzteile sollen so dick und so lang als möglich sein. Daher empfiehlt sich die Verwendung bis zu armdicker Äste. Die dünnen Zweigenden werden aber ebenfalls mitverwendet, weil sie selbst dann eine wertvolle Wirkung ausüben, wenn sie nicht anwachsen sollten. Denn durch die Vergrößerung der Manteloberfläche der eingebauten Gehölzteile wird der Reibungswiderstand entscheidend vergrößert (VIDAL 1966).
  Diese Erkenntnis führte u. a. zur Entwicklung des Buschlagenbaues.
- Die ausschlagfähigen Pflanzenteile bewurzeln sich dann am besten, wenn sie in einer Lage eingebaut werden, die zwischen der Lotrechten und der Waagrechten liegt.
  Während nämlich senkrecht eingebrachte Steckhölzer vorwiegend an ihrer Basis die adventiven Wurzeln bilden, bewurzeln schräg eingebrachte an ihrer gesamten, im Boden liegenden Länge. Dies hat eine erheblich bessere und raschere Bodendurchwurzelung zur Folge (Abb. 2).
  Praktische Nutzanwendung: Einbau von Buschlagen und Heckenbuschlagen mit mindestens 10 Grad Neigung zur Waagrechten und Einbau von Steckhölzern nicht senkrecht, sondern etwas schräg geneigt.

9. Literatur

CHENG, C. C. 1972: Study on the tensile stress of introduced forage grass root system. Chinese Soil and Water Conserv. Taiwan. 3. 2. 159–178.

CHMELAŘ, J. 1967: Über die Wurzelungsfähigkeit der Weiden. Acta Univ. Agric. Brno. XXXVI. 265. 2. 142–151.

CHMELAŘ, F. 1974: Propagation of willows by cuttings. N. Z. Journal Fores. Sci. 4. 2. 185–190.

HATHAWAY, R. L. 1973: Factors affecting the soil binding capacity of the root systems of some Populus and Salix clones. M. Sc. Thesis in Botany, Massey University, Palmerston North, N. Z.

HATHAWAY, R. L. and PENNY, D. 1975: Root strength in some Populus and Salix clones. N. Z. J. Bot. 13. 133–344.

HILLER, H. 1966: Beitrag zur Beurteilung und zur Verbesserung biologischer Methoden im Landeskulturbau. Diss. TH Berlin. 206. 104 Seiten.

KUMAGAI, S. 1974: Schriftliche Mitteilung.

RAUH, W. 1942: Beiträge zur Morphologie und Biologie der Holzgewächse. Bot. Archiv. 43.

SCHIECHTL, H. M. 1958: Grundlagen der Grünverbauung, Mitt. d. Forstl. Bundesversuchsanstalt Wien. 55. 273 Seiten.

SCHIECHTL, H. M. 1973: Sicherungsarbeiten im Landschaftsbau. Verlag Georg D. W. Callwey, München, 244 Seiten.

SCHIECHTL, H. M. 1980: Bioengineering for land reclamation and conservation. University of Alberta Press, Edmonton, Canada. 404 Seiten.

STINY, J. 1947: Die Zugfestigkeit der Pflanzenwurzeln. Manuskript.

TURMANINA, V. I. 1965: The strength of the roots. Bull. M. O.-va Isp. Pirodi. LXX (5), 36–44.

VIDAL, M. 1966: La terre armée. Ann. Inst. Techn. Bat. Trav. Pudl. 233–224.

Professor
Dr. Hugo Meinhard Schiechtl
Forstliche Bundesversuchsanstalt, Außenstelle für subalpine Waldforschung
Rennweg 1, Hofburg
A-6020 Innsbruck

Erwin Lichtenegger

Die Ausbildung der Wurzelsysteme krautiger Pflanzen und deren Eignung für die Böschungssicherung auf verschiedenen Standorten

The Formation of Root Systems of Stalky Plants and their Suitability for Stabilizing Embankments under Various Conditions

Zusammenfassung:
Das Erosionsgeschehen in der Natur zeigt, daß biologische Böschungssicherung erst nach weitgehender Ruhigstellung des Böschungsmateriales erfolgversprechend ist. Von den zwei wichtigsten Arten der Böschungssicherung dient die Berasung vornehmlich der möglichst raschen und wirksamen Beseitigung der Oberflächenerosion, die der Bepflanzung einer tiefer reichenden Stabilisierung der Böschung.
Die Eignung krautiger Pflanzen zur Böschungssicherung hängt wesentlich von ihrer Wuchsform und Wurzelausbildung ab. Gräser können durch ober- oder unterirdische Ausläufer dichte oder durch Horstwuchs aufgelockerte Rasen bilden. Ausläufertreibende Gräser schützen besser vor Oberflächenerosion, bewirken aber infolge seichter Durchwurzelung geringere Bodenbindung nach der Tiefe als horstwüchsige Gräser. Tiefwurzelnde Kräuter stabilisieren tiefliegende Bodenschichten besser, entfalten aber eine viel geringere Bindung der oberen Bodenschichten als Gräser.
Die Bodenbindung durch Rasen ergibt sich aus dem Zusammenspiel von Bodenabdeckung, Bodenentwässerung, Förderung der Lebendverbauung des Bodens und Reißfestigkeit der Wurzeln. Die Reißfestigkeit der Wurzeln ist bei den ausläufertreibenden Gräsern geringer als bei den horstwüchsigen. Aus der Reißfestigkeit der Wurzeln und der Artenzusammensetzung des Rasens ergeben sich vergleichende Hinweise auf die bodenbindende Kraft der einzelnen Rasen.

1. Einleitung

Über die bodenbindende Fähigkeit der Pflanzendecke und deren Nutzen für die Böschungssicherung gehen auch heute noch die Meinungen auseinander. Neigt der Ingenieurbiologe gelegentlich zur Überbewertung, so sieht der Ingenieurtechniker in der Begrünung und Bepflanzung der Böschungen oft nicht mehr als eine landschaftskosmetische Operation.

Ein kurzer Einblick in das natürliche Erosionsgeschehen und dessen Hemmung durch die Vegetation dürfte den wahren Wert der Pflanzendecke zur Böschungssicherung einigermaßen ins rechte Licht rücken. Erosion tritt ein, wenn die Reibungskräfte des ruhenden Materiales durch Erosionskräfte überwunden werden und dieser Vorgang auch durch die bodenbindende Kraft der Vegetationsdecke nicht hintangehalten werden kann. Das erodierte Material kommt erst wieder zur Ruhe, wenn seine Reibungskräfte die nachlassenden Erosionskräfte übersteigen. Erst dann erfolgt Wiederbesiedlung durch die Vegetation. Somit geht im natürlichen Erosionsgeschehen Ruhigstellung des erodierten Materiales immer der Vegetationsneubildung und Bodenbindung durch die Pflanzendecke voraus. In gleicher Weise bleibt es dem Ingenieurtechniker vorbehalten, für die Wiederherstellung der stabilen Lagerung des Materiales nach erfolgten Boden- bzw. Geländeanschnitten zu sorgen. Erst danach kann, wie im natürlichen Erosionsgeschehen, erfolgreich Wiederbegrünung und Bepflanzung der Böschungen einsetzen. Vom Ingenieurtechniker in Bodenanschnitten zurückgelassene Instabilitäten können nur sehr begrenzt durch biologische Verbauungsmaßnah-

Summary:
Observation of erosion in a national setting shows that biological embankment stabilization will not be effective until the embankment material has settled. Of the two most important stabilization methods, grass cover is used as the quickest and most effective way to prevent surface erosion, stalky plants to stabilize deeper horizons of embankments. The suitability of stalky plants depends mainly on their shape and root formation. Grasses can form dense covers, with varieties that spread in or above ground, or bushy patterns with tuft-forming varieties. Grasses provide better protection against surface erosion, but because of their shallow roots they do less to retain deeper soil horizons than tufty grasses. Stalky plants with their deeper roots stabilize deeper soil horizons, but are not as effective in preventing surface erosion. The effectiveness of grasses in preventing erosion depends on the interplay of surface coverage, soil drainage, growth promotion, and the tensile strength of the roots. The tensile strength of roots of grasses with runners is less than that of tufty varieties. The tensile strength of the roots and the variety mix of grass covers determine the comparative retaining ability of the individual grass surface.

Abb. 1, Seite 87

men allein ausgeglichen werden. In der Fehlbeurteilung dieser Gegebenheit liegt die Hauptquelle der Überschätzung von ingenieurbiologischen Maßnahmen.
Die vom Ingenieurtechniker durch entsprechende Böschungswinkel oder zusätzliche Baumaßnahmen ausreichend ruhiggestellten Bodenanschnitte sind im vegetationslosen Zustand stark der Feinsedimenterosion ausgesetzt. Nach Abschwemmen der feinen Bodenbestandteile verliert auch das grobkörnige Bodenskelett an Halt, und es kommt zu den bekannten vertikalen Erosionsrinnen, die größere Erosionsschäden einleiten können. Ebenso können in den Boden eindringende Sickerwässer, die durch die ergiebige »Vegetationspumpe« (SCHIECHTL 1972) nicht wenigstens zum Teil verbraucht werden, sogenannte Tiefenerosionen bewirken, indem sie über dichter gelagerten Bodenschichten Sickerfronten bilden und das darüber liegende Material zum Gleiten bringen. Beide Vorgänge können eine zunächst stabile Böschung ruinieren. »Dauerstabilität« einer Böschung kann somit nur durch Lebendverbauung im weitesten Sinne erreicht werden. In das biologische Geschehen eingeweihte Ingenieurtechniker wissen um den Wert dieser Maßnahmen und drängen daher mit Recht auf eine unmittelbar nach Bauabschluß einsetzende Begrünung und Bepflanzen der Böschungen (vgl. FLOSS 1982).

2. Arten der biologischen Böschungssicherung

Wir unterscheiden im wesentlichen zwei Arten der biologischen Böschungssicherung, die Berasung und die Bepflanzung.
Berasung erfolgt durch Ansaat von Gräsern, kleeartigen und anderen Kräutern. Durch richtige Berasung wird die Bodenoberfläche am raschesten von einer lückenlosen Pflanzendecke überzogen und so am wirksamsten vor Oberflächenerosion geschützt. Außerdem werden die oberen Bodenschichten durch eine große Zahl feiner reich verzweigter Wurzelstränge intensiv »gebunden«. Durch das laufende Absterben und Neubilden der Wurzeln entstehen an Humus angereicherte Wurzelröhren, in deren Bereich intensive Lebendverbauung durch Mikroorganismen einsetzt (PAULI 1979). Diese verkitten die Bodenteilchen durch Schleimbildung und schaffen so ein sehr stabiles krümeliges Bodengefüge (PAULI 1982), das der Wassererosion großen Widerstand entgegensetzt. Die infolge intensiver Durchwurzelung und Lebendverbauung experimentell festgestellte Auflockerung sandiger Böden (HARTGE 1982) wird wegen des dadurch geförderten verstärkten Eindringens von Niederschlagswasser zu Unrecht als Nachteil der Begrünung angesehen. Das durch Lebendverbauung aufgelockerte sandige Bodengefüge läßt gewiß mehr Wasser in den Boden eindringen. Es hat aber auch genügend ausreichend stabile »Kanäle« geschaffen, durch die das Wasser ohne nennenswerte Vertikalerosion absickern kann. Daß dem so ist,

zeigen die vielen Feinsedimentdecken, die sich über Jahrtausende selbst über durchlässigsten Schottern unter der Pflanzendecke erhalten haben. Um wieviel erosionsfester dicht beraste Sandböden gegenüber anscheinend dichter und stabiler gelagerten vegetationslosen Sandböden sind, zeigen zur Genüge Windverblasungen und schwerste Wassererosionen in offenen Sandfluren.

Bepflanzung erfolgt durch Sträucher und Bäume. Abgesehen von ihrer wichtigen Rolle in der Landschaftsgestaltung wird Bepflanzung zur tiefer reichenden Böschungssicherung angewendet. Tief in den Boden eindringende Sträucher- und Baumwurzeln festigen rutschgefährdete Böschungen stärker als das Wurzelwerk von Rasen (vgl. SCHIECHTL 1977, 1978). Strauch- und Baumpflanzungen sind aber besonders in den ersten Jahren hinsichtlich Oberflächenerosionsschutz dichten Rasen unterlegen. Es sollte daher in der Regel zuerst Berasung erfolgen. Die tiefer reichende Böschungssicherung durch Sträucher und Bäume erfolgt nicht nur durch stärkere Bodenbindung nach der Tiefe. Ebenso wichtig ist die entwässernde Wirkung besonders auf feingehaltreichen lehmigtonigen Böschungen, die häufig inhomogen geschichtet sind und daher über lateralen Sickerfronten Gleitflächen bilden können. Für diesen Zweck sind besonders viel Wasser verbrauchende Sträucher wie Erlen und Weiden geeignet.

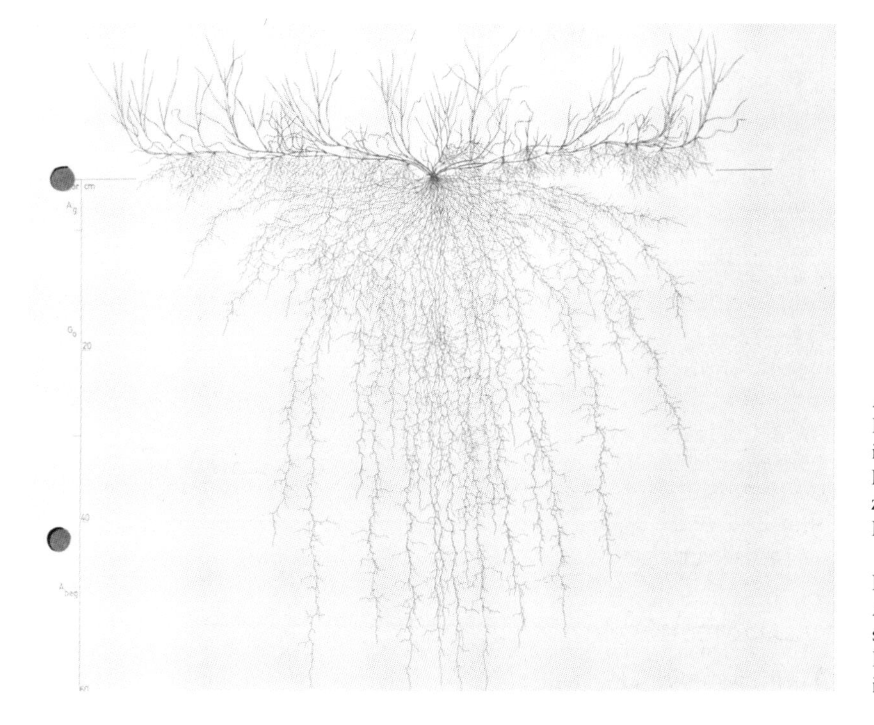

Abb. 2
Flecht-Straußgras auf Gleyauboden in Kärnten (aus KUTSCHERA und LICHTENEGGER 1982, Pflanzenzeichnungen alle von E. LICHTENEGGER).

Fig. 2
Agrostis stolonifera on gley meadow soil in Kärnten (KUTSCHERA and LICHTENEGGER 1982, all drawings by E. Lichtenegger).

3. Eignung krautiger Pflanzen für die Böschungssicherung in Abhängigkeit von ihrer Wuchsform und Wurzelausbildung

Die Eignung krautiger Pflanzen für die Böschungssicherung hängt wesentlich von der Art ihrer Wuchsformen und Wurzelausbildung ab.

3.1. Wuchsformen der Gräser

Die Gräser können durch ober- oder unterirdische Ausläufer dichte oder durch Horste aufgelockerte Rasen bilden.

3.1.1. Oberirdische Ausläufer bildende Gräser

Von den oberirdische Ausläufer bildenden Gräsern ist das **Flecht-Straußgras** *(Agrostis stolonifera)* für die Begrünung weniger stark geneigter kühl-feuchter lehmiger und toniger Böschungen besonders geeignet. Das dichte oberirdische Sproßgeflecht bewirkt einen besonders hohen Erosionsschutz an der Bodenoberfläche. Aber auch die vielen zum Teil tiefreichenden Wurzeln tragen zu intensiver Bodenbindung bei. Ihre Reißfestigkeit ist allerdings gering (vgl. Tabelle S. 86). Dieser Nachteil macht sich bei steileren rutschgefährdeten Böden bald bemerkbar.

Abb. 2, Seite 65

Besonders viele, wenn auch sehr kurze oberirdische Ausläufer bildet das **Einjahrs-Rispengras** *(Pa annua)*. Es ist daher zu noch dichterer Rasenbildung befähigt als das Flecht-Straußgras. Allerdings hat es gegenüber diesem eine viel geringere und nur oberflächennahe Bewurzelung. Seine Wurzeln sind außerdem noch weniger reißfest. Das Gras eignet sich wegen seiner raschen und hohen Regenerationsfähigkeit besonders gut für stark strapazierte Rasen (Liegerasen, Sportplatzrasen) in atlantisch getönten Klimagebieten oder in unmittelbarer Nähe von Seen. Es kann auch noch in der subalpinen Stufe ausgesät werden. Dort hat es sich besonders für die Begrünung flacher geneigter Böschungen und für die Berasung von Lifttrassen und Schipisten bewährt, sofern die Anlagen nach der Ansaat mehrere Jahre hindurch gedüngt wurden.

Abb. 3, Seite 87

3.1.2. Unterirdische Ausläufer treibende Gräser

Die unterirdische Ausläufer treibenden Gräser brauchen im Vergleich zu den oberirdische Ausläufer treibenden in der Regel weniger Bodenfeuchte, dafür aber höhere Bodenerwärmung. Sie eignen sich daher bei ebenfalls dichter Rasenbildung besser für trockenere und auch steilere Böschungen.

Die trockensten und heißesten Böschungen erträgt unter mitteleuropäischen Verhältnissen der **Hundszahn** *(Cynodon dactylon)*. Er ist aber sehr empfindlich gegen hohe Winterkälte und lang andauernde Schneebedeckung. Seine Trockenresistenz ersieht man schon aus seinem Sproß:Wurzel-Verhältnis. Die wenigen oberirdischen Sprosse entwikkeln ein ausgedehntes Ausläufersystem und viele reich verzweigte tiefreichende Wurzelstränge. Daher ist das Gras bestens zur Bodenbindung geeignet. Weniger wirksam ist allerdings sein Erosionsschutz an der Bodenoberfläche, da es zumindest im Reinbestand sehr lückenhafte Rasen bildet. Seine Aussaat auf Böschungen empfiehlt sich daher in Mischungen mit Gräsern ähnlicher ökologischer Ansprüche, so etwa mit Schwingelarten aus der Schaf-Schwingelgruppe. Schaf-Schwingel wie Hundszahn sind überdies äußerst anspruchslos gegenüber dem Nährstoffhaushalt des Bodens. Auf mineralkräftigen Böden ist nach gelungener Ansaat Erhaltungsdüngung überflüssig.

Abb. 4

Ebenfalls anspruchslos, aber bei weitem nicht so trockenresistent ist die **Quecke** *(Agropyron repens*, auch *A. intermedium)*. Dafür ist sie absolut winterfest. Sie empfiehlt sich daher besonders für sonnige, zeitweise trockene steilere Böschungen in Gebirgslagen. Zusammen mit Rot-Schwingelarten bildet sie dort ohne weitere Pflege dauerhafte, wenn auch oft nicht sehr dichte Rasen. Ihr Ausläufersystem ist reich verzweigt (gefürchtetes Ackerunkraut). Ihre Wurzeln sind bis gegen 1 m tief reichend und besonders stark mit Faserwurzeln besetzt (KUTSCHERA 1960, Abb. 46).

Abb. 5, Seite 68

Eines der wertvollsten ausläufertreibenden Gräser für die Böschungsbegrünung ist die **Wehrlose Trespe** *(Bromus inermis)*. Sie ist nicht so frostresistent wie die Quecke und setzt daher in sehr winterkalten La-

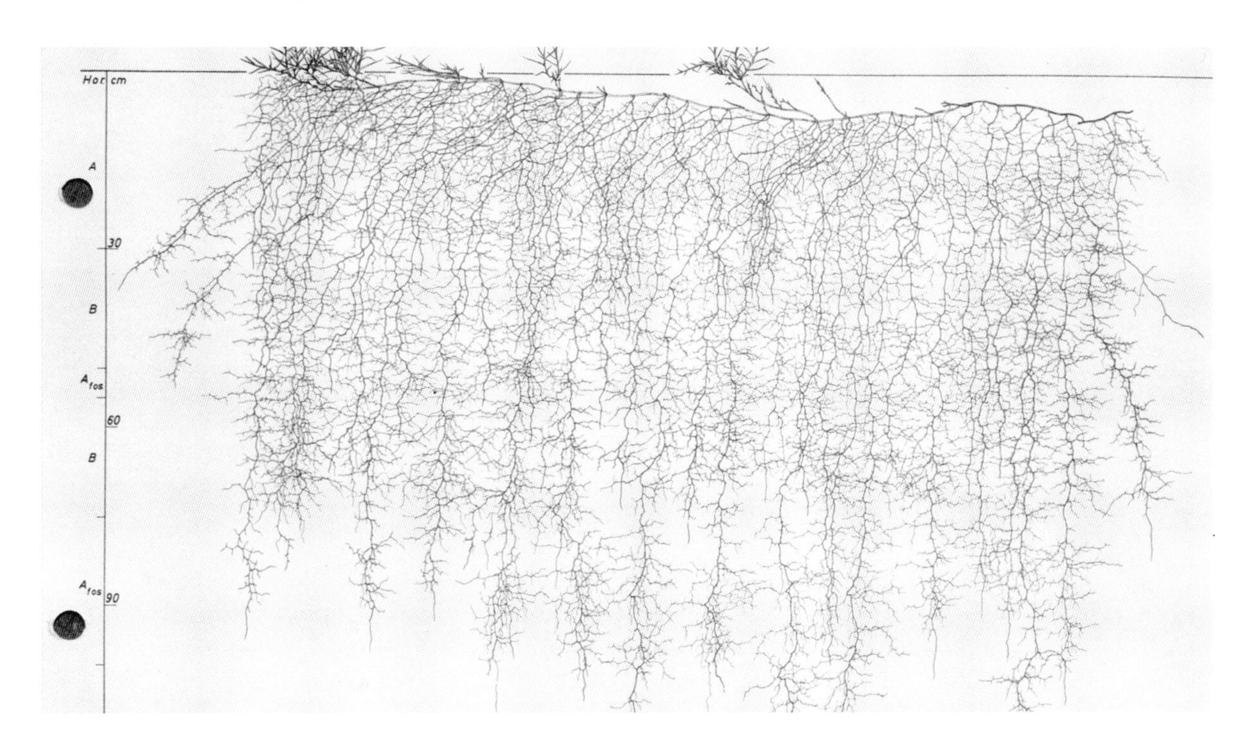

Abb. 4
Hundszahn auf sandigem Auboden bei Kleve im Niederrhein (aus KUTSCHERA und LICHTENEGGER 1982).

Fig. 4
Dog's tooth violet on sandy alluvial meadow soil near Kleve/Niederrhein (KUTSCHERA and LICHTENEGGER 1982)

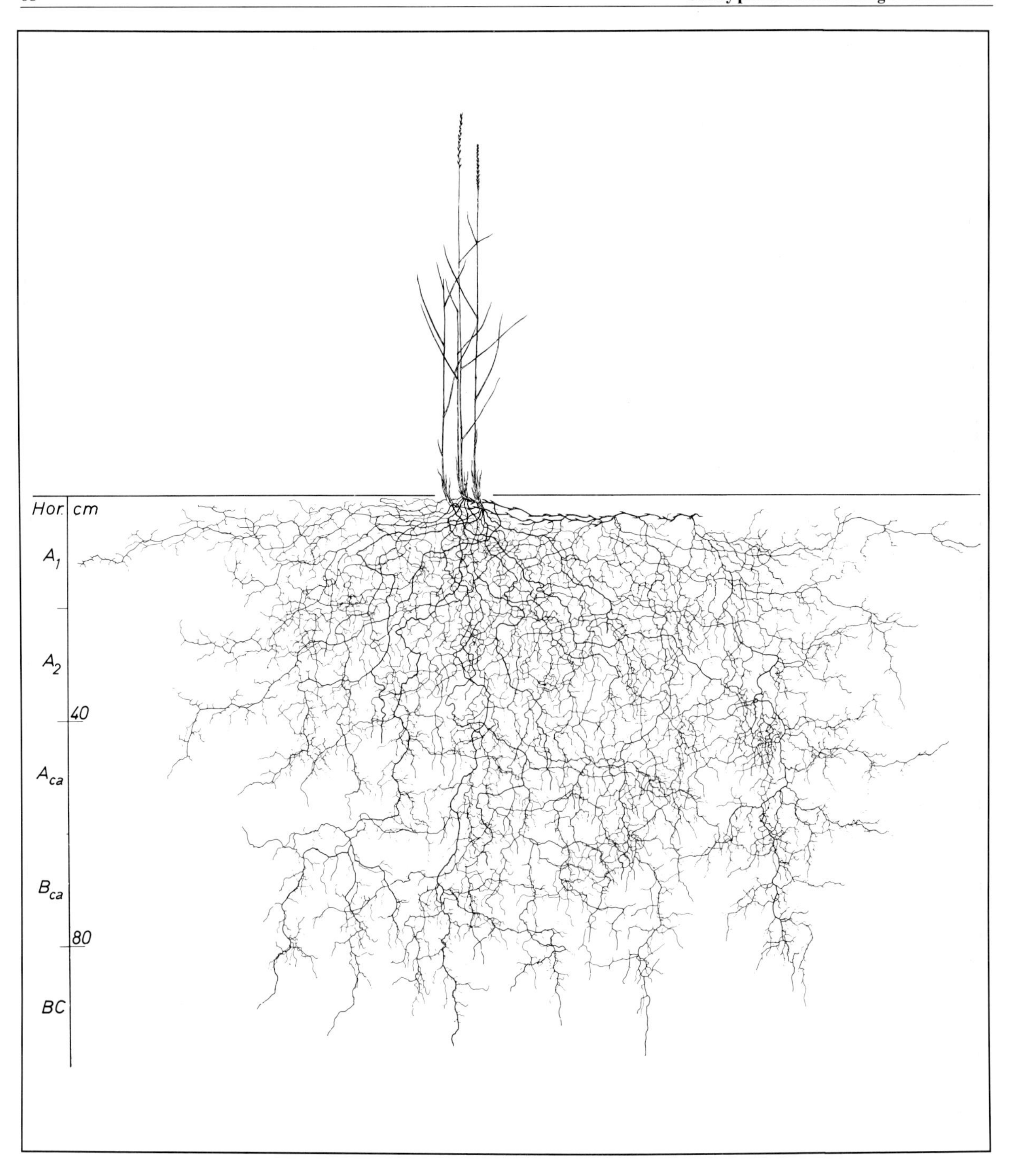
Hor.
cm
A_1
A_2
40
A_{ca}
B_{ca}
80
BC

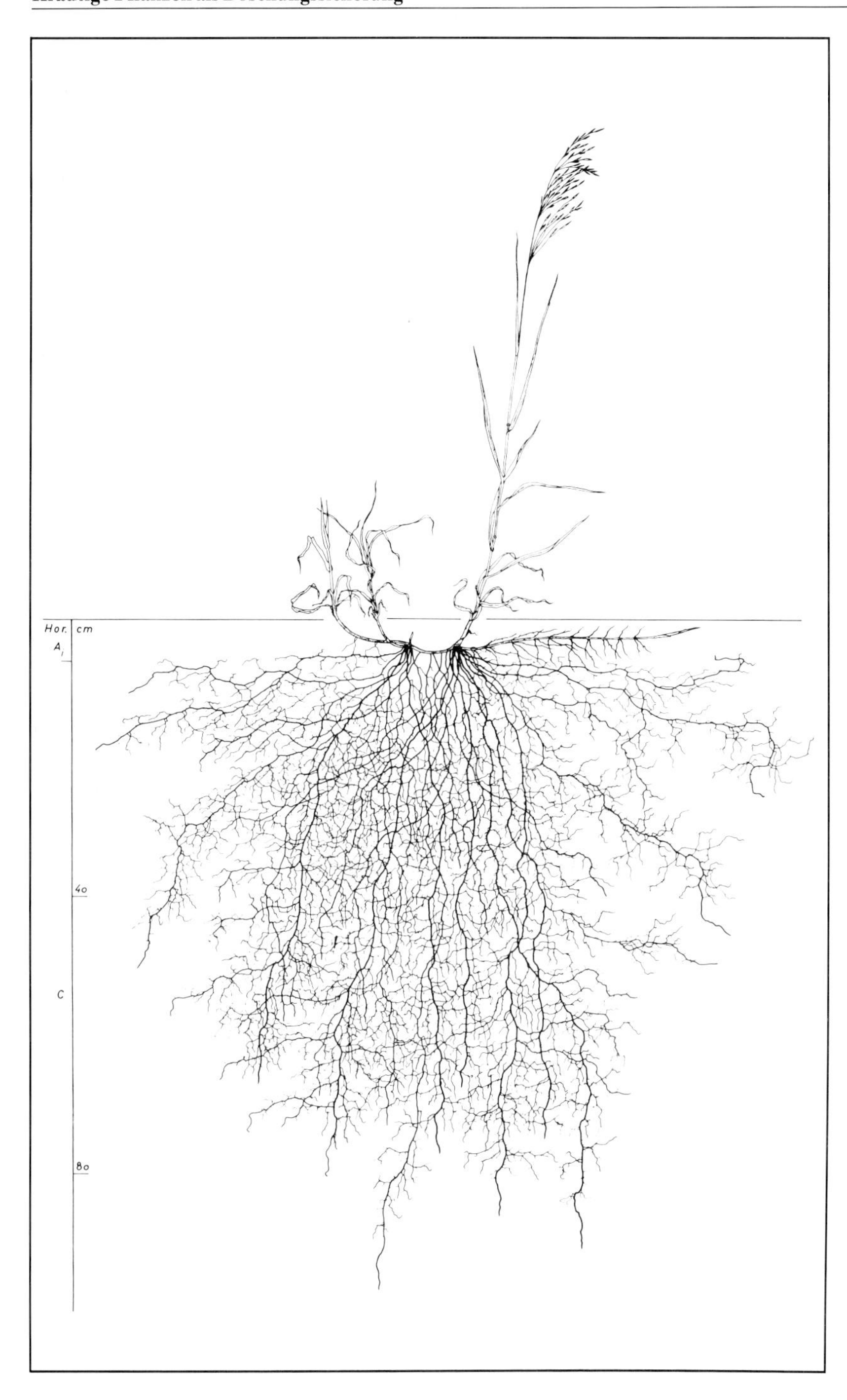

Abb. 5
Quecke (Agropyron intermedium) auf Kalkbraunerde im Aostatal (aus KUTSCHERA und LICHTENEGGER 1982).

Fig. 5
Couch grass (Agropyron intermedium) on calcareous brown earth (KUTSCHERA and LICHTENEGGER 1982)

Abb. 6
Wehrlose Trespe auf Sandrohboden in einer ausgebeuteten Schottergrube bei Melk in Nieder-Österreich (KUTSCHERA und LICHTENEGGER 1982).

Fig. 6
Bromus inermis on raw sandy soil in an exploited slag pit near Melk in Austria (KUTSCHERA and LICHTENEGGER 1982)

gen wie beispielsweise im Kärntner Becken aus. Auch länger andauernde Schneebedeckung kann sie nicht gut ertragen. In Heiligenblut in Kärnten wächst sie in 1500 m Seehöhe in windgeschützter sonniger Lage in dichten Beständen nur noch im Bereich der Böschungsoberkante, die am raschesten ausapert. Ihre häufigere Verwendung bleibt daher den milderen wärmeren Lagen vorbehalten. Dort kann sie dank ihrer intensiven und tiefreichenden Bodendurchwurzelung mit bestem Erfolg zur Böschungssicherung ausgesät werden. Wegen der besonders hohen Reißfestigkeit ihrer Wurzeln (vgl. Tabelle S. 86) vermag sie auch rutschgefährdetes oder leicht abrollendes Bodenmaterial zu binden. Dabei kann sie leichte Überdeckung mit später nachrollendem Material gut ertragen, da sie durch ihre kräftig aufstrebenden Halmtriebe und starke Bestockung ein hohes Regenerationsvermögen besitzt. Diese Eigenschaften machen sie besonders beliebt zur Begrünung ausgebeuteter Sand- und Schottergruben oder sandig-kiesiger Böschungen mit meist steilerem Böschungswinkel. Infolge ihrer starken Bestockung neigt sie zur Bildung dichter hochwüchsiger Reinbestände. Am besten kann sich neben ihr noch der Glatthafer behaupten. Bei fehlender Düngung wird aber auch er bald von der anspruchsloseren Wehrlosen Trespe verdrängt.

Abb. 6, Seite 69

Ein weiteres wertvolles ausläufertreibendes Gras für die Böschungsbegrünung ist das **Wiesen-Rispengras** *(Poa pratensis).* Es verlangt ebenfalls wärmere Lagen mit länger andauernder Vegetationszeit, erträgt aber hohe Winterkälte und zeitweise höhere Trockenheit. Gegenüber dem viel weniger trockenresistenten **Gemeinen Rispengras** *(Poa trivialis)* entwickelt es wesentlich mehr und tiefer reichende Wurzelstränge, die durch ihren hohen Besatz an reich verzweigten Seitenwurzeln eine intensive Bodenbindung bewirken. Bei entsprechender Düngung bildet das Wiesen-Rispengras auf warmen trockenen Böden bürstendichte Bestände. Bei der auf Böschungen meist nicht üblichen fortlaufenden Düngung fällt es nach der Einsaat in der Regel auf einen geringen Bestandesanteil zurück.

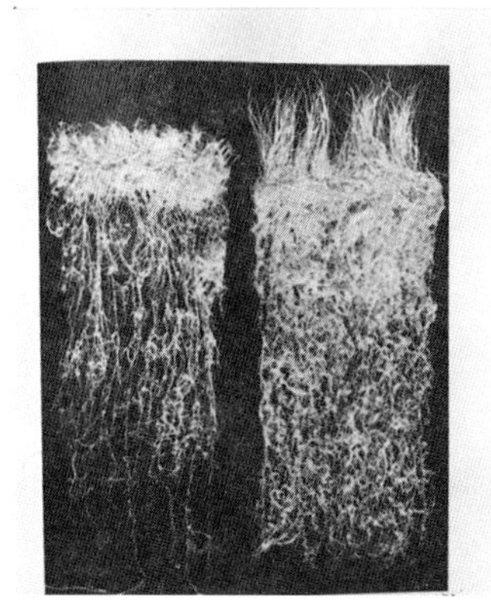

Abb. 7
Links Wurzelsystem von Gemeinem Rispengras, rechts von Wiesen-Rispengras (aus KUTSCHERA 1966).

Fig. 7
Root system of rough stalked meadow grass (KUTSCHERA)

3.1.3. Übergangsformen zu horstwüchsigen Gräsern

Von den ausläufertreibenden bis zu den horstwüchsigen Gräsern bestehen Übergangsformen, die durch fortlaufende Verkürzung der Ausläufer zustande kommen. Ob die Übergangsform näher bei den ausläufertreibenden oder horstwüchsigen Gräsern steht, hängt bei ein und derselben Grasart sehr wesentlich vom Großklimaraum ab, in dem sie wächst.

So bildet das **Deutsche Weidelgras** *(Lolium perenne)* in den kühleren seenahen atlantischen Gebieten bereits deutliche Ausläufer (Abb. 8), während es im kontinentalen sommerwarmen Kärntner Becken zumindest in aufgelockerten Beständen eher schon zur Horstwüchsigkeit neigt

Abb. 8, Seite 71

Abb. 9, Seite 72

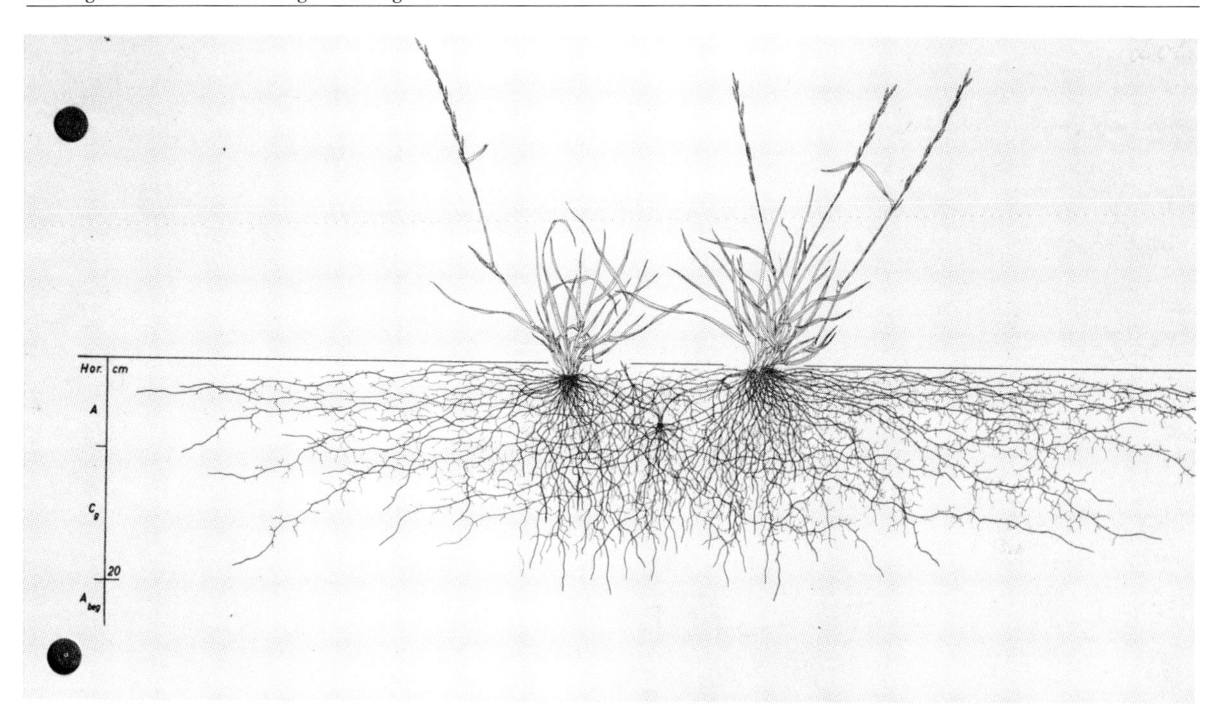

Abb. 8
Deutsches Weidelgras auf feuchter sandiger Weide in Nord-Holland (aus KUTSCHERA und LICHTENEGGER 1982).
Fig. 8
German rye grass on a humide and sandy meadow in the North of Holland (KUTSCHERA and LICHTENEGGER 1982)
Abb. 10, Seite 88

(Abb. 9). Dies weist darauf hin, daß sich die Pflanze im Kärntner Becken schon deutlich außerhalb ihres optimalen Standortsbereiches befindet. Deshalb ist sie südlich des Alpenhauptkammes auch nicht mehr so beständig. In den warmen Tallagen leidet sie unter Sommerhitze und Winterkälte. In den höheren Berglagen wintert sie infolge lang andauernder Schneebedeckung leicht aus. Darin liegt der Grund, warum in diesem Bereich zuerst prächtig gelungene Böschungsbegrünungen mit vorwiegend Deutschem Weidelgras nach wenigen Jahren häufig wieder lückenhaft erscheinen oder weitgehend verkahlt sind. An diesem Umstand ändern zum Leidwesen der Begrünungsfirmen auch die neuen Zuchtsorten wenig. Bei den Begrünungsunternehmen ist das Deutsche Weidelgras deshalb so beliebt, weil seine Samen billig sind und die Pflanze fast überall rasch und kräftig heranwächst. Außerdem haben seine Wurzeln eine hohe Reißfestigkeit. Dank dieser vortrefflichen Eigenschaften läßt sich mit dem Deutschen Weidelgras auch außerhalb seines ökologischen Optimalbereiches schnell eine bestens gelungene Begrünung vortäuschen. Die Schwierigkeiten treten dann bei der Erhaltung der Böschungsbegrünung auf. Es wäre daher sehr zu begrüßen, wenn aus diesem so wertvollen Gras winterfeste Formen herausgezüchtet werden könnten.

Abb. 9
Deutsches Weidelgras auf Braunerde in einer Weide in Ottmanach in Kärnten (aus KUTSCHERA und LICHTENEGGER 1982).

Fig. 9
German rye grass on brown earth in a meadow in Ottmanach in Kärnten (KUTSCHERA and LICHTENEGGER 1982)

Abb. 11 und 12, Seite 73/74

Auch der **Rot-Schwingel** *(Festuca rubra)* bildet Wuchsformen, die von den ausläufertreibenden bis zu den schwach horstwüchsigen reichen. Die ausläufertreibenden Formen bevorzugen feuchtere Böden (ssp. *rubra*) oder kühlere Lagen (ssp. *arenaria*). Die zur Horstwüchsigkeit neigenden ertragen auch trockenere Standorte, wenn sie ausreichend warm sind. Die gesamte Formengruppe bildet den Grundstock für die dauerhafte Böschungsbegrünung schlechthin, und dies bis hinauf in die subalpine Region. Ihr haftet nur der Nachteil an, daß sich die Jungpflanzen nach der Aussaat nur langsam entwickeln. Der junge Rasen sieht daher bei hohem Rot-Schwingel-Anteil 1 bis 2 Jahre hindurch unansehnlich und lückenhaft aus. Die Begrünungsunternehmer können daher mit Rot-Schwingel im Gegensatz zum Deutschen Weidelgras den Bauherren nicht in kurzer Zeit üppig aussehende Rasen präsentieren. Die hervorragende Weiterentwicklung und der ausdauernde dichte Schluß solcher Rasen selbst bei nur geringer Pflege wird später nicht mehr im verdienten Ausmaß gewürdigt. Darin liegt zumindest im warmen kontinentalen Gebiet die eigentliche Tragik bei der Böschungsbegrünung mit dichten ausdauernden und pflegearmen Kurzgrasrasen. Unter den horstwüchsigen Schwingel-Sorten hat sich die Sorte SCALDIS bei einem in verschiedenen Klimagebieten Österreichs laufenden Sortenversuch (ermöglicht durch Herrn Hofrat Dipl.-Ing. KAINBACHER, Kärntner Landes-

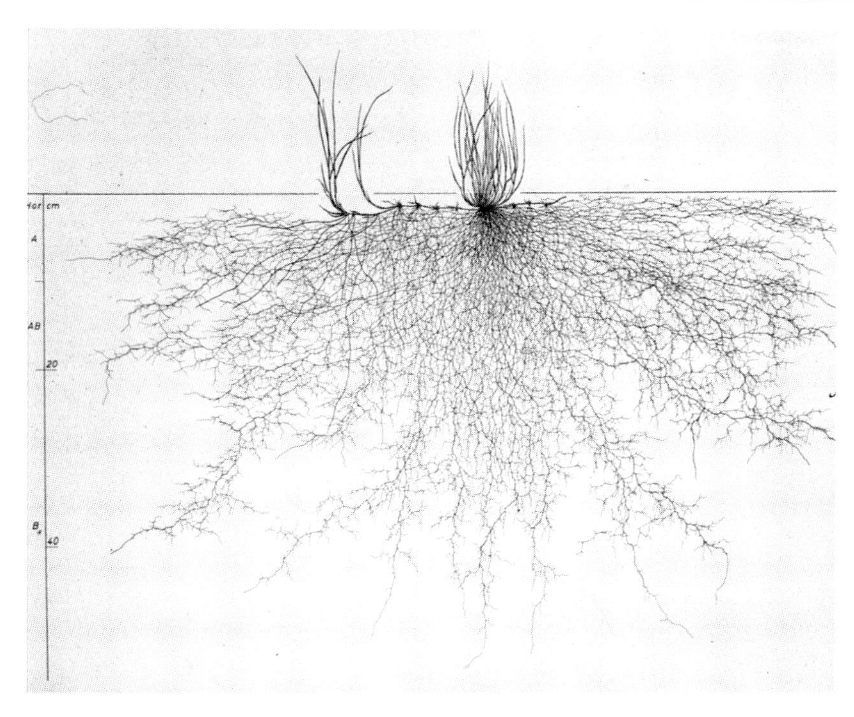

Abb. 11
Kurze Ausläufer treibender Rot-Schwingel (ssp. *rubra*) auf Braunerde an einer nordseitigen Böschung bei Klagenfurt (aus KUTSCHERA und LICHTENEGGER 1982).

Fig. 11
Short red fescue stolons on brown earth on a north-sided embankment near Klagenfurt (KUTSCHERA and LICHTENEGGER 1982)

regierung) bestens bewährt. Besonders in kontinentalen warmen, sommertrockenen Tallagen (Inntal westlich Innsbruck, Kärntner Becken) bildet sie bei einem Anteil von 40 Gewichtsprozent in der Samenmischung mit ausläufertreibendem Rot-Schwingel nach kümmerlicher Anfangsentwicklung im 2. oder 3. Jahr nach der Ansaat niedrige dichte, den ausläufertreibenden Rot-Schwingel fast vollständig verdrängende Bestände. In einer ausgesäten Mischung von je 35% horst- und ausläufertreibendem Schwingel und 30% Deutschem Weidelgras hat der Horst-Schwingel SCALDIS im 3. Jahr nach der Ansaat bereits 75% der Böschungsfläche bedeckt, die ausläufertreibende Rot-Schwingel-Sorte nur 5% und das Deutsche Weidelgras ganze 3%. Trotz des Horstwuchses bildet die Sorte SCALDIS dichte Rasen und einen dementsprechend hohen Oberflächenerosionsschutz. Mit ihren überaus zahlreichen Wurzelsträngen bewirkt sie auch eine intensive Bindung der oberen Bodenschichten. Es dürfte in Mitteleuropa kaum ein gezüchtetes Gras geben, das dieses in der Intensität der Oberbodendurchwurzelung übertrifft. Überdies haben seine Wurzeln eine respektable Reißfestigkeit (vgl. Tabelle S. 86).

Abb. 13, Seite 88

Abb. 14, Seite 89

Wie der Rot-Schwingel bildet auch des **Rote Straußgras** *(Agrostis tenuis)* kurze bis keine Ausläufer. Es wächst aber nie in Horsten. Gegenüber dem Rot-Schwingel entwickelt es sich nach der Ansaat schneller und bevorzugt saure Böden. Es bildet ebenfalls dichte Rasen, aber nur, wenn es entsprechend gedüngt wird. In Mischungen angesät, bleibt es auf sommerwarmen trockenen Böden gegenüber dem Rot-Schwingel weit zurück oder fällt überhaupt aus. In kühleren mittelhohen Lagen kann es sich hingegen gut behaupten. Es eignet sich daher vorzüglich für Schipistenberasungen auf sauren Urgesteinsböden. Es bildet ebenfalls zahlreiche, reich verzweigte mitteltief reichende Wurzelstränge, reicht aber in der Bewurzelungsintensität nicht an den horstwüchsigen Rot-Schwingel heran. Auch die Reißfestigkeit seiner Wurzeln ist geringer.

Abb. 15, Seite 89

Keine Ausläufer oder höchstens ausläuferähnlich aufsteigende Sproßtriebe entwickelt das **Wiesen-Lieschgras** *(Phleum pratense)*. Die untersten Internodien sind infolge Stoffspeicherung im vegetativen Stadium häufig zwiebelartig verdickt. Daraus ist ersichtlich, daß es kurzen Vegetationsperioden gut angepaßt ist. Es eignet sich daher bestens zur Begrünung von Böschungen in mittleren und höheren Berglagen wie auch für Schipistenbegrünungen. Seine Entwicklung nach der Ansaat erfolgt eher langsam. Sein Rasenschluß ist gering. Es wird daher stets nur als Mischungspartner verwendet und u. a. mit Rot- und Wiesen-Schwingel ausgesät. Sein Wurzelsystem ist mittelstark ausgebildet und mitteltief reichend. Die Reißfestigkeit seiner Wurzeln ist höher als bei den meisten niedrig wachsenden Gräsern.

Abb. 16, Seite 89

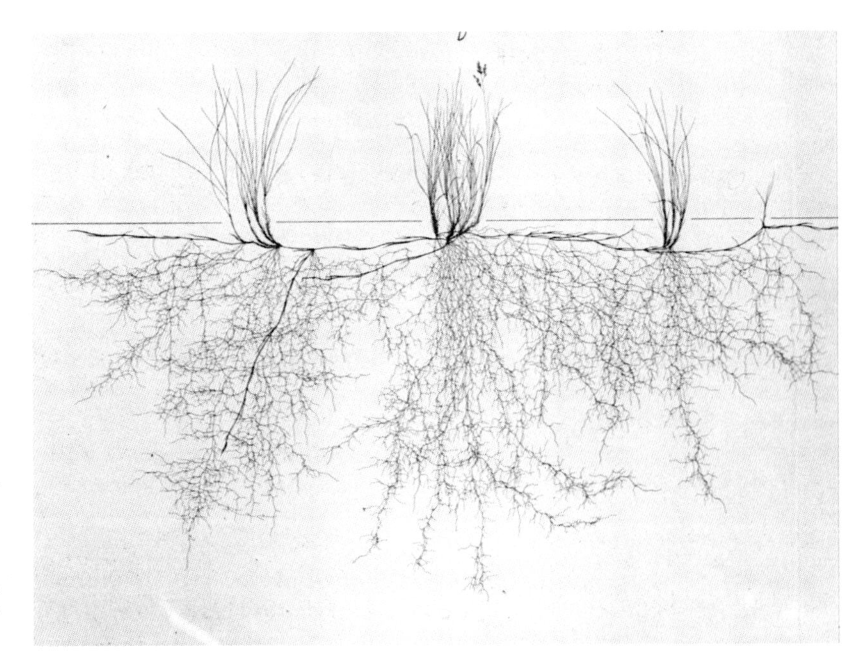

Abb. 12
Lange Ausläufer treibender Rot-Schwingel (ssp. *arenaria*) auf Graudüne in Holland (aus KUTSCHERA und LICHTENEGGER 1982).

Fig. 12
Long red fescue stolons on a dune in Holland (KUTSCHERA and LICHTENEGGER 1982)

Auch der **Wiesen-Schwingel** *(Festuca pratensis)* bildet keine Ausläufer. Er neigt aber auch nicht zur Horstwüchsigkeit. Er entwickelt ein kräftiges tiefreichendes Wurzelsystem und reiht sich so in die Gruppe der Gräser tieferer Lagen mit länger andauernder Vegetationszeit ein. Er braucht höhere Bodenfeuchte und eignet sich daher sehr gut zur Begrünung lehmig-toniger Böschungen. Wegen seiner verhältnismäßig langsamen Jugendentwicklung sollte er nicht mit rasch sich entwickelnden Gräsern wie Knaulgras ausgesät werden. Als Mischungspartner eignen sich besser Gemeines Rispengras, Wiesen-Lieschgras und Rot-Schwingel.

Abb. 17

Der **Glatthafer** *(Arrhenatherum elatius)* neigt besonders bei geringem Bestandesschluß zu leichter Horstwüchsigkeit. Er entwickelt unter den Kulturgräsern das kräftigste und tiefreichendste Wurzelsystem und dementsprechend auch den am höchsten aufragenden Sproßteil. Sein Bestandesschluß, d. h. die Grasnarbendichte in Bodennähe, ist verhältnismäßig gering. Daher ist er weniger als andere Gräser empfindlich gegenüber abrollendem Böschungsmaterial, das bis zu seiner Bindung ohnehin keinen dichten Rasenschluß zuläßt. Der Glatthafer eignet sich deshalb, ähnlich wie die Wehrlose Trespe, hervorragend zur Sicherung steiler Böschungen mit grobkörnigem Material. Er verlangt aber tiefgründig erwärmte Böden, die in den obersten Schichten auch halbtrokken sein können, und eine längere Vegetationszeit. Sein Verbreitungs-

Abb. 18

Abb. 19, Seite 89

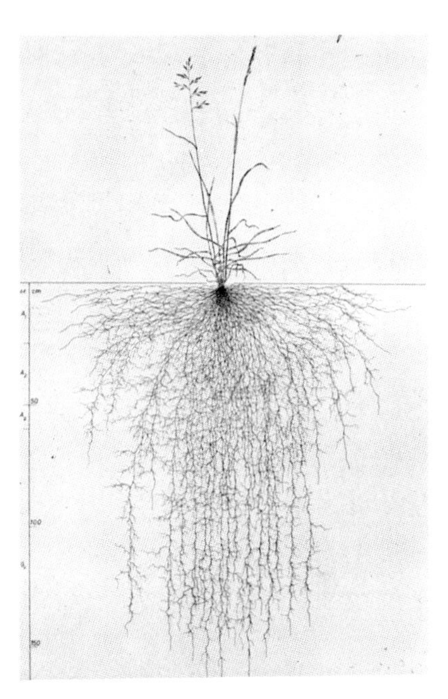

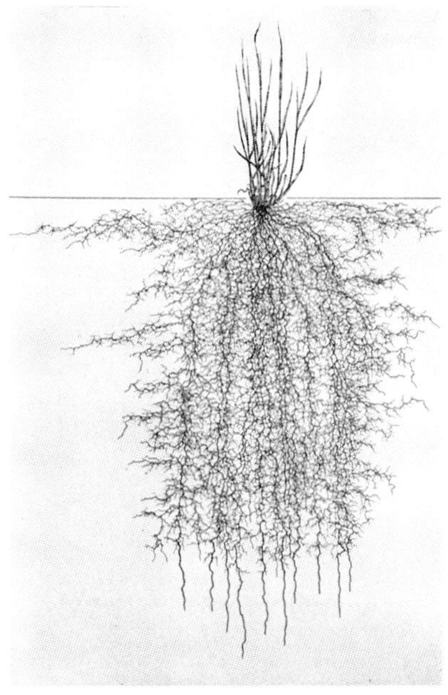

Abb. 17
Tiefreichendes Wurzelsystem von Wiesen-Schwingel auf tonigem Gleyauboden bei Grafenstein in Kärnten (aus KUTSCHERA und LICHTENEGGER 1982).

Fig. 17
Profound root system of Meadow Fescue on clayish gley meadow soil near Grafenstein in Kärnten (KUTSCHERA and LICHTENEGGER 1982)

Abb. 18
Sehr tiefreichendes intensiv feinverzweigtes Wurzelsystem von Glatthafer auf Braunerde unter Terrassenschotter im Klagenfurter Becken (aus KUTSCHERA und LICHTENEGGER 1982).

Fig. 18
Very profound intensive, fine ramification of oat grass root system on brown earth, underneath slag in the Klagenfurter bassin (KUTSCHERA and LICHTENEGGER 1982)

schwerpunkt liegt demgemäß in den tieferen, wärmeren, kontinental getönten Lagen, in denen er zudem die tiefgründiger erwärmbaren skelettreicheren Böden bevorzugt. In höheren Berglagen gedeiht er nur noch gut auf geschützten sonnseitigen Standorten. Hier ist er zur Begrünung steiler sandiger oder steiniger Böschungen besonders gefragt. In Mischung mit Luzerne oder Esparsette bedeckt und bindet er mit einer großen Sproßmasse und tiefreichenden Bewurzelung die grobkörnigsten Böden.

Das **Knaulgras** *(Dactylis glomerata)* neigt noch mehr als der Glatthafer zu leichter Horstwüchsigkeit. Es entwickelt sich rasch und wirkt so verdrängend auf seine Mischungspartner. Beide Eigenschaften verhindern den erwünschten gleichmäßig dichten Bodenschluß der Grasnarbe. Mit seinem rasch und üppig wachsenden Sproß und stark entwickeltem Wurzelsystem bindet es ähnlich wie der Glatthafer grobkörniges leicht bewegliches Böschungsmaterial. Auch seine Standortsansprüche decken sich weitgehend mit denen des Glatthafers. Es verlangt jedoch mehr Nährstoffe zur Massenentwicklung. Eine robuste Böschungsbegrünung mit Glatthafer und Knaulgras muß daher wenigstens die ersten Jahre laufend gedüngt werden.

Abb. 20

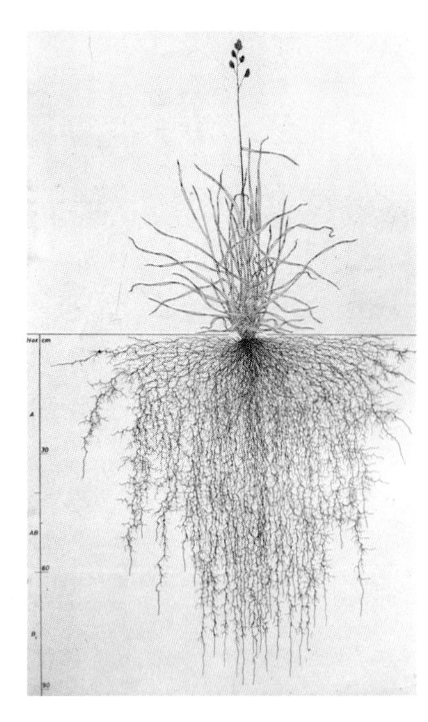

Abb. 20
Tiefreichendes Intensivwurzelsystem von Knaulgras auf skelettreicher Braunerde über Niederterrasse im Klagenfurter Becken.

Fig. 20
Profound intensive cock's foot root system on very skeletal brown earth above low terrace in the Klagenfurter bassin

3.1.4. Horstwüchsige Gräser

Von den horstwüchsigen Gräsern sind Samen zur Böschungsbegrünung nur vom Rohr-Schwingel und von der Rasen-Schmiele im Handel erhältlich. Beide Arten brauchen feuchtere, in den unteren Schichten wenigstens leicht wasserzügige Böden.

Der **Rohr-Schwingel** *(Festuca arundinacea)* bevorzugt Gebiete mit langer Vegetationszeit. Er ist wintergrün und daher in Südengland das wichtigste Gras der Spätweiden. In der Böschungssicherung eignet er sich sehr gut zur Begrünung lehmig-toniger Böden, u. a. in Mischung mit Wiesen-Schwingel und Gemeinem Rispengras. Er bildet von den wildwachsenden Gräsern das am tiefsten reichende Wurzelsystem aus und ist daher imstande, schwere feuchte Böden tiefgründig aufzuschließen und durch Wasserentzug zu entwässern.

Abb. 21, Seite 90

Die **Rasen-Schmiele** *(Deschampsia caespitosa)* erträgt auch kurze Vegetationszeit und reicht in lokalen Formen bis in die alpine Stufe. In höheren Berglagen ist sie daher sehr wertvoll zur Begrünung sickerfeuchter Böschungen und Planien. Zusammen mit dem Einjahrs-Rispengras wird mit ihr oft der letzte Versuch unternommen, Schipistenplanien im alpinen Schneetälchenbereich zu begrünen. An den Nährstoffhaushalt des Bodens stellt sie keine hohen Ansprüche und erfordert daher auch keine weitere Düngung. Vom Weidevieh wird sie ungern gefressen.

Abb. 22

Abb. 22
Tiefreichendes Wurzelsystem von Rasen-Schmiele auf verbrauntem Gleyauboden im Glantal in Kärnten (aus KUTSCHERA und LICHTENEGGER 1982).

Fig. 22
Profound hair grass root system on brown gley meadow soil in the Glan valley in Kärnten

Nimmt sie in einer begrünten Böschung einen hohen Bestandesanteil ein, so entfällt das sonst so gefürchtete Abtreten der Böschung durch Weidevieh. Nachteilig ist ihre langsame Entwicklung aus Samen und offensichtlich auch deren schlechte Keimfähigkeit.

3.2. Kleeartige Kräuter

Unter den kleeartigen Kräutern, die zur Böschungsbegrünung verwendet werden, gibt es ausläufertreibende und pfahlwurzelbildende Pflanzen.

3.2.1. Ausläufertreibende kleeartige Kräuter

Abb. 23, Seite 90

Von den ausläufertreibenden Kleeartigen ist nur der **Weiß-Klee** *(Trifolium repens)* für die Böschungsbegrünung von größerer Bedeutung. Er bildet oberirdisch kriechende Sproßtriebe, die sich bewurzeln. Die an den Knoten hervorbrechenden Wurzelstränge dringen meist senkrecht in den Boden ein und erreichen Tiefen bis zu 50 cm und mehr (vgl. auch KUTSCHERA 1960, S. 340, Abb. 146b). Mit den vielen oberirdischen Kriechtrieben und den stark bodenbedeckenden Laubtrieben ist er bei üppiger Entwicklung befähigt, auf wenig geneigten Böden fast reine Weißkleeteppiche zu bilden (vgl. KUTSCHERA 1966, S. 108, Abb. 6). Seine verdrängende Wirkung vor allem auf niedrig wüchsige Untergräser ist daher groß. In Samenmischungen sollte deshalb sein Anteil auch wegen seiner raschen Jugendentwicklung nicht zu hoch sein. Andererseits ist ein möglichst hoher Anteil an Weißklee in der jungen Ansaat wieder erwünscht, weil er als Stickstoffsammler den Boden verbessert und so vor allem für die stickstoffliebenden Gräser gute Entwicklungsmöglichkeiten schafft. Seine Ansaat lohnt sich besonders auf Straßenbanketten, wenn diese nicht zu trocken sind, auf flachen Plätzen in Kehren und auf mäßig geneigten Böschungen. Seine günstigsten Mischungspartner sind alle niedrig wüchsigen Gräser mit nur mäßig hoher Trockenresistenz.

3.2.2. Kleeartige Kräuter mit vorwüchsiger Primärwurzel (Pfahlwurzel)

Die meisten Kleeartigen, die zur Böschungssicherung Verwendung finden, gehören dieser Gruppe an. Ihre Keimwurzel ist vorwüchsig und entwickelt sich zu einer mehr oder weniger dicken Pfahlwurzel. Der oberirdische Sproßtrieb kann sich am Wurzelstock (Bereich zwischen Wurzelhals und Sproßbasis) durch Bildung von Seitentrieben bestocken. Er bleibt aber durch seine Verbindung mit der Primärwurzel andauernd ortsgebunden und ist daher nicht zur Rasenbildung befähigt. Solche Pflanzen unterbinden eher den dichten Bodenschluß des Rasens, besonders dann, wenn der Sproß hochwüchsig ist. Sie sind daher mit Ausnahme der ebenfalls niedrigwüchsigen Kleeartigen wie Weiß-Klee, Gelb-Klee, Faden-Klee und Hornklee für dichte Kompaktrasen wenig geeignet. Sie gehören vielmehr in Mischungen mit hochwüchsigen Gräsern, deren Rasen von Natur aus keinen dichten Bodenschluß bilden. Ihre Aufgabe ist die Bindung des Bodens nach der Tiefe und das leichtere Ertragen von überrollendem Material auf steileren Böschungen. Der zur Böschungsbegrünung am meisten angebaute Klee ist der **Schweden-Klee** *(Trifolium hybridum).* Wie das Deutsche Weidelgras ist er deshalb so beliebt, weil seine Samen billig sind, weil er nahezu überall wächst und sich zudem schnell entwickelt. Im Gegensatz zum Deutschen Weidelgras ist er auch winterfest und deshalb bis in die subalpine Stufe verwendbar. Sein Nachteil ist, daß er nicht ausdauernd ist und daher nach einigen Jahren immer mehr verkommt. Wenn sich inzwischen durch ökologisch richtige Sortenwahl der Grasanteil entsprechend vermehrt hat und dieser andauernd den Bodenschutz übernimmt, ist diese Bestandesumschichtung keineswegs nachteilig. Im Vergleich zum meist stark bestockten Sproß des Schweden-Klees ist sein Wurzelsystem eher als extensiv zu werten. Auf warmen halbtrockenen Böden des humiden Gebietes erreicht seine Primärwurzel die beachtliche Tiefe von nahezu 100 cm. Auf kühleren feuchteren Böden spitzt sie sich rasch rübenförmig zu und erreicht nur geringe Tiefen (30–50 cm). Dafür entwickeln sich starke Seitenwurzeln, die zuerst seitwärts ausladen und dann bogenförmig abwärts wachsen. Es entsteht so ein mehr büschelförmiges, grasähnliches Wurzelsystem, das die oberen Bodenschichten ziemlich gleichmäßig durchwurzelt (vgl. auch KUTSCHERA 1960, S. 335, Abb. 145).

Abb. 24, Seite 90

Abb. 25, Seite 90

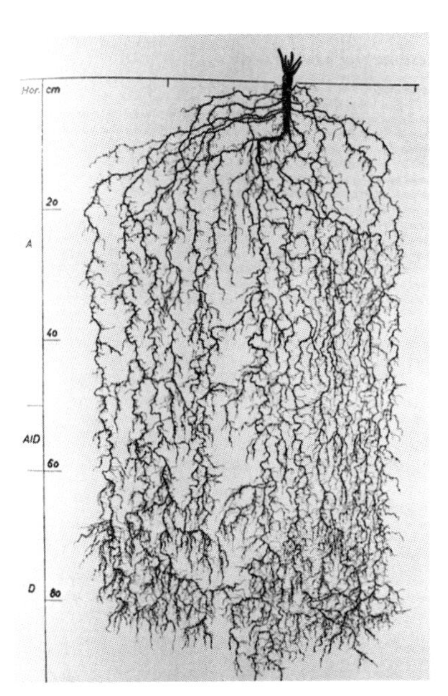

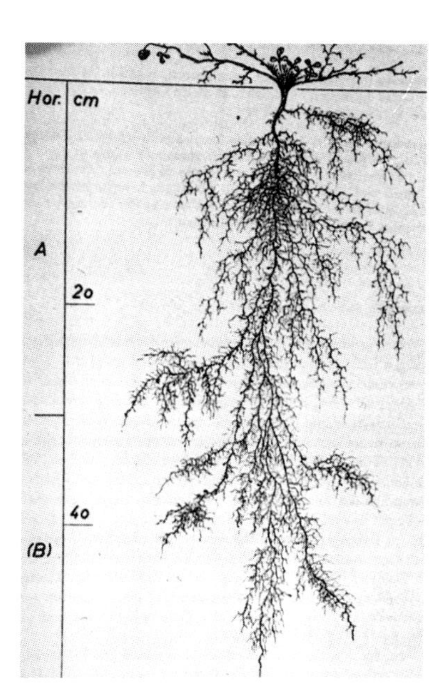

Abb. 26
Primärwurzelsystem von Hopfen-Klee auf Braunerde im Kärntner Becken (aus KUTSCHERA 1960, Abb. 143).

Fig. 26
Primary black medick root system on brown earth in the Kärnten bassin. (KUTSCHERA 1960, fig. 143)

Abb. 27
Wurzelsystem von Gelbem Steinklee auf Paratschernosem in Nordburgenland (aus KUTSCHERA 1960, Abb. 141).

Fig. 27
Yellow melilot root system on Parachernozem in the »Nordburgenland« (KUTSCHERA 1960, fig. 141)

Der **Gelb-** oder **Hopfenklee** *(Medicago lupulina)* entwickelt im Vergleich zum niedrigwüchsigen Sproß ein sehr mächtiges und verhältnismäßig tiefreichendes Wurzelsystem. Es kommt darin bereits seine ziemlich hohe Trockenresistenz zum Ausdruck. Sein niedriger Wuchs und seine hohen Wärmeansprüche machen ihn zum idealen Mischungspartner für dichte Kurzgrasrasen warmer trockener Lagen. Besonders gut eignet er sich auch zur Berasung von Straßenbanketten, wo er mit **Feld-Klee** *(Trifolium campestre),* der sich von selbst einfindet, selbst unter dem Einfluß der Asphalt-Widerhitze oft dichte niedrige, grasarme Bestände bildet.

Abb. 26, Seite 79

Wie schon der Name verrät, wird der **Gelbe** und **Weiße Steinklee** *(Melilotus officinalis* und *M. alba)* mit Vorliebe zur Begrünung steiniger, steiler abrollgefährdeter Böschungen meist in sonniger Lage verwendet. Die sehr kräftige Pfahlwurzel, die sich in mehrere ebenfalls starke Seitenwurzeln verzweigt, durchwächst Schutt und Geröll und dringt selbst in Felsspalten vor. Auf lockerem Material erreichen die Wurzeln Tiefen von 100 cm und mehr. Der Gelbe Steinklee ist trockenresistenter als der Weiße Steinklee. Dieser bevorzugt vor allem sickerfeuchte Lagen und eignet sich demgemäß auch gut zur Begrünung sickerfeuchter lehmig-toniger Böschungen. Als Mischungspartner kommen von den Gräsern nur die hochwüchsigsten Arten wie Glatthafer, Knaulgras oder Wehrlose Trespe in Frage. Wegen der Hochwüchsigkeit dieser Mischung und der dadurch bedingten hohen Abfuhr von Mähgut ist sie nur auf entlegenen Böschungen gerne gesehen, wo Mahd weitgehend unterbleiben kann.

Abb. 27, Seite 79

Auch der **Wundklee** *(Anthyllis vulneraria)* wird vorzugsweise auf (kalk-) steinigen, besonnten, warmen Böschungen ausgesät. Sein niedriger behaarter Sproß und seine tiefreichende Primärwurzel sorgen für beste Anpassung an trockene Standorte. Seine Primärwurzel ist außerdem stark verformbar und nach Aufspalten in Seitenäste befähigt, auch in Felsspalten einzudringen. Trotz seines hohen Wertes als Pionierpflanze für steinige Rohbodenböschungen wird der Wundklee zur Böschungsbegrünung immer weniger verwendet. Der Grund dafür liegt in den hohen Kosten des Saatgutes. Als Mischungspartner eignen sich vor allem niedrigwüchsige trockenresistente Gräser wie Wiesen-Rispengras und Rot-Schwingelarten.

Abb. 28, Seite 81

Der **Hornklee** *(Lotus corniculatus)* hat bei verhältnismäßig niedrigem Sproß ein noch wesentlich kräftiger ausgebildetes Wurzelsystem als der Wundklee. Seine Pfahlwurzel reicht aber bei weitem nicht so tief wie jene der Luzerne. Dafür ist sie wesentlich stärker verformbar. Der Hornklee kann daher dichte mergelartige Böden noch gut besiedeln, während die Luzerne auf solchen Böden bereits versagt. Er ist somit für alle Böden geeignet, sofern sie ausreichend tiefgründig erwärmt sind. Wo auf sommertrockenen Böschungen selbst trockenresistente Gräser

Abb. 29, Seite 90
Abb. 30, Seite 81

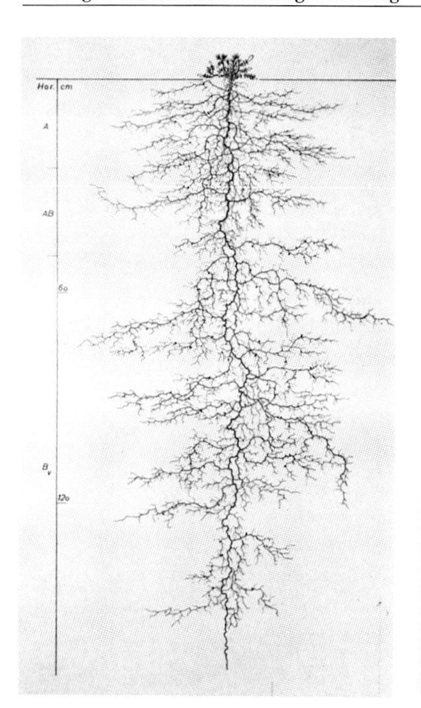

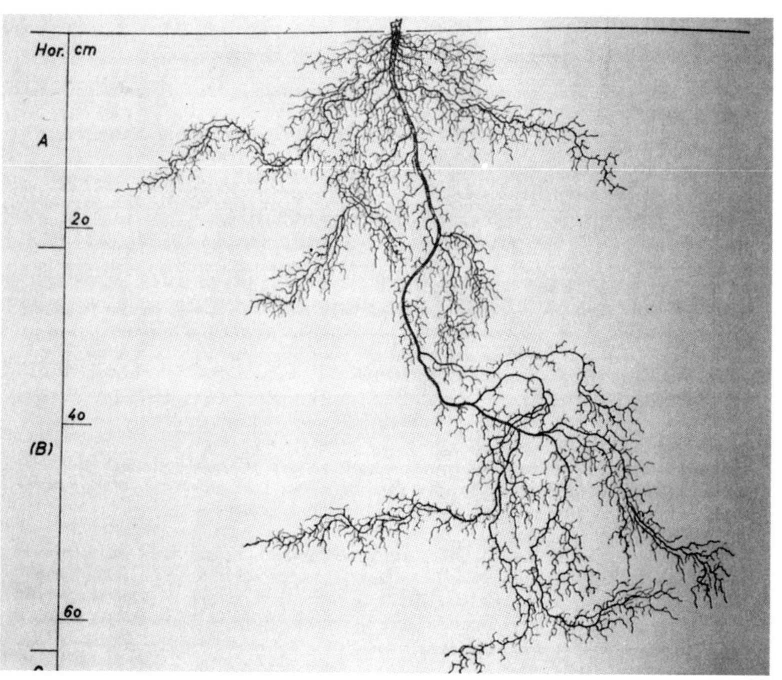

versagen, kann der Hornklee bei entsprechend hohem Bestandesanteil durch Bildung zahlreicher Bestockungstriebe noch nahezu geschlossene Bestände entwickeln. Zur Begrünung solcher Böschungen sollten daher stets Samenmischungen mit hohem Hornkleeanteil verwendet werden. Besonders günstig ist die Mischung mit Rot-Schwingel-Arten. Der Hornklee entwickelt sich ebenfalls langsam und wirkt auch später kaum verdrängend auf den Rot-Schwingel. Beide Pflanzenarten bedürfen nach Rasenschluß keiner weiteren Düngung. Die geringe Wuchshöhe dieser Rasen erfordert, wenn überhaupt, im Jahr höchstens einen Schnitt.
Die **Luzerne** *(Medicago sativa)* bevorzugt tiefgründige lehmig-sandige Böden. Geröll- und blockschuttreiche Bösen sagen ihr ebenso wenig zu wie tonreiche. Mit ihrer mehrere Meter tiefreichenden kräftigen Pfahlwurzel ist sie ein ausgezeichneter Bodenfestiger. Sie eignet sich am besten zur Begrünung sonnseitiger steilerer Böschungen mit leichteren Böden in tieferen wärmeren Lagen. Sie gedeiht auf südseitigen Böschungen auch noch gut in der hochmontanen Stufe. Doch gibt dort ihre Primärwurzel in den hinsichtlich Temperatur- und Feuchtigkeitsschwankungen ausgeglicheneren Böden das sonst so ausgeprägte Tiefenstreben auf (vgl. KUTSCHERA-MITTER 1972). Es fällt somit mit zunehmender Seehöhe ihre bodenfestigende Wirkung auf die tieferen Bodenschichten immer mehr aus. Als Mischungspartner eignen sich wiederum am besten hochwüchsige Gräser.

Abb. 28
Primärwurzelsystem von Wundklee auf Braunerde im Klagenfurter Bekken (aus KUTSCHERA und LICHTENEGGER 1982).

Fig. 28
Anthyllis primary root system on brown earth in the Klagenfurter bassin (KUTSCHERA and LICHTENEGGER 1982)

Abb. 30
Stark verformtes Primärwurzelsystem von Hornklee auf stark verdichteter Braunerde bei Klagenfurt (aus KUTSCHERA 1960, Abb. 151).

Fig. 30
Strongly deformed bird's foot trefoil primary root system on very solidified brown earth near Klagenfurt (KUTSCHERA 1960, fig. 151)

Abb. 31, Seite 91

Die **Esparsette** *(Onobrychis viciifolia)* hat ähnliche Standortsansprüche wie die Luzerne. Auch als Böschungsfestiger ist sie ähnlich zu werten. Sie neigt allerdings zu stärkerer Aufgliederung ihrer ebenfalls pfahlförmigen Primärwurzel in kräftige Seitenwurzeln. Dadurch kann sie viel besser auch steinige, flachgründigere Böden besiedeln und höhere Oberbodentrockenheit ertragen. Sie ähnelt darin eher dem Wundklee. Ihre Samen sind allerdings viel billiger. Daher wird sie an seiner Stelle auch sehr gerne verwendet. Doch ist dabei zu bedenken, daß die Esparsette kein Rohbodenpionier ist und deshalb nicht so steinige und flachgründige Böden besiedeln kann wie der Wundklee. Als Mischungspartner kommen auch niederwüchsige Gräser wie Rot-Schwingel in Betracht, da die Esparsette wegen ihres verhältnismäßig niedrigen und nicht sehr üppigen Wuchses nicht so stark beschattend und verdrängend wirkt.

Abb. 32

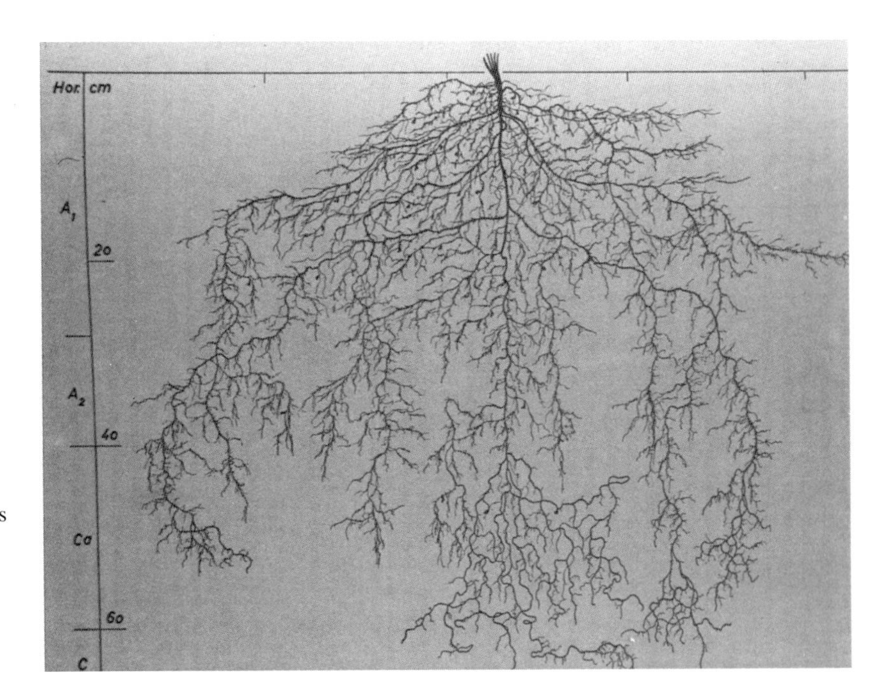

Abb. 32
Wurzelsystem von Esparsette auf Schwarzerde in Nordburgenland (aus KUTSCHERA 1960, Abb. 153).

Fig. 32
Sainfoin root system on chernozem in the »Nordburgenland« (KUTSCHERA 1960, fig. 153)

4. Bodenbindung durch Rasen

Das Ausmaß der Stabilisierung von Böschungen durch Rasen hängt von deren bodenbindenden Fähigkeiten ab. Diese Fähigkeiten ergeben sich im wesentlichen aus dem Zusammenspiel von Bodenabdeckung, Bodenentwässerung, Förderung der Lebendverbauung und Reißfestigkeit der Wurzeln.

4.1. Bodenabdeckung

Wie bereits erwähnt, ist Bodenabdeckung durch Rasen der wirksamste Oberflächenerosionsschutz offener Böschungen. Je rascher geschlossene und anhaltende Berasung erfolgt, um so größer und andauernder ist ihr Erosionsschutz gegen Oberflächenwasser und Wind. Die Schnelligkeit der Berasung ist abhängig vom Zeitpunkt der Einsaat und von der Wachstumsgeschwindigkeit der Mischungspartner. Hinsichtlich des Zeitpunktes der Einsaat gilt der Grundsatz, daß in frisches Erdreich eingesät werden soll. Die zu versäenden Böschungen sollten daher in einem Zuge saatfertig gemacht und versät werden. Durch Zuwarten riskiert man das Abschwemmen der feinen Bodenbestandteile. Die Samen fallen dann auf wesentlich grobkörnigeren Boden. Mit ihm können die Keimpflanzen keinen so innigen Kontakt zur Wasser- und Nährstoffaufnahme mehr eingehen. Daher geraten die Keimwurzeln nahe der Bodenoberfläche leicht in größere Hohlräume. In ihnen können sie gerade in der ersten kritischen Phase der beginnenden Verankerung im Boden zuwenig Wasser aufnehmen. Die Folge ist häufig ein Absterben der Keimpflanzen infolge Vertrocknung.

Die Wachstumsgeschwindigkeit der gekeimten Pflanzen hängt nicht nur ab von der optimalen Gestaltung der Wachstumsfaktoren wie Wärme, Wasser, Nährstoffe u. dgl. Sie ist auch artspezifisch. Am raschesten wachsen unter den Gräsern jene Arten heran, die ein hohes Nährstoffaneignungsvermögen besitzen. Kennzeichnend dafür sind z. B. Deutsches Weidelgras, Knaulgras und Glatthafer. Leider neigen diese Gräser zu leichter Horstwüchsigkeit, die einen gleichmäßigen Rasenschluß eher verhindert. Die gleichmäßig dichte Rasen bildenden Ausläufergräser wie Wiesen-Rispengras und ausläufertreibender Rot-Schwingel entwikkeln sich leider wesentlich langsamer. Sie haben ein geringeres Nährstoffaneignungsvermögen und können daher auch nicht durch erhöhte Düngung im Wachstum entsprechend beschleunigt werden. Die Ansaat dieser Kurzgrasmischungen bedarf daher besonders erosionshemmender Ansaatmethoden wie z. B. dem »Schiechteln« (SCHIECHTL 1962) oder Anspritzverfahren mit erosionshemmenden Bindemitteln. Bewährt hat sich nach jüngsten Versuchen auch das Einrühren dieser Samen in alte, gut vergorene verdünnte Gülle. Nach Ausspritzen dieses Gemisches bildet die Gülle, die gleichzeitig ein hervorragender Dünger ist, einen sehr beständigen, leicht zu durchwurzelnden erosionshemmenden Film an der Bodenoberfläche.

Abb. 33, Seite 91

4.2. Bodenentwässerung

Die Standfestigkeit einer Böschung ist bei einem bestimmten Neigungswinkel um so größer, je weniger die Reibungskräfte des Materiales durch eindringendes Wasser herabgesetzt werden. Ein geringer Wassergehalt der Böschungen ist daher besonders bei leicht gleitenden feingehaltreichen Böden von großer Bedeutung. In humiden Gebieten sollten solche Böden daher so gut wie möglich entwässert werden. Neben der technischen Entwässerung bietet sich gerade auf tonigen Böden, in denen die technische Entwässerung bekanntlich wenig wirksam ist, die biologische Entwässerung über die Pflanzendecke an. Sie ist um so wirksamer, je größer die verdunstende Oberfläche der oberirdischen Pflanzenteile ist. Unter den Rasenpflanzen sind dazu alle hoch- und massenwüchsigen Arten geeignet.

4.3. Lebendverbauung des Bodens

Die durch Bodenmikroben besorgte Lebendverbauung schreitet um so rascher voran, je besser und tiefreichender der Boden durchwurzelt ist. Die Wurzeln machen den Boden durchgängig für Wasser und Luft und liefern den Mikroorganismen durch ihre leicht zersetzbaren abgestorbenen Teile einen idealen Nährboden. Die Mikroorganismen wiederum stabilisieren durch Verkitten alte Wurzelröhren und machen so vor allem den schweren Boden besser für Wasser durchlässig. Es kann sich dadurch das eindringende Niederschlagswasser über einen größeren Bodenraum verteilen. Auf diese Weise entstehen zumindest in den oberen Bodenschichten weniger leicht Stauzonen.

4.4. Reißfestigkeit der Wurzeln

Die Reißfestigkeit der Wurzeln und damit ihre bodenbindende Kraft ist wesentlich größer als allgemein angenommen wird. Dies trifft besonders für die Graswurzeln zu. Wer würde schon vermuten, daß die Wurzeln des Deutschen Weidelgrases mit ½ kg und solche der Wehrlosen Trespe fast mit 1 kg belastet werden können, bevor sie reißen. Die einschlägigen Fachleute spüren dieser faszinierenden bodenbindenden Kraft schon lange nach (STINY 1947, zit. SCHIECHTL 1973, SCHIECHTL 1958, 1973). Sie haben sich aber bis heute vergeblich bemüht, sie für einen bestimmten Rasen in signifikanten rechnerischen Größen auszudrücken. Dies liegt einfach daran, daß die Reißfestigkeit der gesamten Bewurzelung eines Rasens je nach Standort, Artenzusammensetzung des Bestandes, Entwicklungszustand und Bewirtschaftungsintensität großen Schwankungen unterliegt. Es ist daher zweckmäßiger, der Reißfestigkeit der Wurzeln nach Pflanzenarten getrennt nachzuspüren. Aus der Reißfestigkeit der Wurzeln und der Durchwurzelungsintensität ergibt sich ungefähr die Reißfestigkeit des Wurzelkörpers einer Art. Die Zusammensetzung des Pflanzenbestandes kann dann

Aufschlüsse über die Gesamtreißfestigkeit der Wurzeln eines Bestandes geben. Natürlich sind auch daraus nur Größenordnungen abzuleiten. Diese sind aber rasch erfaßbar und auf einen konkreten Bestand übertragbar. So zeigt eine Gegenüberstellung aus nachstehender Tabelle auf einen Blick, daß ein Rasen aus vorwiegend *Poa annua* oder *Agrostis stolonifera* eine viel geringere Reißfestigkeit aufweist als ein Rasen aus vorwiegend *Lolium perenne*. Wir sehen daraus auch, daß höhere Feuchtigkeit benötigende Arten wie *Poa annua, Agrostis stolonifera* und *Poa trivialis* eine mehr als um die Hälfte geringere Reißfestigkeit haben als die höhere Trockenheit ertragenden ebenfalls niedrigwüchsigen *Festuca*-Arten. Daraus wird auch verständlich, warum die höhere Bodenfeuchte benötigenden niedrigwüchsigen Arten sich nur auf flacher geneigten Böschungen bewähren. Auf steileren wären die Erdschubkräfte schon ab den mittleren Bodenschichten sehr bald größer als die Reißfestigkeit der Wurzeln. Interessant ist auch ein Vergleich zwischen Kurzgrasrasen und hochwüchsigen Rasen. Ein Kurzgrasrasen zu gleichen Teilen aus *Festuca rubra* SCALDIS, *Poa pratensis* und *Agrostis tenuis* würde gegenüber einem hochwüchsigen Rasen zu gleichen Teilen aus *Arrhenatherum elatius, Dactylis glomerata* und *Bromus inermis* eine Reißfestigkeit von weniger als $^1/_3$ aufweisen. Bei Berücksichtigung der Durchwurzelungsintensität (Zahl der Wurzelstränge) würde die Reißfestigkeit des Kurzgrasrasens in den oberen Bodenschichten infolge seiner besonders reichen Bewurzelung (bis ca. 20 cm Bodentiefe) etwa die Hälfte der Reißfestigkeit des hochwüchsigen Rasens betragen. Dafür würde sie in den tieferen Bodenschichten (ab ca. 40 cm Bodentiefe) infolge der rascher abnehmenden Durchwurzelungsintensität weit unter $^1/_3$ liegen.

Unter den kleeartigen Kräutern weisen, auf einen einheitlichen Wurzelquerschnitt bezogen, *Trifolium pratense, T. hybridum* und *Lotus corniculatus* annähernd die gleich große Reißfestigkeit auf. Auch die Reißfestigkeit der Esparsette, die nur ungefähr festgestellt wurde, liegt bei gleichem Wurzelquerschnitt in dieser Größenordnung. Dicke alte Esparsetten-Pfahlwurzeln von 1 cm Durchmesser haben allerdings eine Reißfestigkeit von über 35 kg. Dagegen ist die Reißfestigkeit von *Anthyllis vulneraria* wesentlich geringer. Als Pionierpflanze trockener bis halbtrockener, meist skelettreicher Böden weist sie eine nicht erwartete geringe Reißfestigkeit auf. Am niedrigsten ist die Reißfestigkeit bei *Trifolium repens*. Von ihren mürben Wurzeln ist auch keine größere Reißfestigkeit zu erwarten.

Die Reißfestigkeit der dicken Kräuterwurzeln ist zwar wesentlich größer als jene der Graswurzeln, doch haben sie auch eine viel größere Standweite. In einem geschlossenen Rasen sind nahe der Bodenoberfläche einige tausend Graswurzeln je m² zu finden, dagegen höchsten 20 bis 30 pfahlförmige Wurzeln von Kräutern. Sie wirken im Boden ähnlich zug- und druckfestigend wie Eisen im Beton, doch geht die eigentliche bodenbindende und bodenfestigende Wirkung trotzdem von den Graswurzeln aus. Dies ist ein erneuter Beweis dafür, daß der geschlossene Rasen unter normalen Bedingungen den besten Schutz vor Oberflächenerosion bietet.

Reißfestigkeit von Wurzeln krautiger Pflanzen in Gramm

Poa annua	104
Poa trivialis	123
Agrostis stolonifera	124
Poa pratensis	179
Agrostis tenuis	197
Trisetum flavescens	206
Festuca rubra SCALDIS	243
Deschampsia caespitosa	296
Phleum pratense	399
Festuca nigrescens	446
Arrhenatherum elatius	447
Lolium perenne	500
Festuca pratensis	612
Dactylis glomerata	731
Nardus stricta	760
Festuca arundinacea	890
Bromus inermis	991
Trifolium repens ∅ 0,9 mm	354
Anthyllis vulneraria ∅ 3,5 mm	8 670
Trifolium hybridum ∅ 3,1 mm	12 510
Lotus corniculatus ∅ 3,6 mm	14 280
Trifolium pratense ∅ 3,7 mm	15 450

Abb. 1
Intensive Bodenbindung auf Dünensand durch reich verzweigte Wurzeln des Schaf-Schwingel in der Lüneburger Heide.

Fig. 1
Intensive soil compound on dune sand by aboundant sheep's fescue ramification in the Lüneburger Heide

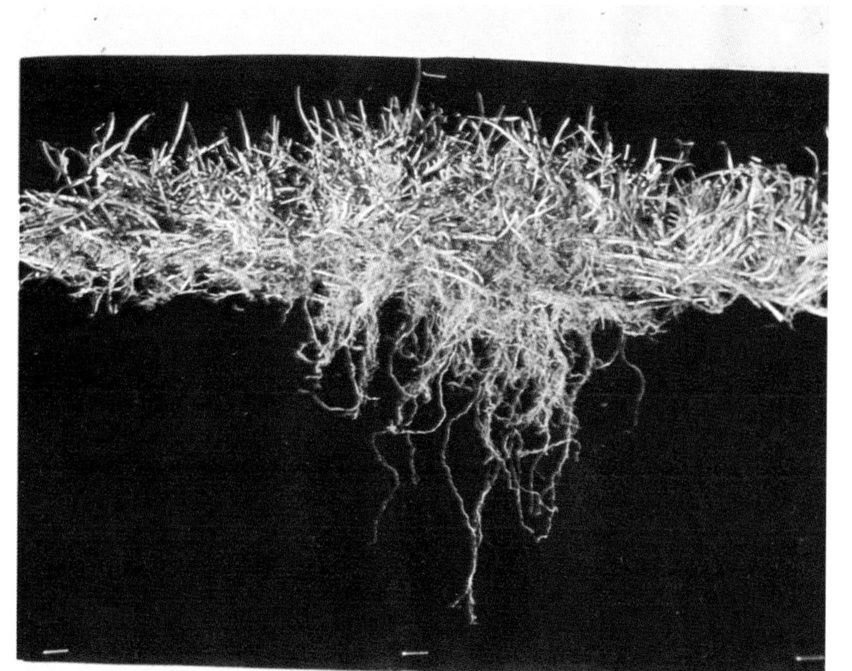

Abb. 3
Dichte oberbodennahe Bewurzelung von Einjahrs-Rispengras in der subalpinen Stufe der Gailtaler Alpen.

Fig. 3
Dense roots near surface of one-year-old meadow grass in the subalpine level of the Gailtaler Alps

Abb. 10
Im Absterben begriffene, vorwiegend mit Deutschem Weidelgras erfolgte Böschungsberasung bei Spittal an der Drau.

Fig. 10
Perishing embankment lawn, with mainly German Rye grass, near Spittel-on-Drau

Abb. 13
Dichter Kurzgrasrasen aus Rot-Schwingel (Sorte SCALDIS) im 3. Jahr nach der Ansaat auf einer Straßenböschung bei Landbrücken in Kärnten.

Fig. 13
Dense Red Fescue (SCALDIS) short cut lawn in the 3rd year after seeding on a road embankment near Landbrücken in Kärnten

10

Abb. 14
Dichte Durchwurzelung einer Straßenböschung aus Terrassenschotter durch die Rot-Schwingelsorte SCALDIS, Ort wie Abb. 13.

Fig. 14
Dense Red Fescue root penetration of a slag road embankment SCALDIS, location as fig. 13

Abb. 15
Durchwurzelung einer Straßenböschung aus Terrassenschotter durch Rotes Straußgras im Klagenfurter Becken, Tiefe des Wurzelkörpers ca. 50 cm.

Fig. 15
Red Bentgrass root penetration of a slag road embankment in the Klagenfurter bassin, depth of the root system approx. 50 cm

13

14 15 16

19

Abb. 16
Nur mäßig tiefreichendes Wurzelsystem von Wiesen-Lieschgras auf skelettreicher Braunerde über Terrassenschotter im Klagenfurter Becken.

Fig. 16
Moderately profound root system of Phleum pratense on very skeletal brown earth covering slag in the Klagenfurter bassin

Abb. 19
Dicht mit Glatthafer bewachsene steinige Steilböschung in 1500 m Seehöhe bei Heiligenblut in Kärnten.

Fig. 19
Densely growing oat grass on a stony steep embankment in 1500 m above sealevel near Heiligenblut in Kärnten

Fig. 21
Very profound festuca arundinacea root system on deep brown earth near Grafenstein in Kärnten

(Fig. 21 see page 90)

Abb. 21
Sehr tiefreichendes Wurzelsystem von Rohr-Schwingel auf tiefgründiger Braunerde bei Grafenstein in Kärnten. Tiefe des Bodenprofiles 273 cm.

Abb. 23
Wurzelsystem von Weißklee auf skelettreicher Braunerde über Terrassenschotter im Klagenfurter Becken.

Fig. 23
White clover root system on very skeletal brown earth covering slag in the Klagenfurter bassin

Abb. 24
Tiefreichendes Primärwurzelsystem von Schweden-Klee an einer Straßenböschung auf skelettreicher Braunerde bei Landbrücken in Kärnten.

Fig. 24
Profound Alsike clover primary root system on a road embankment on very skeletal brown earth near Landbrücken in Kärnten

31

33

Abb. 25
Durch frühzeitige Verzweigung der Primärwurzel in kräftige bogig abwärts wachsende Seitenwurzeln wenig tiefreichendes Wurzelsystem von Schweden-Klee auf geschütteter steiniger Böschung an der Glocknerstraße (1660 m NN) in Kärnten.

Fig. 25
Early ramification of strongly curved downwards growing secondary roots, producing a moderately profound root system of Alsike clover on a raised stony embankment at the Glocknerstraße in Kärnten

Abb. 29
Pfahlförmiges Primärwurzelsystem von Hornklee auf skelettreicher Braunerde über Terrassenschotter im Klagenfurter Becken. Profiltiefe 110 cm, Gesamttiefe des Wurzelsystems 180 cm.

Fig. 29
Tap shaped primary root system of bird's foot trefoil on very skeletal brown earth covering slag in the Klagenfurter bassin. Depth of profile 110 cm. Total depth of the root system 180 cm

Abb. 31
Seitwärts ausbiegendes Wurzelsystem von Luzerne auf geschütteter steiniger Böschung an der Glocknerstraße 1660 m NN) in Kärnten.

Fig. 31
Laterally growing lucern root system on a raised stony embankment at the Glocknerstraße in Kärnten (1660 m NN)

Abb. 33
Lückige Böschungsbegrünung aus vorwiegend Knaulgras bei Landbrükken in Kärnten.

Fig. 33
Light plantation of embankments. Mainly cock's foot. Near Landbrükken in Kärnten

5. Literatur

FLOSS, R.: Zur Standsicherheit von Böschungen mit Lebendverbau aus der Sicht von Bodenmechanik und Grundbau. In diesem Band.
HARTGE, K. H.: Wechselbeziehungen zwischen Pflanze und Boden bzw. Lockergestein unter besonderer Berücksichtigung der Standortverhältnisse auf neu entstandenen Böschungen. In diesem Band.
KUTSCHERA, L.: Wurzelatlas mitteleuropäischer Ackerunkräuter und Kulturpflanzen. DLG-Verlag, Frankfurt am Main 1960.
KUTSCHERA, L.: Ackergesellschaften Kärntens. Verlag BVA Gumpenstein, Irdning.
KUTSCHERA-MITTER, L.: Erklärung des geotropen Wachstums aus Standort und Bau der Pflanzen. »Land- und Forstwirtschaftliche Forschung in Österreich«, 5, 35–89, 1972.
KUTSCHERA, L. und E. LICHTENEGGER: Wurzelatlas mitteleuropäischer Grünlandpflanzen, Bd. 1, Verlag Gustav Fischer 1982.
LICHTENEGGER, E.: Die natürlichen Voraussetzungen und deren Berücksichtigung für eine erfolgreiche Weidewirtschaft im Kärntner Becken, Dissertation, Wien 1963.
PAULI, D. Sc. F.: Bodenfruchtbarkeit – Gemeinschaftsleistung von Pflanzenwurzeln und Mikroorganismen. Ruperto Carola (Univ. Heidelberg), 62/63, 78–82, 1979.
Lebendverbauung der Pflanze – Boden-Grenzfläche in Hanglagen. In diesem Band.
SCHIECHTL, H. M.: Grundlagen der Grünverbauung. Mitt. d. Forstl. Bundes-Vers.-Anst., H. 55, 1958.
Einige ausgewählte Ergebnisse aus der Forschungsarbeit für Grünverbauung und über den heutigen Stand ihrer Anwendung in Österreich. Grünverbau im Straßenbau, 37–45, Kirchbaum-Verlag, Bad Godesberg 1962.
Probleme und Verfahren der Begrünung extremer Standorte im Voralpen- und Alpenraum. RASEN-TURT-GAZON, 1, 1–6, 1972.
Sicherungsarbeiten im Landschaftsbau. Callwey-Verlag, München 1973.
Ingenieurbiologische Maßnahmen und ihre technische, ökologische, landschaftsarchitektonische und ökonomische Auswirkung im Landschaftsbau. »Natur und Mensch im Alpenraum«, 127–143, Ludwig Bolzmann-Institut, Graz 1977.
Umweltfreundliche Hangsicherung. GEOTECHNIK 1, H. 1, 10–21, 1978.

Dr. Erwin Lichtenegger
St. Primus-Weg 64 H
A-9020 Klagenfurt

Hildegard Hiller

Zur Ausbildung des Wurzelwerkes von Strauchweiden und ihr Beitrag zur Böschungsicherung

On the Formation of the Roots System of Willows and their Contribution to the Stabilization of Slopes

Zusammenfassung:
Einleitend wird auf den empirisch schon seit langem bekannten hervorragenden biotechnischen Wert der Strauchweiden zur Hang- und Ufersicherung hingewiesen. Dabei wird die zumeist leichte vegetative Vermehrbarkeit hervorgehoben. Auch werden die bereits vorliegenden Untersuchungen aus dem In- und Ausland angeführt. Dann werden die drei hier untersuchten Salix-Arten: Salix balsamifera mas, Salix longifolia und Salix x purpurea vorgestellt und ihre Bewurzelungsfähigkeit mitgeteilt. Ihre Wurzelentwicklung im Jungwuchsstadium während der fünf Monate nach dem Stecken wird durch Anzahl und Länge der Hauptwurzeln erfaßt. Schließlich wird die biotechnisch so bedeutungsvolle Zugfestigkeit von Weiden-Wurzeln erörtert und dabei die in der Natur des Untersuchungsobjekts liegenden Schwierigkeiten einer genauen meßtechnischen Erfassung aufgezeigt.

Summary:
In the introduction, the excellent properties of willow bushes for slope, bank and lakeshore stabilization, which have been known empirically for a long time, are recalled. Their generally uncomplicated multiplication is mentioned. Also, research done internationally is indicated. Next, the three varieties investigated here: salix balsamifera mas, salix longifolia and salix x purpurea are introduced and their root formation properties shown. Their root formation during the first five months after planting is quantified in terms of numbers and length of main roots.

Inhaltsübersicht

1. Über den besonderen biotechnischen Wert der Strauchweiden

Bemerkenswerterweise werden schon in den »Technischen Vorschriften für den Wasserbau« aus dem Jahre 1878 (Bayerisches Staatsministerium des Innern, 1878) Weiden als Baustoff behandelt.

Wie auch GAMS (1939) und HASSENTEUFEL (1950) festgestellt haben, bietet unter den Holzarten die Gattung Salix, der Weiden, zahlreiche biotechnisch besonders wertvolle Arten.

Der Begriff »biotechnische« Eignung des Baustoffes lebende Pflanze ist von BUCHWALD (1954) geprägt worden. Seine Bedeutung entspricht der üblichen Definition (DUDEN, Bd. 5, 1974); denn danach bezieht sich der Begriff biotechnisch auf die technische Nutzbarmachung biologischer Vorgänge. Mit der biotechnischen Eignung von Pflanzen kann demnach die technische Nutzbarmachung ihrer Fähigkeiten, den Boden nachhaltig vor den Angriffen der Erosion und Deflation zu schützen, bezeichnet werden.

In der Literatur sind dafür noch analoge Bezeichnungen wie »Verbauwert« (PFLUG, 1971) zu finden; denn der Begriff »Bauwert« ist bereits von BRAUN-BLANQUET (1951) in die Pflanzensoziologie für die Bedeutung von einzelnen Pflanzenarten innerhalb einer Sukzessionsserie eingeführt worden. DUTHWEILER (1967) hat unter dem Begriff »Kampfkraft« die Summe der bodenfestigenden und -schützenden Leistungen von insbesondere Pionierpflanzen zusammengefaßt. Die biotechnische Eignung von Pflanzen als lebender Baustoff im Zuge ingenieurbiologischer Baumaßnahmen wird hauptsächlich durch den körperbau, die Widerstandsfähigkeit gegen mechanische Belastungen, die Regenerationsfähigkeit nach Verletzungen und durch die Ausbildung des Wurzelwerkes im Hinblick auf die Bodensicherung bedingt.
Bei vielen Weidenarten ist neben der weiten ökologischen Amplitude ihre zumeist leichte vegetative Vermehrbarkeit hervorzuheben. Diese besondere Fähigkeit, aus verholzten Sproßteilen neue, vollständige Pflanzen bilden zu können, ist schon sehr lange empirisch erkannt und zur Hang- und Ufersicherung genutzt worden. Dadurch werden die Salix-Arten zu einem vielseitig einsetzbaren Baustoff; denn im Hinblick auf eine relativ problemlose Handhabung bei Gewinnung, Transport, ggf. Zwischenlagerung und Einbau bietet unbewurzeltes Pflanzenmaterial zweifellos viele Vorteile für die Bauausführung. Außerdem können Weiden aufgrund ihrer ausgeprägten Pioniereigenschaften einen rasch wirksamen Bodenschutz ausüben; denn ihre schnell wachsenden elastischen Sprosse können die Bodenoberfläche vor den Angriffen der Erosion und Deflation alsbald schützen. Gleichzeitig bewirkt ihr sich erstaunlich rasch entwickelndes Wurzelwerk eine tiefgreifende Bodenfestigung. Fraglos ist es die hervorragende Fähigkeit der Weiden, aus verholzten Sproßteilen, z. B. Steckhölzern, sproßbürtige Adventivwurzeln und Zweige, also neue vollständige Pflanzen, bilden zu können.
Bei den sproßbürtigen Adventivwurzeln der Weiden können nach KIRWALD (1964) zwei Typen unterschieden werden, vgl. Abb. 1. In der Nähe der unteren Schnittfläche der Steckhölzer entspringen die sog. Wundwurzeln. Diese sind bei den meisten vom Verf. darauf untersuchten Salix-Arten sehr kräftig, lang und zahlreich und dringen tief in den Boden ein. Dagegen sind die anderen über das Steckholz verteilten sog. Rindenwurzeln zumeist viel spärlicher, schwächer und erheblich kürzer. Beachtenswerterweise haben sich diejenigen ingenieurbiologischen Bauweisen, wie Buschlagen und verwandte, bei denen diese Eigenart der Wurzelbildung voll genutzt wird, als biotechnisch besonders wertvoll erwiesen; denn dabei werden die Weidenäste mit ihren unteren Schnittflächen voraus tief in den Boden eingefügt. Infolgedessen können die dort entspringenden Wundwurzeln unmittelbar tief in den Hangboden hineinwachsen.
Hingegen können Bauweisen, wie Hangfaschinen und nicht versenkte

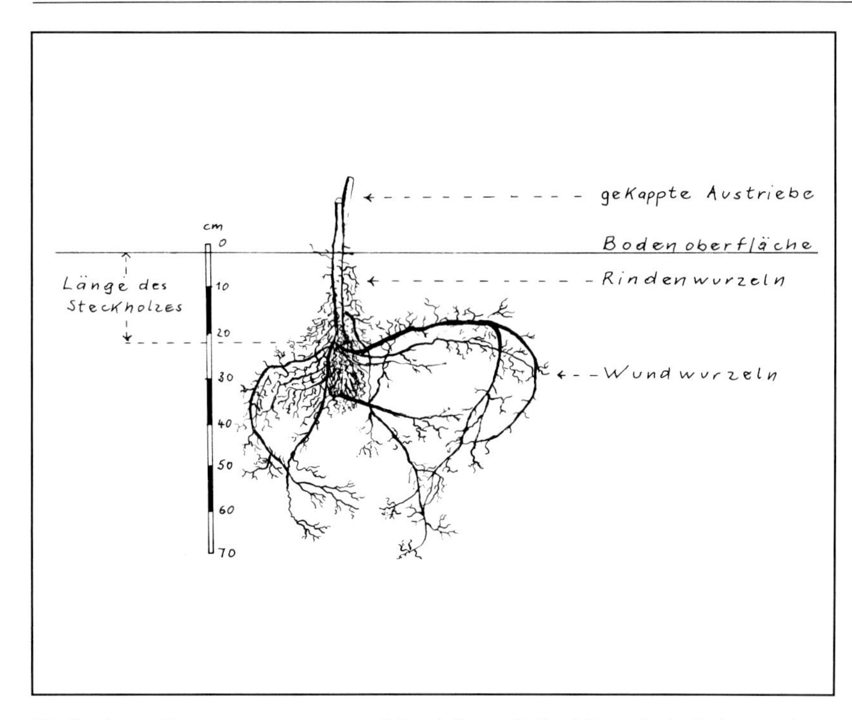

Abb. 1
Typische Wurzelentwicklung bei Weiden-Steckhölzern ein Jahr nach dem Stecken am Beispiel von Salix fragilis (Zeichnung nach Foto)

Fig. 1
Typical root development of willow-cuttings one year after planting, shown on Salix Fragilis (drawing after picture)

Geflechte, die sozusagen unter Verzicht auf die biotechnisch besonders wertvollen Wurzeln eingebaut werden, nur eine recht mangelhafte Hangsicherung bewirken; denn die Weidenruten werden dabei mehr oder weniger flach in den Boden gelegt, so daß nicht alle unteren Schnittstellen den Boden berühren und infolgedessen die Wundwurzeln kaum die Möglichkeit haben, tief in die Böschung einzudringen.
Weiterhin ist für die Aufgabe der nachhaltigen Hangsicherung die erstaunliche Regenerationsfähigkeit der Weiden biotechnisch bedeutungsvoll; denn sie können sogar schwere Verletzungen, durch z. B. Steinschlag und Lawinenschurf, relativ schnell ausheilen. Außerdem sind einige Weidenarten (z. B. Salix eleagnos = incana, S. nigricans und S. purpurea) erstaunlich verschüttungsresistent, wie SCHIECHTL (1973) an vielen Beispielen aus Tirol nachgewiesen hat.
Jedoch darf bei all den außergewöhnlichen biotechnischen Eigenschaften und der weiten ökologischen Amplitude sowohl der Gattung Salix als auch einzelener Weidenarten nicht vergessen werden, daß auch die Weiden keineswegs »Universalpflanzen« sind. Die Standorteignung ist bei der Auswahl aller Pflanzen als lebender Baustoff an erster Stelle zu berücksichtigen. Z. B. können zum Uferschutz an Binnengewässern im Bereich der Wasserwechselzone, d. h. der Röhrichtzone, eben wegen der langen Überflutungsdauer von 150 bis 360 Tagen im Jahr, weder Weiden noch andere Gehölze existieren. Gleichfalls sind Weidenarten

wie Salix viminalis, als wärmeliebende Pioniere der Weichholzzone in der Ebene, in extremen Klimagebieten, z. B. in den subalpinen Gebirgslagen, völlig fehl am Platze.
Nun sind die biotechnischen Eigenschaften und Standortansprüche vieler Weidenarten im Vergleich zu anderen Gattungen schon recht gut erforscht, was aber nun nicht heißen soll, daß auch hierbei nicht noch umfangreiche Untersuchungsarbeiten zu leisten wären. Anfang der 50er Jahre hatten in der Schweiz LEIBUNDGUT und GRÜNING (1951) sieben und RASCHENDORFER (1953) in Österreich hatte weitere 11 Salix-Arten sehr intensiv bearbeitet. Mitte der 60er Jahre sind dann vom Verf. (HILLER, 1966) 15 andere Salix-Arten auf verschiedene biotechnische Eigenschaften untersucht worden. SCHLÜTER (1967 und 1971) hatte eine Reihe von Salix- und anderen Holzarten auf ihre Eignung für den Einsatz bei unterschiedlichen ingenieurbiologischen Bauweisen eingehend untersucht.

2. Die vegetative Vermehrbarkeit von drei Salix-Arten

2.1 Das Untersuchungsmaterial und die Versuchsdurchführung

Hier soll nun aufgrund von Vegetationsversuchen mit zwei bisher noch wenig untersuchten Weidenarten berichtet werden, nämlich über die für den mitteleuropäischen Raum als sog. Gastpioniere anzusehenden nordamerikanischen Strauchweiden Salix balsamifera mas und Salix longifolia (Tabelle 1). Für diese beiden aufgrund ihrer Wuchsform als technische Hilfshölzer zu bezeichnenden Weiden hat DUTHWEILER schon im Jahre 1967 eingehende Untersuchungen vermißt. Zum Vergleich ist Salix × purpurea als bekannte Weide mit biotechnisch überragendem Wert, die sich neben ihrer weiten ökologischen Amplitude durch tiefgreifende Wurzeln und große Trockenheitsverträglichkeit, relativ niedrigen Wuchs und feine Zweige auszeichnet, in diesen Versuch mit einbezogen worden.
Dieser Vegetationsversuch ist als Gefäßversuch in Mitscherlich-Gefäßen (Inhalt: 8,5 l, Durchmesser: 20 cm, Höhe 27 cm. Oberfläche: 314 cm^2, Inhalt: 8 478 cm^3 = 8,5 l) angesetzt worden, um die Wurzelentwicklung möglichst vollständig erfassen zu können. Als Substrat dienten grubenfrischer, völlig humusfreier Sand (Tabelle 5), ein Material, das im Berliner Raum zur Böschungssicherung oft ansteht und versuchstechnisch eine nahezu restlose Erfassung des Wurzelwerkes ermöglicht.
Das Steckholzmaterial stammte von Mutterpflanzen, die seit 1968 bzw. 1972 auf dem Gelände des Institutes für Landschaftsbau in Berlin-Dahlem stehen. Die Steckhölzer sind am 23. März 1981 geschnitten und gesteckt worden. In jedes Mitscherlich-Gefäß wurde jeweils ein Steckholz gesteckt mit einer Ausnahme bei Salix balsamifera mas (Tabelle 2, Nr. 7 und 8).

Da die Versuchsgefäße in einer glasüberdachten, ansonsten mit Maschendrahtgeflecht umgebenen Versuchsstation aufgestellt worden sind, mußte nach Bedarf bewässert werden. Es ist jedoch keinerlei Düngung verabreicht worden, so daß die Entwicklung der Wurzeln und Sprosse von dem Nährstoffvorrat der Steckhölzer zehren mußte.

2.2 Die Bewurzelungsfähigkeit der drei Weidenarten

Da die Fähigkeit der vegetativen Vermehrbarkeit die Voraussetzung für den Einsatz als lebender Baustoff bei vielen biotechnisch bewährten ingenieurbiologischen Bauweisen ist, sei zunächst die Bewurzelungsfähigkeit der drei Salix-Arten betrachtet. Wie aus der Tabelle 1 ersichtlich ist, zeigen diese drei Weidenarten eine vegetative Vermehrbarkeit von über 70% und sind somit für alle diejenigen ingenieurbiologischen Bauweisen, die mit unbewurzeltem Gehölzmaterial arbeiten, gut einsetzbar – selbstverständlich immer unter Berücksichtigung der jeweiligen Standorteignung!

Weiterhin ist dabei interessant, daß die Bewurzelungsrate bei Salix balsamifera mas und Salix longifolia sowohl in dem 1981er Gefäßversuch mit Sand als auch in dem Freilandversuch von 1968 auf sechs verschiedenen Bodenarten (von Grobsand über lehmigen Sand zu reinem Lehm bis hin zu Ton sowie auf stark zersetztem Niedermoor) und einer Laufzeit von 4 Jahren, mit 97 zu 100% fast gleich ist.

Auch ist die Übereinstimmung in der Größenordnung bei Salix × purpurea in diesem Versuch mit den in der Literatur von LEIBUNDGUT und GRÜNING (1951) und RASCHENDORFER (1953) mitgeteilten Werten überraschend und bestätigt damit auch den in dieser Beziehung hohen biotechnischen Wert dieser Weidenart.

3. Die Wurzelentwicklung der drei Weiden im Jungwuchsstadium

Wie schon STELLWAG-CARION im Jahre 1936 betont hat, ist eine gute Wurzelentwicklung mit rascher Ausbreitung für die Bodenfestigung und damit Hangsicherung noch bedeutungsvoller als die Sproßentwicklung. Hier soll nun die Wurzelentwicklung der drei Salix-Arten in den ersten fünf Monaten nach dem Stecken aufgezeigt werden.

Wie aus den Tabellen 2, 3 und 4 ersichtlich, sind die Wurzeln jeweils 3, 4 und 5 Monate nach dem Steckdatum behutsam ausgewaschen und einzeln gemessen worden. Aus arbeitskapazitätsmäßigen Gründen konnten nur die Wurzeln erster Ordnung, die unmittelbar dem Steckholz entspringen, also nur die Hauptwurzeln ohne Nebenwurzeln gemessen werden. Zur Berechnung der Oberfläche sind die Wurzeln als Zylinder angenommen worden, was der tatsächlichen Wurzelform cum grano salis entspricht. Die Verjüngung der Wurzeln zum Ende hin, also eine gewisse Verringerung des Durchmessers, konnte aus meßtechnischen Gründen nicht berücksichtigt werden. Das ist aber für die hier gezeigten Daten insofern von relativ untergeordneter Bedeutung, als die gesamte Garnitur aller Nebenwurzeln in diesen Daten fehlt und insofern das Zahlenmaterial sozusagen zu Lasten der Pflanzen geht, die – wie die Abb. 2 bis 9 zeigen – den Boden mit ihrem gesamten Wurzelwerk erheblich intensiver durchwachsen und damit sichern. Immerhin sind die Gesamtlängen aller Hauptwurzeln eines dieser recht dünnen Steckhölzer mit 9 bis 26 m beachtlich. Dabei erreicht und überschreitet die Länge der einzelnen Hauptwurzeln häufig die 1-m-Marke! Wie SCHIECHTL (1973) festgestellt hat, besitzen dickere Steckhölzer weit größere Wurzellängen und damit auch größere Oberflächen, d. h. Kontaktflächen zum Boden. Im Hinblick auf die unmittelbare Berührung der Wurzeln mit dem zu sichernden Boden sind die Oberflächen der Hauptwurzeln recht aufschlußreich. Bei Vergleich der Standfläche der Weidenjungpflanzen – der Oberfläche der Mitscherlich-Gefäße von 314 cm^2 – mit der der im Boden befindlichen Hauptwurzeloberfläche hat Salix × purpurea die Standfläche nach 4 Monaten reichlich überschritten.

Auch hier ist wieder zu bedauern, daß es arbeitskapazitätsmäßig nicht möglich war, die Nebenwurzeln mit zu messen, weil damit – wie die Abb. 4 bis 9 zeigen – der tatsächlich wesentlich größere Kontaktbereich zwischen Pflanze und Boden auch zahlenmäßig vollständig erfaßt worden wäre.

In diesem Zusammenhang ist auch die erstaunlich hohe Anzahl allein der Hauptwurzel bemerkenswert; denn dadurch wird die Intensität der Bodendurchwurzelung und gleichzeitig der innige Kontakt mit dem Boden, den sich der Baustoff lebende Pflanze im Zuge seines Wachstums schafft, augenfällig. So kann festgehalten werden, daß die Pflanzen, indem sie in den zu sichernden Boden einwurzeln, in ihre Sicherungsaufgabe hineinwachsen.

4. Zur Zugfestigkeit von Weidenwurzeln

Man kann wohl ohne Übertreibung sagen, daß Pflanzenwurzeln tatsächlich als lebende Bodenarmierung im Rahmen der Standsicherheit von Böschungen wirken, weil sie erhebliches an Zugbeanspruchung aushalten können. Allein die mehr oder weniger heftige Bewegung der Triebe, Zweige und Äste durch den Wind verursacht andauernd erhebliche Zug- und Druckbelastungen des Wurzelwerkes. Die erstaunliche Widerstandsfähigkeit von Gehölzwurzeln gegen die Zugbelastungen bei Hangrutschungen wird augenfällig durch den bei Bäumen besonders auffallenden sog. Säbelwuchs der Stämme, die sich beim Abgleiten des Hanges immer wieder aufzurichten trachten und derart ein guter Indikator für die Rutschgfährdung von Hängen sind, wie auch DUTHWEILER (1967) anhand von Beispielen erläutert. Anatomisch bedingt vor allem der Zentralzylinder im Innern der Wurzeln die Zugfestigkeit (WEBER,

1953). Außerdem befindet sich nach den Untersuchungen von HÖSTER und LIESE (1966) im gesamten Wurzelquerschnitt einer Reihe von Gehölzarten noch Reaktionsgewebe in Form von gelatinösen Zugholzfasern, die mehr Zellulose als Lignine aufweisen. Diese Zugholzfasern sind bemerkenswerterweise bei der Familie der Salicaceae, der Weidengewächse, ganz besonders ausgeprägt!
Messungen der Wurzelzugfestigkeit sind bisher schon an einer Reihe von Pflanzen, auch Salix-Arten von STINI (1947) von SCHIECHTL (1958 und 1973) und vom Verf. (HILLER, 1966) durchgeführt worden. SCHIECHTL (1980) gibt eine umfassende Übersicht der bisher vorliegenden Wurzelzugfestigkeitsmeßdaten. Wie die Meßergebnisse zeigen, besitzen schon junge, sehr dünne Wurzeln ansehnliche Zugfestigkeiten. Nur ist die Durchführung von Messungen der Wurzelfestigkeit methodisch sehr aufwendig und nicht unproblematisch; denn beim Einspannen in die Meßapparatur muß die Wurzel bei zunehmendem Zug stark gequetscht und somit an den Einspannstellen verformt werden, was häufig zu Klemmbrüchen führt, daher sind die Meßwerte geringer als die tatsächliche Zugfestigkeit des Wurzelmaterials. Außerdem ist die Zugfestigkeit des gesamten Wurzelwerkes einer Pflanze in situ höher, weil dabei alle Wurzeln einschließlich der feinsten Faserwurzeln in ihrer natürlichen Lage vollkommen in den Boden eingewachsen, aber nicht nur an zwei Stellen eingeklemmt sind. So ist auf dem Gebiet der Wurzelzug- und -scherfestigkeitsmessungen im Hinblick auf die nachhaltige Standfestigkeit von Böschungen noch sehr viel Untersuchungsarbeit zu leisten.

6. Literatur-Verzeichnis

Bayerisches Staatsministerium des Innern, 1878: Technische Vorschriften für den Wasserbau an den öffentlichen Flüssen in Bayern. – ME vom 21. 11. 1878 (MABl. S. 445), München.
BRAUN-BLANQUET, J., 1951: Pflanzensoziologie – Grundzüge der Vegetationskunde. – 2. Aufl. – Springer-Verlag, Wien.
BUCHWALD, K., 1954: Lebendverbauung von Steilhängen und Halden. – S. 13–19 in: Begrünen und Rekultivieren von extremen Standorten, Nr. 43 der Schr.-R. Landwirtschaft – Angewandte Wissenschaft. – Landwirtschaftsverlag GmbH, Hiltrup bei Münster.
DUDEN – Das Standardwerk zur Deutschen Sprache –, 1974: Band 5: Fremdwörterbuch. – 3. Aufl. – Bibliographisches Institut Mannheim, Wien, Zürich.
DUTHWEILER, H., 1967: Lebendbau an instabilen Böschungen – Erfahrungen und Vorschläge. – Forschungsarbeiten aus dem Straßenwesen, Neue Folge, H. 70. – Kirschbaum-Verlag, Bad Godesberg.
GAMS, H., 1939: Die Wahl zur künstlichen Berasung und Bebuschung von Bachbetten, Schutthängen und Straßenböschungen geeigneter

Pflanzen des Alpengebietes. – Mit 16 Diagrammen als Manuskript vervielfältigt für die Wildbach- und Lawinenverbauungsämter, Innsbruck.
HASSENTEUFEL, W., 1950: Die Grünverbauung von Wildbächen. – Österreichische Wasserwirtschaft, 2. Jg., H. 12, 271–277.
HILLER, H., 1966: Beitrag zur Beurteilung und zur Verbesserung biologischer Methoden im Landeskulturbau. – Diss. TU Berlin (D 83, Nr. 206).
HÖSTER, H.-R. und W. LIESE, 1966: Über das Vorkommen von Reaktionsgewebe in Wurzeln und Ästen der Dikotyledonen. – Z. Holzforschung, 20. Bd., H. 3, S. 80–90.
KIRWALD, E., 1964: Gewässerpflege. – BLV Verlagsgesellschaft, München.
PFLUG, W., 1971: Die Pflanze als Baustoff im Bereich des Straßenbaues. – S. 46–51 in: Lebender Baustoff Pflanze, BDGA-Schr.-R. H. 11. – Verlag Georg D. W. Callway, München.
LEIBUNDGUT, H. und P. GRÜNING, 1951: Vermehrungsversuche mit Weidenarten aus schweizerischen Flyschgebieten. – Mitteilungen der schweizerischen Anstalt für das forstliche Versuchswesen, XXVII. Band, S. 469–489, Zürich.
RASCHENDORFER, I., 1953: Stecklingsbewurzelung und Vegetationsrhythmus – Einige Versuche zur Grünverbauung von Rutschflächen. – Forstw. Cbl. 72 Jg. 5/6, S. 159–171. – Verlag Paul Parey, Hamburg.
SCHIECHTL, H. M., 1958: Grundlagen der Grünverbauung. – Mitteilungen der Forstlichen Bundesversuchsanstalt Mariabrunn, 55. Heft.
SCHIECHTL, H. M., 1973: Sicherungsarbeiten im Landschaftsbau – Grundlagen, lebende Baustoffe, Methoden. – Verlag Georg D. W. Callway, München.
SCHIECHTL, H. M., 1980: Bioengineering for land reclamation and conservation. – The University of Alberta Press, Edmonton, Alberta, Canada.
SCHLÜTER, U., 1967: Über die Eignung einiger Weidenarten als lebender Baustoff für den Spreitlagenbau. – Z. Beiträge zur Landespflege, Bd. 3, H. 1, S. 54–64.
SCHLÜTER, U., 1971: Die Eignung von Holzarten für den Busch- und Heckenlagenbau – Untersuchungen an mergelhaltigen Kalkstein-Lößlehmböschungen. – Beiheft 6 zu Z. Landschaft + Stadt, Verlag Eugen Ulmer, Stuttgart.
STINI, J., 1947?: Die Zugfestigkeit von Pflanzenwurzeln – Ein Beitrag zur Ingenieurbiologie –. – Photokopie eines maschinengeschriebenen Manuskriptes.
WEBER, H., 1953: Die Bewurzelungsverhältnisse der Pflanzen. – Verlag Herder, Freiburg.

Abb. 2
Salix longifolia
Wurzelwachstum im Wasser nach
29 Tagen

Fig. 2
Root growing in water 29 days later

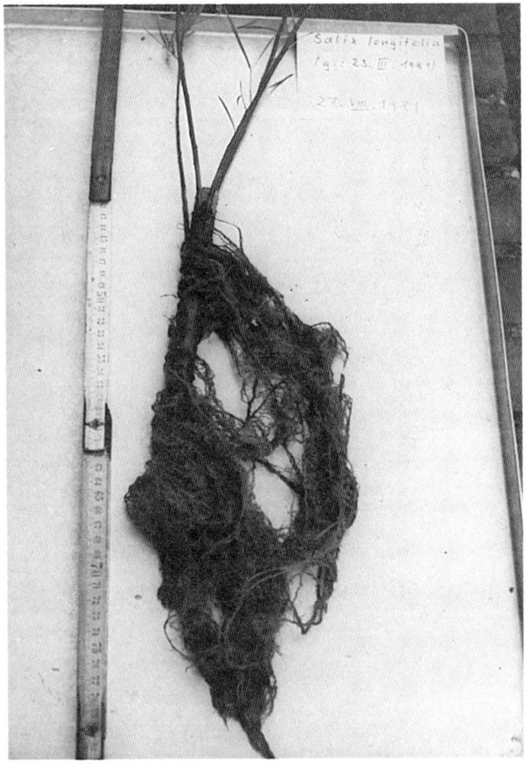

Abb. 3
Salix longifolia
Dieselbe Pflanze von Abb. 2 mit der weiteren Wurzelentwicklung nach 50 Tagen.
Die »Wundwurzeln« sind bereits gut ausgebildet

Abb. 4
Salix longifolia
Wurzelentwicklung in Sand nach fast 5 Monaten

Abb. 5
Salix longifolia
Wurzelgarnitur der Pflanze von Abb. 4 abgeschnitten und von oben nach unten – wie gewachsen – ausgelegt. Die in der Nähe der unteren Schnittstelle entspringenden Wundwurzeln sind auffallend länger.

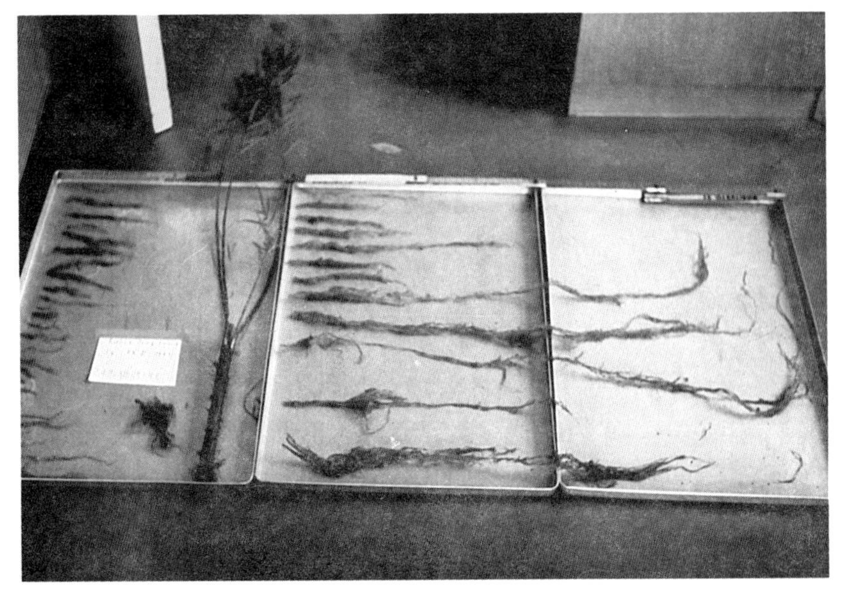

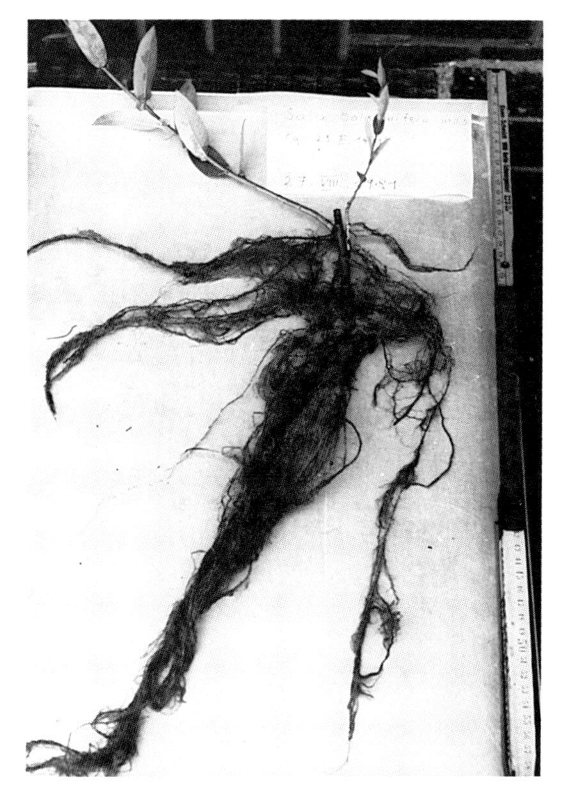

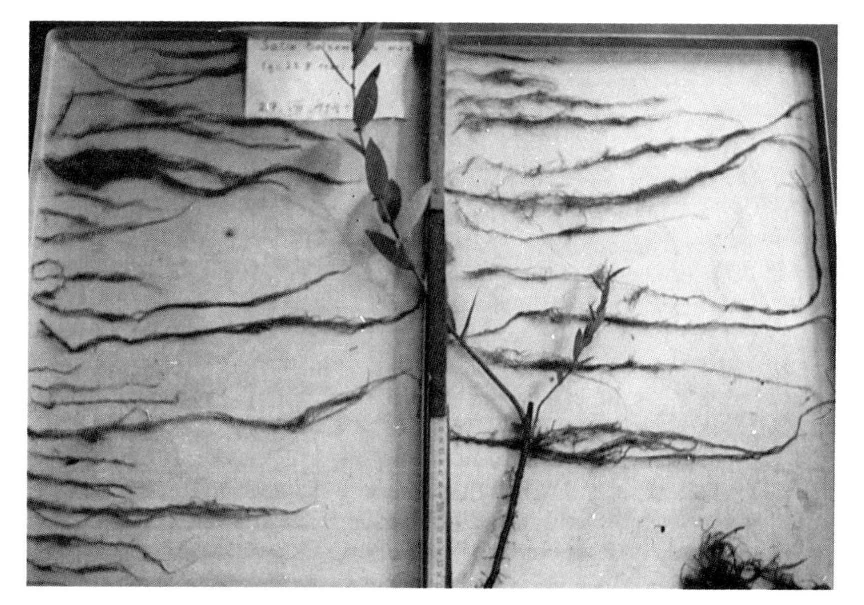

Abb. 6
Salix balsamifera mas
Wurzelentwicklung in Sand nach fast 5 Monaten

Abb. 8
Salix x purpurea
Wurzelentwicklung in Sand nach 81 Tagen

Abb. 7
Salix balsamifera mas
Wurzelgarnitur der Pflanze von Abb. 6 abgeschnitten und von oben nach unten – wie gewachsen – ausgelegt

Abb. 9
Salix x purpurea
Die mittlere Pflanze von Abb. 8 mit besonders gut erkennbarer Ausbildung der Wundwurzeln

Fig. 9
Salix x Purpurea
Plant shown in the centre of fig. 8 with very well developped wound roots

Fig. 3
Salix Longifolia
Same plant as in fig. 2, with further development 50 days later. »Wound roots« already are well developped

Fig. 4
Salix Longifolia
Root development in sand nearly 5 months later

Fig. 5
Salix Longifolia
Roots of plants as shown in fig. 4, cut off and laid downwards, as grown. The wound roots growing near the lower cut surface are obviously longer

Fig. 6
Salix Balsamifera mas
Root development in sand nearly 5 months later

Fig. 7
Salix Balsamifera mas
Roots of plant as shown in fig. 6, cut off and laid out downwards, as grown

Fig. 8
Salix x Purpurea
Root development in sand 81 days later

Fig. 3–8 see page 102/103

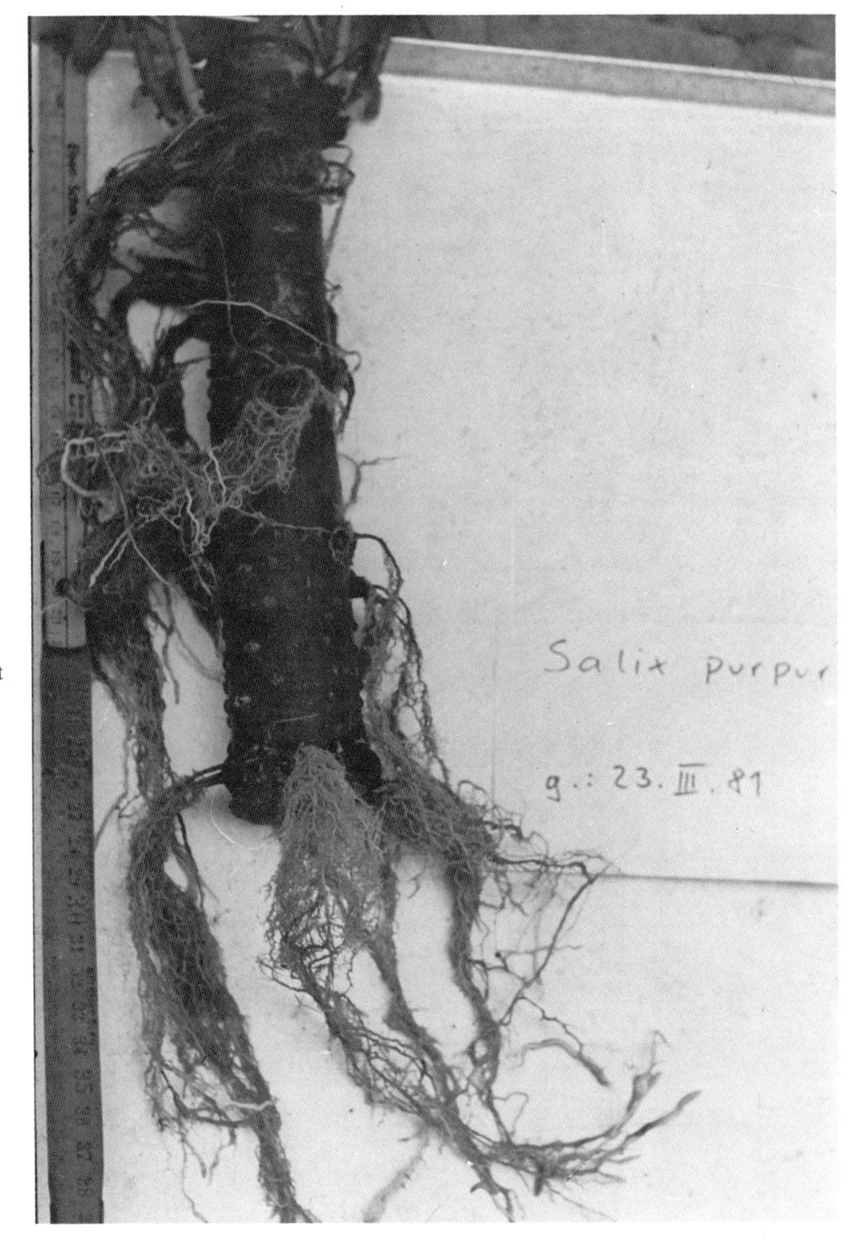

Pflanzenart	Herkunft des Pflanzenmaterials	Besonderheiten der Wuchsform	Vegetative Vermehrbarkeit in v.H. im Freiland 1968	im Gefäß 1981
Salix balsamifera mas (Klon SHS 55) Gelbe Steinweide	Fa. L. Nowotny, Tornesch/Holstein	mit anwurzelnden Zweigen	97	100
Salix longifolia MUEHLENBERG Langblättrige Weide	F. Mang, Hamburg	entwickelt Wurzelbrut	97	100
Salix×purpurea Bastard-Purpurweide	R. Grund, LFA Berlin			75
Zum Vergleich:				
Salix purpurea (LEIBUNDGUT und GRÜNING, 1951)			bis 90	
Salix purpurea (RASCHENDORFER, 1953)			bis 80	

Tabelle 1 Vegetative Vermehrbarkeit von drei Weidenarten

lf. Nr.	Steckholz Durchmesser cm	Steckholz Länge cm	Haupttriebe Anzahl	Haupttriebe Länge inges. cm	Haupttriebe Mittel cm	Hauptwurzeln Anzahl	Hauptwurzeln Länge insgesamt cm	Hauptwurzeln mittlerer Durchmesser mm	Hauptwurzeln Oberfläche insgesamt cm²	Bemerkungen
	Messung am 24. Juni 1981									
1	0,9	21	3	93	31	69	1.374	0,3	137	
2	0,7	21	1	49	–	55	1.370	0,3	137	
3	0,6	19	2	48	24	60	862	0,3	86	
	Messung am 24. Juli 1981									
4	0,8	21	2	71	36	57	1.618	0,4	162	
5	0,9	21	1	60	–	60	1.834	0,4	183	
6	0,7	22	2	70	35	45	1.400	0,4	140	
	Messung am 19. August 1981									
7	0,5	20	1	49	–	52	1.340	0,3	134	} zusammen
8	0,6	20	2	61	31	57	1.196	0,3	120	} in einem
9	0,8	17	3	108	36	52	2.077	0,4	208	Gefäß!

Tabelle 2 Entwicklung der Sprosse und Wurzeln von Salix balsamifera mas (gesteckt am 23. März 1981)

lf. Nr.	Steckholz Durchmesser cm	Steckholz Länge cm	Haupttriebe Anzahl	Haupttriebe Länge insgesamt cm	Haupttriebe Mittel cm	Hauptwurzeln Anzahl	Hauptwurzeln Länge insgesamt cm	Hauptwurzeln mittlerer Durchmesser mm	Hauptwurzeln Oberfläche insgesamt cm^2
	Messung am 19. Juni 1981								
1	2,2	25	3	161	54	156	2.089	0,3	209
2	2,2	25	5	200	40	134	2.230	0,4	223
3	2,0	25	2	111	56	149	1.749	0,3	175
	Messung am 20. Juli 1981								
4	1,6	27	2	126	63	135	1.896	0,2	190
5	2,1	25	4	235	59	179	2.111	0,3	211
6	1,1	25	1	89	–	101	1.271	0,2	127
	Messung am 21. August 1981								
7	2,3	25	4	335	84	209	2.504	0,2	250
8	2,3	26	5	334	67	200	2.592	0,3	260
9	2,0	26	3	247	82	141	2.011	0,2	201

Tabelle 3 Entwicklung der Sprosse und Wurzeln von Salix longifolia (gesteckt am 23. März 1981)

lf. Nr.	Steckholz Durchmesser cm	Steckholz Länge cm	Haupttriebe Anzahl	Haupttriebe Länge insgesamt cm	Haupttriebe Mittel cm	Hauptwurzeln Anzahl	Hauptwurzeln Länge insgesamt cm	Hauptwurzeln mittlerer Durchmesser mm	Oberfläche insgesamt cm^2
	Messung am 18. Juni 1981								
1	3,7	25	3	138	46	55	1.358	0,8	341
2	3,8	25	4	166	41	50	1.049	0,6	197
3	4,4	25	4	180	45	60	1.149	0,7	253
	Messung am 16. Juli 1981								
4	2,4	28	2	99	49	70	2.648	0,4	344
5	4,0	25	3	151	50	47	1.056	0,8	317
6	2,7	25	3	154	51	50	1.653	0,8	496
	Messung am 12. August 1981								
7	3,2	26	4	172	43	56	1.974	0,8	592
8	3,3	25	4	157	39	52	1.291	0,8	387
9	2,8	25	3	131	44	50	1.951	0,8	585

Tabelle 4 Entwicklung der Sprosse und Wurzeln von Salix×purpurea (gesteckt am 23. März 1981)

Analysenwerte			Beurteilung
Korngrößenanteile		in v. H.	
Bezeichnung	Äquivalentdurchmesser		
Ton	> 2 μ	2,6	Bodenart:
Feinschluff	2– 6 μ	0	Sand (nach DIN
Mittelschluff	6–20 μ	0,7	19682, Bl. 2)
Grobschluff	20–63 μ	2,34	mit gleichförmiger
Feinsand	0,063–0,2 mm	2,88	Körnung in
Mittelsand	0,2 –0,63 mm	59,52	enger Stufung
Grobsand	0,63 –2,0 mm	31,96	
Gehalt an organischer Substanz (nach Rauterberg-Kremkus)		0	humusfrei
pH-Wert ($0{,}01$ M $CaCl_2$)		7,78	schwach alkalisch
Karbonatgehalt (Gasvolumetrische Bestimmung nach C. Scheibler)		0,08	sehr karbonatarm
Pflanzenverfügbare Nährstoffe (Doppellaktatmethode von Egner und Riehm)			
mg K_2O / 100 g Boden		1,66	sehr niedrig
mg P_2O_5 / 100 g Boden		2,02	sehr niedrig

Tabelle 5 Bodenanalyse des grubenfrischen Sandes

Professor Dr. Hildegard Hiller
Institut für Landschaftsbau,
Fachgebiet Ingenieurbiologie der
Technischen Universität Berlin
Lentzeallee 76
1000 Berlin 33

Gliederung

H. M. Brechtel und W. Hammes

Der Einfluß der Vegetation auf den Boden-Wasserhaushalt unter besonderer Berücksichtigung von Fragen der Bodenkonsistenz auf Böschungen und Hängen

Influence of Vegetation Cover on the Soil Water Relations, with Special Consideration of Soil Consistency on Slopes

1. Einleitung und Problemstellung

Neben den von Natur aus festgelegten geologischen, pedologischen, morphologischen, edaphischen und klimatischen Standortsgegebenheiten hängt die Erosionsanfälligkeit und Standfestigkeit von Böschungen und Hängen auch von biologischen Bestimmungsfaktoren ab. Hierzu zählen insbesondere die Einflüsse der Vegetation auf den Standortsfaktor Wasser, der für die Bodenkonsistenz von entscheidender Bedeutung ist. Der Mensch kann hierdurch, neben seinen technischen Maßnahmen, mit Hilfe der Pflanze innerhalb eines standortspezifischen Rahmens, sowohl im negativen Sinne als auch planmäßig in positiver Richtung mehr oder weniger auf alle Ausgabevariablen des Wasserhaushaltes von Böschungen und Hängen einwirken.

$$(1)\ N = E_I + E_B + T + A_o + A_{on} + A_S + \triangle B$$

wobei:
- N = Freilandniederschlag (Einnahmevariable),
- E_I = Interzeptions-Verdunstung,
- E_B = Bodenverdunstung,
- T = Transpiration,
- A_o = Oberflächenabfluß,
- A_{on} = oberflächennaher Abfluß,
- A_S = vertikale Absickerung (Tiefenversickerung),
- $\triangle B$ = Änderung der Bodenwasser-Speicherung.

Erweitertes Manuskript eines im September 1981 in Aachen gehaltenen Vortrages bei der Tagung der Gesellschaft für Ingenieurbiologie zum Thema: Der Beitrag des Wurzelwerkes von Pflanzen zur Standsicherheit von Böschungen auf unterschiedlichen Standorten«

Bei Böschungen und Hängen, deren Wasserhaushalt zusätzlich zum lokalen Niederschlagsinput auch von ober- und unterirdischem Zuschußwasser (Z) geprägt wird, kann in diesem Zusammenhang auch die Art der Landnutzung im zugehörigen Einzugsgebiet ein wesentlicher Einflußfaktor sein. Die Inputseite der Wasserbilanzgleichung (1) erweitert sich dann zu:

(2) $N + Z = ET + A + \triangle B$

wobei: Z = Zuschußwasser vom Einzugsgebiet,
ET = Evapotranspiration ($E_I + E_B + T$),
A = Abfluß ($A_O + A_{on} + A_S$).

Mit Ausnahme der Einnahmevariable Freilandniederschlag (N) und einer einzigen Ausgabevariablen, der beim Vorgang der Interzeption stattfindenden Evaporation (Interzeptionsverdunstung), werden alle diese Bilanzgrößen von direkten Wechselbeziehungen zwischen Vegetation und Bodenwasserhaushalt beeinflußt. Nach einer kurzen Besprechung der physikalischen Bedeutung des Feuchtegehaltes für die Bodenkonsistenz werden daher im vorliegenden Beitrag insbesondere die damit zusammenhängenden Einflüsse der Vegetation dargestellt. Hierzu werden zunächst die mit Hilfe von Pflanzenbeständen beeinflußbaren hydrologischen Prozesse besprochen und dann anschließend insbesondere auf die Auswirkungen verschiedener Landoberflächen und Vegetationsdecken auf die Evapotranspiration und den Abfluß eingegangen. Im Vordergrund stehen hierbei die Fragen, inwieweit und in welchem Umfang unter Berücksichtigung der örtlichen Standortgegebenheiten die Wechselwirkungen zwischen Vegetation und Boden zur Erreichung nachfolgender Ziele gesteuert werden können:

- Schutz des Bodens vor Verschlämmung und Oberflächenverdichtung zur Verhinderung von Oberflächenabfluß und Bodenabtrag;
- Verringerung des Niederschlagsinputs durch Interzeptionsverdunstung zur Verhinderung hoher Bodenfeuchtegehalte und der daraus resultierenden möglichen negativen Folgen auf die Standfestigkeit von Böschungen und Hängen;
- Hoher Bodenwasseraufbrauch zur Vermeidung der für die Bodenkonsistenz kritischen Feuchtezustände und oberflächennahen Abflüsse;
- Intensive und tiefe Durchwurzelung zur Verbesserung der Bodenstabilität und Förderung der Tiefenversickerung.

2. Bedeutung des Feuchtegehaltes für die Bodenkonsistenz

Das in den Boden gelangende Niederschlagswasser (Nettoniederschlag) bewirkt eine Zunahme der Bodenfeuchte und gegebenenfalls auch des Feuchtegehaltes im anstehenden Gestein. Die mineralischen und humosen Bestandteile schwellen und vergrößern ihr Volumen. Parallel

Zusammenfassung:
Der Standortsfaktor Wasser ist für die Bodenkonsistenz von Bedeutung, indem durch Bodenfeuchtezunahme die Reibungswiderstände der Bodenpartikeln abnehmen und gleichzeitig durch Gewichtserhöhung die Schubkräfte an Hängen zunehmen. Die im Vergleich zu anderen Pflanzenbeständen besonders hohe Evapotranspiration von Baum- und Strauchvegetation bewirkt eine biologische Bodendrainage, deren Ausmaß und Bedeutung für die Standfestigkeit von Böschungen allerdings stark von den örtlichen Standortsbedingungen abhängen. Bei geologischen und edaphischen Verhältnissen, die zu Hangwasserzufluß führen, ist hierbei auch die Art der Landnutzung im Einzugsgebiet der Böschung ein entscheidender Einflußfaktor. Jede den Boden ganzjährig deckende Vegetation schützt den Boden vor Verschlämmung und Oberflächenverdichtung, erhält günstige Infiltrationsverhältnisse und verhindert hierdurch einen zu Bodenabtrag führenden Oberflächenabfluß.

Summary:
Water as a site factor is of importance for the soil consistency, because an increase of soil moisture is decreasing the friction drag of the soil particles and furthermore it is increasing the shearing force, resulting from the growing weight of the soil mass. The evapotranspiration of trees and shrubs, which is in comparison with other plant covers especially high, is creating a biological soil drainage. But the extent and significane of this effect for securing slope stability, depend highly on the local site conditions. Under geological and edaphic conditions, which are causing subsurface flow, in this respect also the kind of land use in the watershed area, which is contributing runoff to this specific slope, is an important influencing factor. Any vegetation covering the soil surface throughout the year is protecting the soil from clog-

ing and surface compressing, is maintaining good infiltration conditions and therefore is preventing surface runoff causing soil erosion.

hierzu verläuft eine Aufweitung der Abstände und demzufolge eine Verringerung der gegenseitigen Anziehungskräfte zwischen den einzelnen Bodenpartikeln. Die Reibungswiderstände gegenüber Schubkräften bzw. das Verhältnis von innerer Reibung zur Schwerkraft und die Kohäsion der Bodenteilchen nehmen ab. Der Boden wird instabiler, die Gefahr der Erosion bzw. der Hangabrutschung steigt (Tabelle 1).

Wassergehalt	Eigenschaften des Bodens	Konsistenz	Konsistenzgrenzen
hoch ↑	wäßrige Suspension fließt zusammen	dünnflüssig zähflüssig	Fließgrenze
	klebt an Bearbeitungsgeräten schmiert bei der Bearbeitung	weichplastisch zähplastisch	Ausrollgrenze
niedrig	optimal bearbeitbar schwer bearbeitbar, verhärtet	bröckelig hart	

Tabelle 1:
Konsistenz tonreicher Böden in Abhängigkeit vom Wassergehalt (nach SCHEFFER und SCHACHTSCHABEL, 1976; Tab. 50–52).

Chart 1
Consistency of clay rich soils depending on moisture content (acc. to SCHEFFER and SCHACHTSCHABEL, 1976, fig. 50–52).

Eine weitere Folge der Wasseraufnahme ist die Erhöhung des Bodengewichts. Dies bedingt gleichfalls eine Verringerung der Stabilitätsgrenze des Erdkörpers. So steigt z. B. das Raumgewicht eines feinlehmigen Sandes mit einem Porenvolumen von 50% von 1,33 im trokkenen auf 1,83 Tonnen/m^3 im wassergesättigten Zustand, also um 0,5 Tonnen bzw. ca. 40%, ANDERLE (1971).
Das Ausmaß dieser Erscheinungsformen, Herabsetzung der Reibung, Gewichtszunahme und somit Erhöhung der Labilität, wird bei steigendem Ton- und Alkaligehalt, zunehmendem Neigungswinkel der Böschung und größerer Mächtigkeit der hygroskopischen Schichten erhöht. Die Tabelle 2 und 3 sowie die Abbildung 1 verdeutlichen dies. Die Stabilität von Böschungen und Hängen ist somit neben geologischen, pedologischen und physikalischen Faktoren weitgehend eine Funktion der Bodenfeuchtigkeit. Es kommt deshalb vor allem darauf an, den Wassergehalt des Bodens niedrig zu halten bzw. abzusenken. Die Einflüsse der Vegetation auf den Bodenwasserhaushalt können hierbei von wesentlicher Bedeutung sein.

3. Einflüsse der Vegetation auf den Wasserkreislauf und die Wasserbilanz von Landoberflächen

Bei festliegendem Freilandniederschlag (N) hängt der Abfluß (A) eines wurzelbeeinflußten Bodens (ohne Zuschußwasser vom Einzugsgebiet) und die damit verbundene Änderung der Bodenwasser-Speicherung ($\triangle B$) nur von der Evapotranspiration (ET) ab:

$$(3)\ A + \triangle B = N - ET$$

Boden	Kritischer Hangneigungswinkel
Tonböden	12–15°
Sandböden	21–25°
Lehm	26–35°
Schuttböden	36–45°

Tabelle 2:
Kritische Hangneigungswinkel bei verschiedenen Böden (nach KUGLER, 1976).

Chart 2
Critical flow indication on various soils (acc. KUGLER 1976)

Art der Schuttmasse	∢[1])
Kristallines Gestein	34–40°
Kalkstein	30–34°
Tonschiefer	26–30°
Mergel	25°

Tabelle 3:
Natürliche Böschungswinkel von trockenen Schuttmassen, bei denen das Material gerade noch stabil ist.

Chart 3
Natural slope angle of dry debris at which the material is hardly stable

[1]) Bei Wasserzutritt vermindern sich diese Winkel beträchtlich

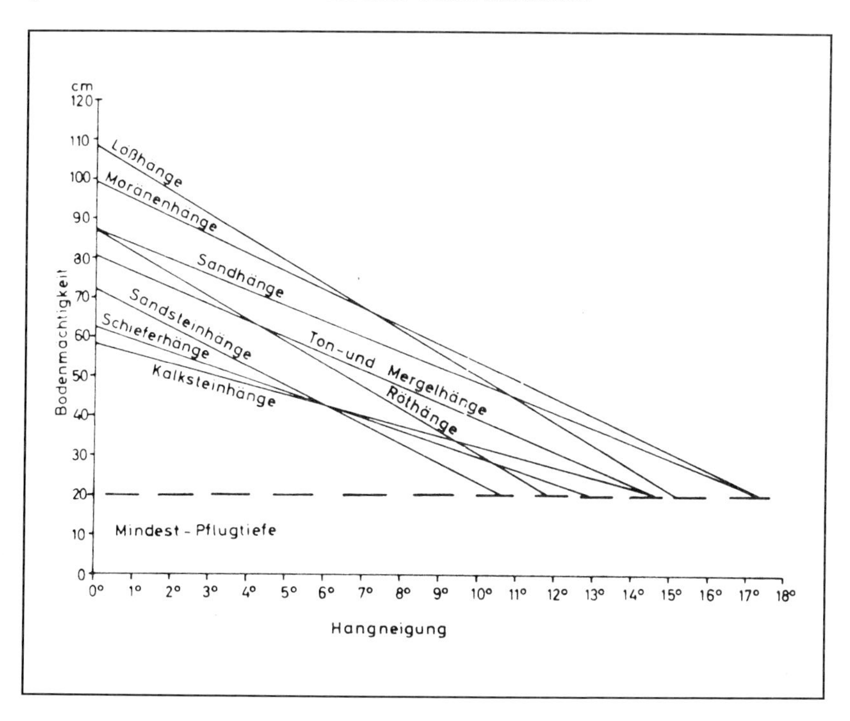

Abb. 1
Trendgeraden von Hangneigung und Bodenmächtigkeit auf unterschiedlichen Ausgangsgesteinen und Bodenarten. Die Steigung ist ein Ausdruck für die Abnahme der durchschnittlichen Bodenmächtigkeit je Grad Hangneigung (nach RICHTER, 1965, Abb. 41).

Fig. 1
Trend gradient of inclination and soil thickness on various host rocks and nature of soils. The slope shows the diminuation of the average soil thickness per degree of inclination (acc. RICHTER, 1965, fig. 41).

Die wesentlichen Einflußparameter sind hierbei:
Klima, Relief, Boden und Vegetation.
Abgesehen von kleinklimatischen Wechselwirkungen zwischen allen diesen vier Einflußgrößen der Evapotranspiration sind wie der Freilandniederschlag auch die anderen Elemente des örtlichen Klimas (Einstrahlung, Wärme, Luftfeuchte und Wind) weitgehend großklimatisch festgelegt. Relief, Boden und Vegetation können jedoch im Rahmen einer technisch-biologischen Böschungssicherung durch lokale anthropogene Maßnahmen gesteuert werden. Auf größeren Flächen, wie auf ganzen Hängen oder in den Einzugsgebieten von Böschungen, bleibt jedoch im wesentlichen nur die Vegetation als vom Mensch zu beeinflussender Bestimmungsfaktor der Verdunstung und damit des Bodenwasserhaushaltes übrig.

3.1 Hydrologische Prozesse

In der Abbildung 2 sind schematisch die in der Gleichung (1) enthaltenen Komponenten der Wasserbilanz sowie die vom Menschen mit Hilfe der Vegetation beeinflußbaren hydrologischen Prozesse des Wasserkreislaufes dargestellt, auf die nachfolgend eingegangen wird.

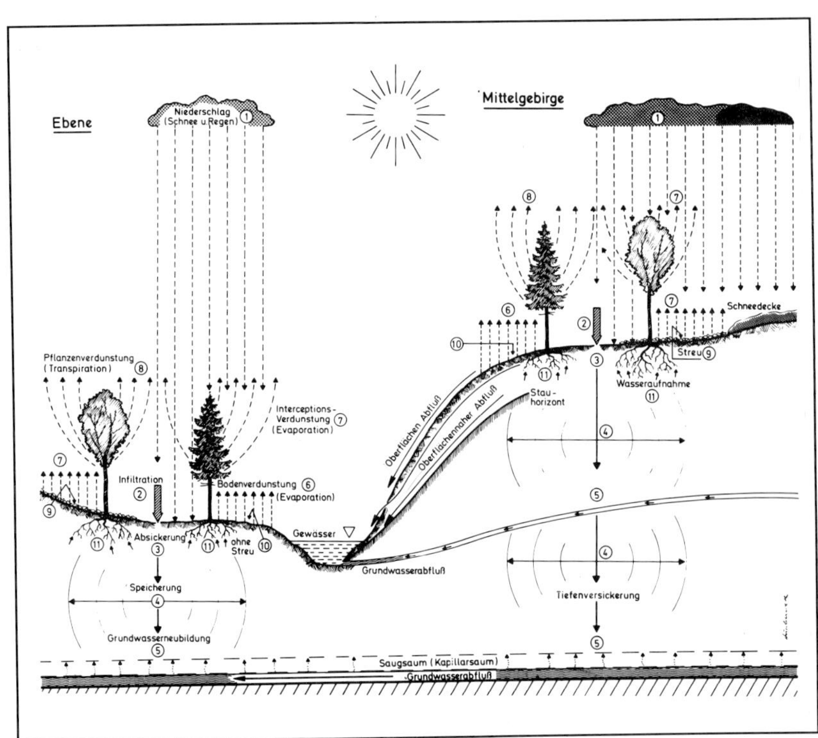

Abb. 2:
Schematische Darstellung von Komponenten der Wasserbilanz und hydrologischer Prozesse des Wasserkreislaufes in der Ebene (links) und am Hang mit Einzugsgebiet (rechts).

Fig. 2
Schematic presentation of water balance components and hydrological processes of the water cycle in the plain (on the left) and at the slope with drainage area (on the right).

(1) Freilandniederschlag (Niederschlag auf einer Bezugsfläche unmittelbar über dem Pflanzenbestand),
(2) Infiltration (Zugang von Wasser in die Erdrinde),
(3) Vertikale Absickerung,
(4) Bodenwasserspeicherung,
(5) Tiefenversickerung mit Grundwasserabfluß (evtl. Quellenaustritte am Hang),
(6) Bodenverdunstung (Evaporation aus dem Boden),
(7) Interzeptions-Verdunstung (Evaporation von den Oberflächen oberirdischer Pflanzenorgane und am Boden liegender toter Pflanzenteile, z. B. Streudecke unter Bäumen),
(8) Pflanzenverdunstung, Transpiration (Verdunstung aus den Pflanzen von überwiegend aus dem Boden aufgenommenen Wasser),
(9) Standort mit Streuauflage, daher Interzeptions-Verdunstung,
(10) Standort ohne Streuauflage, daher Bodenverdunstung,
(11) Wasseraufnahme durch Wurzeln (Bodenwasseraufbrauch für die Pflanzenverdunstung).

3.1.1 Interzeption und Interzeptions-Verdunstung

Durch Interzeption, d. h. Auffangen und vorübergehendes Speichern von Niederschlag an Pflanzenoberflächen, übt die Vegetation gegenüber Regenfällen eine Pufferwirkung aus. Durch Auffangen der Regentropfen und Brechung ihrer Prallwirkung sowie durch teilweises Ableiten von Niederschlag als Stammabfluß (Abb. 3 u. 4) wird hierdurch der Boden vor Verschlämmung und Oberflächenverdichtung geschützt.
Der Interzeption, die unter Waldbeständen sowohl an den Baumkronen als auch an der Streudecke stattfindet, kommt insbesondere bei erosionsanfälligen Böden auf Standorten mit häufigen Starkregen eine große Bedeutung zu. Hier ist eine immergrüne Waldbestockung mit großer Streuproduktion besonders günstig

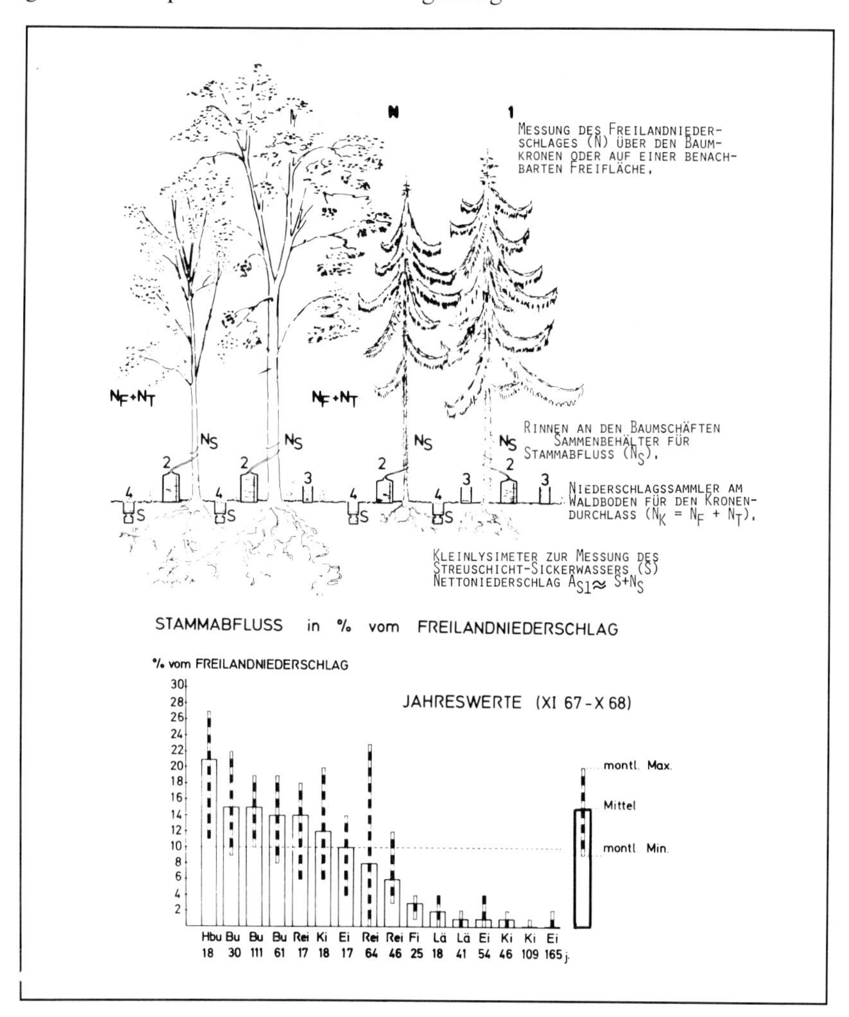

Abb. 3:
Komponenten der Niederschlagsbilanz des Waldes und deren Messung.

Fig. 3
Components of the precipitation balance of the forest and their evaluation.

Abb. 4:
Stammabfluß (N_S) von Waldbeständen verschiedener Baumarten und Altersklassen, dargestellt in Prozent vom Freilandniederschlag (N) als Jahresdurchschnittswerte und als monatliche Maximum- und Minimumwerte, BRECHTEL und PAVLOV (1977).

Fig. 4
Stemflow (N_s) of various trees, different in age and nature shown in % of the open field precipitation (N) as yearly average and monthly maximum/minimum (BRECHTL and PAVLOV, 1977).

Baumart	Alter	Bestockungsgrad	Speicherkapazität (mm)
Fichte	15	nicht geschl.	0,6
Fichte	23	1,0	1,5
Fichte	28	1,0	3,1
Fichte	30	1,0	2,7
Fichte	60	1,0	4,0
Fichte	80	1,0	4,0
Fichte	59	1,0	3,0
Douglasie	36	1,2	2,4
Douglasie	36	1,0	2,6
Douglasie	36	0,8	1,2
Kiefer	28	1,0	3,0
Kiefernarten[1])	—	—	0,3–3,0
Hainbuche	60	—	0,6
Buche	60	1,0	0,6–0,7[2/]
Laubbaumarten[1])	—	—	0,2–2,0

Tabelle 4:
Interzeptionskapazität (Speicherkapazität) des Kronendaches bei Regen nach MITSCHERLICH (1971, S. 184) mit Ergänzungen nach ZINKE (1967)[1]) und WEIHE (1970)[2])

Chart 4
Interception capacity of the canopy during rain fall acc. to MITSCHERLICH (1971, page 184) with supplements acc. to ZINKER (1967) and WEIHE (1970).

Wie Tabelle 4 zeigt, liegen bei Regen die Interzeptionskapazitäten des Kronendaches bei den forstlichen Baumarten innerhalb nachfolgender Rahmenwerte (Maximum → Minimum):
Fichte 0,6–4,0 mm → Kiefer 0,3 – 3,0 mm → Douglasie 1,2 – 2,6 mm → Buche und Hainbuche 0,6 – 0,7 mm.

Bei Beregnungsexperimenten im Forsthydrologischen Forschungsgebiet Krofdorf wurden durch eigene Messungen sowohl in Buchen- als auch in Fichtenbeständen an der Bodenstreu während einer regenlosen Zeit aktuelle Speicherkapazitäten von 4–6 mm festgestellt. Insgesamt (Baumkrone und Bodenstreu) kann also pro Einzelregen maximal mit einer Interzeptionskapazität von 5–6 mm bei der Buche (nur Vegetationszeit) und 10–12 mm bei der Fichte (ganzjährig) gerechnet werden. Demgegenüber beträgt die Interzeptionskapazität bei Gräsern nur 1–1,5 mm ZINKE (1967).

Die beim Vorgang der Interzeption stattfindende Evaporation (E_I) ist für die Art, Menge und zeitliche Verteilung des Abflusses einer Böschung und eines Hanges von entscheidender Bedeutung, da diese in der Wasserbilanz die Höhe des Nettoniederschlages (A_{S1}) bestimmt:

(4) $N - E_I = A_{S1}$

Nach Infiltration in den Boden führt dieser unmittelbar zu einer Erhöhung der Bodenfeuchte, so daß gegebenenfalls die Feldkapazität überschritten und für die Bodenkonsistenz kritische Feuchtezustände erreicht werden. Da dies insbesondere im Winterhalbjahr (relativ geringe Bodenverdunstung und praktisch keine Transpiration) problematisch sein kann, wirken sich in dieser Hinsicht Vegetationsdecken mit ganzjährig hoher Interzeptions-Verdunstung besonders günstig aus. Die von BRECHTEL und PAVLOV (1977) mitgeteilten Schätzbeziehungen (vgl. Abb. 5) können für eine diesbezügliche Quantifizierung des Einflusses von Waldbeständen verschiedener Baumarten und Altersklassen wertvolle Orientierungshilfen bieten. Eine mit Hilfe dieser Schätzbeziehungen für die normalen Monatsniederschlagssummen (∅ 1931–1960) der Flugwetterwarte Frankfurt vorgenommenen Hochrechnung für den Stadtwald Frankfurt ergab beispielsweise als Durchschnitt der drei Altersklassen jung, mittelalt und alt für die gesamte Interzeptions-Verdunstung (Baumkrone und Bodenstreu) folgende Werte (Minimum → Maximum, % von N):

Vegetationszeit: (Mai–September), N = 327 mm
Buche 39% → Roteiche 44% →
Deutsche Eiche 46% → Kiefer 52%.
Nichtvegetationszeit: (Oktober–April), N = 336 mm
Buche und Roteiche 34% →
Deutsche Eiche 41% → Kiefer 53%.

Für Waldbestände verschiedener Baumarten liegen bezüglich der Interzeptions-Verdunstung (soweit es Angaben in Prozent des Freilandniederschlages betrifft) insbesondere für die Vegetationszeit ein fast schon unüberschaubares Zahlenmaterial vor. Da sich die Untersuchungsergebnisse auf unterschiedliche Standorte, Zeiträume und Jahresabschnitte beziehen und sich darüber hinaus die Bestände auch hinsichtlich Alter, Bestockungsdichte, Aufbauform etc. unterscheiden, streuen die in der Literatur mitgeteilten Prozentwerte innerhalb eines breiten Rahmens. Insgesamt zeichnet sich als Einfluß der Baumarten folgendes Bild ab:

- Bei den immergrünen Nadelbaumarten Kiefer, Fichte, Tanne und Douglasie liegt die Interzeptions-Verdunstung mit durchschnittlich 30–40% des Freilandniederschlages innerhalb und außerhalb der Vegetationszeit in ähnlicher Größenordnung.
- Bei den winterkahlen Laubbaumarten Eiche und Buche liegen die Prozentwerte der Interzeptions-Verdunstung mit 10–20% während der Nicht-Vegetationszeit zumeist deutlich unter denen der immergrüne Nadelbaumarten.-
- Während der Vegetationszeit unterscheiden sich die Prozentwerte der Interzeptions-Verdunstung bei allen Baumarten nur verhältnismäßig wenig (vgl. Abb. 5). Die Baumarten mit relativ hohem

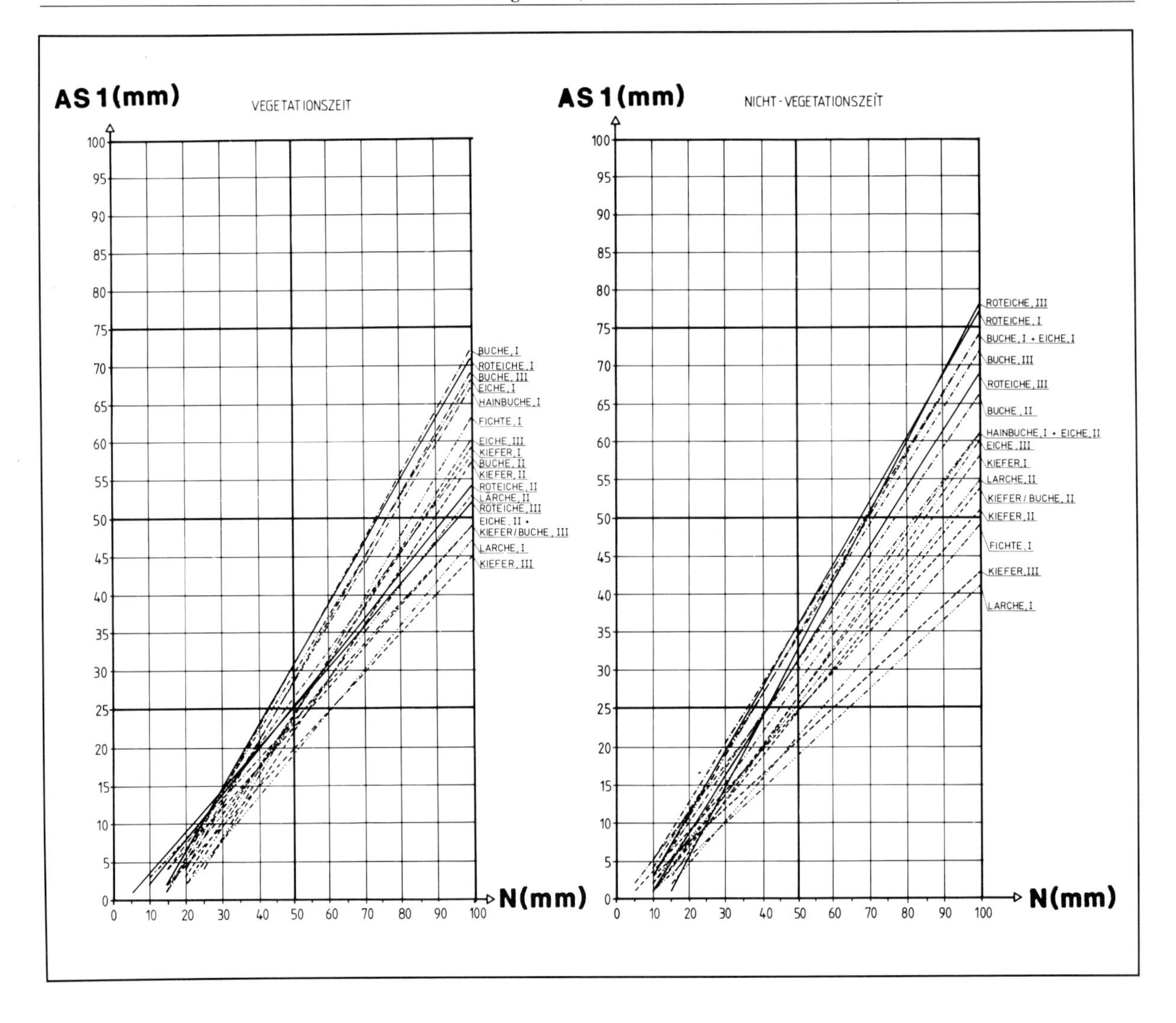

Abb. 5:
Monatssummen vom Nettoniederschlag (A_{S1}) als Funktion vom Freilandniederschlag (N).

Fig. 5
Monthly amount of net precipitation (A_{S1}) depending on open field precipitation (N)

Stammabfluß, wie die Laubbaumarten Buche, Hainbuche und Roteiche (vgl. Abb. 4) haben mit Werten von 20–30% jedoch eine niedrigere Interzeptions-Verdunstung.

Die in Tabelle 5, getrennt für die Vegetationszeit und Nicht-Vegetationszeit, mitgeteilten Durchschnittswerte eines 5jährigen Untersuchungszeitraumes bestätigen diese Feststellungen in vollem Umfange. Gleichzeitig wird aber auch die weite Spanne deutlich, innerhalb der sich die Prozentwerte der Interzeptions-Verdunstung bei der gleichen Baumart bewegen können, BALÁZS (1982).

Baumart	Vegetationszeit			Nichtvegetationszeit			Zahl der Bestände
	Durchschnitt	Min.	Max.	Durchschnitt	Min.	Max.	
Roteiche	27	(1) 13	66	18	(1) 10	47	4
Buche	27	7	53	22	7	46	13
Eiche	32	(1) 13	67	25	(6) 13	55	5
Lärche	33	19	52	31	8	57	5
Kiefer	38	20	69	36	25	54	6
Fichte	38	23	56	40	27	64	8

( ) = außergewöhnlich niedrige Werte vom Forsthydrologischen Forschungsgebiet Segeberg

Tabelle 5:
Durchschnitts-, Minimum- und Maximum-Werte des Interzeptionsverlustes in Prozent des Freilandniederschlages von Versuchsflächen des Institutes für Forsthydrologie während des Untersuchungszeitraumes 1973 bis 1977 (BALÁZS, 1983).

Average, minimum and maximum values of the interception losses in % of the open field precipitation at the experimental areas of the forest hydrological institute from 1973–1977 (BALAZS, 1983).

3.1.2 Auf- und Abbau der Schneedecke

Einerseits führt die erwähnte Interzeptions-Verdunstung, welche bei Schnee wesentlich größer sein kann als bei Regen, vielerorts zu einer Verminderung der zum Waldboden gelangenden Schneemenge. Auf Standorten mit schlagartiger Schneeschmelze auf großer Fläche (z.B. untere Lagen der Mittelgebirge) wird hierdurch insbesondere durch immergrüne Nadelwälder eine starke Verminderung (bis zu 50%) der Hochwasserabflüsse erreicht. Andererseits kann es aber auf windexponierten Hochlagen der Gebirge trotz Interzeptions-Verdunstung durch die natürliche „Schneezaunwirkung" des Waldes insbesondere in den winterkahlen Beständen zu wesentlich höheren Schneesammlungen (bis 100 l/m^2 mehr) kommen als im Freiland, BRECHTEL und BALÁZS (1976). Weiterhin schützt das Kronendach des Waldes die Schneedecke gegenüber der Sonneneinstrahlung und dem Wärmeaustausch der Luft, was zu einer erheblichen Verzögerung und Verringerung der Schneeschmelze führen kann.

3.1.3 Infiltration und Bodenerosion

Chart 5

Die aktuelle Infiltrationskapazität eines Bodens stellt den Schwellenwert dar, oberhalb dem auf geneigten Flächen Oberflächenabfluß und gegebenenfalls Bodenerosion auftritt, wenn er durch die Intensität des Regenniederschlages oder der Schneeschmelze übertroffen wird. Zum Zwecke der Klassifizierung verschiedener Böden hinsichtlich ihrer Neigung zu Oberflächenabfluß schlug MUSGRAVE (1955) den Parameter „Minimale Infiltrationskapazität" vor. Er versteht darunter die Infiltrationskapazität eines Bodens bei voller Wassersättigung, d.h. wenn der gesamte Porenraum des Oberbodens mit Wasser gefüllt ist. Er gibt hierzu für verschiedene Böden folgende Rahmenwerte an:

- tiefgründige Sande 7–12 mm/h
- sandige Lehme 4–7 mm/h
- Lehme, flachgründige sandige Lehme 1–4 mm/h
- schwere Tone 0–1 mm/h

Diese Rahmenwerte berücksichtigen jedoch nicht auch den zusätzlichen Einfluß der Vegetation (vgl. Abschn. 3.1.1) und zwar insbesondere nicht die Tatsache, daß es durch Pflanzenrückstände zu einer Humusanreicherung im Oberboden kommt, welche die Bodenstruktur verbessert und folglich die Infiltrationskapazität erhöht.
Es kann als erwiesen gelten, daß unter sonst gleichen Standortsbedingungen eine Waldbestockung von allen Vegetationsdecken die besten Infiltrationsverhältnisse schafft, so daß Oberflächenabfluß und Bodenerosion im allgemeinen nicht vorkommen, vgl. z. B. BRECHTEL et al. (1975). Belegt durch eine große Zahl von Untersuchungsergebnissen aus aller Welt kann man die verschiedenen Arten der Landoberflächen hinsichtlich der Infiltrationskapazität in aufsteigender Reihenfolge wie folgt ordnen:
(Minimum → Maximum)
nackter Boden (oberflächenverdichtet und verkrustet) →
Hackfrüchte in Reihen → armes Weideland → Getreide → devastierter Wald → gutes Weideland → Wiesen → guter Wald.

Da die Absolutwerte der Infiltrationskapazität jedoch je nach den standortspezifischen Gegebenheiten der oben genannten Einflußfaktoren innerhalb eines weiten Rahmens variieren können, werden dringend örtliche Testmessungen empfohlen, BRECHTEL (1976 a).
Vegetationsfreie Oberflächen sind bei Niederschlägen den Wirkungen von Regentropfen direkt ausgesetzt. Dies hat vor allem zwei Folgen:
- Durch den Aufprall der Tropfen (splash) spritzen feine Bodenbestandteile in die Höhe und bewegen sich im geneigten Gelände langsam hangabwärts, BISAL (1960). Das Ausmaß der Erosion ist abhängig von der Tropfengröße und -geschwindigkeit sowie der Bodenart und der Inklimation des Geländes.
- Die zweite Folge besteht besonders bei feinkörnigen Böden in einer direkten Verschlämmung des Mineralbodens. Die Infiltrationsrate nimmt stark ab; die Gefahr des Oberflächenabflusses und somit auch die der Erosion steigt.

Bei vegetationsbedeckten Böden treten diese Erscheinungen nicht bzw. nur in unwesentlichem Ausmaße auf.
Es ist zu erwähnen, daß die bezüglich Infiltrationskapazität oben angegebene Reihenfolge der Landoberflächen mit entsprechendem Oberflächenabfluß nicht unbedigt auch für den Bodenabtrag zutrifft. TOLDRIAN (1974) veröffentlichte beispielsweise auf der Grundlage von rd. 100 Beregnungsexperimenten in Bayern nachfolgende Befunde:

– Oberflächenabfluß.
(Minimum 4,9% → Maximum 80% Beregnungsmenge)
Mischwald → Fichtenreinbestände → Ackerland → Almflächen und Wiesen → Hopfengärten → sanierte Anbruchflächen → Anbruchflächen ohne Vegetation → Skiabfahrten.

– Bodenabtrag:
(Minimum 0,15 g/l → Maximum 188,4 g/l)
Mischwald → Almflächen und Wiesen → Fichtenreinbestände → sanierte Anbruchflächen → Ackerland → Skiabfahrten → Hopfengärten → Anbruchflächen ohne Vegetation.
Großen Einfluß auf den Bodenabtrag hat die Fließgeschwindigkeit des Oberflächenabflusses, die mit zunehmender Hangneigung und Hanglänge immer stärker wird. Selbst bei Hangneigungen von >15% vermag die Vegetationsdecke Wald den Boden ganzjährig vor Abtrag zu schützen, AYDEMIR (1973), BRECHTEL et al. (1975).

3.1.4. Bodenverdunstung und Pflanzenverdunstung

Die Bodenverdunstung, die im Gegensatz zur Interzeptions-Verdunstung auch in Trockenzeiten stattfindet, erfaßt auf vegetationslosen Flächen zumeist nur Bodenschichten von 20–30 cm Tiefe. Lediglich auf tonreichen Böden können während langer Trockenzeiten im Sommer Bodentiefen bis zu >50 cm betroffen werden.
Jede Vegetationsdecke vermindert zwar durch Beschattung und Windschutz die Bodenverdunstung, an ihre Stelle tritt jedoch die oben erwähnte Interzeptions-Verdunstung an den oberirdischen Pflanzenorganen und unter Wald auch an der Streuauflage. Bei einer bestimmten Interzeptions-Speicherkapazität der Streudecke (vgl. Abschn. 3.1.1) entscheidet insbesondere die Intensität und Häufigkeit der Einzelniederschläge des betreffenden Standortes, inwieweit die Interzeptions-Verdunstung der Bodenstreu höher oder niedriger ist als die ansonsten stattfindende Bodenverdunstung, bei der sich im Gegensatz zur Interzeptions-Verdunstung der kapillare Wasseraufstieg aus tieferen Bodenschichten auswirkt. Entscheidend ist jedoch, daß in Pflanzenbeständen, bedingt durch die Interzeptions-Verdunstung, weniger Nettoniederschlag in den Boden gelangt. Außerdem bewirkt die Pflanzenverdunstung einen Bodenwasseraufbrauch, der zumeist wesentlich größer ist und in tiefere Profilschichten reicht, als es bei vegetationslosen Flächen der Fall ist.
Auf tiefgründigen und gut durchwurzelbaren Sandböden können hierdurch unter Waldbeständen je nach Baumart maximale Schöpftiefen (Durchwurzelungstiefe zuzüglich Wasseraufstieg) bis zu etwa 4–5 m (Abb. 6) und Bodenfeuchte-Defizite gegenüber der Feldkapazität bis

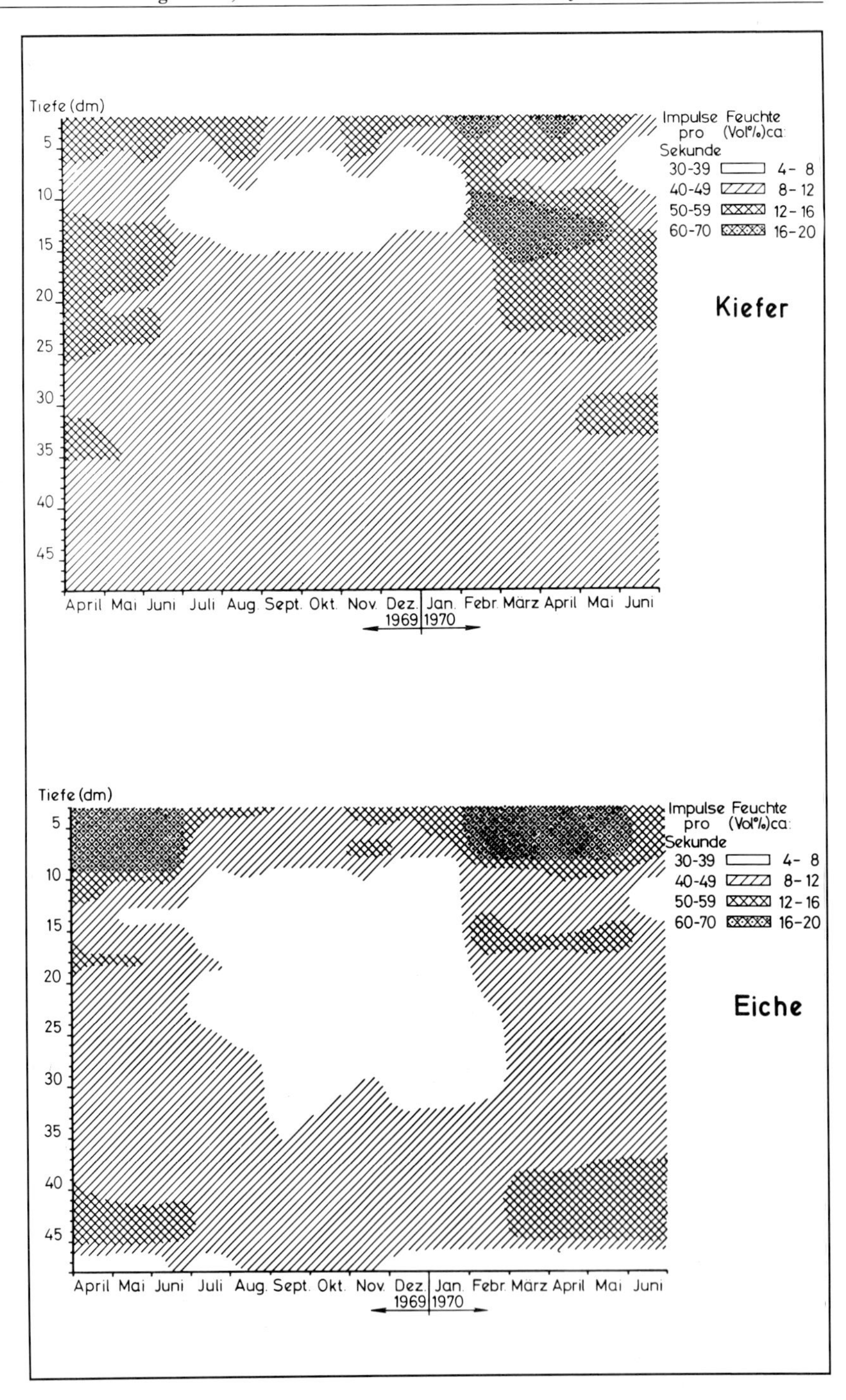

Abb. 6:
Veränderung der Bodenfeuchte unter jungen Waldbeständen der Baumarten Kiefer und Eiche während der Zeit von Mai 1969 bis Juni 1970 im Forsthydrologischen Forschungsgebiet Frankfurt (Lockersedimentstandort in der Ebene).

Fig. 6
Changes of soil moisture content of a young stand of pine and oak from may 1969–june 1970 in the forest-hydrological research area Frankfurt (unconsilidated sediments in the plain).

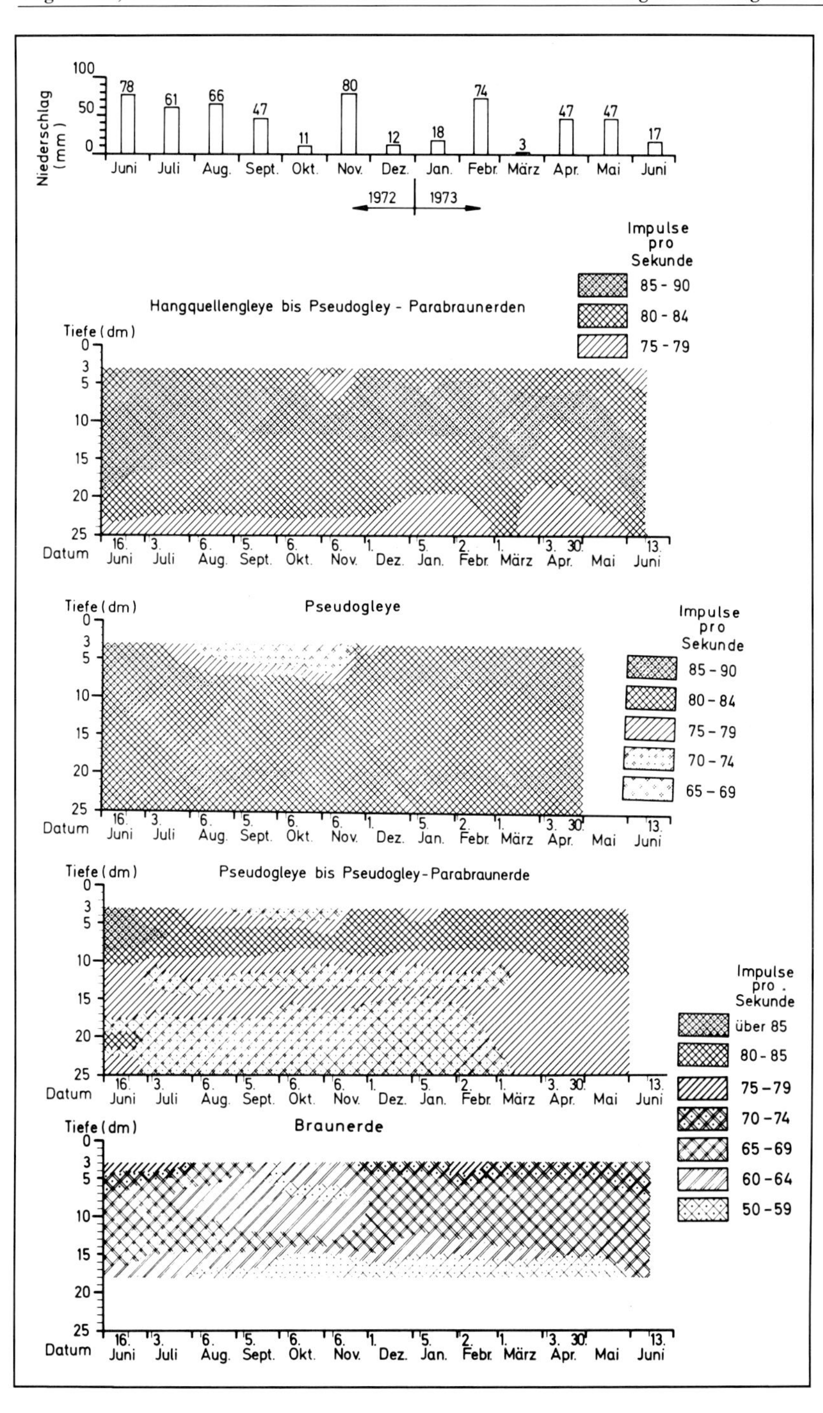

Abb. 7:
Veränderung der Bodenfeuchte unter einem Buchenaltbestand während der Zeit von Juni 1972 bis Juli 1973 im Forsthydrologischen Forschungsgebiet Krofdorf (Mittelgebirgsböden).

Fig. 7
Changes of the soil moisture content underneath an old beach stand from june 1972–july 1973 in the forest-hydrological research area Krofdorf (mountaneous soil).

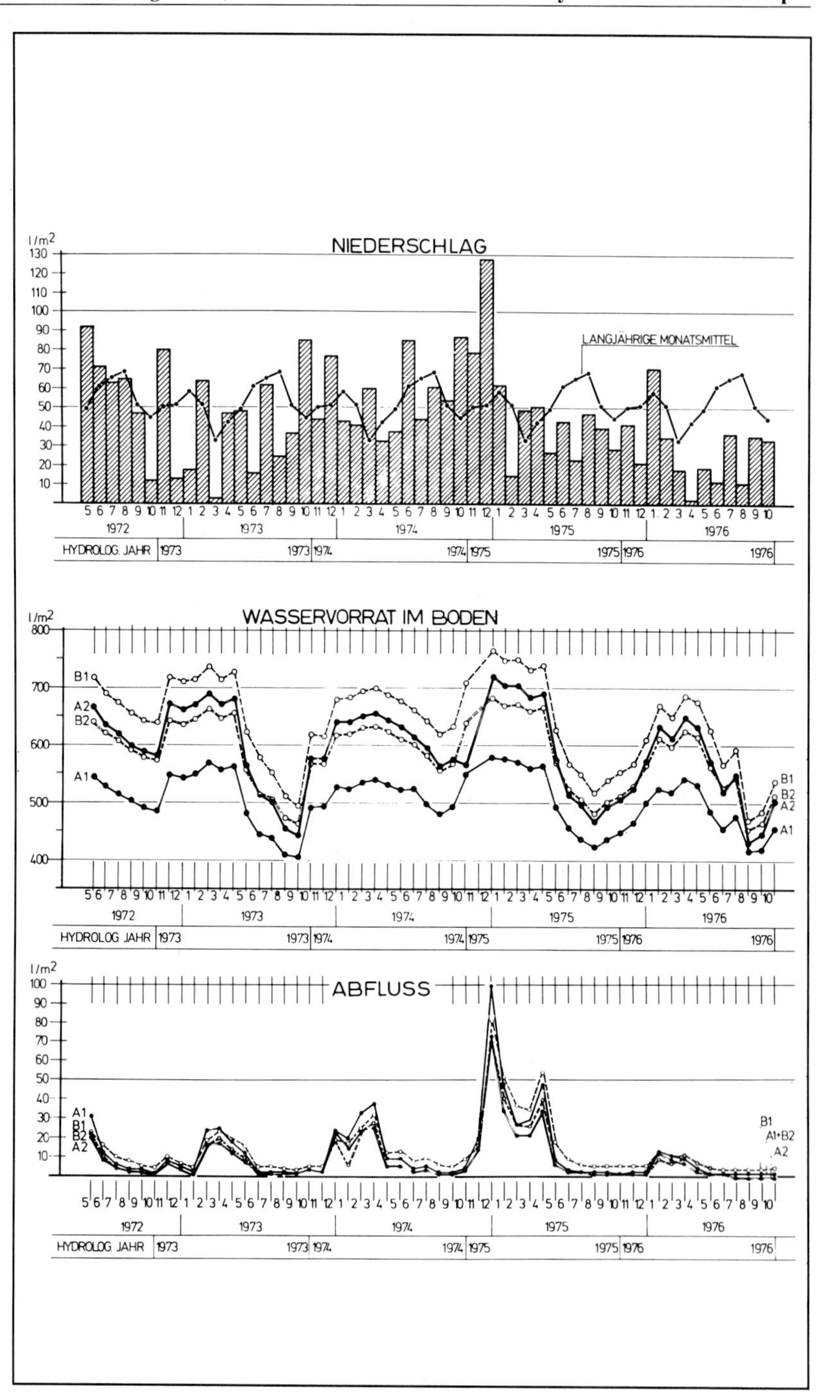

Abb. 8:
Verlauf der Niederschlags-, Bodenfeuchte- und Abflußverhältnisse in vier mit Buchenaltbeständen bestockten Einzugsgebieten (A_1, A_2, B_1, B_2) während der Zeit von Mai 1972 bis November 1976 im Forsthydrologischen Forschungsgebiet Krofdorf.

Fig. 8
Process of capacity of precipitation, soil moisture content and runoff in 4 areas covered with an old beech stand (A_1, A_2, B_1, B_2) from may 1972 – november 1976.

zu rd. 170 l/m^2 erreicht werden, BRECHTEL (1978). Wie Abbildung 7 jedoch zeigt, trifft dies allerdings in diesem Ausmaß nicht auch für viele Böden der Mittelgebirgsstandorte zu. Vor allem bei Standorten mit Hangwasserzufluß (z. B. Hangquellengleye) oder mit Staunässe (z. B. Pseudogleye) ist mit Schöpftiefen von zumeist <60–70 cm und bei Braunerden nicht wesentlich tiefer als 150 cm zu rechnen.
Die Abbildung 8 macht jedoch deutlich, daß in bewaldeten Mittelgebirgseinzugsgebieten im Verlauf von niederschlagsarmen Vegetationszeiten bei Böden mit hoher nutzbarer Feldkapazität trotzdem Bodenfeuchte-Defizite entstehen können, die als Gebietsmittel in der Größenordnung von ca. 200 l/m^2 liegen. Im Forschungsgebiet Krofdorf bewirkt dies, daß die zu Hochwasser führenden oberflächennahen Abflüsse, abgesehen von Feuchtjahren (z. B. 1974/75), erst ab Februar/März auftreten können. In Gebieten mit Jahresniederschlagssummen <800 mm entsteht normalerweise mit Beginn der Vegetationszeit ab Mai durch die Transpiration des Waldes erneut ein BodenfeuchteDefizit, welches das Auftreten von oberflächennahen Abflüssen verhindert.

3.1.5 Bodenwasserspeicherung und Absickerung

Das die Bodenwasserspeicherung und die vertikale Absickerung im hohen Maße bestimmende Bodengefüge wird von der Vegetation durchweg positiv beeinflußt. An der Bodenoberfläche und im durchwurzelten Boden werden aufgrund physiologischer Prozesse organische Rückstände gebildet. Durch die hierdurch in Wechselbeziehungen mit der Tätigkeit von Mikroorganismen und Bodentieren verbundene Humusproduktion führt dies zur Vergrößerung des Porenvolumens, zur Verbesserung der Durchlässigkeit und des Lufthaushaltes sowie Erhöhung des pflanzenverfügbaren Bodenwassers. Dieses wiederum fördert die Intensität und Tiefe der Durchwurzelung, die aktiv zur Lebendverbauung der Bodenpartikel beiträgt, PAULI (1976 und 1980). Als Trend ist zu erkennen, daß im allgemeinen Grasdecken die intensivste Durchwurzelung des Bodens zeigen, die sich jedoch zumeist nur auf einen oberflächennahen Bereich erstreckt. Es gibt allerdings auch Grasarten, die den Boden ausgesprochen tief erschließen. Landwirtschaftliche Saison-Vegetationsdecken erreichen im allgemeinen eine tiefere, dafür aber extensivere Durchwurzelung des Oberbodens. Waldbestände durchwurzeln den Boden am tiefsten, jedoch nimmt die Durchwurzelungsintensität ab einer Bodentiefe von zumeist 100–150 cm zunehmend ab. Baumartenspezifische Unterschiede der Durchwurzelungstiefe werden häufig durch die Einflüsse der Bodenart, der Lagerungsdichte, der chemischen Eigenschaften des Bodens sowie andere Standortsgegebenheiten überlagert, LEHNARDT und BRECHTEL (1980).

3.2 Jahreshöhe der Verdunstung und des Abflusses

Verfügbare Versuchsergebnisse bezüglich der auf den Zeitraum eines Gesamtjahres bezogenen Evapotranspiration und Abflußhöhe verschiedener Landoberflächen und Vegetationsdecken können, unter Berücksichtigung der klimatischen und edaphischen Standortsgegebenheiten, wertvolle Informationen zur Beurteilung der hydrologischen Verhältnisse von Hängen und deren Einzugsgebieten liefern.

3.2.1 Unterschiede zwischen Landoberflächen und Vegetationsdecken

Landwirtschaftliche Nutzflächen haben zumeist eine niedrigere Verdunstung als Wald und liefern daher im allgemeinen höhere Jahresabflüsse. Verhältnismäßig klein sind allerdings die Abflußunterschiede zwischen Grasland und Wald. BAUMGARTNER (1967) kommt nach Auswertung bisher bekannt gewordener Ergebnisse hinsichtlich der Jahresverdunstung verschiedener Landoberflächen zu folgender Reihenfolge (Minimum → Maximum).

Nackter Boden → Getreide → Gemüse und Hackfrüchte → Grasland → Wald → Wasserflächen.

Wie die Abbildung 9 zeigt, können die Verdunstungswerte (ausgedrückt in Prozent der Jahresniederschlagssumme) selbst für gleichartige Landoberflächen je nach Standort stark verschieden sein. Die niedrigsten Werte kommen bei humidem Klima und bei geringer Einstrahlung und die höchsten Werte bei aridem Klima und bei hoher Einstrahlung vor. Vergleicht man die Durchschnittswerte, die in etwa den mittleren Verhältnissen der Bundesrepublik Deutschland entsprechen, so zeichnet sich folgendes Ergebnis ab:

- Nackter Boden verdunstet mit ca. 30% von allen Landoberflächen am wenigsten Niederschlagswasser.
- Getreideanbau bringt von allen landwirtschaftlichen Bodennutzungsarten mit ca. 38% die geringste Gesamtverdunstung mit sich. Gründe hierfür sind, daß sich die Pflanzenverdunstung nur über ein relativ kurze Vegetationszeit erstreckt und daß während dieser Zeit die Verdunstung des Bodens durch Strahlungs- und Windschutz stark vermindert wird, ohne daß es gleichzeitig zu einer nennenswerten Interzeptions-Verdunstung kommt.
- Andere landwirtschaftliche Saison-Vegetationsdecken, wie z. B. Kartoffeln, Rüben und Mais haben mit ca. 45% eine etwas größere jährliche Gesamtverdunstung. Verantwortlich hierfür ist, daß sich die Pflanzenverdunstung über eine längere Vegetationszeit erstreckt und auch die Bodenverdunstung (wegen des weniger guten Strahlungs- und Windschutzes) sowie auch die Interzeptions-Verdunstung von größerer Bedeutung sind.
- Ganzjährige Vegetationsdecken, wie Grasland und Wald, haben mit 60–70% die höchste jährliche Gesamtverdunstung und daher die

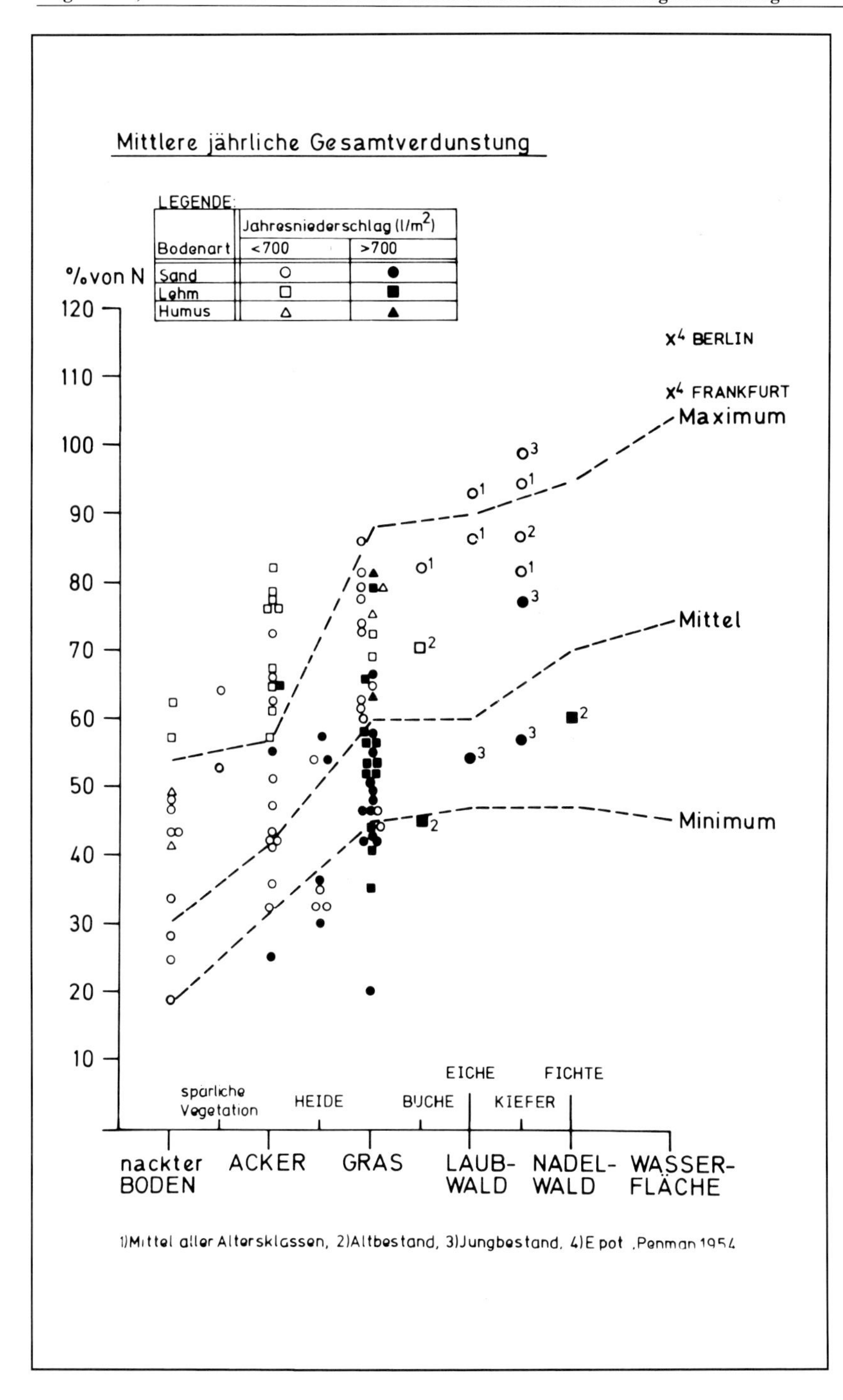

1 = Mittel aller Altersklassen,
2 = Altbestand,
3 = Jungbestand,
4 = Potentielle Verdunstung für Wasser, berechnet nach Methode PENMAN (1954).

Abb. 9:
Mittlere jährliche Verdunstungshöhe verschiedener Landoberflächen und Vegetationsdecken in Prozent der Jahresniederschlagshöhe. Maximum-, Mittel- und Minimumwerte nach BAUMGARTNER (1967) in Gegenüberstellung zu neueren Durchschnittsergebnissen langjähriger Lysimeter- und forsthydrologischer Wasserbilanz-Untersuchungen, BRECHTEL (1978).

Fig. 9
Mean annual evaporation rate of different surfaces and vegetation covers in % of yearly precipitation. Maximum, minimum and average values (BAUMGARTNER 1967) compared to newer water-balance values, the results were obtained during extended lysimeter and forest hydrological research by BRECHTL (1978).

geringsten Abflüsse. Die im Vergleich zum Grasland durchschnittlich um 10% höhere Jahresverdunstung des Waldes wird hauptsächlich nur durch den immergrünen Nadelwald verursacht.

Im Vergleich zu den zahlreichen Versuchsergebnissen der Landoberflächen „nackter Boden, Acker und Gras" sind die vorliegenden Informationen über die Jahreshöhe der Verdunstung und des Abflusses von Waldbeständen verschiedener Baumarten weitaus spärlicher. Getrennt nach den beiden grundsätzlich zu unterscheidenden Standortsbereichen ist jedoch als Trend eine Zunahme der Jahresverdunstung mit entsprechender Abnahme des Abflusses in nachfolgender Reihenfolge zu erkennen.

Jahresniederschlag 700 mm, tiefgründiger Sandboden:
Buche → Eiche → Kiefer

Jahresniederschlag 700 mm, mittelgründige lehmige Böden:
Buche → Fichte

Auf beiden Standorten beträgt der Unterschied zwischen dem winterkahlen Buchenwald und dem immergrünen Kiefern- bzw. Fichtenwald ca. 15–20% der Jahresniederschlagshöhe.

Die Ergebnisse langjähriger Wasserbilanz-Untersuchungen im Forsthydrologischen Forschungsgebiet Frankfurt machen deutlich, daß auch das Alter der Waldbestände die Höhe der jährlichen Verdunstung und des Abflusses wesentlich beeinflußt, BRECHTEL (1976 b), BRECHTEL und SCHEELE (1982). Bezogen auf die Jahrsniederschlagshöhe von 663 mm (∅) wurde eine in nachfolgender Reihenfolge zunehmende Evapotranspiration (ET in mm) ermittelt (I = jung, II = mittelalt, III = alt, Minimum → Maximum)

Buche I (501) → Roteiche I (510) → Buche III (550) →
Kiefer I (554) → Eiche I (568) → Buche II (572) →
Fichte I (573) → Roteiche III (585) → Roteiche II und
Lärche II (595) → Kiefer/Buche III (597) → Eiche II (619) →
Kiefer II (622) → Eiche III (657) → Kiefer III (690)[1])

Als Entscheidungshilfe für die Bepflanzung von Böschungen sowie zur Beurteilung der Verdunstungs- und Abflußverhältnisse von Hängen können aus diesen Befunden folgende Informationen abgeleitet werden:

- Die höchste Verdunstung und die niedrigsten Abflüsse sind von Altbeständen der Lichtbaumarten Eiche und Kiefer zu erwarten, da sich neben der hohen Verdunstung der Baumbestockung (Tiefwurzler Eiche, immergrüne Kiefer) zusätzlich noch die Evapotranspiration der Grasdecke auswirkt.
- Eine Beimischung von winterkahlen Laubbaumarten (z. B. Buche, Linde, Ahorn) in Bestände von Lichtbaumarten geht zu Lasten dieser bezüglich Böschungssicherung willkommenen Vergrasung und reduziert die Gesamtverdunstung (vgl. Kiefer III mit Kiefer/Buche III).

[1]) = negative Wasserbilanz

- Junge Waldbestände der Buche und Roteiche haben die geringste Jahresverdunstung und damit den höchsten Abfluß. Beide Bestokkungsvarianten zeichnen sich auch durch hohen Stammabfluß aus (Abb. 4), der insbesondere bei langanhaltenden Regenfällen zu negativen Folgen bezüglich der Böschungsstabilität durch punktuelle starke Bodenfeuchtezunahme und laterale Abflüsse führen kann.
- Tiefwurzelnde Eichen und die immergrüne Kiefer haben bereits schon als junge Bestände eine relativ hohe Jahresverdunstung. Eine lockere buschförmige Mischbestockung beider Baumarten, die zusätzlich eine dichte Grasdecke zuläßt, ist hinsichtlich Böschungssicherung besonders günstig zu beurteilen.

3.2.2 Klima und Boden als Einflußgrößen

Bereits durch die große Streuung der in Abbildung 9 dargestellten Einzelwerte der Wasserbilanz aller erfaßten Landoberflächen und Vegetationsdecken wird deutlich, welche hohe Bedeutung den klimatischen und edaphischen Einflüssen auf die Jahreshöhe der Verdunstung und des Abflusses zugemessen werden muß.
Bezüglich des örtlichen Klimas sind in vielfältiger Wechselbeziehung zu den speziellen topographischen, orographischen und morphologischen Gegebenheiten des betreffenden Standortes (z.B. Höhenlage, Hangrichtung, Hangneigung, Hangform etc.) hierzu insbesondere folgende Einflußkomplexe zu nennen:
- Art und Form des Niederschlages,
- Höhe, Intensität, Dauer und zeitliche Verteilung des Niederschlages,
- Energiehaushalt und Sättigungsdefizit der Luft,
- Atmosphärischer Wasserdampftransport durch Wind.

Im Vergleich zu vegetationslosen Landoberflächen bewirkt die höhere Oberflächenrauhigkeit von Pflanzenbeständen eine Steigerung der unter den gegebenen meteorologischen Bedingungen möglichen Verdunstungshöhe. Einerseits reflektieren sie nämlich weniger Strahlung und andererseits wird die turbulente Vermischung der Atmosphäre und damit der Wasserdampfabtransport verstärkt. Auf Unterhängen mit anhaltendem Hangwasserzufluß können hierdurch Waldbestände insbesondere bei südlichen Hangexpositionen (erheblich höherer Energie-Input) eine größere Gesamtverdunstung erreichen als eine offene Wasserfläche.
Wenn der Wassernachschub aus dem Boden begrenzt ist und daher die effektive Verdunstung der Pflanzenbestände bei ausbleibendem Niederschlagsinput zunehmend niedriger sein muß als die potentielle Verdunstung, bestimmen vor allem die Wasserhaltefähigkeit und die Durchwurzelbarkeit des Bodens, wieviel Wasser für die Transpiration noch zur Verfügung steht.

Soweit es die Wasserhaltefähigkeit des Bodens betrifft, stellt die von der Bodenart abhängige nutzbare Feldkapazität (nFK) die wichtigste Kenngröße dar. Bezüglich der Durchwurzelbarkeit des Bodens sind neben der Bodenart auch die Lagerungsdichte und die chemischen Eigenschaften des Bodens wichtige Einflußfaktoren, LEHNARDT und BRECHTEL (1980).
Die Bodenart beeinflußt die Durchwurzelung vorwiegend über die Wasserhaushaltsverhältnisse. Sie bestimmt weitgehend die Wasserdurchlässigkeit, den kapillaren Wasseraufstieg und die nutzbare Feldkapazität. Sowohl sehr stark durchlässige Böden mit geringer Wasserspeicherung (z.B. Grobsand oder stark steiniges, kiesiges Material) als auch schwer durchlässige Böden (schwere Lehme, Tone) sind für die Durchwurzelung ungünstig. Im ersten Fall ist es der häufige Wassermangel, im zweiten Fall die Vernässung und der damit gleichzeitig verbundene Sauerstoffmangel, die eine intensive und tiefe Durchwurzelung verhindern. In gleicher Weise verhindern in dichtgelagerten Schuttdecken sowie in Lehm- und Tonböden mechanische Widerstände und schlechte Wasser- und Sauerstoffverhältnisse die Durchwurzelung.
Die große Vielfalt an möglichen Kombinationen allein schon der besprochenen wichtigsten klimatischen und edaphischen Einflußgrößen macht deutlich, wie problematisch es sein kann, anhand von Rahmenwerten oder gar Einzelergebnissen (wie sie in Abb. 9 dargestellt sind) für konkrete Standorte auf die mittlere jährliche Gesamtverdunstung verschiedener Pflanzendecken schließen zu wollen. Bei einer diesbezüglichen lokalen Beurteilung können daher nur solche Wasserbilanz-Ergebnisse von Nutzen sein, die entweder von Messungen im betreffenden Gebiet selbst stammen oder zumindest unter vergleichbaren klimatischen und edaphischen Verhältnissen gewonnen wurden.

4. Zusammenfassung und Folgerungen

Vegetationsdecken unterscheiden sich gegenüber vegetationsfreien Landoberflächen im Wasserhaushalt dadurch, daß, bedingt durch den hydrologischen Prozeß der Interzeption, nur ein Teil des Niederschlages direkt zum Boden gelangt (Abb. 3). Ein anderer Teil bleibt zunächst an den oberirdischen Sproßteilen haften (Interzeption), beginnt dort teilweise zu verdunsten (Interzeptions-Verdunstung), tropft bzw. fällt teilweise ab (Kronendurchlaß) oder gelangt an den Pflanzen abfließend (Stammabfluß, Abb. 4) zum Boden. Durch dieses Auffangen und Verdunsten sowie durch das zeitliche und räumliche Umverteilen des örtlichen Niederschlages schützt die Vegetation den Boden vor Verschlämmung und Oberflächenverdichtung. Darüber hinaus führen Pflanzenrückstände zu einer Humusanreicherung im Oberboden, die zusätzlich durch Verbesserung der Bodenstruktur zu günstigen Infiltrationsverhältnissen führt. Im allgemeinen vermögen hier-

durch alle Dauervegetationsdecken (gleichgültig ob Kraut- oder Grasbestände, Strauch- oder Baumvegetation) bei ausreichender Dichte und ganzflächiger Überdeckung des Bodens, einen auf Böschungen und Hängen durch Oberflächenabfluß bedingten Bodenabtrag zu verhindern. In den Einzugsgebieten von Böschungen und Hängen ist zu berücksichtigen, daß die Interzeptions-Verdunstung von Waldbeständen, im Gegensatz zur landwirtschaftlichen Saison-Vegetation, auch außerhalb der Vegetationszeit stattfindet und daher insbesondere bei immergrünen Nadelwaldbeständen ganzjährig wesentlich größer ist als bei landwirtschaftlichen Kulturen (Abschn. 3.1.1).
Während die positiven Wirkungen von Vegetationsdecken hinsichtlich Oberflächenstabilisierung allgemein anerkannt sind, ist das Ausmaß der durch Pflanzenbewuchs erreichbaren Tiefenstabilisierung von Böschungen und Hängen teilweise umstritten, da leider in der Literatur kaum Angaben über Festigkeitsparameter von durchwurzelten Bodenschichten vorliegen. Trotzdem werden bei der Grünverbauung von Böschungen, oft notwendigerweise kombiniert mit „harten Baustoffen", auch in dieser Hinsicht die Pflanzen nicht vorrangig der Schönheit, sondern der Funktion wegen verwendet, SCHIECHTL (1958 und 1981). Die Wirkungen und Grenzen einer biologischen Tiefenstabilisierung, die primär von den jeweiligen Standortsbedingungen und erst sekundär von der Pflanzenart abhängen, sind jedoch offensichtlich. Es ist allgemein bekannt, daß z. B. bei geologisch bedingtem Gleiten von Böschungs- und Hangbereichen oder bei durch ungünstigen Schichtenaufbau bewirken „Hangwasserexplosionen" der Lebendverbau die Instabilität nicht aufheben kann. Unter solchen extremen Bedingungen kann sogar das Gewicht einer aufstockenden Baumvegetation (insbesondere dicht geschlossene, flachwurzelnde Altbestände aller Baumarten) die Labilität von Böschungen und Hängen erhöhen.
Die eigentliche Voraussetzung der Stabilität von Böschungen und Hängen hängt in erster Linie von der edaphisch und geologisch bedingten Festigkeit des Bodens und Grundgestein-Körpers ab. Eine biologische Tiefenstabilisierung von Böschungen durch Bepflanzung kann daher nur bei Beachtung der kritischen Hangneigungswinkel der jeweiligen Böden und Grundgesteine bzw. Schuttmassen erreicht werden (Abb. 1, Tab. 2 und 3). Erst bei einer solchen Ausgangslage kann durch Pflanzenbewuchs die Standsicherheit von Böschungen und die Stabilität von Hängen auch über den oben erwähnten Oberflächenschutz hinaus nennenswert verbessert werden. Von Bedeutung sind hierbei sowohl die positiven Auswirkungen der Pflanzenwurzeln hinsichtlich biologischer Verankerung sowie Förderung der vertikalen Absickerung (Abschn. 3.1.5) durch Auflockerung des Bodenkörpers als auch die Verhinderung bzw. Reduzierung hoher Bodenfeuchtegehalte.
Der Faktor Wasser ist für die Bodenkonsistenz, d. h. für den Zusam-

menhalt der Bodenpartikel bzw. die mechanische Festigkeit, von besonderer Bedeutung. Der Wald hat von allen Vegetationsdecken die höchste Jahresgesamtverdunstung (Abb. 9). Vergraste Kiefern- und Eichenaltbestände haben eine besonders hohe Evapotranspiration. Waldbestände auf Hängen bzw. Bäume und Sträucher auf Böschungen können daher wesentlich zur inneren Drainage beitragen.
Durch Interzeptions-Verdunstung sowohl an den Baumkronen als auch an der Streudecke wird bereits ein relativ hoher Anteil des Freilandniederschlags-Inputs vom Bodenkörper ferngehalten.
Die Pflanzenverdunstung (Transpiration) bewirkt während der Vegetationszeit einen Bodenwasseraufbruch, der zumeist wesentlich größer ist und in tiefere Profilschichten reicht, als es allein durch Bodenverdunstung (Evaporation) bei vegetationslosen Flächen der Fall ist. Insbesondere auf tiefgründigen und gut durchwurzelbaren Böden können hierdurch bei Vegetationszeit-Niederschlägen <400 mm Bodenfeuchtedefizite von bis zu ca. 200 l/m^2 entstehen, die erst im Winter allmählich aufgefüllt und im Frühjahr des nächsten Jahres bereits wieder aufgebaut werden. Hierdurch kann vielerorts die für die Bodenkonsistenz kritische Phase der maximalen Bodenfeuchte ($\geq$ Feldkapazität) auf nur 2–3 Monate des Jahres (Februar/März – April/Mai) reduziert werden (Abb. 8). Das Ausmaß und die Zeitdauer dieser biologischen Bodendrainage ist jedoch stark von den örtlichen Standortsbedingungen abhängig (Abb. 6 und 7).
Bei Böschungen und Hängen mit Hangwasserzufluß ist auch die Art der Landnutzung der hangaufwärts gelegenen Einzugsgebietsfläche ein wichtiger Einflußfaktor. Von Bedeutung sind in diesem Zusammenhang, wie im unmittelbaren Bereich der betreffenden Böschungen und Hängen selbst, die gleichen anthropogen beeinflußbaren hydrologischen Prozesse (Abschn. 3.1) und Verdunstungsgrößen (Abschn. 3.2), die über Höhe, Art und zeitliche Verteilung des Abflusses entscheiden.
Als Eingriffe in den Hangwasserhaushalt und als Gefährdungsursachen der Hangstabilität können beispielsweise in Frage kommen, AULITZKY (1981):
- Versiegelung durch Besiedelung und Straßenbau,
- Waldrodungen für Skipisten,
- landschaftliche Brache mit Zerfall der Be- und Entwässerungsanlagen,
- Änderung der land- und forstwirtschaftlichen Bewirtschaftung wie z. B. vermehrter Maisanbau, Einsatz schwerer Maschinen beim Forstwegebau und bei der Holzernte etc.

Darüber hinaus ist zu berücksichtigen, daß auch die Verjüngung von Waldbeständen (insbesondere Kahlschlagwirtschaft bei immergrünen Nadelwaldbeständen) zu einer wesentlichen Erhöhung des Abflusses führen kann (Abschn. 3.2). Neuerdings ist auch durch immissionsbedingten Ausfall der Altbestände vieler Hauptwirtschaftsbaumarten (vor allem Tanne, Fichte und Buche) mit großflächigen Neubegründungen von Jungbeständen, gegebenenfalls mit Baumartenwechsel zu rechnen. Auch dies kann auf Standorten, die aus geologischen und edaphischen Gründen (flachgründige Böden mit mäßiger und schlechter Durchlässigkeit im Untergrund) zu einer erheblichen Zunahme der Häufigkeit, Zeitdauer und Höhe von oberflächennahen Abflüssen führen. Vor allem in den durch Nähe zu Emittenten oder durch Prallhanglage besonders immissionsbelasteten Waldgebieten dieser Standortsbereiche ist daher neben den ökologischen, forstwirtschaftlichen und wasserwirtschaftlichen Schäden auch eine zunehmende Gefährdung der Stabilität von Böschungen und Hängen in einem unter normalen Verhältnissen des Waldzustandes bisher unbekannten Ausmaß zu befürchten.

5. Literaturverzeichnis

ANDERLE, A., 1971: Zur Frage der hydrologischen und bodenkundlichen Ursachen der während der Hochwasserkatastrophen 1965 und 1966 in Kärnten ausgelösten Hangrutschungen und Muren. Grenzen und Möglichkeiten der Vorbeugung vor Umweltkatastrophen im alpinen Raum, Band 1. Internat. Symposium Interpraevent 1971, Villach, Kärnten, Österreich, S. 11–21.

AULITZKY, H., 1981: Über die Gefährdungsursachen und die Möglichkeiten zur Wiederherstellung der Hangstabilität und die einschlägigen Möglichkeiten einer präventiven Berücksichtigung in der Raumordnung. „Der Alm- und Bergbauer", 31. Jg., Folge 8/9/10, Sonderdruck, 12 S. (Innsbruck, Michael-Gaismayr-Straße 1).

AIDEMIR, Y. H., 1973: Recherche sur l'influence du mode d'utilisation des terrains montagnards sur le transport des materiaux solides et l'écoulement des eaux superficielles dans le massif du Bolu. Ormancilik Arastirma Enstitüsü Yayinlari, Teknik Bülten Serisi No. 54, Ankara, 232 S.

BALÁZS, A., 1982: Interzeptionsverdunstung des Waldes im Winterhalbjahr als Bestimmungsgröße des nutzbaren Wasserdargebotes. Beiträge zur Hydrologie. Kirchzarten, Sonderheft Nr. 4, S. 79–101.

BALÁZS, A., 1983: Ein kausalanalytischer Beitrag zur Quantifizierung des Bestands- und Nettoniederschlages von Waldbeständen. Dissertation, TU Berlin, Fachbereich 14, Institut für Landschaftsbau. Verlag Beiträge zur Hydrologie, Ilse Nippes (D-7815 Kirchzarten, Ibentalstr. 20).

BAUMGARTNER, A., 1967: Energetic bases for differential vaporization from forest and agricultured lands. Forest Hydrology Proceedings, Pergamon Press New York (Vieweg u. Sohn GmbH, Braunschweig), S. 381–389.

BISAL, F., 1960: The effect of raindrop size an impact velocity on sand splash. Canadian Journal of Science, Vol. 40, S. 242–245.
BRECHTEL, H. M., 1976 a: Application of an Inexpensive Double-Ring Infiltrometer. FAO Conservation Guide No. 2, Hydrological Techniques for Upstream Conservation, Food and Agriculture Organization of the UN, Rome, S. 99–102.
BRECHTEL, H. M., 1976 b: Influences of species and age of forest stands on evapotranspiration and ground water recharge in the Rhein-Main-Valley. XVI IUFRO world congress, Oslo, Norway, June 20 – July 2, 1976, Division I, Diskussion Paper, Selbstverlag HFV, 33 S.
BRECHTEL, H. M., 1978: Möglichkeiten der Steuerung des Wasserhaushaltes von Deponien durch Pflanzendecken. Aktuelle Probleme der Deponietechnik, 8. Abfallseminar an der TU Berlin, Band 3, Abfallwirtschaft an der Technischen Universität Berlin, S. 186–220.
BRECHTEL, H. M., LEHNARDT, F. u. TOLDRIAN, H. 1975: Zur Problematik einer Erfassung des Einflusses der Landnutzung auf den Oberflächenabfluß und Bodenabtrag sowie auf oberflächennahe Abflüsse. „Interpraevent 1975“ in Innsbruck, Sept. 1975, Tagungspublikation, Bd. 1, Beiträge zum Fachbereich I–III; Forschungsgesellschaft für vorbeugende Hochwasserbekämpfung, Klagenfurt, Österreich, S. 127–139.
BRECHTEL, H. M. u. BALÁZS, Á., 1976: Auf- und Abbau der Schneedecke im westlichen Vogelsberg in Abhängigkeit von Höhenlage, Exposition und Vegetation. Beiträge zur Hydrologie, Nr. 3, Freiburg i. Br. (jetzt Kirchzarten), S. 35–107.
BRECHTEL, H. M. u. PAVLOV, M. B., 1977: Niederschlagsbilanz von Waldbeständen verschiedener Baumarten und Altersklassen in der Rhein-Main-Ebene. Kuratorium für Wasser und Kulturbauwesen, Bonn, Arbeitspapier, 47 S.
BRECHTEL, H. M. und SCHEELE, G., 1982: Erwirtschaftung von Grundwasser durch land- und forstwirtschaftliche Maßnahmen. Deutscher Verband für Wasserwirtschaft und Kulturbau e. V., 4. Fortbildungslehrgang Grundwasser, 11.–14. Oktober 1982 in Darmstadt, Eigenverlag der Hessischen Forstlichen Versuchsanstalt, Hann. Münden, 48 S.
KUGLER, H., 1976: Geomorphologische Erkundung und agrarische Landnutzung. Geographische Berichte, H. 80, Gotha und Leipzig.
LEHNARDT, F. u BRECHTEL, H. M., 1980: Durchwurzelungs- und Schöpftiefen von Waldbeständen verschiedener Baumarten und Altersklassen bei unterschiedlichen Standortsverhältnissen. Allg. Forst- und Jagdzeitung, 151. Jg., H. 6/7, S. 120–127.
MITSCHERLICH, G., 1971: Wald, Wachstum und Umwelt, Band II, Waldklima und Wasserhaushalt, J. D. Sauerländer's Verlag, Frankfurt a. M., 365 S.

MUSGRAVE, G. W., 1955: How much of the Rain Enters the Soil. „Water", The Yearbook of Agriculture 1955. The United States Department of Agriculture, Washington D.C., S. 151–159.
PAULI, F. W., 1976: Soil-Plant interface in the roothair zone as a unity of opposites. Persp. biol. med., 19 (4).
PAULI, F. W., 1980: Thizo-Zoogleae at the soil-plant interface. Mikriskope (Wien), 36. Georg Fromme & Co. Verlag, Wien.
PENMAN, H. L., 1954: Evaporation over parts of Europe. Publ. No. 37 de l'Association Internationale d'Hydrologie, Assemblée génerale de Rome, Rom III, Rom.
RICHTER, G., 1965: Bodenerosion, Schäden und gefährdete Gebiete in der Bundesrepublik Deutschland. Bundesanstalt für Landeskunde und Raumforschung, Selbstverlag, Bad Godesberg, 592 S.
SCHIECHTL, H. M., 1958: Grundlagen der Grünverbauung, Kommissionsverlag der Österreichischen Staatsdruckerei, Wien.
SCHIECHTL, H. M., 1981: Sicherungsarbeiten im Landschaftsbau. Georg D. W. Callwey Verlag, München.
SCHEFFER, F. u. SCHACHTSCHABEL, P., 1976: Lehrbuch der Bodenkunde. Ferdinand Enke Verlag, Stuttgart, 394 S.
TOLDRIAN, H., 1974: Wasserabfluß und Bodenabtrag in verschiedenen Waldbeständen. Allg. Forstzeitschr. Nr. 49, S. 1107–1109.
WEIHE, J., 1970: Warum noch immer Interzeptionsuntersuchungen im Wald? Mitteilung des Arbeitskreises „Wald und Wasser", Nr. 5, Koblenz, S. 10–20.
ZINKE, P.-J., 1967: Forest Interzeption Studies in the United States. Forest Hydrology, Proc. Intern. Symposium at University Park, Pennsylvania, Aug. 29–Sept. 10, 1965, Pergamon Press, New York (Vieweg u. Sohn GmbH, Braunschweig), S. 137–161.

Prof. Dr. rer. nat. Horst-Michael Brechtel und
Forstrat Wolfram Hammes
Institut für Forsthydrologie der Hessischen Forstlichen Versuchsanstalt
Prof- Oelkers-Straße 6, Postfach 1308, D-3510 Hann. Münden 1

Fritz W. Pauli

Lebendverbauung der Pflanze-Boden-Grenzfläche in Hanglagen

Bio-Engineering of Plant-Soil-Limit Surface in Slopes

Zusammenfassung:
Bodenfruchtbarkeit als Ausdruck und Maß des erreichten Lebensstandards von Pflanzen und Edaphon (das im Boden Lebende) zeigt sich in einer fortwährend entstehenden und vergehenden Krümeligkeit des Bodens. Hierbei handelt es sich einmal um die lose Verknüpfung von winzigen Primär-Aggregaten durch koloniebildende und fädige Formen des Mikro-Edaphon. Auch kommt es zu Verklebungen von Bodenteilchen durch die bei der mikrobiellen Zersetzung pflanzlicher und tierischer Gewebereste freiwerdenden Zellbestandteile und den hierbei ständig auftretenden Resyntheseprodukten, einschließlich den Huminstoffen. Schließlich trägt die lebende, höhere Pflanze mit allen Wurzelverzweigungen und Wurzelhaaren, besonders durch deren Schleimabsonderungen zur Lebendverbauung der Bodenpartikeln bei. Die vom Deckglas befreite Auflicht-Mikroskopie mit verschiedenen Kontrastmethoden ist in der Lage, diese Lebendverbauung unter praktischen Gesichtspunkten wie Standsicherheit von Böschungen »in situ« zu erforschen.
Bio-Gele bilden dabei elastische Brücken zwischen »belebt« und »unbelebt«, bei deren Dynamik erhebliche Klebkräfte an ihren Grenzflächen zu allen Bodenpartikeln auftreten.
Die Lebendverbauung erfüllt die Vorstellung der organismischen Biologie, für die lebende Gestalt langsame und lang anhaltende, Funktion dagegen schnelle und nur kurz währende Prozesse sind.

Die zu diesem Beitrag gehörenden Abbildungen 1–6 befinden sich auf den Seiten 140–142.

Eine organismische Sicht mittels »befreiter« Mikroskopie

Ursache der Strukturbildung im Boden (»Formbildung«) ist Bewegung.
W. L. Kubiena, 1967.

Zu Ende des 19. und zu Beginn des 20. Jahrhunderts erkannten russische Forscher den Zusammenhang zwischen Bodenfruchtbarkeit und Bodenstruktur bei besonderer Berücksichtigung der Stabilität von Bodenkrümeln unter mehrjährigen Gras-Leguminosen-Beständen. Aggressives Wurzelwachstum und ein biochemisch omnipotentes Edaphon mit ihren mannigfaltigen, ausgeschiedenen Stoffwechselprodukten und die sich fortwährend bildenden Huminstoffe sind ein qualitatives Merkmal für die Unterscheidung des Bodens vom leblosen Muttergestein. Bodenbildung ist ein bio-geochemischer Vorgang, bei dem sich Pflanzenwurzel und Edaphon durch ständigen Ab-, Um- und Aufbau organischer Substanzen und anorganischer Materialien einen optimalen Lebensraum unter den gegebenen ökologischen Verhältnissen schaffen. So ist die Fruchtbarkeit eines Bodens Ausdruck und Maß des erreichten Lebensstandards von Pflanzen und Edaphon, die sich in einer fortwährend entstehenden Krümeligkeit des Bodens ausdrückt. In ihr garantiert das Vorhandensein von groben, mittleren und feinen Poren (etwa zu gleichen Anteilen) ein Gleichgewicht von Durchlüftung, Wasserleitung und Wasserspeicherung (PAULI 1967).
Mikropedologisch sind die Krümel abgerundete Aggregate von meist 1–10 mm Durchmesser. Zu ihnen rechnet man auch die bei der Bodenbearbeitung entstehenden Bröckel, sowie die durch Meso- und Makrofauna des Edaphon gebildeten niedrig-traubigen Kotkrümel.
Das Krümelgefüge ist besonders charakteristisch für den Oberboden unter Grasvegetation, die Ackerkrume in gutem Kulturzustand und den A-Horizont von Mullrendzinen. Bleibt eine solche Krümeligkeit des Bodens über die ganze Vegetationszeit bestehen und zerfällt auch nicht unter der verschlämmenden Wirkung von überschüssigem Wasser, dann

ist der Boden mürbe und gar. Unterstützende ackerbauliche Maßnahmen zur Bildung, Mehrung und Erhaltung der Bodengare sind die Grundlage einer weisen Bodennutzung (PREUSCHEN 1980).
Die Entstehung von Aggregaten beginnt mit einer Verklebung der Einzelteilchen durch Verwitterungsneubildungen. So entstehen durch Oxidation von Elementen an der Oberfläche des Kristallgitters von Biotit (ein hell oder schwach gefärbtes Alumosilikat) bei niedrigem pH Al^{3+}- und Fe^{3+}-Ionen, die eine Schutzschicht bilden. Eine ähnliche Schicht entsteht häufig infolge der Hydrolyse von an der Oberfläche des Mineralteilchens adsorbierten Fe^{3+}- und Al^{3+}-Ionen. Die Aggregation kommt zustande durch die Bindung zwischen positiv geladenen Al- und Fe-Oxiden mit den negativ geladenen Tonmineralen.
Amorphe Eisenoxide sind besonders wirksam, und ihre aggregierende Aktivität nimmt mit sinkendem pH zu. Dagegen sind kristalline Fe-Oxide wesentlich weniger wirksam. Die Durchdringung solcher primären Aggregationen (Aggregate erster Ordnung = Primäraggregate) mit hochdispersen Huminstoffen und die Umwandlung dieser an und für sich sehr beweglichen Polysäuren durch divalente Kationen in eine »zementierende« Form führt zur Mikrostruktur des Bodens (SCHEFFER-SCHACHTSCHABEL 1970).
Werden die Huminstoffe an die inneren Oberflächen der Tonminerale polar adsorbiert, dann ist die Verklebung fest. Etwas schwächer sind die Bindungen zwischen organischen Kolloiden und ionogenen Gruppen von Eisen- und Aluminium-Oxidhydraten oder Erdalkali-Kationen an Mineraloberflächen. Am schwächsten sind die Bindungen, wenn große Mengen von Salzen der Eisen-, Aluminium- und Erdalkali-Metalle (Ca, Mg) in der Bodenlösung vorliegen und mit den Huminstoffen durch deren völlige Entladung schwerlösliche Humate bilden. Eine solche Verkittung der Einzelteilchen begünstigt auch die Stabilität von Tier- und Wurzelgängen beim Entstehen von Absonderungsaggregaten.
Im Gegensatz zum Makrogefüge kann das Mikrogefüge von Mineralkörnern und Bodenkolloiden nicht mit bloßem Auge wahrgenommen werden, sondern erfordert Untersuchungen im Auflicht- und/oder Stereo-Mikroskop. Mittels Auflicht POL und Auflicht-Interferenzkontrast-Mikroskopie kann sogar die Gefüge-Matrix aus organischen Substanzen und Mineraltrümmern bestehend näher gekennzeichnet werden. Unter dem Einfluß des Edaphon und des ständig wachsenden Wurzelwerks mit seinen feinsten Verzweigungen kommt es weiterhin zur Bildung von Aufbau-Aggregaten. Hierbei handelt es sich einmal um die lose Verknüpfung von winzigen Aggregaten durch fädige Formen von Boden-Mikroorganismen wie Strahlenpilze und niedere Pilze. Koloniebildende Bakterien mit ihren zum Teil erheblichen Zellwandauflagen verbinden einzelne Bodenpartikeln und winzige Bodenkrümel miteinander.

Summary:
Soil fertility is a manifestation and measure of the success of plants and edaphon (that which lives in the soil) in reaching a high standard of living. The same is reflected in the crumby structure (»Krümelverband«) of a soil.
First of all, colony-forming and thread-like microorganisms aggregate soil particles into crumbs by gums and viscous materials. Furthermore, cell compounds of slimy character are set free from plant and animal tissues by microbial activity in the soil. In addition, countless resynthesis products including humic substances appear during these complicated processes. Finally, the living higher plant with all roots, rootlets and roothairs contributes to the »Lebendverbauung« by means of their rich mucous secretions.
Incident microscopy, i.e. freed from cover-glasses, allows the study of »Lebendverbauung« under practical aspects »in situ«, in our case in soils at inclined planes. The formation of bio-gels as elastic bridges between Living and Non-Living can be observed. During the dynamics of such swelling and shrinking materials considerable adhesion and pushing forces at their interfaces with neighbouring soil particles become evident. »Lebendverbauung« fulfills the comprehension of organismic biology for which living structure are slow and long lasting, whereas function are fast and only short processes.

Ferner kommt es zu Verklebungen von Primäraggregaten durch bei der mikrobiellen Zersetzung pflanzlicher Gewebereste freiwerdenden Zellwandsubstanzen wie Polyuronide. Die Kapseln und zähen Schleime zahlreicher Bodenbakterien und Bodenalgen bestehen aus ähnlichen Polysacchariden oder Polypeptiden.
Von seiten der höheren Pflanze tragen das Mucigel der Hauben aller Wurzelverzweigungen und die dünnen Schleimauflagen der nicht-cutinisierten Wurzelhaare zu dieser Lebendverbauung der Aufbau-Aggregate bei. Gleichzeitig stellen diese Wurzelabsonderungen die Matrix für die Entwicklung komplexer biologischer Gemeinschaften, die Rhizo-Zoogloeen. Diese Biozönosen in solch begrenztem Raum sind die höchste Form des Kommensalismus, das ist ein Zusammenleben ohne Gewinn, aber auch ohne Schaden für die jeweiligen Teilnehmer (PAULI 1980). In einem Lyogel leben hier Mikroedaphon, einschließlich gewisser Lithobionten (Erstbesiedler von Gesteinsoberflächen), und lebende, zum Teil losgelöste Wurzelzellen zusammen. Mit der Zeit umfassen diese Gebilde winzige organische und anorganische Bodenpartikeln. Auch können die mannigfaltigen, ausgeschiedenen Stoffwechselprodukte der einzelnen lebenden Partner in der wäßrigen und an der festen Phase der Zoogloea hin und her wandern.

Solche Vergesellschaftungen an der Pflanze-Boden-Grenzfläche, dem »Niemandsland« zwischen Wurzelforschung und Bodenkunde, können als Bindeglied der Systempartner Pflanze und Boden angesehen werden (FRANCÉ-HARRAR 1957). Die Bausteine dieser Gele sind Makromoleküle (Eukolloide) von polarem Charakter, ähnlich den Huminstoffen, die allerdings Sphärokolloide sind.
Alle Biopolymere sind eine günstige Energiequelle für die meisten Boden-Mikroorganismen, und so ist ihre aggregierende Wirkung nur von befristeter Dauer. Eine kontinuierliche Nachlieferung organischer Kolloide über lebende Organismen – Pflanze und Edaphon – ist notwendig, um die Bilanz von zerfallenden und neuzubildenden Boden-Aggregaten positiv zu gestalten.

Wachsendes Wurzelwerk ist direkter Garebildner, während absterbendes Wurzelwerk die Ernährungsbasis sämtlicher Bodenorganismen ist und über diese indirekt die Bodengare fördert. Die Huminstoffe, ein spezifischer, aber veränderlicher Zustand der Materie, sind ebenfalls beteiligt. Eine solche, vom Leben gesteuerte Aktivität auf Stoffwechsel (Energie-Haushalt) basierend, verleiht dem Boden mit System-Charakter eine Selbstregulierung, die als Biodynamik auch den kompliziertesten Maschinen immer überlegen ist (BERTALANFFY 1968). Elektronenmikroskopische Untersuchungen zeigten, daß die Pflanzenwurzelschleime aus linearen Polygalakturonsäuren bestehen, die sich mit Ruthenium-Rot charakteristisch anfärben lassen (LEPPARD 1974).

Es handelt sich also bei den Wurzelschleim-Bausteinen um Molekülkolloide, die beim Einlagern von Wassermolekeln zwischen die einzelnen Makromoleküle zu einem Lyogel (Eugel im Sinne Grahams) mit temperaturabhängiger Strukturviskosität von hohem osmotischem Druck werden. Eventuelle Kationenbindung der zahlreichen, an der Molekülkette dieser Gel-Bausteine sitzenden Carboxylgruppen, führt zur Vernetzung innerhalb des Gels (KUHN 1960). Bei stufenlosen Übergängen vom Lyogel zum Xerogel während des nur teilweisen Verlustes der wäßrigen Phase entwickeln solche Biopolymere innerhalb des Gels erhebliche Kohäsionskräfte. Die Endgruppen der sich dabei stark krümmenden Fadenmoleküle üben eine kräftige Zugwirkung auf die Oberflächen von denjenigen Bodenpartikeln aus, mit denen sie durch die im Lyogel fast völlig gestreckten Fadenmoleküle verklebt sind. Diese Haftwirkung beruht auf elektrostatischen Kräften, auf van der Waals Nebenvalenzkräften oder ist echte chemische Bindung, die sich in ihrer Wirkung überlappen können (MICHEL 1969).

Ein Gel enthält viel Wasser, denn es liegt auf dem Wege vom Sol zum Koagulat, der vollständigen Flockung. Soll ein Xerogel sich bei Gelegenheit wieder völlig mit Wasser auffüllen können und so reversibel zum Lyogel werden, dann darf eine solche Flockung nicht eintreten. Eine völlige Entladung der Kolloidteilchen als Polyanionen durch mehrwertige Kationen der wäßrigen Phase führt zur Flockung. Stabile Gele koagulieren nicht (THIELE 1967).

Da ein Boden während des ganzen Jahres dem ständigen Wechsel der vom Großklima abhängigen hydrothermischen Bedingungen unterworfen ist, ist leicht zu verstehen, daß es beim Vordringen der feinen und feinsten Wurzeln in den Bodenraum zu alternierenden Quellungen und Schrumpfungen der elastischen Wurzelkörper und der Wurzel-Gele kommt. Sicherlich tritt auch gelegentlich eine völlige Ausflockung ein, die nur durch Ausscheidung frischen Gel-Materials durch die lebendige Pflanzenwurzel aufgehoben werden kann. Der krümelige Boden ist elastisch, und die eindringende Wurzel vermag das Krümelgefüge in gewissen Grenzen beiseite zu schieben und sogar unter bestimmten Umständen zu durchdringen. Die Gefüge drücken infolge ihrer Elastizität selbst mit einer entsprechenden Kraft an die Oberflächen der Wurzel, vor allem an die zielstrebige Wurzelspitze. Die interessantesten und für die Praxis bedeutungsvollsten Gesichtspunkte dieser Wurzelfunktionen samt den beteiligten Mikroorganismen sind nur an mehr oder weniger ungestörten Pflanze-Boden-Proben erkennbar, bei denen die Kontakte zwischen belebt und unbelebt sichtbar werden. Es ist deshalb ein Glück, daß hier die »befreite« Mikroskopie Möglichkeiten zu vielfältigen »in situ«-Beobachtungen bietet.

Schon vor Jahrzehnten haben Fachwissenschaftler der Süßwasser- und der Meeresbiologie, Botaniker, Zoologen und Mikrobiologen nach Mit-

teln und Wegen gesucht, um ihre lebenden Objekte ungehindert von den gebräuchlichen Deckglaspräparaten bei senkrecht stehendem Lichtmikroskop zu betrachten (REUMUTH 1972).
Für den Mikropedologen und den holistisch ausgerichteten Bodenfruchtbarkeitsforscher ist eine Direktbeobachtung des Bodenzustandes unter verschiedenartigsten Aspekten von unschätzbarem Wert.
In den 30er Jahren entwickelte Walter Kubiena zusammen mit Carl Reichert in Wien ein spezielles Auflicht-Mikroskop, um am frischen Bodenprofil mikromorphologische Untersuchungen durchführen zu können. Auf diese Weise konnte Kubiena später in den Prairie-Staaten der USA die wirklichen Ursachen für die sich jährlich wiederholenden Wind-Erosionen der dünnen Bodendecke ausfindig machen.
Die aus rein ökonomischen Gründen praktizierte Mais-Monokultur, und dies schon über Jahrzehnte hinweg, hatte zum fast völligen Schwund der aggregierenden Biokolloide, einschließlich der beständigeren Huminstoffe, geführt. Die Folge war der fortschreitende Zusammenbruch der Bodenkrümel der ursprünglich fruchtbaren Prairie-Böden. Damit war die Durchlüftung und der Wasserhaushalt der Böden erheblich gestört und nur unter größten Schwierigkeiten konnten die Böden wieder genutzt werden. Seit geraumer Zeit setze ich die Auflicht-Mikroskopie in Verbindung mit Auflicht POL und Auflicht-Interferenzkontrast, aber auch die moderne Auflicht-Fluoreszenz zur Erforschung der Grenzflächenerscheinungen während der Lebendverbauung durch Wurzel-Gele und Rhizo-Zoogloeen ein. Es sind schließlich physikalisch-chemische Kräfte an Bio-Gelen, die zu elastischen Brücken mit Klebwirkung zwischen belebt und unbelebt führen (PAULI 1981, in Arbeit).
Schon jetzt kann aus den vorliegenden Ergebnissen gefolgert werden, daß bei der Dynamik der Wurzel-Gele und deren Modell-Substanzen (Fein-Biochemikalien) Adhäsionskräfte enormer Stärke auftreten. Bei Lyogel-Xerogel Übergängen werden von den verklebenden Gel-Bausteinen linearer Art winzige Splitter aus Gesteins- und Mineraloberflächen wie Basalt, Granit, Quarzit u. a. m. ebenso wie aus organischen Geweberesten herausgerissen.
Diese Klebwirkung der Biokolloide im Boden kann als eine unerwartete Stufe der biologischen Verwitterung angesehen werden, die mit der Säurewirkung, vor allem aber mit der Sequestrierung von Metallkationen durch chelataktive Stoffwechselprodukte von Pflanze und Edaphon stammend, mehr oder weniger gleichzeitig abläuft (PAULI 1981, im Druck). Man geht kaum fehl, in der Lebendverbauung des Bodens einen Summeneffekt von ständig alternierenden Lyogel-Xerogel-Übergängen und der lockeren mechanischen Verknüpfung von Bodenpartikeln und kleineren Aggregaten durch fädige Mikroorganismen und Wurzelhaare zu sehen.

Alle Grenzfälle lebender Zellen, vor allem da, wo Gel-Brücken größeren Außmaßes zu ihrer Umgebung gebildet werden, sind ihrem Wesen nach dynamisch. Eine scharfe Trennung zwischen belebt und unbelebt ist auf dieser mikroskopischen Ebene kaum noch möglich und wird im submikroskopischen Bereich völlig aufgehoben (PAULI & DEELMANN 1976).

Literatur

BERTALANFFY, L. von (1968): General system theory. George Braziller. XV + 289 pp. New York.
FRANCÉ-HARRAR, A. (1957): Humus, Bodenleben und Fruchtbarkeit. Bayer. Landw. Verlag. Bonn–München–Wien. 148 S.
KUBIENA, W. L. et al. (1967): Die mikromorphometrische Bodenanalyse. Ferdinand Enke Verlag. Stuttgart. 196 S.
KUHN, A. (Hrsg., 1960): Kolloidchemisches Taschenbuch, Akad. Verl. Ges. Leipzig. XV + 555 S.
LEPPARD, G. G. (1974): Rhizoplane fibrils in wheat: demonstration and derivation. Science, 185 (4156), 1066–67.
MICHEL, M. (1969): Adhäsion und Klebtechnik. Die theoretischen Grundlagen der Klebstoffe auf der Basis von Kunststoffen. Carl Hanser Verlag. München. 140 S.
PAULI, F. W. (1960): Soil fertility – a biodynamical approach. Adam Hilger LTD. London. XII + 204 pp.
PAULI, F. W. (1980): Rhizo-zoogleae at the soil-plant interface. Mikroskopie (Wien), 36, 213–21.
PAULI, F. W. (1981): Grenzflächenerscheinungen an Wurzel-Gelen. Beobachtungen mittels Auflicht POL und Auflicht-Interferenzkontrast. Jenaer Rundschau (im Druck).
PAULI, F. W. (1981): Biokolloid-Brücken zwischen Pflanze und Boden (in Arbeit).
PAULI, F. W. und DEELMAN, J. C. (1976): Soil-plant interface in the roothair zone as a unity of opposites. Persp. biol. med., 19, 4, 493–99.
PREUSCHEN, G. (1980): Der ökologische Weinbau. Ein Leitfaden für Praktiker und Berater. C. F. Müller. Karlsruhe. 168 S.
REUMUTH, H. (1972): Allgemeines und Spezielles zur Textilmikroskopie. In: Hugo Freund: Handbuch der Mikroskopie in der Technik. Band VI, Teil 1, 155–67. Umschau Verlag. Frankfurt.
SCHEFFER, F. und SCHACHTSCHABEL, P. (1970): Lehrbuch der Bodenkunde. Siebente Auflage. Ferdinand Enke Verlag. Stuttgart. XIII + 448 S.
THIELE, H. (1967): Histolyse und Histogenese. Gewebe und ionotrope Gele. Prinzip einer Strukturbildung. Akad. Verlagsges. Frankfurt. VIII + 156 S.

Dr. phil. Fritz W. Pauli
Bodenbiochemiker
Dammweg 13
6900 Heidelberg

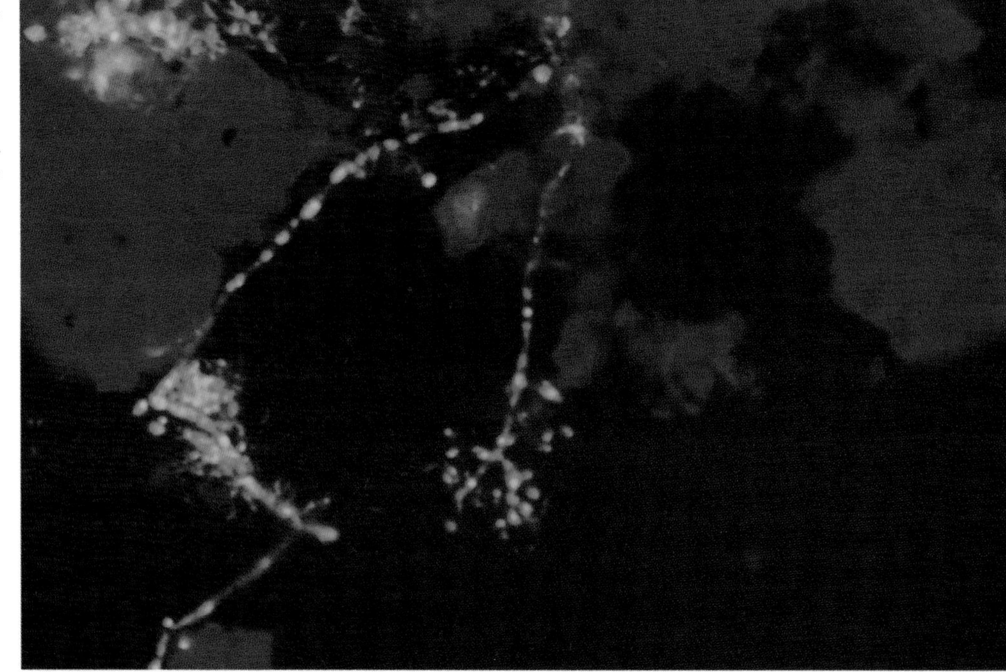

Abb. 1
Sekundärfluoreszenz (Akridinbrilliantorange EZ, CHROMA 1:10^{-4}) der Lebendverbauung von Lößteilchen durch Vertreter des Mikro-Edaphon. Vergrößerungsmaßstab ×750; Belichtungszeit 10 Sekunden; AGFACOLOR CT 18. Auflicht-Fluoreszenz.

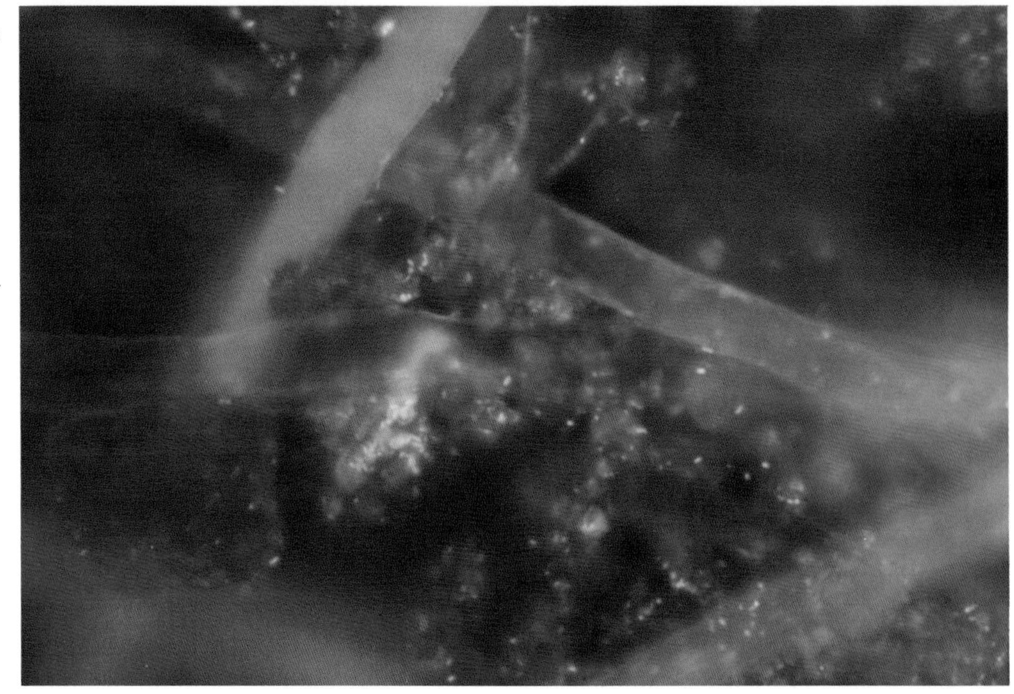

Abb. 2
Sekundärfluoreszenz (dto.) der Lebendverbauung von Lößteilchen mit aufsitzendem Mikro-Edaphon durch Gräserwurzelhaare. Vergrößerungsmaßstab ×400; Belichtungszeit 12 Sekunden; AGFACOLOR CT 18. Auflicht-Fluoreszenz.

Abb. 3
Sekundärfluoreszenz (Akridinbrilliantorange EZ, CHORMA 1:10^{-5}) des Mucigel (Lyogel) einer Luzerne-Wurzelhaube mit anklebenden Kriställchen und humifizierten Weizenstrohpartikeln. Vergrößerungsmaßstab ×120; Belichtungszeit 8 Sekunden; AGFACOLOR CT 18. Durchlicht-Dunkelfeld-Fluoreszenz.

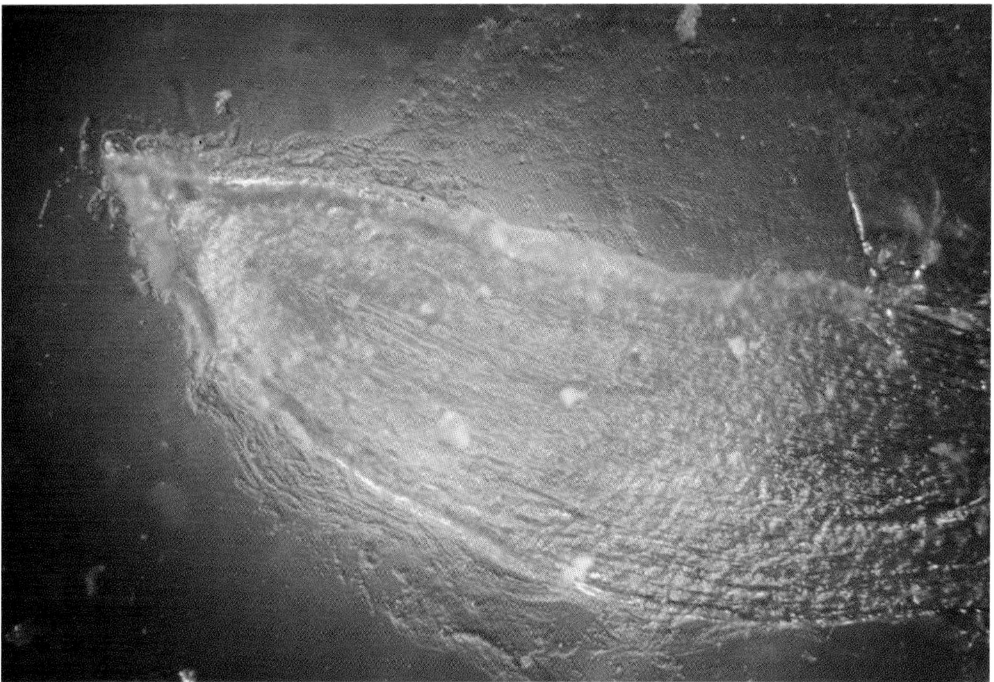

Abb. 4
Normale Auflicht-Mikroskopie mit Schrägbeleuchtung einer Luzernekeimlingswurzel in gut humifiziertem Rindenkompost. Das Mucigel als Lyogel durch Lichtreflex sichtbar. Vergrößerungsmaßstab ×30; Belichtungszeit 3 Sekunden; FUJICHROME R 100.

Abb. 5
Normale Auflicht-Mikroskopie des Mucigel in Abb. 4 als Xerogel nach Trocknung bei Zimmertemperatur, wobei die Gel-Brücke sichtbar wird. Diese Gel-Schrumpfung führt zu enormen Klebkräften (Adhäsion) zwischen belebt und unbelebt. Vergrößerungsmaßstab ×45; Belichtungszeit 5 Sekunden; FUJICHROME R 100.

Abb. 6
Auflicht-Polarisationsmikroskopie einer Gräserkeimlingswurzel *(Agropyron repens* = Ackerquecke), die auf einer polierten Quarzit-Oberfläche mittels ihres Mucigel angeklebt war und nach leichter Antrocknung abgezogen wurde. Hierbei wurden durch die Klebkräfte des Gels winzige Kriställchen aus dem Quarzit herausgerissen. Vergrößerungsmaßstab ×160; Belichtungszeit 6 Sekunden; FUJICHROME R 100. Die Färbung entsteht durch die Stellung der Nicols.

Friedrich Riecke

Wurzelausbildung von Waldbäumen in Abhängigkeit von Standort, Alter und Bestandszusammensetzung sowie ihre Eignung zur Böschungsbefestigung

Root Formation of Forest Trees as a Function of Location, Age and Forest Variety and its Suitability for Embankment Stabilization

Zusammenfassung:
Waldbäume spielen innerhalb der Ingenieurbiologie eine bedeutende Rolle. Aufgrund der Ausbildung ihrer Wurzeln in unterschiedlicher Tiefe und Intensität wirken sie der Erosion entgegen und tragen somit entscheidend zur Stabilisierung der Böden bei.
Im Vortrag wird das Wurzelsystem der hauptsächlich vorkommenden und für die Böschungsbefestigung geeigneten Waldbäume beschrieben, das sie sowohl innerhalb als auch außerhalb ihrer natürlichen Waldgesellschaften ausbilden. Da die Entwicklung der Bäume und damit auch die ihrer Wurzeln nicht nur vom Klima und Boden, sondern auch von der inneren Veranlagung abhängt, sollte nur genetisch einwandfreies, anerkanntes Saat- und Pflanzgut verwendet werden. Um die Auswahl geeigneter Klimarassen zu erleichtern, wird empfohlen, für ein bestimmtes Gebiet vorgesehenes Saatgut von gutwüchsigen Bäumen in der Nachbarschaft oder auf vergleichbaren Standorten zu ernten.

Summary:
Forest trees play an important role in biological engineering. Because of their root formation in varying depths and intensity, they counteract erosion, stabilizing soils.
In the lecture, a description is given of the root systems of the most common species in general use for embankment stabilization, which these species develop both within and outside their natural forest community. Because the development of trees and, correspondingly, their roots does not only depend on climate and soil, but also on genetic factors, only first-class and generally accepted seeds and seedlings should be used. To make the selection of suitable strains simpler, it is recommended to choose seed or seedlings meant for a particular area from healthy trees in the neighbourhood or in a comparable habitat.

Während wir über das Wachstum der Bäume in Abhängigkeit vom Standort seit mehr als 100 Jahren durch Massen-, Ertragstafeln und Zuwachskurven recht gut orientiert sind, wissen wir Näheres über die Wurzelausbildung der einzelnen Holzarten erst seit Ende der zwanziger Jahre, als Vater, Krauss, Hilf u. a. ihre Wurzelarbeiten veröffentlichten. Seitdem sind auf diesem Sektor beachtliche Fortschritte gemacht worden. In diesem Zusammenhang sei nur auf die Arbeit von Köstler, Brückner, Biebelriether »Die Wurzeln der Waldbäume« (Parey, 1968) hingewiesen.
Um die Abhängigkeit der Wurzelausbildung vom Standort und der Bestandszusammensetzung deutlich zu machen, werde ich von den natürlichen Waldgesellschaften ausgehen, deren Kenntnis die Grundlage für eine standortbezogene Arbeit innerhalb der Ingenieurbiologie bilden sollte. Da ich überwiegend im Pleistozän gearbeitet habe, werde ich die von Scamoni für den nordostdeutschen Raum ausgeschiedenen Waldgesellschaften zugrunde legen (»Waldgesellschaften und Waldstandorte« 1951 und 1954).
Im einzelnen sind dies:

Kiefern-Mischwald
Von sämtlichen Waldgesellschaften gehört der grundwasserferne Kiefern-Mischwald mit zu den leistungsschwächsten Wäldern. Wir unterscheiden eine nährstoffarme und eine nährstoffreiche Variante. Auf armem Sandboden entwickelt die Waldkiefer statt ihrer sonst üblichen

Pfahlwurzel mehrere flachstreichende, kräftige, feinwurzelarme Seitenwurzeln mit einzelnen Abläufern. Noch stärker ausgeprägt ist die flache, dafür aber intensive Bewurzelung bei der Sandbirke. Dies dürfte nicht nur durch den größeren Nährstoffvorrat im Oberboden, sondern auch durch das große Bedürfnis der Birke an Niederschlägen zu erklären sein. Um die im Berliner Raum fallenden knapp 600 mm Jahresniederschläge optimal nutzen zu können, versucht sie durch Ausbildung eines großen Wurzeltellers das Wasser für sich zu nutzen, bevor es verdunstet. Ähnlich flach, allerdings unter Ausbildung von Abläufern, wurzelt die Robinie.
Die nährstoffreiche Variante mit lehmhaltigen Sandbändern im Untergrund zeichnet sich durch eine relativ üppige Vegetation, vor allem durch eine größere Artenzahl von Bäumen und Sträuchern aus. Bei der Waldkiefer fällt auf, daß sie hier außer starken Seitenwurzeln auch eine deutliche Pfahlwurzel ausbildet, die sich später in den lehmhaltigen Schichten in zahlreiche fächerförmig angeordnete Dünnwurzeln auflöst. Die Auflösung von Hauptwurzeln, die der besseren Ausnutzung des Nährstoffkapitals in den verlehmten Sandbändern dienen dürfte, ist auch an den Abläufern zu beobachten. Daß die Sandbirke trotz der im Untergrund vorhandenen nährstoffreichen lehmigen Sandbänder im A-Horizont wurzelt, läßt sich nur auf das hier vorhandene günstige Angebot an Niederschlagswasser erklären. Die Gefahr einer derartig extremen Flachwurzelausbildung besteht allerdings darin, daß während einer anhaltenden Dürre der Oberboden derartig austrocknet, daß die hierin verlaufenden Wurzeln irreversibel geschädigt werden und die Birke eingeht. So sind während der Sommerdürre 1976 in den Berliner Wäldern und Parkanlagen zahlreiche 25–30 Jahre alte Sandbirken vertrocknet.
Im Gegensatz zur feinwurzelarmen Waldkiefer bildet die Stieleiche ein dichtes, von Feinwurzeln reich durchsetztes Wurzelwerk aus mit starken, schräg abwärts verlaufenden Seitenwurzeln. Die Neigung zur Pfahlwurzelbildung ist gering.

Traubeneichen-Wald
Hierbei handelt es sich um eine grundwasserferne, schwach podsolierte, lockere Braunerde von lehmigem Sand bis sandigem Lehm. Waldkiefer und Eiche bilden hier fast regelmäßig eine deutliche Pfahlwurzel aus, während Birke und Fichte ein flaches Wurzelsystem mit abwärts verlaufenden Absenkern entwickeln. Winterlinde und Hainbuche besitzen ein Wurzelwerk, das zwar recht dicht ist, dafür aber über den Kronentrauf nicht hinausreicht. Die Europäische Lärche bildet eine Herzwurzel aus, und die Robusta-Pappel schickt von ihren starken, im A-Horizont verlaufenden Seitenwurzeln Absenker in die Tiefe, die meistens an verlehmten Bändern rechtwinklig abknicken und auf dem lehmhaltigen

Sand horizontal weiterwachsen, ohne daß es dabei zu einer deutlichen Ausbildung von »Wurzelfächern« wie bei der Waldkiefer kommt. In diesem Zusammenhang muß vor allem die Berliner Pappel erwähnt werden, die aufgrund ihrer sehr weitreichenden, flachen Bewurzelung auf grundwasserfernen Standorten für die Befestigung des Oberbodens besonders geeignet sein dürfte.
Wenn ich eingangs auf die Bedeutung der natürlichen Waldgesellschaften für eine standortbezogene Baumartenwahl hingewiesen habe, dann möchte ich jetzt die Empfehlung aussprechen, auch für die Gehölze außerhalb des Waldes nur anerkanntes Saat- und Pflanzgut zu verwenden, so wie es die Neufassung des »Gesetzes über forstliches Saat- und Pflanzgut« vom 26. Juli 1979 für den Wald vorsieht. Da die Baumarten innerhalb ihres natürlichen Verbreitungsgebietes bekanntlich genetisch sehr unterschiedlich veranlagt sind, kann nach derzeitigen Erkenntnissen ein optimales Wachstum nur von solchen Jungpflanzen erwartet werden, die von gesunden, wüchsigen Mutterbäumen aus der Nachbarschaft oder aus Gebieten mit ähnlichen ökologischen Voraussetzungen stammen. So ist z. B. für einen Anbau im Mittelgebirge die autochthone Höhenkiefer mit ihrem fichtenartigen Habitus statt der breitkronigen und daher besonders schneebruchgefährdeten Tieflandskiefer zu verwenden. Sandbirken aus fremdrassigem Saatgut sollen empfindliche Wuchseinbußen erlitten haben. In diesem Zusammenhang sei darauf hingewiesen, daß als Starkheister gepflanzte Birken ihr zuvor künstlich reduziertes Wurzelwerk nur äußerst langsam regenerieren und dadurch leicht dem Sturm und der Dürre zum Opfer fallen. Es empfiehlt sich daher, örtlich vorhandene gutwüchsige Birken im Spätherbst zu beernten und daraus entweder Jungpflanzen selbst nachzuziehen oder den Samen im Spätwinter auf den tauenden Schnee zu streuen. Diese als »Schneesaat« bezeichnete Methode zählt mit zu den ältesten der künstlichen Birkenverjüngung und hat sich recht gut bewährt.

Stieleichen-Hainbuchen-Wald

Der Boden ist ein grundwassernaher bis -beeinflußter, sandiger, mit Eisen-Rostbändern durchzogener, schwach podsolierter Glei mit jahreszeitlich wechselnder Grundwasserhöhe. Im Gegensatz zu den trockenen Standorten ist hier bei einem Grundwasserstand von 1–3 m die Tendenz einer Tiefenwurzelung deutlich ausgeprägt. Bei ständig hohem bis sehr hohem Grundwasserstand wird nur der wasserfreie Oberboden durchwurzelt, worunter die Standfestigkeit der Bäume leidet. Hier kommen Weiden und Roterlen vor. Die Roterle, auf deren ökologische Vorzüge man erst in jüngster Zeit aufmerksam geworden ist, besitzt eine große Wurzelenergie und ist daher in der Lage, selbst in nasse, verdichtete Böden einzudringen und sie physikalisch zu verbessern.

Stieleiche, Esche, Rüster, Winterlinde, Bergahorn und Vogelkirsche besiedeln die etwas höher gelegenen Flächen und reichen mit ihren Wurzeln bis an den normalerweise vorhandenen Grundwasserspiegel hinab. Um zu erfahren, ob bzw. unter welchen Voraussetzungen Bäume in der Lage sind, sich mit ihren Wurzeln auf eine Grundwasserabsenkung einzustellen, wurden im Volkspark Jungfernheide in Berlin-Charlottenburg eine etwa 120 Jahre alte Traubeneiche, Rotbuche und Waldkiefer untersucht, die während der ersten 40 Lebensjahre auf grundwassernahem, die weiteren 80 Jahre auf grundwasserfernem Standort gewachsen sind. Diese Bäume haben während ihres ersten Lebensabschnittes ein ausgesprochen flachstreichendes Wurzelsystem entwickelt. Nach der schnell verlaufenden Grundwasserabsenkung Ende des 19. Jh. infolge des Baus des Hohenzollernkanals und der Errichtung des Wasserwerkes Jungfernheide sind die Traubeneiche und die Waldkiefer dem abgesenkten Grundwasser durch Neubildung von Abläufern »nachgewachsen«, wobei sich bei der Kiefer später ein Abläufer zu einer »sekundären« Pfahlwurzel entwickelt hat. Im Gegensatz hierzu beschränkte sich die Rotbuche auch nach der Grundwasserabsenkung auf die Durchwurzelung des A-Horizontes. Die fehlende Wurzelplastizität der Rotbuche hat dazu geführt, daß sie – ähnlich wie die Sandbirke – infolge der restlosen, anhaltenden Austrocknung des Oberbodens im Sommer 1976 abgestorben ist, während die im tiefen, feuchten Boden wurzelnde Traubeneiche und Waldkiefer durch die Dürre keinerlei Schaden erlitten.

Neben diesem grundwasserbedingten Bodenextrem gibt es ein anderes: die gleiartigen Böden. Diese sehr dichtgelagerten, sauerstoffarmen, unter Staunässe leidenden Böden sind für den Forstmann Problemstandorte, weil die Baumwurzeln nur sehr schwer oder gar nicht in die Tiefe dringen. Auf einem derartigen Standort mit einem Grundwasserstand von 2–3 m unter Flur im Forstamt Berlin-Spandau habe ich folgende Beobachtungen anstellen können: Stieleiche und Sandbirke drangen mit einer knickig gewachsenen Pfahlwurzel in den festen, feinsandigen Boden so weit ein, daß sie den Grundwasserspiegel bzw. die Kapillarzone erreichten. Die Japanische Lärche entwickelte ein weitläufiges Flachwurzelsystem und drang mit kräftigen Abläufern weiter nach unten vor. Die Esche hatte einen aus vielen starken und wenig feinen Wurzeln bestehenden großen Wurzelteller ohne Abläufer für die Tiefendurchwurzelung gebildet. Starker Flechtenbelag auf der Rinde und geringe Kronenausweitung waren äußere Zeichen einer derartigen risikobehafteten oberbodenorientierten Wurzelausbildung. Ähnlich war das Wurzelbild der Fichte, obwohl hier wenigstens noch einzelne bis 50 cm lange, dünne, in die Tiefe reichende Abläufer vorhanden waren. Die zahlreichen feinen bis mittelstarken Wurzeln der Douglasie waren im wesentlichen auf einen Erdblock von 40×40×60 cm begrenzt. Diese äußerst inten-

sive Wurzelausbildung auf kleinstem Raum dürfte der Grund dafür sein, daß der Stamm der 30jährigen Douglasie nach Höhe und Durchmesser der gleichaltrigen Japanlärche mit ihrem sehr umfangreichen Wurzelwerk durchaus vergleichbar war.
Meine Damen, meine Herren! Ich bin am Ende meines Vortrages und möchte noch einmal kurz zusammenfassen:

- Voraussetzung für die Bepflanzung einer Fläche oder einer Böschung ist die Kenntnis von Bodentyp und Bodenart sowie von der jeweils vorhandenen natürlichen Waldgesellschaft. Wertvolle Hinweise auf die zu treffende Pflanzenauswahl können auch die in der Nähe vorhandenen gutwüchsigen Bäume und Sträucher geben. Anderenfalls müssen Bäume auf Vergleichsstandorten als Entscheidungshilfe herangezogen werden.
- Bei der Begrünung sollten Monokulturen – schon gar nicht solche aus flachwurzelnden Baumarten – nach Möglichkeit vermieden werden. Statt dessen sind Laub- und Nadelhölzer miteinander zu mischen, die aufgrund ihrer Tiefen-, Herz- und Seitenwurzeln den Wuchsraum optimal ausnutzen, Böschungen stabilisieren und aus den Blättern und Nadeln einen milden, nährstoffreichen Humus bilden.
- Die Verwendung anerkannten Saatgutes sowie die Auswahl entsprechender Klimarassen ist für das Gelingen einer Neuanpflanzung von größter Bedeutung. Die Saatguternte von gesunden, gutgewachsenen, standortbezogenen Bäumen wäre der erste Schritt in diese Richtung. Für den biol. Ing.-Bau sollten Bäume und Sträucher nicht nur nach ihrer bodenstabilisierenden Funktion, sondern auch nach ihrer Bedeutung für die Waldästhetik, den Singvogel- und den Niederwildschutz ausgewählt werden.

Oberforstrat Professor
Dr. Friedrich Riecke
Clayallee 226
1000 Berlin 33 (Dahlem)

Wolf Begemann

Zur Ausführung von ingenieurbiologischen Bauweisen an Böschungen – Erfahrungen, Überraschungen und Erkenntnisse

Applying Biological Engineering in Embankment Construction – Experience, Surprises, New Findings

Zusammenfassung:
Erfahrungen bei der Ausführung ingenieurbiologischer Bauweisen an Böschungen lehren, daß neben der Kenntnis der physikalischen, biochemischen und biologischen Eigenschaften bestimmter Pflanzen auch eine umfassende Kenntnis des Bodens und des Bodenwassers Voraussetzung zum Gelingen ist.
Deckbauweisen zum Schutz gegen Flächenerosionen sind abhängig von der Wurzelzugfestigkeit der standortgemäßen geeigneten Pflanzen. Stabilbauweisen mit in den Boden eingelegten Buschlagen führen zu homogenen Schwergewichtsbauwerken, die steilere Böschungen zulassen und Hangrutschungen sanieren können.
Neuere Erkenntnisse zeigen, daß Rechenansätze zur Abschätzung des Zusammenspiels von Pflanzen, Boden und Wasser möglich sind.

Summary:
Experience in applying biological engineering in embankment construction has shown that, in addition to knowledge about the physical, biochemical and biological properties of plants, detailed knowledge of the soil and ground water is a prerequisite for success.
Construction methods with closed plant covers as protection against suface erosion depend on the tensile strength of the roots of plants suitable for the given location. »Heavy duty« construction methods with layers of bushes put into the ground result in homogeneous heavy-weight structures which permit steep slopes and are suitable for preparing slide sections.
Recent findings indicate that calculations to estimate the interplay of plants, soil, and water are possible.

Mit den Überraschungen möchte ich beginnen. Denn die Überraschungen haben in meinem Leben zu Erkenntnissen geführt, deren praktische Anwendung – wenn auch manchesmal mühsam mit unsicheren Mitteln – mir Erfahrungen gebracht haben, deren Absicherung durch Forschung und Wissenschaft ich mir zutiefst wünsche.
Als ich im Juni d. J. den Rüfenbaumeister Hubert WENZEL im Fürstentum Liechtenstein besuchte, wollte er mir als erstes eine Sperrentreppe im Steilgraben des Tisner-Tobel an der Grenze nach Vorarlberg hinüber zeigen. Hier hatte sich aber vom Maurer Hinterberg in einer Höhenlage von ca. 1100 m eine Rüfe in Bewegung gesetzt und die ganze Sperrentreppe einfach umgepflügt. Dabei sind die Dimensionierungen der eingebauten Hölzer mit max. 80 cm Stockdurchmesser für unsere Verhältnisse schon atemberaubend. Das große Problem dieser Hänge sind die Flyschböden auf Tonschiefer, Kalkmergel und stark verformten mergeligen Kalken. Ohne ganz harte Querwerke aus Beton, die auf dem anstehenden Gestein gegründet sind mit Überfallkanten aus Granit, sind die Muren, wie man sie im bayrischen Alpenraum nennt und die von der Konsistenz her als Wassergeschiebebrei bezeichnet werden müssen, nicht zum Stehen zu bringen. Die entscheidende Aufgabe ist aber, die Erosionsherde, d. h. in diesem Fall die seitlichen Böschungen der Gräben, zu konsolidieren. WENZEL hat das an den Alpila-Gräben über Vaduz (Abb. 1) mit Grünerlenheckenlagen im Mai des Jahres 1977 ausgeführt und bereits im Juli desselben Jahres war der Erfolg sichtbar.

Abb. 1
Alpila-Gräben über Vaduz in Liechtenstein, Grünerlenheckenlagen 1977

Fig. 1
Alpila trenchs in Vaduz/Liechtenstein, alder layer 1977

Foto: Wenzel

Im Jahre 1972 hatte ich mir bei ihm u. a. die gerade fertiggestellte Verbauung im Mulden-Ries angesehen, eine Rüfe von etwa 50° Steilheit, in der die geringste Ungeschicklichkeit beim Begehen bereits einen Steinhagel auslöste. Das Prinzip war einfach: In größeren Abständen hatte er schwellenartige Bänder aus Schotterkörben eingezogen, hangwärts noch durch Blockhölzer gesichert; in die Zwischenräume waren Erlenheckenlagen eingebaut (Abb. 2). Als wir diese Stelle im Juni d. J. aufsuchten, war aus dem Ganzen eine »grüne Hölle« geworden, und nur an einer einzigen Stelle war noch ein Teil der Drahtschotterbarre sichtbar. Aber all diese Bauwerke sind Initialbauwerke, und ehe nicht eine zusammenhängende Dauerwaldgesellschaft mit ihrem Wurzelwerk die Flächensicherung übernimmt, kommen die Gräben nicht zur Ruhe.

Abb. 2
Mulden-Ries in Liechtenstein, Drahtschotterkörbe und Grünerlenheckenlagen 1972

Fig. 2
Wire baskets holding slag and alder layer 1972 in Liechtenstein

Buschlagen sind eine vielfältig brauchbare und sehr standsichere Bauweise. Im Jahre 1963 entstand in einer Böschung im eigenen Betriebe, d. h. der Sachtleben Bergbau GmbH im Südsauerland, das gekennzeichnet ist durch die verwitterungsfreudigen Tonschiefer des unteren und mittleren Devons, ein Muschelanbruch an einer stark benutzen Werksstraße. Dieser Anbruch wurde mit Weidenbuschlagen saniert und hält bis auf den heutigen Tag. Mit einem Winkelblech habe ich die Böschungsneigung gemessen, sie beträgt 36°. Der Hang weist nach Westen, die Meereshöhe ist 350 m, die durchschnittlichen Jahresniederschläge betragen 1000 mm. Dieses Buschlagenbauwerk habe ich viele Jahre hindurch Besuchern immer wieder als Musterbeispiel vorgeführt. Bis dann eines Tages ein junger Student namens Johannsen kam und mich fragte, ob er wohl einmal nachgraben dürfe. In der festen Überzeugung vom Vorhandensein der an dieser Stelle immer wieder von mir beschriebenen homogenen Durchwurzelung des Bodens entsprach ich seinem Wunsche. Einige Tage später legte er mir Fotoaufnahmen vom Ergebnis seiner Untersuchungen auf den Tisch. Dabei stellte sich heraus, daß von einer homogenen Durchwurzelung auf der ganzen Länge der eingelegten Ruten überhaupt keine Rede sein konnte, sondern 20 cm von dem ersten oberirdischen Rutenaustrieb hatte sich eine einzige, aber fingerstarke Wurzel gebildet, die senkrecht nach unten führte. Da brachen für mich Welten zusammen. Seitdem ist mir endgültig klar, daß das Wissen um die ganze Palette der standörtlichen Voraussetzungen mit ihren jeweiligen pflanzenphysiologischen und bauphysikalischen Bedeutungen die Grundlage für den Erfolg ingenieurbiologischer Bauweisen ist. Der vordergründige Erfolg hatte mich vergessen lassen, mich zu vergewissern, ob meine Behauptungen auch stimmten. Das habe ich erst nachher getan und dabei eine interessante Beobachtung gemacht. Mit einer Handschappe gezogene Bodenproben zeigten, daß das Bodengefüge innerhalb des Buschlagenbauwerkes ein anderes war, nämlich ein krümeligeres als im Nachbarbereich, wo der flächig-fettige Glanz des Verwitterungslehmes Einzelkorngefüge erahnen ließ. Hier fiel mir KIRWALD ein, der so oft darauf hingewiesen hat, daß die Pflanze allein durch ihr Dasein schon den Standort verändern könne. KICKUTH schrieb 1970 »eigenartigerweise hat die Tatsache, daß ein Standort nicht nur eine Pflanze beeinflußt, sondern ebenso zwangsläufig die Pflanze auch auf ihren Standort einwirkt, bislang relativ wenig Beachtung gefunden«. Frau Dr. CZELL schrieb mir auf meine Anfrage »die Strukturunterschiede ... entstehen durch makro- und mikrobiologische Verbauung der Bodenmineralteilchen unter Veränderung der Makro- und Mikroflora und Fauna des Bodens ... Die Strukturveränderungen können mittels der Dünnschliffmethode mikroskopisch genau nachgewiesen werden.«

An der Universität München fand sich eine Dissertation aus dem Jahre 1965 von einem Ägypter namens NASSIF (1965), aus der hervorgeht, daß beim Hinzufügen von Proteinen zu verschiedenen Tonarten der Winkel der inneren Reibung zunimmt. Dasselbe Ergebnis stellte sich bei der Untersuchung der Kohäsion ein.
Die Beobachtungen und die ohne Zusammenhang wiedergegebenen Zitate deuten darauf hin, daß durch biochemische Einwirkungen von Pflanzen auf den Boden nachgewiesene Änderungen des Bodengefüges erfolgen, die nicht ohne bodenmechanischen Einfluß sein können.
Wenn man von Buschlagen, Heckenbuschlagen und Heckenlagen spricht, muß man zunächst auf einen Unterschied aufmerksam machen, der nach meiner Meinung nicht ausreichend beachtet wird. In der Literatur werden immer zwei Ausführungsarten beschrieben: einmal diejenige, bei der Gräben in einen bestehenden Hang gemacht, in diese das Pflanzenmaterial eingelegt und mit dem Aushub aus dem nächst höheren Graben wieder verfüllt werden. In der Praxis habe ich diese Bauweise nie gesehen. Die von mir ausgeführten und die mir darüber hinaus bekannt gewordenen Buschlagenwerke hatten die Aufgabe, entweder einen entstandenen Schaden zu sanieren, oder die Böschung einer Dammschüttung zu stabilisieren, was der zweiten Ausführungsart entspricht. SCHAARSCHMIDT (1974) hat den wichtigen Nachweis geliefert, daß durch den Einbau von Buschlagen Böschungen steiler gestellt werden können. In einem Kippkasten sicherte er ein Böschungsmodell durch simulierte Buschlagen und kippte dann den Kasten um einen am Fußpunkt der Böschung gedachten Punkt nach vorne. So ermittelte er den Böschungswinkel, bei dem es unter den jeweiligen Stabilisierungsmaßnahmen zum Bruch kam. Dabei legte er die Buschlagen einmal horizontal, einmal lotrecht, einmal senkrecht zur Böschung und einmal senkrecht zum Winkel der inneren Reibung ein. Bei diesen Versuchen zeigte sich, daß die senkrecht zum Winkel der inneren Reibung eingelegten Lagen den höchsten Bruchwert aufwiesen. Er fand aber noch etwas anderes heraus, nämlich daß es eine Beziehung zwischen der Einlagetiefe, dem Einlageabstand und dem Einlegewinkel gibt, die als Rechenansatz benutzt zu der Möglichkeit führt, einen steileren Böschungswinkel, als ihn die bodenmechanischen Kennwerte erlauben, zu konstruieren.
An dieser Stelle ist es Zeit daran zu denken, daß SCHIECHTL mehrfach darauf hingewiesen hat, daß es keineswegs nötig ist, einen Böschungsschaden gleich mit einem Buschlagenbauwerk zu beheben. Es gibt durchaus Böschungen – ich habe an einer solchen einen Böschungswinkel von 60° gemessen –, die vermöge ihres Kornaufbaues standsicher sind und die lediglich gegen Oberflächenerosion gesichert werden müssen.

Hier nun einige Beispiele: In Oberdiessbach im Schweizer Kanton Bern gibt es eine Flurbezeichnung »Schlupf«, die wohl für sich spricht. An diesem nach Südosten geneigten Hang mit ca. 50–55° Neigung entstand in dem Verwitterungsboden der Molasse nach einem Sommergewitter 1976 ein Anbruch von erheblichem Ausmaß. Dieser Anbruch wurde im Winter 1978/79 von Frau ZEH durch ein Heckenbuschlagenbauwerk saniert. Die Konstruktionspflanzen waren in diesem Fall Salix purpurea, lambertiana, viminalis, alba, cinerea, daphnoides und elaeagnos, die Konsolidierungspflanzen Eschen, Erlen, Ahorn und Vogelbeere. Im frühen Frühjahr 1981 war – selbst im Winteraspekt – das Bauwerk voll in die Landschaft integriert.
Die Tätigkeit im Metallerzbergbau fördert die Phantasie. So meine Erfahrung bei der Sachtleben Bergbau GmbH in Lennestadt. An einem aus schwermetallverseuchtem Abraummaterial aufgebauten Damm mit einer Böschungsneigung von 46° war eine Rutschung erfolgt. Der einzige Vorteil des Standortes war seine Nordlage. Der entstandene Anbruch wurde wieder mit kulturfähigem Boden aufgefüllt, die Schichtdicke war aber nirgendwo stärker als 30 cm, für ein Buschlagenbauwerk also viel zu schwach. Ein Einbringen der Buschlagen in den Untergrund hätte deren sofortiges Absterben zur Folge gehabt. Der aufgebrachte Boden konnte sich aber ohne irgendein Gerüst an der steilen Böschung nicht halten, deshalb wurden hier mit Abstand von einem Meter Buschlagen aus Fichtenreisig eingebaut, und das Ganze mit Salix caprea überpflanzt. Das Bauwerk stammt aus dem Jahre 1968, irgendwelche weiteren Schäden sind bis heute nicht eingetreten. Genauso wie auch noch kein Pflegeeingriff unternommen worden ist.
Die Verbindung zwischen der Freien Universität und der City in Berlin ist der Dahlemer Weg. Wegen eines Brückenbauwerkes über einen mehrgleisigen Bahnkörper mußte ein Damm angeschüttet werden. Viele Jahre blieb dieser Damm nur einspurig. Im Jahre 1976 sollte dann der Damm durch Aufschüttung verbreitert werden. Dabei ergaben sich Schwierigkeiten mit den Anliegern. Um diese auszuräumen, mußte ein Böschungswinkel von etwa 45° eingehalten werden. Ich hatte zu jener Zeit Gelegenheit, den Leiter des Tiefbauamtes des Bezirkes Zehlendorf in Berlin beraten zu können und wies ihn auf Buschlagenbauwerke im Hochgebirge hin. Er ließ es sich daraufhin nicht nehmen, selbst mit einigen seiner Herren nach Innsbruck zu fahren und sich dort von Professor SCHIECHTL Beispiele zeigen zu lassen. Daraufhin wurde im August 1977 ein Heckenbuschlagenbauwerk errichtet, daß aus unheilschwangerem Mißtrauen dann noch mit Bongossiwänden gesichert wurde, deren Funktion mir niemand erklären konnte (Abb. 3a und b).
Aber bereits 4 Monate später hatte die Buschlage voll durchgetrieben, und zwar mit einem derartigen Triebvolumen, daß die konsolidierenden Holzarten bis heute schon zweimal freigeschnitten werden mußten. Bei

Abb. 3a und b
Dahlemer Weg in Berlin, Heckenbuschlagen 1977

Fig. 3
Dahlem Road in Berlin, hedge layers 1977

Fotos: Begemann

Abb. 4
Brennerautobahn, Heckenbuschlagen 1961

Fig. 4
Motorway Brenner, hedge layers 1961

Foto: Schiechtl

dieser Böschungsstabilisierung ist wieder auf das Korngefüge hinzuweisen. Das Dammschüttmaterial bestand aus »Märkischem Sand«, der einen Winkel der inneren Reibung von etwa 28–30° besitzt. Die Böschung steht aber auch heute noch mit 45°.
Ganz anders sind die Bodenverhältnisse bei dem nun schon klassisch zu nennenden, ca. 50 ha großen Buschlagenbauwerk an der Brenner-Autobahn in 1000 m Seehöhe, das Professor SCHIECHTL (1975) in den Jahren 1961–1964 mit Arbeitskolonnen der Autobahnmeisterei ausführte. Das Schüttmaterial ist Terrassenschotter, der für die z. T. 6 m langen Buschlagen ausreichende Durchlüftung und einen ausreichenden Feinkornanteil mitbrachte (Abb. 4). Als Konstruktionspflanzen wurden hier Salix-Arten verwandt und als Konsolidierungspflanzen 10 andere Gehölze, die nicht näher benannt zu werden brauchen, weil inzwischen Arten aus den anliegenden Gesellschaften eingeflogen sind. Darunter auch in beträchtlichem Anteil die Kiefer. Nur im Winter kann man noch die Struktur des Bauwerkes erkennen. Es ist noch darauf hinzuweisen, daß die Flächen zwischen den Buschlagen zur Vermeidung von Oberflächenerosion mit speziellen Samenmischungen in dem bekannten Mulchsaatverfahren »geschiechtelt« wurden (Abb. 5).

Abb. 5
Brennerautobahn mit Heckenbuschlagen konsolidiert 1975

Fig. 5
Motorway Brenner with consolidated hedge layers 1975

Foto: Schiechtl

In diesem Zusammenhang ist auch die bereits als »klassisches Bauwerk« zu bezeichnende und untrennbar mit dem Namen BITTMANN verbundene Würzlay-Kippe zu nennen, die in allen Einzelheiten von DUTHWEILER (1967) beschrieben wurde.
Häufig wird das Problem der Sukzession beim reinen Buschlagenbau diskutiert. Eben weil es darüber keine Klarheit gab, wurden ja die teuren Heckenlagen gebaut und fand SCHIECHTL den Kompromiß mit der Heckenbuschlage. Es gibt aber auch eine ganz natürliche Sukzession. Im Jahre 1954 baute SCHIECHTL am Zierler Berg in 1000 m Meereshöhe ein Buschlagenbauwerk zur Stabilisierung einer Anschnittsböschung im Dolomitschutt mit dem beachtlichen Böschungswinkel von über 50°. Wegen der problematischen Wasserführung wurden hier die Buschlagen, die aus Salix purpurea, Eleagnos und Nigricans bestehen, im Winkel von 45° zur Horizontalen geführt (Abb. 6). Im Jahre 1980 war aus der Weidenbuschlage ohne menschliches Zutun ein Kiefernstangenholz geworden. Das heißt, daß die autochthone Föhrengesellschaft in der Initialstufe ein Saatbett gefunden hat, in dem sie sich entwickeln und die technische Aufgabe der Hangstabilisierung übernehmen konnte (Abb. 7).
Dieses Beispiel zeigt, daß ingenieurbiologische Bauweisen Initialstufen sind, denen eine dem Standort entsprechende natürliche Sukzession folgt.

Die Fragen der Bodendurchwurzelung sind z. T. noch offen. Wir wissen durch die Arbeiten von STINY (1947), SCHIECHTL (1973) und HILLER (1976) etwas über die Zugfestigkeit von Pflanzenwurzeln. Wir wissen weiter durch die Arbeiten von Frau HILLER, daß lange nicht alle Weidensorten – soweit sie überhaupt vegetativ zu vermehren sind – aus den gesamten übererdeten Adventivknospen Wurzeln austreiben. Einige bilden sogar nur an den Schnittstellen der Steck- oder Leghölzer Wundwurzeln aus.
Um überhaupt einmal eine Vorstellung über die Produktion unterirdischer Triebmasse bei Weiden – in diesem Fall Steckhölzer von Salix alba – vermitteln zu können, habe ich einen großen Glaszylinder mit Sand gefüllt und in diesen 5 Steckhölzer eingelegt. Außen hatte ich den Zylinder mit schwarzer Pappe umhüllt und ihn dann in nahezu waagerechter Lage 6 Monate lang liegen lassen. Anläßlich der internationalen Bergbauausstellung 1977 in Düsseldorf konnte ich dann damit einem allerdings nicht sachkundigen Publikum die Fähigkeit der Wurzelbildung aus Steckhölzern demonstrieren (Abb. 8).
HÄHNE untersuchte im Frühjahr 1981 die Bewurzelung der in unserer Praxis am meisten gebrauchten Sorten wie Salix viminalis, Salix purpurea, Salix caspica und Salix americana aus einem einjährigen Versuchsbeet. Bei allen 4 Sorten waren die Legruten auf ganzer Länge bewur-

Abb. 6
Diagonales Buschlagenbauwerk am Zirler Berg in Tirol 1954

Fig. 6
Diagonal bush layer construction at the Zirlerberg in Tirol 1954

Foto: Schiechtl

Abb. 7
Als Sukzession Kiefernstangenholz am Zirler Berg in Tirol 1980

Fig. 7
Succession: Pine poles at the Zirlerberg in Tirol, 1980

Foto: Begemann

Abb. 8
Wurzelbildung von Salix alba nach 6 Monaten 1977

Fig. 8
Root development of Salix alba 6 months later, 1977

Abb. 9
Hangrost mit Heckenbuschlagen in Signau 1981

Fig. 9
Slope grid rack with hedge layers in Signau, 1981

Fotos: Begemann

zelt, wobei jedoch die Salix americana mit deutlichem Abstand die beste Durchwurzelungs-Leistung zeigte. Das durchwurzelte Bodenvolumen unter der mit 10 Legruten von 65 cm Länge bewehrten Fläche, auf der die Ruten mit 7 cm Abstand verlegt waren, wurde auf 0,9 m^3 beziffert. Die Voraussetzungen für solche Ergebnisse sind die vegetationstechnischen Eigenschaften des Bodens, der gut durchlüftet sein muß, etwa 50% Feinkornanteil aufweist, über ausreichende Wasser- und Nährstoffversorgung verfügt und einen annähernd neutralen pH-Wert anzeigt. Soll der Boden als Träger ingenieurbiologischer Bauweisen dienen, so müssen Abweichungen von diesen Anforderungen ausgeglichen werden. Wird ein solcher Boden als Verfüllmaterial für kombinierte Bauweisen verwandt, muß er sich außerdem nach den Regeln der Technik verdichten lassen.
Der Einsatz von Stabilbauweisen – SCHIECHTL prägte diesen Sammelbegriff für die bisher beschriebenen Beispiele – richtet sich in erster Linie nach der Divergenz zwischen dem aus technischen Gründen geforderten Böschungswinkel und dem Winkel der inneren Reibung. Zum anderen richtet er sich nach den Ursachen der Labilität der jeweiligen Böschung und drittens nach den antreibenden Kräften.
Zu den Ursachen gehören u. a. Gleitflächen auf parallel zur Böschung einfallenden Gesteinsschichten oder mangelndes Stützkorn im Locker-

gestein, Porenwasserüberdruck u. v. a. m. Zu den antreibenden Kräften gehören u. a. zusitzendes Fremdwasser, zu großes Wasseraufnahmevermögen, der Erddruck, die Auflast – möglicherweise sogar aus falsch ausgewählter Vegetation –, sowie Kräfte boden- oder felsmechanischen Ursprungs. Und hier liegen auch die Grenzen. Wenn es sich um einen Böschungsschaden felsmechanischen oder z. T. auch bodenmechanischen Ursprungs handelt, um Geländebrüche oder Grundbrüche, so ist mit ingenieurbiologischen Bauweisen nichts mehr auszurichten. Von meinem heutigen Thema her sind das Randgebiete, die es nur zu erwähnen gilt, um klar die gegebenen Möglichkeiten abzustecken. Um so intensiver kann man sich dann dem Kern der Sache zuwenden.
Ich möchte mich weiter der SCHIECHTLschen Systematik bedienen und von den Stabilbauweisen auf die kombinierten Bauweisen übergehen.
Für die Sanierung hoher, steiler Anbrüche eignet sich der lebende Hangrost. SCHIECHTL errichtete mehrere solcher Hangroste im Jahre 1956 an der Zirler Bergstraße bei Innsbruck in 960 und 980 m Seehöhe. Die einzelnen Hangroste haben eine Neigung von 50–65°. Die Werkshöhen betragen 3–5 m. Nach 10 Jahren erreichten die in Hauptdolomitschutt eingebauten Weidenäste eine Wuchshöhe von 3,4 und 4 m. Sie hatten die Aufgabe, den Übergang vom Fels zur Schotterauflage über einer Steilwand zu sichern.
Alle drei Roste blieben seit der Errichtung ohne Pflege. Das Holz der Roste ist inzwischen vermorscht, doch die Weiden übernahmen völlig dessen Funktion. Inzwischen sind auch hier Föhren eingeflogen und die Sukzession ist in vollem Gange.
1966 entstand an der Moränenschutt-Böschung des Kapellenberges an der Europabrücke der Brenner-Autobahn eine Rutschung. Diese Rutschung verbaute SCHIECHTL mit einem Hangrost von 20 m Höhe und 40 m Breite, bei einer Böschungsneigung von 40°. Die Kreuzungspunkte des Gerüstbaues stützte er durch senkrecht zur Böschung angeordnete Rundhölzer ab. Dann wurde der Rost verfüllt mit Robinie und Sanddorn bepflanzt. Als Schutz gegen die Oberflächenerosion erhielt die Böschung noch eine Ansaat mit einer speziellen Mischung aus trockenresistenten und tiefwurzelnden Gräsern und Kräutern.
1976 baute WOODTLI in der Gemeinde Signau im schweizerischen Kanton Bern einen Hangrost zum Abstützen eines Anschnittes im Molassefels (Abb. 9). Die einzelnen Gefache des etwa 50° steilen Nordhang-Bauwerkes wurden mit Heckenbuschlagen aus Weiden und autochthonen Laubhölzern versehen. Bei meinem Besuch im Frühjahr 1981 wurden die Weiden gerade auf-den-Stock-gesetzt, so daß das Gerüst deutlich zu sehen war, aber auch der Austrieb der Weiden.
WOODTLI hatte sich hier eng an das Muster von SCHIECHTL gehalten. Wenige Wochen später waren die heruntergeschnittenen Weiden

wieder ausgeschlagen, die freigestellten Laubhölzer deutlich sichtbar.
Im stark verworfenen, verwitterungsfreudigen Tonschiefer des mittleren Devons mußte eine sehr steil anstehende Wand hinter dem Kompressorengebäude am Zentralschacht der Firma Sachtleben Bergbau GmbH in Lennestadt in 400 m Seehöhe saniert werden. Wegen der Steilheit – der Böschungswinkel beträgt hier fast 70° – wurde der Hangrost nicht angelehnt, sondern mit Felsankern in gesunden Sandsteinbänken des Untergrundes verankert. Die horizontalen Versteifungen des Gerüstes bestanden nicht wie bei SCHIECHTL aus Holz sondern aus Monierstählen, auf die dann Rasengittersteine aufgerödelt wurden (Abb. 10a und b). Das Ganze wurde mit Boden hinterfüllt und mit gestummelten Pflanzen bepflanzt. Die Pflanzung besteht 1:1 aus Roterle und Hainbuche. Die Lösung mit den Rasengittersteinen wurde wegen der Steilheit des Bauwerkes gewählt, es wäre bei dem SCHIECHTLschen Muster zu befürchten gewesen, daß eingebrachtes Erdreich erodieren würde.
Schon in der dem Baujahr 1974 folgenden Vegetationsperiode war das Baugerüst völlig verdeckt.
Diese Art des verankerten Hangrostes wurde weiterentwickelt, weil im Jahre 1980 gleich an zwei Baustellen angeschnittene Tonschieferwände gegen Verwitterung geschützt werden mußten. Dies geschah in Lüdenscheid, im Lande Nordrhein-Westfalen, an einem Südhang, in etwa 360 m Meereshöhe und in der obersten Terrasse einer Weinbergumlegung bei Leutesdorf am Rhein im Lande Rheinland-Pfalz in etwa 450 m Seehöhe ebenfalls an einem Südhang. Das Gerüst dieses Hangrostes besteht aus Stahlrohren von 70 mm Durchmesser, die mit einem Meter Zwischenraum angeordnet sind. Hinter diesen Stahlrohren befinden sich Baustahlmatten, beide sind zweifach feuerverzinkt. In regelmäßigen Abständen von ca. 1,5 m sind die Standrohre mit Felsankern bis zu 2 m tief im Felsen gesichert.
Das Interesse aller Baubehörden an dieser Form war und ist auch heute noch groß, jedoch kam zwangsläufig die Frage: Was passiert, wenn einmal die Stahlrohre und die Baustahlmatten abgerostet sind. Um darauf antworten zu können, wurden dann von HÄHNE (1982) Ausziehversuche gemacht. Um den Wurzelhals der Versuchspflanzen wurde eine Manschette gelegt und darum ein Hanfseil geschlungen, das über Dynamometer bzw. Spezialfederzugwaage mit einem Jeep verbunden war. Die Messungen wurden sowohl an Bewehrungspflanzen in Bauwerken als auch an frei angeflogenen Pflanzen auf natürlichen Böschungen durchgeführt. Die Gesamtergebnisse werden noch ausgewertet. Als Beispiel kann aber bereits das Ergebnis für eine 4jährige Roterle mit einem Stammdurchmesser von 5 cm genannt werden, bei der erst nach einem Kraftaufwand von 550 kg im Bereich des Wurzelhalses der Boden zu rieseln begann.

Abb. 10a und b
Hangrost mit Felsankern in Meggen/Westfalen, bepflanzt mit Hainbuche und Roterle 1974

Fig. 10a and b
Slope grid rack with rock anchors in Meggen/Westfalen, planted with hornbeam and common alder, 1974

Fotos: Begemann

Wenn es darum geht, mit einer kombinierten Stabilbauweise Erddruck und Auflast aufzunehmen, also die technische Zielsetzung zu erfüllen, die bisher Mauern, insbesondere Schwergewichtsmauern vorbehalten war, dann muß ein konstruktives Baugerüst mit statischer Berechnung während der Initialphase diese Aufgaben erfüllen. Lebende Grünschwellen nennt SCHIECHTL solche Bauwerke, die nach seinen Angaben zum ersten Mal von HASSENTEUFFEL (1934) anläßlich der Verbauung des Lußbaches bei Leermoos in Tirol angewandt wurden. Die Verwendung solcher Holzbauten mit Steinfüllung ist unter der Bezeichnung »Krainerwand« oder »Steinkasten« in den Alpenländern eine sehr alte Bauweise. Wir haben diese Bauweise wieder aufgegriffen und mit Hilfe von Statikern und Bodenmechanikern inzwischen vielfältig erfolgreich ausgeführt. Das exponierteste Beispiel steht mitten im Ruhrgebiet in Essen-Kupferdreh in 190 m Seehöhe an einem Westhang an der Hauptstraße hinter einem Supermarkt (Abb. 11). Da für die Lieferfahrzeuge Platz geschaffen werden mußte, wurde die gewachsene Böschung abgeräumt und sollte durch eine Betonmauer ersetzt werden. Diese grobe Behandlung machte der Grauwacke-Verwitterungslehm nicht mit und brach zusammen. Wegen der Schnelligkeit der Ausführung entschied sich der Bauherr für die von der Firma Sachtleben angebotene vegetativ bewehrte Holzkrainerwand, die dann im Januar

Abb. 11
Hölzerne Krainerwand in Essen-Kupferdreh 1975

Fig. 11
Wooden Krainer wall in Essen Kupferdreh, 1975

Foto: Schiechtl

1975 ausgeführt wurde. 1979 waren bereits die eingebrachten autochthonen Laubhölzer Traubeneiche, Bergahorn, Roterle und Hainbuche sichtbar.
Das Funktionsprinzip einer derartigen vegetativ bewehrten Holzkrainerwand entspricht dem einer Schwergewichtsmauer. Die Konstruktionselemente sind die horizontal vor der Böschung angeordneten Blockhölzer und die 15–20° rückwärts fallend in den gewachsenen Boden eingetriebenen Zangen. Auf jeder Blockholzreihe wird dann eine Heckenbuschlage angeordnet, die in den gewachsenen Boden eingebunden werden muß. Das Verfüllmaterial wird nach bautechnischen Regeln verdichtet.
Die Berliner Landesforsten kämpfen seit einem Jahrhundert mit den nach Ausfall der Vegetation erodierenden Havelböschungen. Hier wurde ebenfalls durch die Firma Sachtleben am Südwesthang der Havel in der Nähe des Grunewaldturmes ein Stützbauwerk in Form einer vegetativ bewehrten Holzkrainerwand errichtet. Die diluvialen Sande waren sowohl von ihrer bodenmechanischen Kenngröße als auch von ihrer Nährstoffausstattung und Wasserversorgung her sehr problematisch. Trotzdem gelang dieses im Herbst 1979 begonnene Bauwerk an einem 45° steilen Westhang und nur 420 mm Jahresdurchschnittsniederschlägen zur vollen Zufriedenheit des Auftraggebers, dem dafür ein bodenmechanisches Standsicherheitsgutachten vorgelegt werden konnte (Abb. 12).
Im Alpenraum sieht man häufiger hölzerne Krainerwände, die jedoch, wie der Augenschein lehrt, den gestellten Aufgaben, nämlich Hangdruck aufzunehmen, nicht gewachsen sind. Das veranlaßte mich, mit meinen Freunden bei den Ingenieurwissenschaften einmal darüber nachzudenken, wie stark der Durchmesser eines Blockholzes sein muß, um den darauf einwirkenden Erddruck aufnehmen zu können, und auf welche Weise dieser Erddruck dann wieder in den Boden abgeleitet werden kann. Von wesentlichem Einfluß ist das nach rückwärts einfallende Eintreiben der Zangen, deren hervorragende Köpfe für die aufliegenden Blockhölzer wie ein Sporn wirken. Weiter wird das gegeneinander Spreizen der Zangen im Hinblick auf Haftreibung wirksam. Praktische Erfahrungen und statische Überlegung haben inzwischen in der Praxis zu Standardmaßen geführt, nämlich 16 cm ∅ bei 4 m Länge für das Blockholz und 13 cm ∅ bei 2 m Länge für die Zange.
Österreichische Betonwerker waren es, die diese hölzernen Krainerwände nachempfunden haben und heute als Fertigteile auf den Markt bringen. An der österreichischen Staatsstraße Nr. 162 von Golling nach Abtenau stehen entlang des Lammertales mehrere solcher Beton-Krainerwände. Im Verwitterungsschutt des Hauptdolomits am Tennengebirge in etwa 800 m Meereshöhe war der Standort besonders in Nordlagen günstig, und die benachbarten Gesellschaften nahmen sich dieser

Wände auf eine Art und Weise an, daß der Eindruck entstand, eine vegetative Bewehrung sei nicht nötig. Sehr bald stellte sich aber – zuerst an den Südhängen derselben Straße – heraus, daß es so nicht geht und schon nach kurzer Zeit das Füllmaterial so weit ausgelaufen ist, daß man hinter den einzelnen Läufern (wie die Blockhölzer in Beton genannt werden) ungehindert ein Band entlangführen kann. Schlimmer noch wurde das an einer in Südlage gelegenen Wand an der Staatsstraße Nr. 99 von Radstadt nach Bischofshofen bei Niedernfritz, südlich des Tennengebirges. Die hohen aus dem Strahlungsumsatz resultierenden Temperaturgegensätze ließen eine Spontanvegetation nicht aufkommen. Ein Lastanfall aus den höher gelegenen Böschungsteilen brachte die Wand zur Verformung, einzelne Teile wurden herausgeschoben, Binderköpfe (Binder nennt man die Zangen in Beton) wurden abgesprengt (Abb. 13) und an horizontalen Elementen platzte der Deckbeton ab, so daß die Bewehrung freigelegt wurde.

An einer mit allerschwersten Verkehrslasten beaufschlagten Wand im Betriebsgelände der Sachtleben Bergbau GmbH in Lennestadt aus dem Jahre 1974, die sofort vegetativ bewehrt wurde, waren im Gegensatz dazu keinerlei Schäden festzustellen.
Wiederum erfolgte Beratung mit Statiker und Bodenmechaniker und führte zu dem Schluß, daß nur die Homogenität von Betonfertigteilen,

Abb. 12
Hölzerne Krainerwand mit Heckenbuschlagen, Havelböschung in Berlin 1979

Fig. 12
Wooden Krainer wall with hedge layer. Haversian slope in Berlin, 1979

Abb. 13
Abgesprengter Binderkopf an einer nicht vegetativ bewehrten Betonkrainerwand... Niedernfritz im Salzburger Land 1979

Fig. 13
Off- blown bindertop of a not vegetative reinforced concrete Krainer wall. Niedernfritz/Salzburgerland 1979

Fotos: Begemann

Abb. 14
Steinfüllwand in Oberdriesbach, Kanton Bern 1981

Fig. 14
Stone-fill wall in Oberdrieschbach, Canton Bern 1981

Foto: Zeh

Verfüllmaterial und Durchwurzelung desselben die Aufgabe einer Schwergewichtsmauer übernehmen kann. Dazu wurde auf die Theorie des Franzosen VIDAL (1966) zurückgegriffen. Dessen System der »Bewehrten Erde« beruht auf der Ausnutzung von Haftreibung an Mantelfläche unmittelbar und mittelbar tangierter Bodenteilchen. Dabei ist die Haftreibung um so größer, je länger das Armierungselement ist. Wenn man sich das Modell einer Betonkrainerwand ansieht, wird klar, daß auftretende Lastfälle bei nicht ausreichender Homogenisierung sich auf die Bindersäulen konzentrieren. Erst wenn in die Gefache Stäbe oder Pflanzenruten eingelegt sind, entsteht die Mantelfläche, an der über die Haftreibung auftretende Lastfälle in das gesamte Bauwerk abgeleitet werden können. Die Vielzahl der an unbewehrten Raumgitterkonstruktionen aufgetretenen Schäden und die entgegengesetzte Beobachtung, daß an vegetativ bewehrten Raumgitterkonstruktionen derartige Schäden noch nicht aufgetreten sind, lassen den empirischen Schluß zu, daß eben durch die Kombination von Betonfertigteilen und Heckenbuschlagen tatsächlich ein homogenes Bauwerk entsteht, wie das bereits in einer an der Universität Essen angefertigten Diplomarbeit beschrieben wird. Dort heißt es, daß die innenstatischen Probleme von Raumgitterkonstruktionen mit den bekannten Mitteln der Ingenieurbiologie eliminiert werden können.

Damit ist auch die Frage beantwortet, ob sogenannte grüne Beton-Krainerwände noch in den Bereich der Ingenieurbiologie gehören, wenn man davon ausgeht, daß Pflanzen eine technische Leistung vollbringen sollen.

Ich meine, daß das auch für solche Wände gilt, die nur bepflanzt sind und deren sich vertikal ausdehnendes Wurzelnetz die vorbesprochenen Erosionen des Verfüllmaterials verhindert.

Diese Grundsatzüberlegungen gelten für alle Raumgitterkonstruktionen, von denen hier abschließend als Beispiel eine vegetativ bewehrte Wand (Abb. 14) in Oberdriessbach im schweizerischen Kanton Bern – die von Frau ZEH konzipiert – und eine vegetativ bewehrte Wand in Lüdenscheid – die von der Firma Sachtleben geplant und ausgeführt wurde – vorgestellt werden sollen (Abb. 15a und b).

Ich habe mich bei allen zu bedanken, die mir in wahrhaft kollegialer Weise für die Vorlage dieses Berichtes aus der Praxis geholfen, die mir ihr Bildmaterial und die Sachangaben zur Verfügung gestellt haben. Ich möchte aber nicht schließen, ohne Ihnen die, wie mir scheint, wichtige Erkenntnis mitzuteilen, daß das Bauen mit Pflanzen wohl in allen Gebirgsländern dieser Erde zu Hause ist. Und ich nehme diese Erkenntnis aus einer Begegnung mit einer Böschungsstabilisierung im Hochgebirge der Insel Teneriffa in 1900 m Seehöhe durch eine Agavenbuschlage (Abb. 16).

Abb 15. a und b
Betonkrainerwand in Lüdenscheid vor und nach dem Austreiben der Weidenbuschlagen 1979

Fig. 15a and b
Concrete Krainer wall in Lüdenscheid before and after sprouting of the osier bush layers

Fotos: Begemann

Abb. 16
Agavenbuschlage auf Teneriffa in 1900 m Seehöhe 1979

Fig. 16
Agave bush layers in Teneriffa in 1.900 m above sealevel

Foto: Begemann

Literatur

DUTHWEILER, H. (1967): Lebendbau an instabilen Böschungen, Erfahrungen und Vorschläge. Kirschbaum Verlag. Bad Godesberg.
HÄHNE, K. (1982): Messungen des Widerstandes von Gehölzwurzelsystemen gegenüber oberirdisch ausreifenden Zugkräften. In: Ingenieurbiologie – Uferschutzwald an Fließgewässern. Jahrbuch 1980 der Gesellschaft für Ingenieurbiologie. Karl Krämer Verlag. Stuttgart.
HILLER, H. (1966): Beitrag zur Beurteilung und zur Verbesserung biologischer Methoden im Landeskulturbau. Dissertation. Berlin.
NASSIF, A. M. S. (1965): Der Einfluß organischer Bestandteile auf die physikalischen Eigenschaften, insbesondere auf die Scherfestigkeit bindiger Böden. Dissertation. München.
SCHAARSCHMIDT, G. (1974): Zur ingenieurbiologischen Sicherung von Straßenböschungen durch Bewuchs und Lebendverbau. Dissertation. Aachen.
SCHIECHTL, H.-M. (1975): Sicherungsbauweisen im Landschaftsbau. München.
STINY, J. (1947): Die Zugfestigkeit von Pflanzenwurzeln. In: H. M. SCHIECHTL (1958): Die Grundlagen der Grünverbauung. Innsbruck.
VIDAL, M. (1966): La terre armée. Annales de l'Institut Technique du Bâtiment et des Travaux publics. Nr. 223–224.

Wolf Begemann
Beratender Ingenieurbiologe
Wimbergstraße 11
5940 Lennestadt 1

Zusammenfassung
Am Institut für Grundbau und Bodenmechanik der Universität Stuttgart wurde mit Förderung des Bundesministers für Forschung und Technologie ein ingenieurbiologisches Versiegelungsverfahren an einer 4 m hohen Steilböschung (65°) aus Lehm und Ton erprobt. Dabei werden vor der frisch angeschnittenen Böschung Wülste aus mit Siebschutt gefüllten Kunststoffmatten gestapelt und mit Weiden bepflanzt.

Summary:
The Institute of Foundation Engineering and Soil Mechanics at the University of Stuttgart, with financial assistance of the Federal Ministry of Research and Technology, tried out a bio-engineering process of sealing a 4 m high steep slope (65°) of marl and clay. The face of the recently cut slope was covered with pads of plastic mats filled with sifted debris and was subsequently planted with willows.

Ulrich Smoltczyk und Karl Malcharek

Lebendverbau an Steilwänden aus Tonmergel

Bio-Engineering Construction Methods on Steep Slopes of Clayish Marly Soil

1. Einleitung

Verkehrsbauvorhaben werden wegen ihrer Umweltbelastung immer häufiger in der Öffentlichkeit kritisiert. Um die von den modernen Verkehrswegen ausgehenden Umweltbeeinflussungen zu verringern, werden oft sehr aufwendige Maßnahmen getroffen: Verlegung in Einschnitte, Verwendung von Schallschutzwällen oder -wänden, Bau von Tunneln, Überdeckelungen, Massivstützkonstruktionen usw.
Die Erfahrung zeigt, daß die beim Bau moderner Verkehrswege angeschnittenen überkonsolidierten bindigen Böden – besonders die der Formation des Keupers – im frisch angeschnittenen Zustand sehr standfest sind und daß sie ihre Festigkeit erst unter dem Einfluß der Witterung fortschreitend verlieren. Es kommt letztendlich zu Abbrüchen und Schutthängen am Fuß der Böschungen oder Geländestufen. Eben diese Geländestufen sind nur so lange standfest, solange die Kohäsion des Materials dafür sorgt, daß die Zugspannungen hinter den Erdwänden aufgenommen werden können. Diese Kohäsion nimmt jedoch durch die horizontale Entspannung des Bodens, durch die vertikale Durchtrennung und durch das erleichterte Eindringen des Tagwassers beschleunigt ab.
Wenn der bautechnisch günstige Einfluß der Kohäsion auf Dauer genutzt werden soll, muß dafür gesorgt werden, daß die frisch angeschnittene Erdwand möglichst schnell eine gegen die Atmosphäre isolierende Abdeckung bekommt. Die Abdeckung kann z. B. durch Spritzbeton, Stützkonstruktionen usw. erzielt werden. Eben aber diese häßlichen Massivstützkonstruktionen geraten zunehmend in die öffentliche Kritik. Um den Forderungen der Öffentlichkeit bezüglich der Umweltbelastung, aber auch der Wirtschaftlichkeit, auch nur einigermaßen gerecht zu werden, muß versucht werden, die Böschungen unter weitestgehender Ausnutzung der inneren Festigkeit des gewachsenen oder auch geschütteten Bodens steil auszubilden und dabei ohne massive Baumaßnahmen zu einer dauernden Gewährleistung der Standsicherheit zu kommen sowie den dazu erforderlichen Flächenbedarf zu minimieren.

Es liegt nahe zu untersuchen, welche Möglichkeiten beispielsweise sich unter den besonderen regionalen Bedingungen in Baden-Württemberg bieten, wenn man Steilböschungen in teilentfestigtem Lockergestein herzustellen hat. Nach einem vom Erstverfasser entwickelten Vorschlag werden dazu Verfahren des Lebendverbaus sowie moderne Geotextilien herangezogen. Der vorgeschlagene Verbau berücksichtigt dabei sowohl Forderungen der Umwelt sowie auch der Wirtschaftlichkeit. Die ingenieurbiologische Beratung oblag Herrn Prof. Schiechtl, Innsbruck, und Herrn Dipl.-Ing. Härle, Stuttgart. Beiden Herren danken die Verfasser für ihre wertvollen Ratschläge.

2. Untersuchte Böschungssicherungen

In einem 5 m tiefen und bis zu 35 m langen Einschnitt, in Form einer Versuchsgrube, wurden zwei 20 m lange Böschungen mit der Neigung 2:1, entsprechend einem Böschungswinkel von ca. 65°, hergestellt. Dies erschien als die steilste Böschung, die sich aus ingenieurbiologischem Standpunkt – ausreichend Niederschlag auf die Böschung – noch anwenden ließ. Der Baugrund bestand hier aus einer 1,7 bis 2,0 m dicken Deckschicht aus kiesigem bis steinigem Lehm, teilweise auch als Auffüllung aus Schuttmassen und Abfällen von einer nicht mehr existierenden Steingrube, darunter einer 0,3 bis 0,4 m dicken Kalksteinbank, und im übrigen aus dem in Bild 1 gezeigten steifen bis halbfesten Tonstein

Abb. 1
Struktur des Tonsteins

(Formation: Schwarzer Jura, Lias α). Die gemessenen bodenmechanischen Parameter der Tonsteinschicht waren:
$w = 11–14\%$, $W_i = 32–37\%$, $W_p = 14–19\%$, $\varnothing' = 22°$, $c' \geqq 80$ kN/m².
Die Scherparameter der Deckschicht dagegen:
$\varnothing' = 20°$, $c' = 15$ kN/m².
Rechnerisch gesehen bleibt diese Böschung bei einer einheitlichen Wichte von etwa 21 kN/m³ nur so lange standfest, solange die effektive Kohäsion oberhalb von etwa 10 kN/m² bleibt. Messungen in ungesicherten Abschnitten der Böschungen haben aber später nachgewiesen, daß der Boden mit der Zeit zerfällt bis zu einem Tonbrei mit Scherwinkeln von 15° bis 20° und einer Abnahme der effektiven Kohäsion von ursprünglich 50 bis 100 kN/m² auf praktisch 0.
Die zwei zur Verfügung stehenden Böschungen wurden in 3 Abschnitte unterteilt: ein etwa 10 m langer ungesicherter Kontrollabschnitt, an dem die fortschreitende Entfestigung der Erdböschung beobachtet wird, ein etwa 20 m langer mit HaTe-Matten und Wülstenaufbau nach dem IGB-Verfahren gesicherter Abschnitt 2 (Bild 2 und 3a) sowie im übrigen ein mit Enkamat-Matten und Begrünung gesicherter Abschnitt 3 (Bild 3b).
Bild 2 stellt die IGB-Sicherung im Querschnitt dar und zeigt, daß zwei verschiedene geometrische Formen gewählt wurden, um zu prüfen, mit

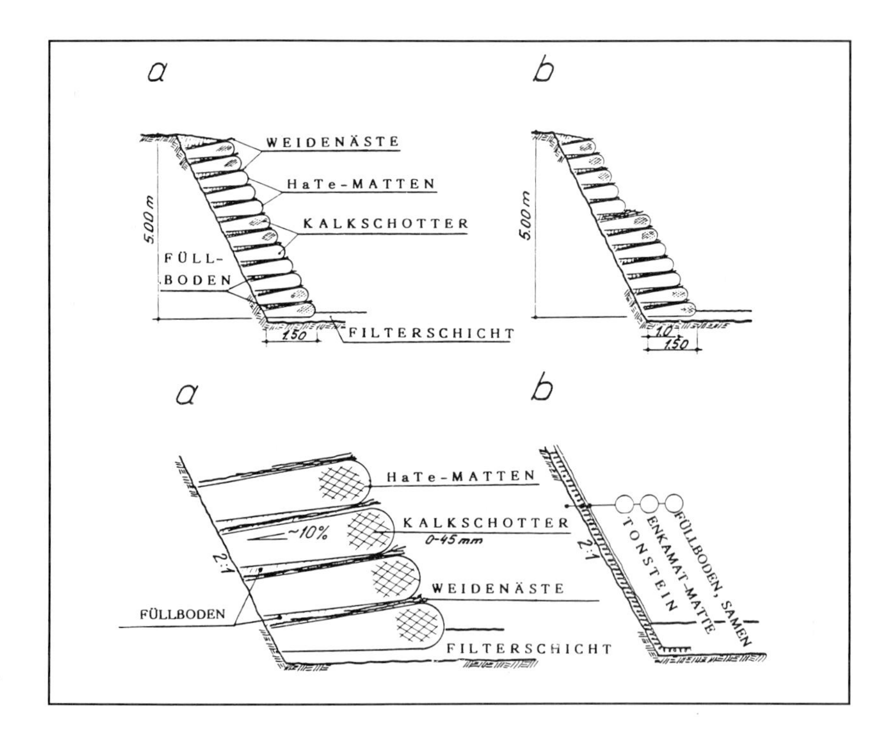

Abb. 2
IGB-Böschungssicherung in Querschnitten

Abb. 3
Details der Böschungssicherung im 2. und 3. Kontrollabschnitt

welcher Verbaubreite man auskommen könnte. Außerdem hat die Zwischenschaltung einer kleinen Berme Vorteile für die Arbeiten und Messungen an dem Verbau. Bild 3a zeigt diese Verbauart im Detailquerschnitt, dazu Bild 4 die Darstellung der verwendeten Matten. Die Bahnen werden bei einer Konstruktionsbreite von 1,5 m in einer Breite von 4,0 m ausgelegt und mit weitgestuftem Kalkschotter 0 bis 45 mm etwa 40 cm hoch gefüllt. Die Oberfläche erhält ein ca. 10°-Gefälle zum Berg (Forderung des Lebendverbaus) und wird mit einer etwa 10 cm dicken Mutterbodenschicht abgedeckt, in die die Weidenäste als Buschlage Anfang Mai eingelegt wurden. Näher wird der Einbauvorgang durch die Bilder 5 bis 9 erläutert. Er erfolgte mit einer Hilfsschalung aus einem ∅ 40 cm PVC-Halbrohr. Die Verdichtungsarbeit bestand aus 4 Übergängen mit einem leichten Rüttler Typ DVPN–20–40, Wacker-Werke, München. Diese Böschungssicherung wurde in eigener Regie und mit Hilfe von Studenten vorgenommen.
Die Sicherung mit Enka-Matten (Bilder 2 und 10) wie auch der ungesicherte Kontrollabschnitt wurden zum Vergleich gewählt. Bei dieser Sicherung wird ein 20 mm dickes Kunststoffgewebe über die profilierte Böschung gehängt, zugenagelt und mit einem Gemisch aus Torf, Kleber und Grassamen überspritzt. Diese Arbeiten wurden von einer Firma durchgeführt.

Abb. 4
Struktur der HaTe-Matten

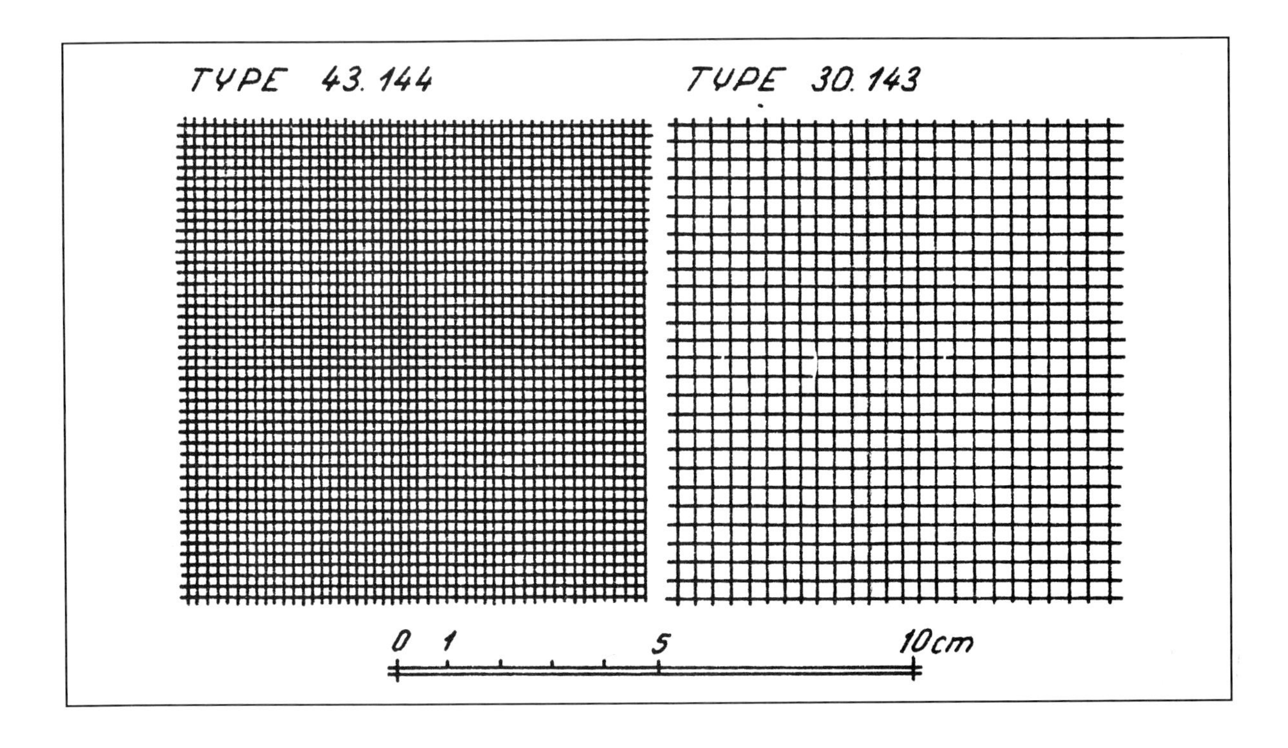

5

6

7

8

9

Abb. 5–9
Einbauvorgang bei der IGB-Böschungssicherung

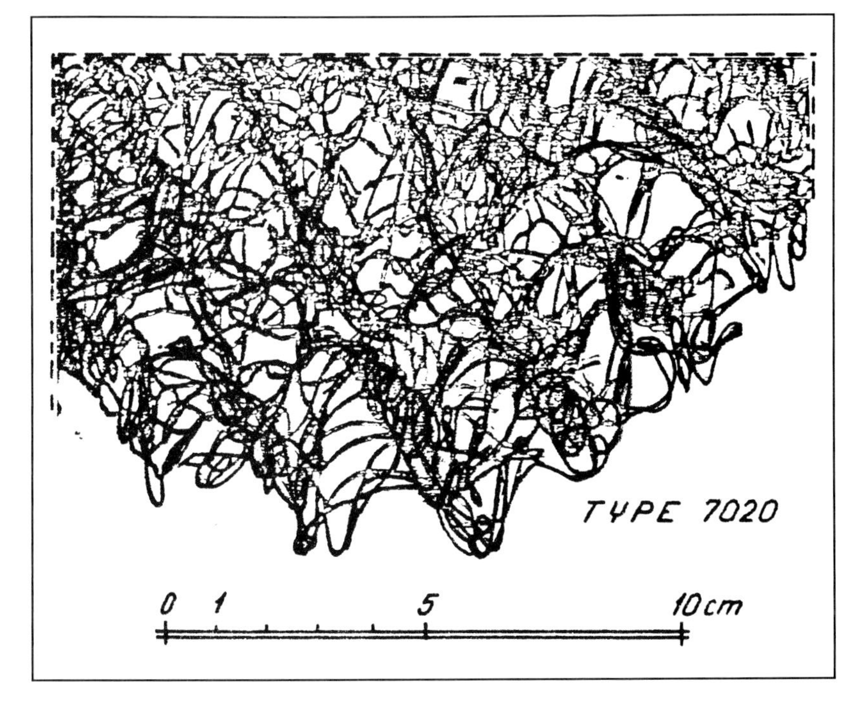

Abb. 10
Struktur der Enkamat-Matten

15

16

3. Weiteres Vorgehen

Die Beobachtungen an dieser Versuchsböschung laufen planmäßig bis Ende 1983. Nachdem aber das IGB-Verfahren seine Praxistauglichkeit bewiesen hat, müssen noch einige Punkte untersucht werden. So soll z. B. als nächster Schritt das Verfahren weiter in einem Anwendungsversuch erprobt werden. Gesucht wird deshalb nach einer etwa 500 bis 100 qm großen, steilen Einschnittsböschung. Weiterhin sollen das Verhalten der Wulstschichtung unter höheren als Eigengewichtslasten (z. B. durch Probebelastungsversuch im Bereich der Böschungskrone) untersucht wie auch ein erdstatischer Standsicherheitsnachweis zusammengestellt werden. Die nächsten Probleme, kurz zusammengefaßt, werden in folgenden Punkten gesehen:

- Welche anderen Bepflanzungen unter verschiedenen Gesichtspunkten kommen in Frage und inwieweit sind die Weiden nur als Pionierpflanzen zu betrachten?
- Wie entwickelt sich das Wurzelwerk der Pflanzen; findet eine Durchwurzelung des angeschnittenen gewachsenen Bodens statt?
- Wie soll die Beständigkeit der Kunststoffmatten eingestuft bzw. wie soll die negative Lichteinwirkung (UV) vermindert werden?
- Welche Lockergesteine könnten als Füllböden und welche als Nährböden in diesem Verbau Anwendung finden?

Abb. 11
Stand der Böschung nach ca. 1 Monat

Abb. 12
Stand der Böschung nach ca. 2 Monaten

Abb. 13
Stand der Böschung nach ca. 4 Monaten

Abb. 14
Stand der Böschung nach der ersten Herbst-Winter-Saison

Abb. 15 und 16
Rutschungen in Kontrollabschnitten 1 und 3

Professor Dr.-Ing. Ulrich Smoltczyk
und Dr.-Ing. Karl Malcharek
Institut für Grundbau und Bodenmechanik der Universität Stuttgart
Pfaffenwaldring 35
7000 Stuttgart 80

Thomas Weibel

Über die Wirkung ingenieurbiologischer Verbauungen[1]

About the Consequences of Biological Engineering

Zum zweitenmal lud die noch junge Gesellschaft für Ingenieurbiologie in Verbindung mit der Jahresversammlung zu einer Tagung ein. Nachdem im Vorjahr die Sicherung von Bachufern im Vordergrund gestanden hatte, wurde diesmal über Böschungen, die nicht den Wellen ausgesetzt sind, referiert.

Der Vorsitzende, Prof. W. Pflug aus Aachen, konnte über 150 Teilnehmer aus 6 Nationen begrüßen. In seiner Eröffnungsansprache wies er auf den zurückhaltenden Einsatz ingenieurbiologischer Sicherungsmaßnahmen hin. Eine Ursache liegt darin, daß Bauingenieure unseren Methoden immer noch zuwenig Vertrauen entgegenbringen, da über die Wirkungsweise noch wenig bekannt ist. Deshalb fehlt bis heute ein rechnerischer Nachweis für ihre Sicherungswirkung. Die Entwicklung der letzten Jahrzehnte hat gezeigt, daß eine einzelne wissenschaftliche Disziplin allein nicht in der Lage ist, die Wirkungen ingenieurbiologischer Bauweisen zu erklären und zu erfassen. Gesicherte Erkenntnisse können nur aus Grundlagen der Bodenmechanik, Erdbau, Bodenkunde, Landschaftsbau, Waldbau, Pflanzensoziologie und anderem mehr gemeinsam abgeleitet werden. Einen ersten Schritt in dieser Richtung tat man an dieser Tagung, als ein Erfahrungsaustausch zwischen den verschiedenen Wissenschaftsrichtungen und der Baupraxis stattfand. Im Verlauf der Referate wurde die Frage der Standsicherheitserhöhung durch Pflanzen aus verschiedensten Blickwinkeln betrachtet. In der Folge werden von den Vorträgen die wichtigsten Aussagen zusammengefaßt:

[1] Bericht über eine Tagung der Gesellschaft für Ingenieurbiologie über den »Beitrag des Wurzelwerks von Pflanzen zur Standsicherheit von Böschungen auf unterschiedlichen Standorten vom 18./19. September 1981 in Aachen.
Schweiz. Z. Forstwes., *133* (1982) 3: 267–272 Nachdruck erfolgt mit Einverständnis von Redaktion und Verlag.

Über die Wechselbeziehungen zwischen Pflanzenwurzeln und Boden beziehungsweise Lockergestein

(Professor Dr. K. H. Hartge, Institut für Bodenkunde der TU Hannover)

Professor Hartge stellt seinen Betrachtungen eine Definition voran, indem er unter Boden ein festes Substrat, auf dem Vegetation wachsen soll, versteht. Er skizziert das verschiedenartige Verhalten von Sand und Ton während des Bodenbildungsprozesses durch Pflanzenwurzeln: Sandkörner können von den eindringenden Wurzeln nicht zerquetscht, wohl aber zur Seite gedrückt werden. Da im Normalfall eine benachbarte Wurzel ähnlich wirkt, wird die Bewegung von der Horizontalen in die Vertikale abgelenkt. Die Körner weichen also nach oben aus. Die organischen Stoffe verhindern ein Zurücksacken und verkitten die Einzelkörner zu Aggregaten. Im tonigen Boden vermag die Pflanze die auf einem Wasserfilm gleitenden Mineralien zu verdrängen. Gleichzeitig nimmt sie Wasser auf, was zu Schrumpfungsrissen und somit zur Gefügebildung führt. Es entstehen fortwährend feinere Risse, so daß die Aggregate zusammenfallen. Die Folge ist ein gegenüber dem Ausgangszustand reduziertes Volumen des Bodens.
Anhand verschiedener Labor- und Freilandversuche erläutert Hartge die Einflüsse auf die Bodenbildung. Daraus leitet er die Faktoren der Böschungsstabilität ab. Jeder Faktor kann die Stabilität positiv und negativ beeinflussen.

Einfluß auf die Stabilität einer Böschung

negativ	Faktor	positiv
	↙Aggregatbildung↘	
Bildung labiler Massen		Hemmung der Oberflächenerosion
	↙lockerung↘	
Verdrängung einzelner Partikel		Wasseraufnahme des Gesamtkörpers
	↙Infiltration↘	
Bildung labiler Massen		Hemmung der Oberflächenerosion
	↙Pflanzenkörper↘	
Gewichtszunahme		Verankerung, Schutz vor Regenschlag
	↙Pflanzentätigkeit↘	
Lockerung, Knetung unter den Wurzeln		Austrocknung, Festigkeitszunahme

Der Mensch muß also seine Eingriffe in den Ablauf der Bodenbildung so steuern, daß die Standsicherheit einer Böschung im ganzen gesehen erhöht wird.

Zur Standsicherheit von Böschungen mit Lebendverbau aus der Sicht von Bodenmechanik und Grundbau
(Prof. Dr. R. Floss, Lehrstuhl für Grundbau und Bodenmechanik der TU München)
Professor Floss geht zuerst auf den Begriff Standsicherheit ein. Er unterscheidet verschiedene instabile Zustände: Das »räumliche Gleiten« beginnt als langsame Kriechbewegung, die sich bis zum ausgedehnten plastischen Bruch beschleunigt. Beim »flächenhaften Gleiten« hingegen wird der Schubwiderstand auf einer schmalen Zone überwunden. Ob die Vegetation in der Stabilitätsberechnung berücksichtigt werden kann, hängt vom Bruchmechanismus ab. Im räumlichen Gleiten können Pflanzen die Geschwindigkeit der Kriechbewegung beeinflussen, nicht jedoch den Bruch verhindern. Sie dürfen also nicht rechnerisch berücksichtigt werden. Im flächenhaften Gleiten ist die Wirkung von Pflanzen von der Lage der Rutschfläche abhängig. Nur wenn die Gleitfläche in der Nähe der Oberfläche verläuft, kann die Vegetation die Standsicherheit beeinflussen. Dieser Erfahrung fehlt jedoch der wissenschaftliche Nachweis. Auch sind keine Bodenkennziffern für durchwurzeltes Material bekannt. Floss empfiehlt deshalb, diese Parameter durch Messungen »in situ« und Rückrechnung abgerutschter Böschungen zu ermitteln. Vorteile ingenieurbiologischer Bauweisen sind der sofortige Oberflächenerosionsschutz und die Möglichkeit der Landschaftsgestaltung. Voraussetzung für ihre Anwendung sei jedoch eine genügend hohe Anfangsstandfestigkeit der Böschung, standortgerechte Artenwahl (was selbstverständlich sein sollte) und die Beachtung maßnahmenspezifischer Grundsätze.

Ausbildung des Wurzelwerks auf verschiedenen Standorten und ihr Beitrag zur Standsicherheit von Böschungen
(Prof. Dr. H. M. Schiechtl, Forstliche Bundesversuchsanstalt, Innsbruck)
Professor Schiechtl stellt die funktionellen Ziele, nämlich Erosionsschutz und Stabilisierung, in den Vordergrund. Er verbindet seine Ausführungen mit einem Blick auf die Entwicklung der Ingenieurbiologie in den letzten Jahrzehnten. Er berichet über Untersuchungen, welche Pflanzen für ingenieurbiologische Sicherungsmaßnahmen geeignet sind, über die verschiedenen Wurzeltypen, die jedoch immer vom Standort beeinflußt werden, und über den Jahresrhythmus der Pflanzen, der bei der vegetativen Vermehrung und beim Einsatz zur Böschungssicherung zu beachten ist. Für die stabilisierende Wirkung sind außerdem das Massenverhältnis von Wurzeln und Trieben sowie die Zugfestigkeit der einzelnen

Wurzeln von Bedeutung. Zu all diesen Fragen hat Schiechtl Untersuchungen durchgeführt, deren Ergebnisse er laufend veröffentlichte. Anhand von Dias zeigt er die verschiedenen Einsatzmöglichkeiten der Pflanzen.

Die Ausbildung der Wurzelsysteme krautiger Pflanzen und ihre Eignung für die Böschungssicherheit auf verschiedenen Standorten

(Dr. E. Lichtenegger, Amt der Kärntner Landesregierung, Abt. Agrarwesen, Klagenfurt)

Dr. Lichtenegger betont, daß alle Baumaßnahmen den natürlichen Neigungswinkel zerstören und den Prozeß der Geländenivellierung durch Bodenabtrag beschleunigen. Die Natur begrünt Hänge, sobald sich der natürliche Neigungswinkel eingestellt hat. Dieser labile Zustand ist auch für künstliche Begrünungen eine günstige Voraussetzung. Mit der Bodenbildung wächst auch die Wurzeltiefe. Die Reißfestigkeit der Wurzeln ist bei Niedergräsern auf Feuchtstandorten am geringsten. Sie steigt über Niedergräser auf Trockenstandorten und Obergräsern bis zu den Leguminosen, welche die höchsten Werte erreichen. Lichtenegger charakterisiert in der Folge das Wurzelsystem einer Anzahl Gräser und Leguminosen.

Die Ausbildung des Wurzelwerks von Rasendecken und Strauchweiden auf verschiedenen Standorten und ihr Beitrag zur Standsicherheit von Böschungen

(Prof. Dr. H. Hiller, Institut für Landschaftsbau, TU Berlin)

Die vegetative Vermehrung und die Verwendung von unbewurzelten Pflanzenteilen als Baumaterial bringen für die Bauausführung große Vorteile. Strauchweiden sind außerdem als Pionierpflanzen extrem raschwüchsig und genügsam. Frau Professor Hiller weist auf die bekannten Untersuchungen über die Wurzelentwicklung und die Zugfestigkeit der Wurzeln europäischer Arten hin. Besonders betont sie, daß meistens kräftig ausgebildete Wundwurzeln und schwächere Rindenwurzeln unterschieden werden können. Berücksichtigt man zudem, daß das Pflanzenmaterial je nach Baumaßnahme verschieden tief eingebracht wird, so wird deutlich, daß das Wurzelwerk einer Verbauung unterschiedlich aufgebaut ist. Weiden sind keine Universalpflanzen. Aufgrund der Standortfaktoren wie Überflutungszeit, Bodendurchlüftung, Temperatur usw. und der biotechnischen Eignung ist die am besten geeignete Art zu wählen.

Als Ergänzung zu den einheimischen Weidenarten hat Frau Hiller die Wurzelbildung zweier amerikanischer Arten untersucht. *Salix balsamifera mas (Salix pyrifolia)* und *Salix longifolia* wurden mit unserer *Salix purpurea* verglichen. Auf humusfreiem Sand waren sich die drei Arten, gesamthaft gesehen, ebenbürtig. Es ist also möglich, sie als Gast-Pioniere zu verwenden.

Der Einfluß der Vegetation auf den Bodenwasserhaushalt unter besonderer Berücksichtigung von Fragen der Bodenkonsistenz auf Böschungen und Hängen

(Dr. H. M. Brechtel, Hessische Forstliche Versuchsanstalt Hann. Münden)

Vegetation beeinflußt den Wasserhaushalt über verschiedene Faktoren. Interzeption an Pflanze und Streu, Evaporation an Pflanze und Streu, Verlauf der Schneeschmelze, Infiltration und Bodenwasserspeicherung. Anhand von Meßreihen zeigt Dr. Brechtel die unterschiedliche Wirkung verschiedener Vegetationsarten und Entwicklungsstufen. Selbstverständlich variiert die Beeinflussung auch mit der Bodenart. Außerdem sind die Niederschlagsverteilung, die Intensität der Niederschläge, Exposition und Neigung der Fläche zu berücksichtigen. Die Transpiration ist für die Wirtschaftsbaumarten im Mittel ähnlich (etwa 300 mm/Jahr), doch unterscheiden sich die Extreme wesentlich. Hochrechnungen für den norddeutschen Raum haben ergeben, daß die durch die Vegetation verursachten Sättigungsdefizite im Boden bis zu drei Monatsniederschläge betragen können. Mit andern Worten: der Oberflächenabfluß ist in dieser Zeit nur nach großen Niederschlagsereignissen möglich.

Der Einfluß der Mikroorganismen im Wurzelbereich auf die bodenphysikalischen Eigenschaften von Böden in Hanglagen

(Dr. F. W. Pauli, Universität Heidelberg)

Dr. Pauli leitet mit einem Zitat von Kubiena ein: »Ursache der Strukturbildung im Boden ist Bewegung«. Bodenfruchtbarkeit ist Ausdruck und Maß des erreichten Lebensstandards von Pflanzen und Bodenorganismen. Sie zeigt sich in einer fortwährend entstehenden Krümeligkeit des Bodens. Dabei handelt es sich sowohl um die lose Verknüpfung winziger Aggregate durch kolonienbildende und fädige Boden-Mikroorganismen als auch um die Verklebung durch die bei der mikrobiellen Zersetzung pflanzlicher und tierischer Gewebereste freiwerdenden Zellbestandteile. Dieselbe Wirkung zeigen auch ihre Resyntheseprodukte samt den dabei entstehenden Humusstoffen. Die lebende höhere

Pflanze trägt mit den Schleimabsonderungen der Wurzelhaare zur Verkittung bei. Die vom Deckglas befreite Auflicht-Mikroskopie ist in der Lage, diese Krümelbildung »in situ« zu erforschen. Biologisch entstandene Gelatinen bilden elastische Brücken zwischen belebt und unbelebt. Quell- und Trocknungsprozesse bewirken gewaltige Adhäsionskräfte, die sogar in der Lage sind, Kupferpartikel aus einer polierten Platte zu lösen. Paulis humorvolle Ausführungen und seine im wahrsten Sinne kunstvollen Mikroaufnahmen zeigen, daß die Bodenbiochemie keine trockene Wissenschaft zu sein braucht.

Wurzelausbildung von Waldbäumen in Abhängigkeit von Standort, Alter und Bestandeszusammensetzung sowie ihre Eignung zur Böschungsbefestigung
(Prof. F. Riecke, Pflanzenschutzamt Berlin)
Professor Riecke zeigt mit seiner Dia-Serie die verschiedenen Wurzeltypen. Die Aufnahmen dokumentieren, daß dieselbe Baumart in verschiedenen Waldgesellschaften auf verschiedenen Bodenarten ganz verschiedene Wurzelformen ausbildet. Entscheidend sind dabei der Grundwasserstand und die Dichte der Bodenlagerung. Ein hoher Grundwasserspiegel bewirkt allgemein ein flaches Wurzelwerk. Wird das Grundwasser abgesenkt, so ist beispielsweise die Föhre in der Lage nachzustoßen. Es wird jedoch keine eigentliche Pfahlwurzel gebildet, sondern es entstehen in Stammnähe Absenker. Aufgrund der gezeigten Vielfalt ist es nicht möglich, generelle Angaben über die Eignung von Waldbäumen zur Böschungssicherung zu machen.

Zur baulichen Ausführung von ingenieurbiologischen Bauweisen zur Stabilisierung von Böschungen
(W. Begemann, Lennestadt)
Aus Begemanns Ausführungen spricht ein reicher Erfahrungsschatz. Aber er stellt nicht nur eigene Bauwerke vor, sondern führt uns durch verschiedene Länder. Bekannte und unbekannte ingenieurbiologische Bauten werden gezeigt, ihre Entstehungsgeschichte und Entwicklung beschrieben. Diese Beispiele führen uns wieder deutlich vor Augen, daß die Pflanzen erfahrungsgemäß sehr wohl zur Stabilität einer Böschung beitragen können, die Wirkung aber leider noch nicht wissenschaftlich erfaßt ist. Die kritische Phase einer ingenieurbiologischen Verbauung ist immer zu Beginn. Deshalb ist es manchmal notwendig, die wirkenden Kräfte mit einer temporären Hilfskonstruktion in den Untergrund abzuleiten. Später können die Pflanzenwurzeln die volle Aufgabe übernehmen. Daß Bauen mit Pflanzen in allen Gebirgsländern zu Hause ist, beweist Begemann mit einer Buschlage aus Agaven, gesehen auf Teneriffa in 1900 m Höhe.

Lebendverbau an Steilwänden aus Tonmergel
(Prof. Dr. U. Smoltcyk, Institut für Grundbau und Bodenmechanik der TU Stuttgart)
Professor Smoltcyk berichtet von einer seit 1980 an der Universität Stuttgart durchgeführten Untersuchung. Eine Steilböschung wurde mit einem System aus HaTe-Gittermatten und Weidenlagen gesichert: Kalkschotter wurde lagenweise auf die Gittermatten geschüttet. Nach jeder Lage wurde die Matte zurückgeschlagen, so daß Taschen entstanden. Zwischen zwei Lagen solcher Taschen sind Weidenäste und Feinmaterial eingelegt.
Die verschiedenen eingebauten Meßinstrumente messen die Festigkeit und Verformbarkeit der Konstruktion im Vergleich zur ungeschützten Böschung. Die Auswertung des Datenmaterials ist noch nicht abgeschlossen, doch sind interessante Erkenntnisse zu erwarten.
In verschiedenen Diskussionsrunden konnte auf die in den Vorträgen gezeigten Erkenntnisse eingegangen werden. Die Voten sind teilweise in die Kurzzusammenfassung integriert worden. Der volle Wortlaut der Vorträge wird im nächsten Jahrbuch der Gesellschaft für Ingenieurbiologie abgedruckt werden. Der großartige Erfolg der diesjährigen Tagung mit Erkenntnissen aus verschiedensten Spezialgebieten berechtigt zu hohen Erwartungen für die Versammlung im nächsten Jahr.

Dipl.-Ing. Thomas Weibel
Zuger Straße 112
CH-8810 Horgen

Werner Degro

Straßenplanerische, geologische und ingenieurgeologische Probleme im Bereich des Hellerberges bei Freisen im Zuge der A 62

Problems of Road Planning, Geology and Geological Engineering in the vicinity of the Hellerberg along the A 62 Expressway near Freisen

Zusammenfassung:
Nach einem Überblick über die Geologie des Saarlandes wird auf den Verlauf der Trasse der A 62 am Hellerberg, den geologischen Aufbau des Hellerberges, die bodenmechanischen Voruntersuchungen, die sich daraus ergebenden Hinweise zur Bauausführung und den Bau der Autobahn eingegangen. Anschließend werden die Entstehung der Hangbewegungen, die Untersuchungen zur Ursache der Rutschung, die Sanierungsmaßnahmen und der heutige Zustand behandelt. Am Schluß des Beitrages werden der Eingriff in das Landschaftsgefüge und seine Auswirkungen auf den Naturhaushalt und das Landschaftsbild aus ingenieurgeologischer und bodenmechanischer Sicht beurteilt.

Summary:
Following a survey of the geology of the Saarland, the article presents the course of the A 62 at the Hellerberg, the geological structure of the Hellerberg, the soil mechanical survey and the resulting data relevant for the design and construction of the expressway. The article goes on to treat the origin of the movement in the solpie, the investigations into the cause of the slide, reconstruction and the present-day condition. To conclude, the article discusses this interference in the natural structure, evaluating its effects on the natural balance from the point of view of geological ingineering and soil mechanics.

Gliederung

1. Allgemeiner Überblick zur Geologie des Saarlandes und des angrenzenden Bereiches zu Rheinland-Pfalz

Das Saarland nimmt eine Fläche von 2 567 km² ein. Es grenzt im Norden und Osten an das Bundesland Rheinland-Pfalz, im Westen an Luxemburg und Frankreich, im Süden ausschließlich an Frankreich. Es verdankt seinen Namen einem Fluß, der Saar, die von Saargemünd ab auf etwa 10 km Länge seine Grenze bildet. Sie verläuft auf einer Länge von ca. 70 km in nordwestlicher Richtung und mündet dann nach 30 km in die Mosel.

In struktureller Hinsicht gliedert sich das Saarland in folgende Einheiten, deren allgemeines Streichen Süd-West-Nord-Ost, d. h. variskisch ist. Im Norden bildet der südliche Rand des Hunsrücks, der zum Rheinischen Schiefergebirge gehört, die Grenze. Nach Süden folgt die Prims-Nahe-Mulde. Südlich der Prims-Nahe-Mulde erstreckt sich der Saarbrücker Sattel. Den Abschluß im Süden bildet die Saargemünder Mulde. Stratigraphisch kann unterschieden werden:

- *Devon:* Nördliches Saarland, Schiefer, Quarzite z. Teil. senkrecht gestellt.
- *Karbon:* über 5000 m Ablagerungen Limnisch Oberkarbon Westpal C u. D, Stephan A, B, C, Tektonische Beanspruchung, Schichteinfallen 15–40° nach NW, Wechselfolge Schiefertone, Sandsteine, Konglomerate, Kohleflöze, dünne Tonlagen, Gliederung nach Tonsteinen.
- *Perm:* Unter- und Oberrotliegendes (Tholeyer, Söterner, Waderner, Kreuznacher Schichten), Rotliegendes, Gesamtmächtigkeit ca. 1700 m, Wechselfolge Sandstein Schiefertone (Arkosesandsteine), Grenze Unterrotliegendes-Oberrotliegendes, Höhepunkt magmatischer Tätigkeit, Entstehung von Gang- und Ergußgesteinen, Grenzlagerdecken Idar-Oberstein, Ausläufer bis zum Hellerberg bei Freisen, magmatische Gesteine enthalten Quarzitdrusen, Ausgangspunkt Schmuckindustrie Idar-Oberstein, Regionalnamen, Kuselit, Tholeyit, Weiselbergit.
- *Trias:* Die Ablagerungen der Trias zeigen die klassische Folge Buntsandstein, Muschelkalk, Keuper, vom Buntsandstein nur Mittlerer und Oberer Buntsandstein vorhanden. Keuper nur in Randbereichen nach Frankreich vorhanden.
- *Quartär:* Terrassenschotter, Höhenlehme

2. Die Trasse der A 62 am Hellerberg bei Freisen

Die A 62 soll die Verbindung der Städte Landstuhl und Trier herstellen. Sie ist bis auf wenige km bereits fertiggestellt. Im Bereich von Freisen und bei Nonnweiler liegt sie auf saarländischem Gebiet. Bei Freisen zwischen Hellerberg NN 560 m und dem Füsselberg NN 600 m durchstößt die A 62 einen Geländesattel. Das Gelände hat eine natürliche Neigung von 15–16°. Im Tiefstpunkt des Sattels bei NN 490 verläuft die alte Landstraße der L 123. Die Linienführung sah einen ca. 90 m tiefen Ein- bzw. Hanganschnitt vor. Durch diese Maßnahme mußten ca. 3 Mill. m^3 Boden gelöst und außerhalb der Trasse abtransportiert werden, da kein Massenausgleich vorhanden war. Die Massen wurden auf dem gegenüberliegenden Hang in einer Großdeponie abgelagert.

3. Geologischer Aufbau des Hellerberges

Wie aus den Geländeaufnahmen zu entnehmen ist, läßt sich der geologische Aufbau des Berges in zwei Bereiche untergliedern. Der untere Teil bis NN 525 wird aus einem Sedimentgestein gebildet, auf dem magmatische Gesteine (Grenzlagerdecke) aufliegen. Bei den Sedimentgesteinen handelt es sich um eine Wechselfolge von Schiefertonen, Schluffsteinen und Arkosesandsteinen. Diese zum Teil sehr harten Sandsteinbänke sind meistens dickbankig ausgebildet. Es handelt sich hier um die Tholeyer Schichten bzw. Söterner Schichten, die zum Unteren Rotliegenden gehören. Bei den darüber lagernden magmatischen

Gesteinen handelt es sich nach MÜLLER-MIHM (1971) um Phänoandesite und Mandelgesteine. Im Bereich der Kontaktzone hat sich die Mandelsteinlava in den Untergrund eingedrück. Der tonige Sandstein ist an Kontakt merklich verhärtet. Die Größe der Mandelsteine liegt unter 1 cm, sie sind zum Teil zu Grus zersetzt (Mineralbildungen, Chlorit, Karbonate, Jaspir, Quarz, Goethit, Chabasit.
Die Phänoandesite treten als kompakte Magmatitkörper auf, die in dem Anschnitt nicht untereinander verbunden zu sein scheinen, obwohl dies der Fall sein muß. In dem sehr dichten Gestein sind nur selten Glasblasen von Faust- bis Kopfgröße vorhanden.

4. Bodenmechanische Untersuchungen und Ausführungshinweise

Durch Kernbohrungen und Trennflächenmessungen wurde in einem ingenieurgeologischen Gutachten, welches die Bundesanstalt für Straßenwesen aufstellte, die hangseitige Böschungsneigung mit 45° und die talseitige Einschnittsböschung mit 34° festgelegt. In ca. 10 m Abstand waren Bermen von 3,0 m Breite geplant, so daß sich eine Gesamtböschungsneigung von 37,6° errechnen läßt. Durch die Voruntersuchung war festgestellt worden, daß die Schichtflächen der Sedimentgesteine bergwärts nach Nordost bis Ost schwach einfallen. Ungünstige Kluftrichtungen wurden nicht festgestellt. Aufgrund der Voruntersuchungen bestanden bei der bauausführenden Behörde, dem Staatlichen Straßen-Neubauamt Kaiserslautern, keine Bedenken bezüglich der Standsicherheit des Hanganschnittes.

5. Baudurchführung und Entstehung der Hangbewegungen

Im Jahre 1970 wurde mit Großgeräten mit dem Abtrag am Hellerberg begonnen. Bis Juli 1971 war bereits ein Hanganschnitt in einer Tiefe von ca. 60 m hergestellt. Mit dieser Einschnittstiefe hatte man die magmatischen Gesteine abgetragen und bereits 30 m die Tholeyer Schichten angeschnitten. Am 23. 7. 1971 waren erstmals Risse entdeckt worden. Die Rutschung hat eine Ausdehnung von ca. 80 m in der Länge und ca. 60 m in der Breite. Durch die Bewegungen wurde der vorgegebene Wasserabfluß stark beeinträchtigt, so daß es zur Ausbildung von kleineren Wasserlachen auf dem Rutschkörper kam.

6. Untersuchung der Rutschungsursache

Zur Klärung der Rutschungsursache wurde Diplom-Ingenieur Siedek von der Bundesanstalt für Straßenwesen beauftragt.
Nach seinem Bericht vom Sommer 1972 entstand die Rutschung an der südöstlichen Seite des Gesamthanganschnittes. In wenigen Tagen hatten sich Abrißflächen und Spalten im Dezimeterbereich gebildet. Die Hanganschnittsfläche hat eine nordwest-südöstliche Streichrichtung. Die Haupteinfallsrichtung der Böschung zeigt nach Südwesten. Der Be-

stimmung des Trennflächengefüges kommt in diesem Fall besondere Bedeutung zu. Bei den Voruntersuchungen war man aufgrund von Geländeaufnahmen davon ausgegangen, daß die Schichten leicht zum Berg einfallen (nördliche bis östliche Richtung), d. h. die Schichtflächen fallen ungefährlich zur Böschungsneigung ein. Im unteren Teil der Böschung wurde das Schichteinfallen mit 22,5 bis 37° nach Südosten gemessen. Diese örtlichen Abweichungen lassen auf eine Verstellung der Schichten im engeren Bereich schließen, so daß dadurch die Schichten talwärts bzw. zur Straßenböschung einfallen. In mehreren Bereichen der Böschung, vor allem unterhalb der magmatischen Gesteine, wurden Wasseraustritte registriert. Die Rutschung befand sich im Anfangs- bzw. fortgeschrittenen Stadium und zeigte in der Abrißwand eine maximale Abrißhöhe von ca. 2,0 m, d. h. die Rutschung war morphologisch nur gering entwickelt.

Aufgrund von Messungen der Bundesanstalt wurde eine Gleitfläche festgestellt, die 26–28° nach Südost einfällt und somit aus der 45° geneigten Böschungsfläche austritt.

Die Hauptabrißwand hatte eine Neigung von ca. 70°. Es waren somit deutliche Zusammenhänge zwischen Schichteinfall und Gleitfläche gegeben. Aus den Bereichen des Rutschkörpers, der Gleitfläche und dem Untergrund wurden zahlreiche Proben zur Durchführung von Laboruntersuchungen entnommen.

Auf Einzelheiten der Bodenkennziffern kann hier nicht eingegangen werden. Es bleibt nur festzuhalten, daß die zum Teil aufgeweichten Schiefertone aus dem Rutschkörper und der Gleitzone eine halbfeste bis feste Konsistenz hatten und nicht, wie anzunehmen wäre, die Zustandsform weich bis flüssig sein müßte.

Es war auch keine einheitliche Zusammenfassung nach der DIN 18 196 möglich. Es handelt sich um leicht bis ausgeprägt plastische Tone. Es konnten auch keine richtungsweisenden Ergebnisse bezüglich der Tonminerale erzielt werden, d. h. es wurden z. B. nur in einer Probe Montmorillonit nachgewiesen.

An einigen Probestücken aus der Gleitzone bzw. aus dem Rutschkörper wurden allerdings bereits nach kurzer Einwirkung durch die Atmosphärilien Quellerscheinungen festgestellt. An einer Probe aus der Gleitzone wurde durch die Bundesanstalt ein Reibungswinkel von 26° ermittelt. Die Kohäsion wurde mit 0 angenommen.

Insgesamt haben folgende Einflüsse zu der Entstehung der Rutschung mitgewirkt: die Schichtflächenorientierung, der örtlich begrenzte Wasserhorizont, die Gesteinsart (wasserempfindlicher Tonstein), die Verringerung der Scherfestigkeit, Durchfeuchtung durch versickerndes Wasser, zusätzliche Belastung des Rutschkörpers durch Wasserdruck (hydrostatischer Druck in Spalten) und Entlastung durch Abtrag.

Da die Abrißflächen oberhalb des Rutschkörpers steil stehen, besteht die Gefahr, daß weitere zurückliegende Gesteinspartien nachrutschen.

7. Sanierungsmaßnahmen

Zur Sanierung der Rutschung ergaben sich aufgrund der örtlichen Verhältnisse und der durchgeführten Untersuchungen zwei Möglichkeiten:

a) Ausräumen und Abtrag der abgerutschten Gesteinsmassen sowie nachträgliches Abflachen der durch die Rutschung entstandenen neuen Böschung.
b) Keine Maßnahmen an der Rutschung, sondern Rutschbewegung nach dem Einstellen der Erdarbeiten ausklingen lassen und Verschieben der Autobahntrasse nach Süden bis an die Landstraße (Abb. 1).

Nach reifer Beratung wurde Vorschlag b zur Durchführung gebracht, weil Vorschlag a erhebliche Risiken und Kosten mit einer nicht abzuschätzenden Größenordnung nach sich gezogen hätte.
Der Rutschkörper und die davor anstehenden Gesteinsmassen wurden im derzeitigen Zustand belassen, so daß sich ein neuer Gleichgewichtszustand einstellen kann und die Rutschbewegungen abklingen können. Die Autobahntrasse wurde um ca. 50 m nach Süden zur Landstraße verschoben (Abb. 1). Diese Verschiebung wurde durch Verlängerung der Kreisbögen sowie Vergrößerung der Krümmungsradien erreicht.

Abb. 1
Die Rutschung am Hellerberganschnitt der A 62 bei Freisen im Saarland im Bereich des Profils 381 mit der um rund 50 m nach Süden verlegten Autobahntrasse.

Fig. 1
The slide at the Hellerberg cut along the A 62 near Freisen/Saarland in the vicinity of profile 381, with the motorway trace removed 50 m southwards.

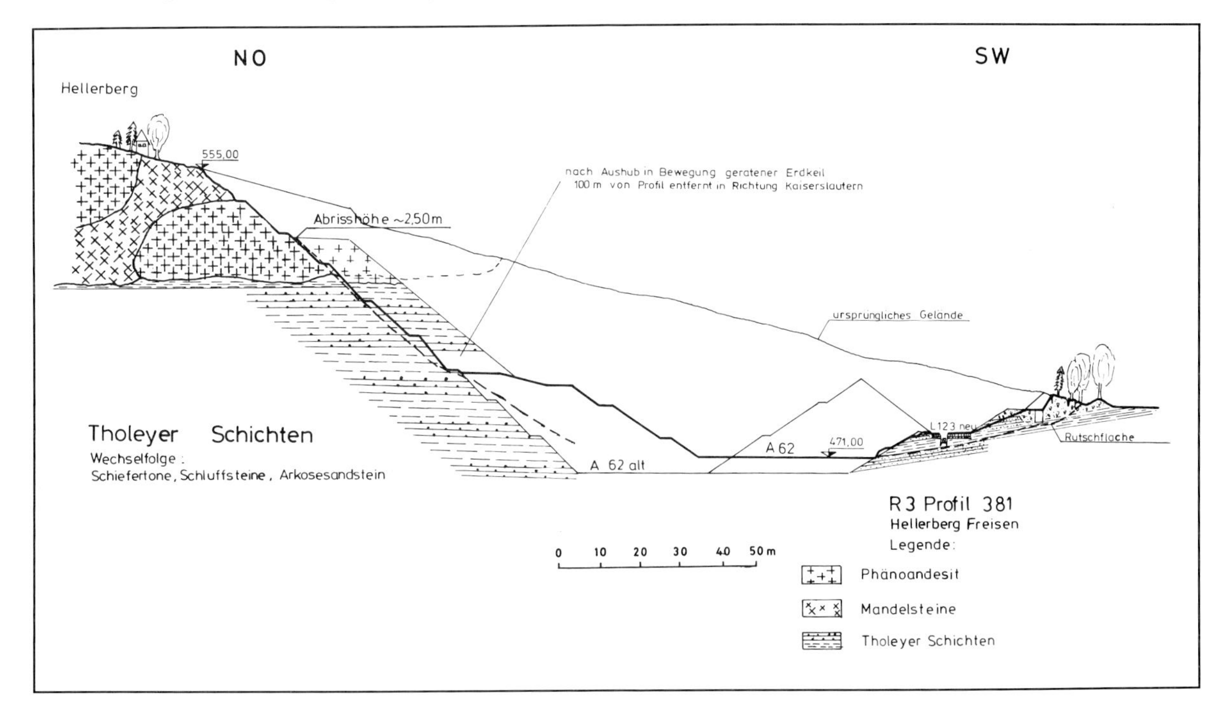

Den Fuß der derzeitigen Böschung bildet dann ein ca. 40 m breiter, ebener Geländestreifen, der einen guten Schutz gegen Steinschlag für die Autobahn bietet.
Die Autobahn liegt weiter südlich in einem ca. 30 m tiefen Einschnitt. Bei dieser Sanierungsmaßnahme fielen keine zusätzlichen Erdmassen an. Um zu verhindern, daß das Wasser in den Spalten des Rutschkörpers versickert, wurde an dem gesamten Hang ein Entwässerungsnetz mit abgedichteten Mulden auf den Bermen und Kaskaden mit beweglichen Betonfertigteilen angelegt.

8. Heutiger Zustand und abschließende Bewertung

Die unter Punkt 7. beschriebene Sanierung der Rutschung durch Abrückung der Autobahn um ca. 40–50 m nach Süden hat sich im großen und ganzen bewährt.
Es sind allerdings noch gegenwärtig Bewegungen am Hang erkennbar. Sie liegen im Zentimeterbereich pro Jahr. Am Hang haben sich einige vegetationslose Flächen gebildet. Im Untergrund dieser Flächen stehen meistens weiche Schichten an, z. B. Verwitterungsgrus der Eruptiva oder Verwitterungsrückstände des Arkosesandsteines.
Es kann auch angenommen werden, daß die Hangbewegungen ebenfalls in ursächlichem Zusammenhang mit diesen vegetationslosen Flächen stehen, weil hier wegen der Lockerung des Gefüges die rückschreitende Erosion bessere Angriffspunkte hat.
Es ist interessant, in diesem Zusammenhang noch zu erwähnen, daß im unmittelbaren Bereich des Hellerberges während und zum Teil mehrere Jahre nach Beendigung der Erdarbeiten insgesamt noch 6 weitere Rutschungen aufgetreten sind. Es würde nun zu weit führen, die Art dieser Rutschungen und deren Beseitigung im einzelnen hier zu behandeln. In jedem Fall mußten enorme finanzielle Aufwendungen gemacht werden, um die Schäden, die durch die Rutschungen entstanden sind und zum Teil auch heute noch andauern, zu beheben.
Das Beispiel Hellerberg hat gezeigt, daß durch die Veränderung des Gleichgewichtszustandes an dem Hang, der sich im Laufe der Jahrtausende eingestellt hat, enorme Auswirkungen bezüglich des Wasserhaushaltes, des Landschaftsbildes und der Verkehrssicherheit einer Straße mit dem dazugehörigen finanziellen Aufwand sich einstellen werden. Es handelt sich hier um bleibende bzw. länger anhaltende Einwirkungen.
Nach heutigen Gesichtspunkten war es von der planerischen Seite nicht optimal, eine Autobahntrasse mit ihrem gewaltigen Raumbedarf in ein solches Landschaftsgefüge zu legen.
Man hätte hier einer Untertunnelung oder einer Aufschlitzung mit Wiederverfüllung den Vorrang geben sollen.
Der Hellerberg wird auch in Zukunft dem Straßenbauer weitere Probleme auferlegen.

Dipl.-Geologe
Dr. rer. nat. Werner Degro
Staatliches Straßenneubauamt Saarbrücken
An der Trift 42
6600 Saarbrücken

Paul Eiermann

Die forstliche Standortserkundung und ihre Ergebnisse auf Standorten, die dem Hellerberg vergleichbar sind

Forestry Habitat Surveys and their Findings in Location Comparable to Hellerberg

Zusammenfassung:
Das Ziel und die Verfahren der forstlichen Standortkartierung im Saarland werden geschildert. Die Herleitung der Ökoserien und Standortstypen aus der forstlichen Regionalgliederung des Saarlandes wird erläutert. Innerhalb der Ökoserien zeigt sich von Standortstyp zu Standortstyp ein bestimmtes, bekanntes Gefälle, dessen hervorragendes Merkmal der Wasserhaushalt ist. Jeder Standortstyp ist durch eine entsprechende Standortsgesellschaft gekennzeichnet. Der Regionalgesellschaft auf der Ebene des Wuchsbezirks entspricht die Standortsgesellschaft auf der lokalen Ebene. Zum Abschluß werden die forstlichen Verhältnisse, Standortstypen und Standortsgesellschaften auf Standorten im Raum Freisen, die dem Hellerberg vergleichbar sind, erörtert.

Summary:
The article describes the aim and the methods of forestry habitat survey in Saarland. It explains the derivation of the ecological series and the types of habitats in the regional forestry districts in Saarland. Within the ecological series there is a definite recognizable distinction from one habitat to another, the outstanding characteristic of which is related to the water supply. Each habitat is characterized by a corresponding plant community. The regional plant community at the district at the level corresponds with the plant community of the habitat at the local level. In conclusion the forest conditions, the types of habitat, and the plant communities in location in the freisen area which are comparable to Hellerberg are discussed.

Vorbemerkung

Im Rahmen der saarländischen forstlichen Standortskartierung wurden im Jahre 1968 auch im Revierförsterbezirk Freisen standortskundliche Aufnahmen durchgeführt. Die damaligen örtlichen Aufnahmen, mit denen ich seinerzeit beauftragt war, erstreckten sich aber lediglich auf den Staatswaldbereich dieser Revierförsterei, so daß der ebenfalls hierher gehörende Gemeindewald Freisen, in dem Ihr Exkursionsgebiet, der Hellerberg, liegt, von diesen Aufnahmen nicht erfaßt wurde. Der Gemeindewald ist auch bis heute noch nicht standortskundlich kartiert.

Ich darf dies vielleicht als Vorbemerkung vorausschicken, um zu erklären, warum in der Überschrift zu meinem Thema nur von Standorten die Rede ist, »die dem Hellerberg vergleichbar sind«, und nicht von Standorten am Hellerberg selbst. Ich darf aber gleichzeitig auch hinzufügen, daß am Hellerberg tatsächlich die gleichen Standorte zu erwarten sind wie in dem bereits kartierten Gebiet, weil dort gleiche standörtliche Bedingungen und vor allem das gleiche Ausgangssubstrat für die Bodenbildung anzutreffen sind.
Ich will im folgenden zunächst versuchen, Ihnen einen Einblick in Ziel und Verfahren der saarländischen forstlichen Standortskartierung zu geben, darf dann auf die forstliche Regionalgliederung und ihre naturräumlichen Voraussetzungen im Saarland eingehen, soweit dies in unserem Zusammenhang notwendig ist, und möchte schließlich die örtlichen Verhältnisse im Raume Freisen darlegen.

Ziel und Verfahren

Was will die forstliche Standortskartierung? Sie will – auf einen Nenner gebracht – die auf einen jeweiligen Einzelstandort einwirkenden oder ihn kennzeichnenden, für das Wachstum der Waldbäume wesentlichen Faktoren erfassen und daraus kartenmäßig darstellbare Einheiten herleiten. Solche wesentlichen standortsrelevanten Faktoren sind das Klima, das geologische Ausgangssubstrat, der Boden, die Lage und die Vegetation. Darüber hinaus sollen auch Einflüsse erfaßt werden, die vom Menschen ausgehen, wie Immissionen, Devastationen und Wasserentzug.

Die forstliche Standortkartierung soll damit Informationen geben für die groß- und kleinräumige waldbauliche und betriebswirtschaftliche forstliche Planung, insbesondere für die Wahl standortsgerechter Baumarten, aber beispielsweise auch für die Landschaftspflege und für Landschaftsentwicklungspläne. Für die forstliche Planung sollen z. B. Standorte mit Eignung für Furniereichenzucht und Edellaubholzproduktion gefunden werden, Standorte, die eine feinringige und feinastige Kiefer erwarten lassen, und Fichtenstandorte sollen von Douglasienstandorten abgegrenzt werden.

Letztes, sozusagen kleinstes Ziel der Standortskartierung ist die Herleitung lokaler standörtlicher Einheiten, die zwar nicht völlig identisch sein können, sich aber doch so nahe stehen sollen, daß sie als Wurzelraum der Waldbäume diesen gleiche oder ähnliche Wuchsbedingungen bieten. Diese kleinsten standörtlichen Einheiten – im Saarland heißen sie Standortstypen – werden in den einzelnen Ländern der Bundesrepublik auf verschiedene Weise hergeleitet. Im Saarland wenden wir das sogenannte zweistufige, kombinierte Verfahren an, das an von G. A. Krauß und G. Schlenker entwickelte Verfahren von Baden-Württemberg angelehnt ist.

Dieses Verfahren ist durch zwei Leitlinien gekennzeichnet. Zum einen kombiniert es alle zweckdienlichen, standortsrelevanten Fakten (geographische, geologische, petrographische, bodenkundliche, klimatologische und historische) zu einer Gesamtschau, und zum anderen stellt es eine erste Stufe, die regionale Gliederung in Wuchsbezirke und Wuchsgebiete, einer zweiten Stufe, der lokalen Gliederung in Standortstypen und Ökoserien zeitlich voran, im Gegensatz zur einstufigen, überregionalen Betrachtungsweise, die diese Zweigliederung nicht kennt, wie etwa in Rheinland-Pfalz. Alle lokalen standörtlichen Einheiten, also die Standortstypen und Ökoserien, haben ihre Gültigkeit nur innerhalb der nächsthöheren regionalen Einheit, dem Wuchsbezirk. Der Wuchsbezirk wiederum ist eine Untergliederung des Wuchsgebietes.

Nach dem im Saarland angewandten regionalen Verfahren ist also der erste Arbeitsgang der forstlichen Standortskartierung die Ausarbeitung einer Regionalgliederung. Für das Gebiet des Saarlandes wurde diese

Regionalgliederung von A. Wagner aufgestellt. Sie befaßt sich naturgemäß auch mit der naturräumlichen Ausstattung des Landes, – ich darf auf diese und die Regionalgliederung kurz zu sprechen kommen.

Naturräumliche Ausstattung des Saarlandes

Wie Sie wissen, ist das Saarland zwar der kleinste Flächenstaat der Bundesrepublik, nichtsdestoweniger aber ist die naturräumliche Ausstattung dieses kleinen Landes erstaunlich vielgestaltig. Diese Vielgestaltigkeit bezieht sich sowohl auf die geologischen, wie auf die landschaftlichen Verhältnisse des Landes.
Die geologische Formationsfolge beginnt – von geringen vordevonischen Vorkommen bei Düppenweiler im westlichen Saarland abgesehen – mit dem Devon, sie setzt sich über das Obere Karbon, das Rotliegende, den Buntsandstein und den Muschelkalk bis zum Unteren Keuper fort und endet schließlich mit dem Diluvium und Alluvium als den jüngsten Schichten.
Es treten außerdem noch permische Vulkanite auf, im wesentlichen Quarzporphyr, Porphyrit und Melaphyr, auf die noch zurückzukommen sein wird.
Ähnlich vielgestaltig wie die geologische Ausgestaltung ist die landschaftliche. Sie wird bestimmt durch drei Großlandschaften, die sich in das Saarland hinein erstrecken: durch das Lothringisch-Westpfälzische Stufenland, den Hunsrück und den westlichen Teil des Saar-Nahe-Berglandes.
Diese Großlandschaften sind in viele Teillandschaften gegliedert, die aufzuführen den Rahmen dieser Ausführungen sprengen würde. Ich möchte mich darauf beschränken, innerhalb der Großlandschaft des Saar-Nahe-Berglandes die naturräumliche Haupteinheit Prims-Nahe-Bergland, auch oberes Nahebergland genannt, zu erwähnen, zu der der Freisener Raum als Teil der Baumholderer Platte gehört.

Forstliche Regionalgliederung des Saarlandes

Auf der Grundlage dieser naturräumlichen Vielfalt wurden zwei Wuchsgebiete und fünf Wuchsbezirke gebildet: das Wuchsgebiet I, Saar-Hügel- und Bergland, mit den Wuchsbezirken IA, Saarbergland, IB, Saarbecken und Buntsandsteinbereich, und IC, Gaulandschaften, sowie das Wuchsgebiet II, Hunsrück und Hunsrückvorland, mit den Wuchsbezirken IIA, Hochwald, und IIB, Prims-Nahe-Bergland. Die Namen dieser Regionaleinheiten sagen bereits aus, welche saarländischen Naturräume von ihnen erfaßt sind, ohne daß jedoch die jeweiligen Grenzen von naturräumlicher und regionaler Einheit immer miteinander übereinzustimmen brauchen. Für die Bildung der Wuchsgebiete waren primär klimatische, für die Bildung der Wuchsbezirke vorwiegend geologische Kriterien entscheidend. Als vereinfachte Trennungslinie zwischen den beiden Wuchsgebieten kann die 8 °C Temperatur-

und die 900 mm Niederschlagslinie angesehen werden: Im Wuchsgebiet I liegen die durchschnittlichen Jahrestemperaturen um 8 °C und höher, der durchschnittliche Niederschlag um 900 mm und niedriger, im Wuchsgebiet II verhält es sich gerade umgekehrt, die Temperaturen liegen um 8 °C und niedriger, der Niederschlag um 900 mm und höher. Im Bereich des Wuchsgebiets I bewegen wir uns dabei meist in einer Höhenlage zwischen 170 und 450 m, im Bereich des Wuchsgebietes II in Höhenlagen zwischen 400 und 700 m.

Das Wuchsgebiet I umfaßt, mit Ausnahme des Prims-Nahe-Berglandes, alle Landschaften südlich des Hunsrücks, d. s. etwa 85% des Saarlandes, das Wuchsgebiet II umfaßt die saarländischen Teile des Hunsrücks und des Prims-Nahe-Berglandes.

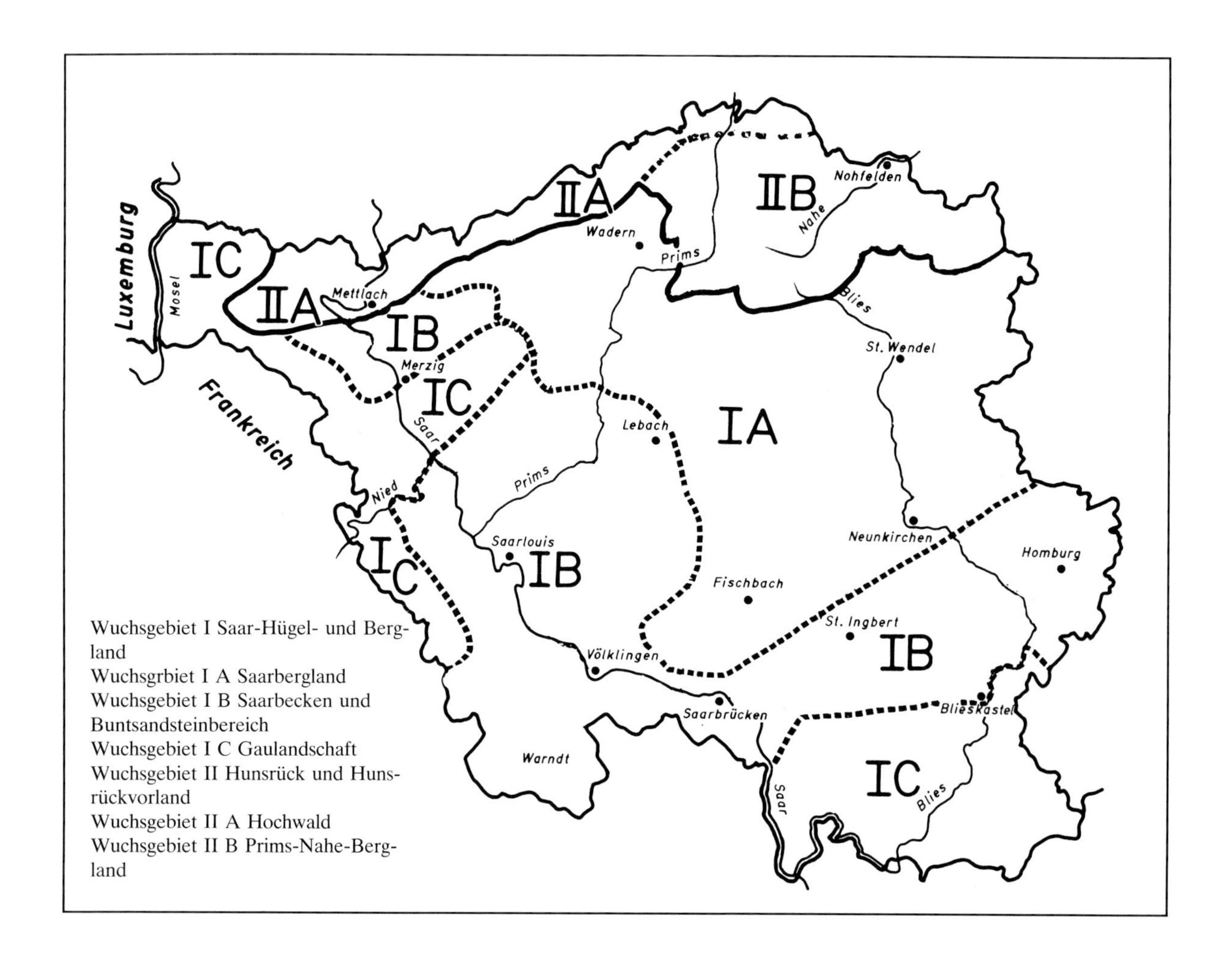

Abb. 1
Übersicht über die Forstliche Regionalgliederung des Saarlandes (aus A. Wagner: Böden, Ökoserien und Waldbestände in der Forstlichen Standortskartierung im Saarland, Schriftenreihe der Obersten Naturschutzbehörde des Saarlandes, H. 2, Saarbrücken 1977

Kolline bis submontane Laubwälder der kollinen bis unteren submontanen Stufe Firbas IX; 39 (32–64)% EMW, 7 (3–15)% HBU, 42 (17–51)% BU, 12 (6–33)% KI (Hauff, Firtion, Leschik, Firbas, Jaeschke) Vegetationszeit vom (25. 4.–5. 5.) bis (6.–15. 10.) = 155–174 Tage			
Wuchsbezirke	**A: Saarbergland**	**B: Saarbecken und Buntsandstein-bereich**	**C: Gaulandschaften**
Regionalgesellschaft	Submontaner Ei-Buchenwald	Kolliner Laubwald mit Kiefer	Kolline Kalklaubwälder
Klimabereiche	*untere submontane Stufe*	*kolline Stufe*	Kolline und untere submontane Stufe
Mittl. Höhenlage	300–450 m ü. NN	170–300 m ü. NN	200–400 m ü. NN
Mittl. Jahresnieder-schlag	800–900 mm	700–800 mm	750–850 mm
Mittl. Jahrestemp.	9–8° C	9,6–9° C	± 9° C
Vegetationszeit (10° C)	155–165 Tage	165–174 Tage	160–170 Tage
Vorherrsch. Geologie	*Karbon, unteres, Rotliegendes,* Vulkanite	*Buntsandstein,* Diluvium, Alluvium	*Muschelkalk,* Keuper, Diluvium
Vorherrsch. Ökoserien	Lehmsand Glanzlehm Kohlenlehm Vulkanitböden Vulkanitmischlehm	Alluvialböden Quarzsand schluffiger Diluvialsand diluvialer Feinlehm	Mergeltonböden Muschelkalklehm Muschelsandsteinböden Feinlehm über Muschelkalkgestein
Bemerkungen		erhöhte Spätfrostgefahr	

Tabelle 1 Übersicht über das Wuchsgebiet I, Saar-Hügel- und -Bergland (Standortskartierung Saarland)

Submontane bis montane Buchen-Mischwälder Firbas IX: ca. 28% EMW, ca. 58% Bu, ca. 14% KI (Firtion) Vegetationszeit vom (5.–15. 5.) bis (28. 9.–5. 10.) = 142–155 Tage		
Wuchsbezirke	**A: Hochwald**	**B: Prims-Nahe-Bergland**
Regionalgesellschaft	submontane bis montane Buchenmischwälder	submontane Ahorn – Buchenmischwälder
Klimabereiche	obere submontane und untere montane Stufe	obere submontane Stufe
Mittl. Höhenlage	400–700 m ü. NN	400–600 m ü. NN
Mittl. Jahresniederschl.	900–1050 mm	900–950 mm
Mittl. Jahrestemperat.	8–7,5° C	8–7,5° C
Vegetationszeit	142–155 Tage	148–155 Tage
Vorherrsch. Geologie	*Devon,* oberes Rotliegendes, Buntsandstein	*Vulkanite,* oberes Rotliegendes
Vorherrsch. Ökoserien	Quarzsand Diluvialsand diluvialer Feinlehm Tonlehm Quarzitböden Quarzitmischlehm Schieferlehme	Lehmsand Glanzlehm dunkle Vulkanitböden Vulkanitmischlehme Porphyrböden
Bemerkungen	Rotwildbereich, ab 600 m starke Schneebruchgefahr	

Tabelle 2 Übersicht über das Wuchsgebiet II, Hunsrück und Hunsrückvorland
(Standortskartierung Saarland)

Elemente der lokalen forstlichen Standortsgliederung
Innerhalb dieser Regionalgliederung als der ersten Stufe der Standortsaufnahme hat sich auf der zweiten, der lokalen Stufe der Standortsaufnahme angesichts der geologischen Vielfalt des Saarlandes als Gliederungselement die Ökoserie bewährt. Sie stellt eine Standortstypenreihe dar, die aus gleichem oder ähnlichem Gesteinssubstrat besteht, und deren Glieder, die Standortstypen, in der mineralischen Versorgung, der Bodenacidität, in Bodenart und Bodentyp, in der Durchwurzelbarkeit und der Tendenz der Bodenentwicklung gemeinsame Züge aufweisen, ebenso in der Flora und der Reaktion der Waldbäume. Ihre Namen lassen bereits auf das jeweilige Bodensubstrat schließen, aus dem sie gebildet sind, wie: Quarzsand, Lehmsand, Diluvialer Feinlehm, Muschelkalklehm, Kohlenlehm, dunkle Vulkanitböden, um nur einige zu nennen. Innerhalb der Ökoserie zeigt sich von Standortstyp zu Standortstyp ein ganz bestimmtes, bekanntes Gefälle, dessen hervorragendstes Merkmal der Wasserhaushalt ist. Die einzelnen Standortstypen der Ökoserie können daher in der Regel nach Wasserhaushaltsstufen abgegrenzt werden.

Für diese Abgrenzung und damit für die Bildung der Standortstypen werden als Entscheidungshilfe ökologische Artengruppen herangezogen, die regional eigens zu diesem Zweck zusammengestellt wurden. Diese Artengruppen erleichtern das Erkennen des Standortstyps. Die morphologischen und bodenkundlichen Erkennungsmerkmale sind mit diesen floristischen Erkennungsmerkmalen jedoch prinzipiell ranggleich.
So wie jedem Wuchsbezirk pflanzensoziologisch eine Regionalgesellschaft zugeordnet ist, so ist auch jeder Standortstyp durch eine entsprechende Standortsgesellschaft gekennzeichnet. Der Regionalgesellschaft auf der Ebene des Wuchsbezirks entspricht also die Standortsgesellschaft auf der lokalen Ebene. Ihre Zuordnung geht auf die vegetationskundlichen Arbeiten von E. Sauer zurück.

Daß eine solche vegetationskundliche Zuordnung überhaupt möglich ist, beruht bekanntlich darauf, daß Pflanzengesellschaften nicht rein zufällig entstehen, sondern ganz im Gegenteil als klarster Ausdruck von Standortsbedingungen gelten dürfen. Die sich daraus ergebende forstlich bedeutsame Frage nach der natürlichen Waldgesellschaft als der sichersten Ausgangsbasis für die Beurteilung der waldbaulichen Möglichkeiten und Gefahren ist daher Kernstück der forstlichen Standortskartierung. Sie ist darüber hinaus aber nicht nur für die Forstwirtschaft von Bedeutung, sondern auch für die anderen Zweige der Bodenkultur, da in Deutschland die Vegetation früher nahezu überall Wald war. Eine Antwort auf diese Frage ist jedoch, wie Sie wissen, nicht einfach, weil die etwa um 8000 v. Chr. beginnende nacheiszeitliche natürliche Waldentwicklung ab etwa 500 v. Chr. nicht mehr ohne Störung durch den Menschen verlaufen ist. Die von diesem Zeitpunkt an einsetzende, durch den Menschen beeinflußte Waldentwicklung läßt die Frage nach der potentiellen natürlichen Waldgesellschaft weitgehend offen. Die den Standortstypen von der Standortskartierung zugeordneten Standortsgesellschaften bezeichnen daher den vermutlich natürlichen Wald von heute.

Die örtlichen Verhältnisse im Raume Freisen

Im Rahmen der dargelegten forstlichen Regionalgliederung ist der Raum Freisen Teil des Wuchsgebiets II, Hunsrück und Hunsrückvorland, Wuchsbezirk IIB, Prims-Nahe-Bergland. Dieser Wuchsbezirk unterscheidet sich von seinem devonisch geprägten Nachbarwuchsbezirk IIA, Hochwald, insbesondere durch seinen völlig andersartigen geologischen Aufbau. Er ist gekennzeichnet durch das Auftreten heller und dunkler Vulkanitgesteine, die dem Rotliegenden zugeordnet werden und neben dem Rotliegenden selbst den Hauptteil der geologischen Formation ausmachen. Die Vegetationszeit dauert 148–155 Tage und ist etwa eine Woche länger als im Wuchsbezirk IIA. Im Wuchsgebiet I wurde ihre mittlere Dauer auf 155–174 Tage festgestellt. Die Höhenlagen liegen um 400–600 m. Der Wuchsbezirk gehört zur Regionalgesellschaft des submontanen Ahorn-Buchenwaldes, sein mittlerer Jahresniederschlag liegt bei 900–950 mm, seine mittlere Jahrestemperatur bei 7,5–8 °C.

Im Freisener Raum selbst finden sich neben geringfügigen Vorkommen von Tholeyer Schichten des Rotliegenden nur die dunklen Vulkanite Porphyrit und Melaphyr, am Weißelberg als Sonderform auch der Weißelbergit. Sie sind Teil der Baumholderer Porphyritplatte, einer ausgedehnten Ergußdecke, die sich bis in den Raum westlich von Freisen erstreckt. Die höchsten Erhebungen sind der Trautzberg mit 604 m und der Füsselberg mit 595 m.

Obwohl Porphyrit und Melaphyr von verschiedener Herkunft sind – ersterer ist ein Abkömmling des Diorits, letzterer ein solcher des Gabbro –, sind beide Eruptivgesteine von ähnlicher Struktur und mineralogischer Zusammensetzung. Der wesentlichste mineralogische Unterschied zwischen den beiden Gesteinen liegt im höheren Quarzgehalt des Porphyrits, der diesen in die Reihe der intermediären Gesteine stellt, während der Melaphyr als basisches Gestein gilt. Die hauptsächlichsten mineralischen Gemengteile sind bei beiden neben Quarz und Plagioklas Hornblende, Biotit und Augit, beim Melaphyr auch Olivin. Beide Gesteine weisen auch eine ähnliche, dunkle bis rötliche Farbe auf und haben eine dichte Grundmasse. Im Gegensatz zum Porphyrit ist aber beim Melaphyr das ganze Gestein durch die Verwitterung oft stark angegriffen.

In beiden Gesteinen treten blasen- und mandelförmige Hohlräume auf,

die häufig ganz oder teilweise sekundär mit Kalkspat, Quarz, Achat, Amethyst und anderen Mineralien ausgefüllt sind. Diese Mandeln finden sich im Melaphyr jedoch häufiger, weshalb dieser auch Mandelstein heißt. Die Mandeln werden, wie Sie wissen, von der Schmuckindustrie sehr geschätzt.
Da Porphyrit und Melaphyr bei der Verwitterung ähnliche Bodensubstrate bilden, werden diese von der forstlichen Standortskartierung in der gleichen Ökoserie (Substratreihe) der dunklen Vulkanitböden erfaßt. Diese dunklen Vulkanitböden sind durchlässige, lockere, nährstoffreiche, nicht oder wenig versauernde Rohböden, Ranker und Braunerden aus steinig lehmigem Grus bis grusigem Lehm mit tiefreichender Humifizierung und typischen, unscharfen Übergängen zwischen den Bodenhorizonten. Eine Tendenz zur sommerlichen Austrocknung ist bei ihnen unverkennbar, hohe Wuchsleistungen der Baumarten sind daher auf diesen Standorten in besonderem Maße an eine gleichmäßige Wasserversorgung gebunden. Dem Landwirt sind diese Böden oft zu flachgründig und zu steinig. Ihr Nährstoffreichtum beruht neben dem Gehalt an den genannten Mineralien auch auf dem Anteil an Montmorillonit, einem außerordentlich quellfähigen Tonmineral.

Standortstypen und Standortsgesellschaften im Raume Freisen
Als Ergebnis der lokalen Standortskartierung im Raume Freisen ist festzuhalten, daß mit Ausnahme der Tallagen alle im Kartierbereich vorkommenden Böden zur Ökoserie der dunklen Vulkanite gehören. Sie sind in 5 Wasserhaushaltsstufen gegliedert, und zwar in die Standortstypen frischer, mäßig frischer, mäßig trockener, trockener und sehr trockener dunkler Vulkanitboden. Diesen Standortstypen entsprechen die Standortsgesellschaften Waldziest-Bergahorn-Eschen-Buchenwald, Goldnessel-Bergahorn-Buchenwald, Waldmeister-Buchenwald mit Bergahorn, Nieswurz-Traubeneichenwald und zwergwüchsige Dornstrauchsteppe.
In den Tallagen wurde auf alluvialen Ablagerungen der frische nährstoffreiche Bach-Erlen-Eschenwald kartiert.
Den weitaus überwiegenden Teil der kartierten Fläche nehmen dabei die mäßig trockenen und mäßig frischen Standorte ein – erstere etwa die doppelte Fläche als letztere –, während der frische Vulkanitboden nur eine geringe Ausdehnung hat. Nur kleinflächig wurde der trockene und sehr trockene Vulkanitboden festgestellt.
Auf fast allen Standorten ist die Buche die dominierende Baumart. Bei ungestörter, natürlicher Waldentwicklung läge ihr Schwerpunkt im frischen bis mäßig trockenen Bereich, auf den frischeren Standorten mit besserer Wasserversorgung allerdings zunehmend vergesellschaftet mit den Edellaubbäumen Esche, Berg- und Spitzahorn, Ulme, Winterlinde, Sommerlinde, Pappel und Roterle.

Ihr Existenzminimum fände die Buche im Bereich des trockenen dunklen Vulkanitbodens, wo sie zunehmend mit der Traubeneiche vergesellschaftet wäre, die, ebenso wie die Stieleiche, auch sonst auf allen Standorten der Buche als Mischbaumart vertreten wäre. Diese trockenen Standorte sind als Extensivstandorte anzusehen, auf denen eine geordnete Forstwirtschaft nicht zu betreiben ist. Ihre zuwachsarmen, lichten, strauchreichen Waldgesellschaften sollten als Schutzwald und als Erholungswald ausgewiesen werden.
Nicht vertreten wäre die Buche im Bach-Erlen-Eschenwald und ganz waldfrei blieben die sehr trockenen Standorte, bei denen es sich um extreme Kuppen, Felsrücken, Rippen und Kanten handelt. Hier ist allenfalls eine Strauchflora vorwiegend der Crataegusgruppe zu erwarten.
Für den forstlichen Anbau sind alle genannten, natürlich vorkommenden Laubbaumarten geeignet und werden für einen möglichen Anbau vorgeschlagen. Zu erwarten wären dabei in den frischen Bachtälern vor allem Edellaubbaum- und Roterlenmischbestände hoher Leistung, auf den frischen dunklen Vulkanitböden Mischbestände aus Buche, Ulme und Spitzahorn mit hoher Leistung, auf den mäßig frischen Böden Buchenbestände mittlerer, sowie Ulmen-, Bergahorn- und Spitzahornbestände hoher Leistung, und auf den mäßig trockenen Böden schließlich sind vom Spitzahorn noch gute Leistungen zu erwarten.
Eine waldbauliche Wertung der Nadelbaumarten schließt die Fichte allgemein von einem Anbau aus, da sie nach bisherigen Beobachtungen ab einem Alter von 30 Jahren im Höhenwachstum nachläßt, rotfaul wird und durch Trocknis ausfällt.
Als gut geeignet sind bestimmte Herkünfte der Douglasie anzusehen, da die Standorte Teilen ihres Herkunftsgebietes entsprechen. Sie läßt je nach der Wasserhaushaltsstufe hohe bis mittlere Leistungen erwarten und könnte vor allem zur Hebung der Zuwachsleistung auf den mäßig trockenen Standorten beitragen.
Ähnliches läßt sich von der Omorikafichte sagen.
Die Europäische Lärche sollte auf die mäßig frischen Standorte beschränkt bleiben, Anbauversuche mit der Japanischen Lärche und mit der Weißtanne sollten nur auf den frischen Standorten vorgenommen werden.
Insgesamt gesehen sind auf den beschriebenen Böden artenreiche, wüchsige Laubmischwälder mit einem relativ hohen Anteil an Edellaubbaumarten möglich. Es bestehen außerdem gute Anbaumöglichkeiten für bestimmte Nadelbaumarten, insbesondere für die Douglasie.

Assessor des Forstdienstes
Paul Eiermann
Forstplanung Saarbrücken
Maler-Lauer-Straße 2
6690 St. Wendel

Werner Decklar

Einsaaten und Pflanzungen sowie Entwicklung der Vegetation auf dem Hellerberganschnitt der A 62 bei Freisen im Saarland

Sown and Planted Areas; Vegetation Development on the Hellerberg Cut along the A 62 Expressway near Freisen, Saarland

Zusammenfassung:
Im Jahr 1982 wurden die auf dem Hellerberganschnitt der A 62 bei Freisen im Saarland auftretenden Bäume, Sträucher, Gräser und Kräuter mit Hilfe von Pflanzentransekten erfaßt. Als Ergebnis stellte sich heraus, daß nach mehr als 10 Jahren nach der Pflanzung bzw. Einsaat die unteren zwei Drittel der Böschung eine mehr oder weniger zufriedenstellende Vegetationsdecke zeigen. Die drei oberen überwiegend aus Felsen bestehenden Böschungen weisen fast keinen Bewuchs auf. Den Tabellen 1–8 können die künstlich eingebrachten Pflanzenarten und die zwischen 1971 und 1982 auf natürlichem Wege angekommenen Pflanzenarten entnommen werden.

Summary:
In 1982, plant cross sections were made of the Hellerberg Cut along the A 62 Expressway near Freisen, Saarland, to list all trees, bushes, shrubs, herbs and grasses on the embankment. The results indicated that, 10 years after sowing or planting, the lower two thirds of the embankment had a more or less satisfactory vegetation cover. While the upper three terraces, consisting mainly of rock, showed almost vegetation at all. Tables 1–3 show the sown or planted varieties and the varieties which sprang up naturally.

Die im Jahr 1982 vorgenommene Untersuchung der Vegetation auf dem Hellerberganschnitt der A 62 wurde so angelegt, daß die Pflanzentransekte über den Rutschkörper führten (Abb. 1). Da am Abriß (senkrechte Felswand) keine Vegetation zu finden ist, wurde ein Versprung zur Hangmitte hin vorgenommen (Abb. 1).

1. Gehölze

Der Ansatzpunkt für die Erfassung des Gehölzbestandes liegt am Böschungsfuß nahe der Autobahn. Die Aufnahme umfaßt einen Geländestreifen von etwa 20 m Breite. An jeder Hangkante, z. B. dem Übergang von der Böschung zur Berme, wurde die Aufnahme abgeschlossen. Als Ergebnis der Untersuchung (Tab. 1) ist festzustellen, daß die unteren 2/3 der Böschung eine relativ zufriedenstellende Vegetation zeigen. Die drei oberen Böschungen weisen fast keinen Bewuchs auf. Lediglich in den Felstaschen oder kleineren Verklüftungen hat sich Verwitterungsmaterial angesammelt, auf dem sich eine kärgliche Vegetation von Gräsern und einigen Kräutern angesiedelt hat. In diesem Bereich geht die Verwitterung nur sehr langsam vonstatten, zumal es sich hier um angeschnittenen Fels (Melaphyr) handelt.

Gartenmeister W. Decklar
Staatliches Straßenbauamt
Saarbrücken
Halbergstraße 84–86
6600 Saarbrücken

Abb. 1
Pflanzentransekte am Hellerberganschnitt der A 62 bei Freisen im Saarland in 9 Abschnitten. Die Abb. ist ohne Maßstab. HA = Hangabschnitt

Fig. 1
Plant transection at the Hellerberg cut of the A 62 near Freisen/Saarland into 9 sections. The diagram is without scale. HA = slope section

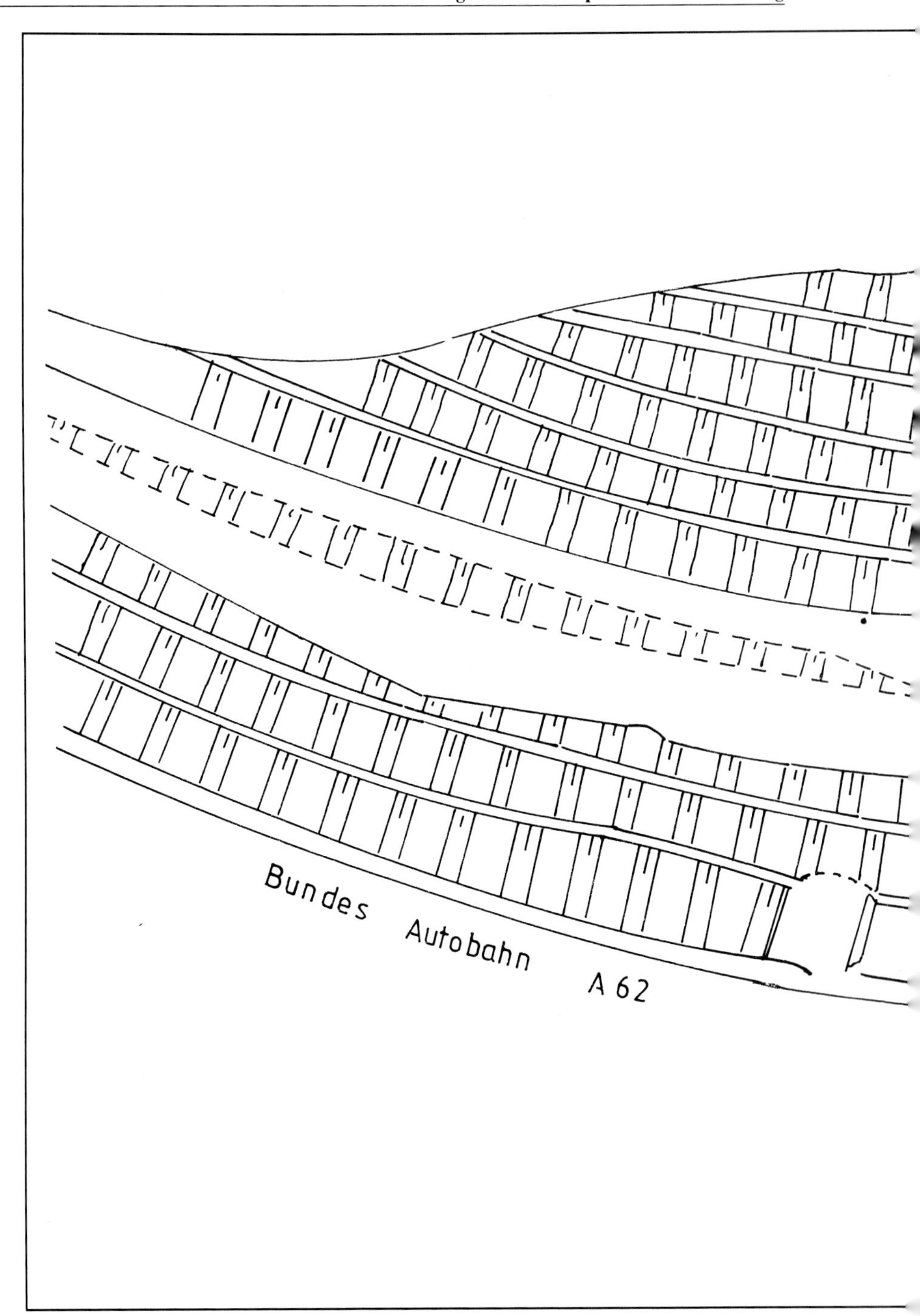

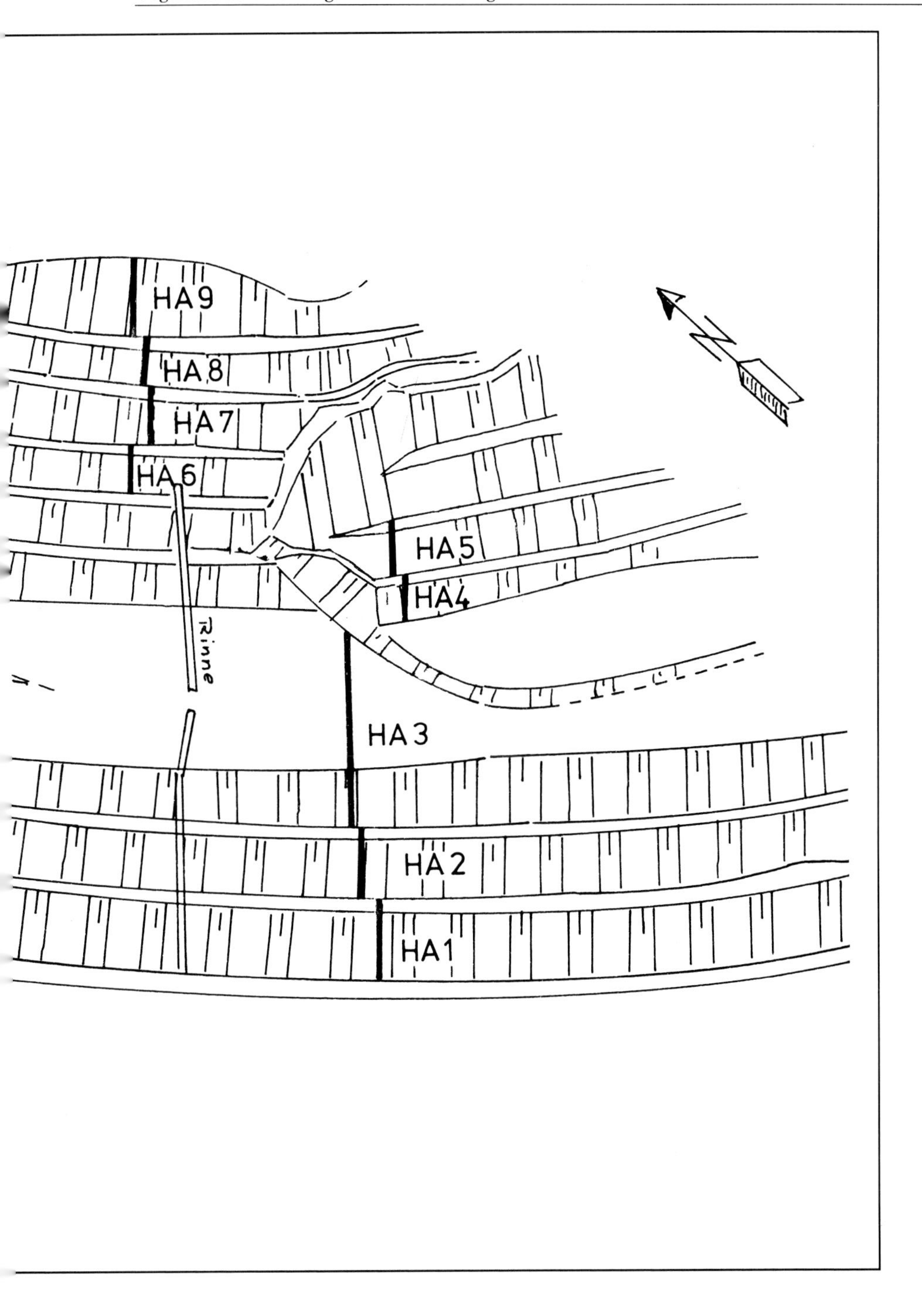
HA9
HA8
HA7
HA6
HA5
HA4
Rinne
HA3
HA2
HA1
N

Pflanzenart	Hangabschnitte																	
	HA 1		HA 2		HA 3		HA 4		HA 5		HA 6		HA 7		HA 8		HA 9	
	/	–	/	–	/	–	/	–	/	–	/	–	/	–	/	–	/	–
Acer campestre	c ·		a ·		b	a	e ·		·		·		·		·			
Ligustrum vulgare	a		d ·	b	c													
Salix caprea		b	b		a°				b°	b	c°	a	a					
Corylus avellana	a					b												
Acer platanoides	a																	
Quercus robur	a																	
Acer ginnala	a						d											
Lonicera xylosteum	b				a													
Carpinus betulus	c					b												
Robinia Pseudacacia			d°															
Tilia cordata			a	a	a													
Populus tremula			a						a		a							
Prunus spinosa			b		a	b												
Acer pseudoplatanus			a	a														
Pyrus communis			d															
Caragana arborescens			a															
Betula pendula			a															
Sambucus nigra			a	a														
Prunus padus					b													
Rosa canina					b	b												
Fraxinus excelsior						a												
Prunus avium						a												
sorbus aucuparia						a												
Hippophae rhamnoides						a												
Populus alba ssp. nivea						a				a								
Sambucus racemosa						a										a	a	
Viburnum opulus							c											
Viburnum lantana									a									
Alnus glutinosa										a								
Alnus incana						b												

Tabelle 1: Transekt der Gehölze am Hellerberganschnitt der A 62 bei Freisen im Saarland. Die Böschungsabschnitte sind unterteilt in / (Böschung) und – (Berme). Für die Pflanzenanzahl steht: a = 1 bis 5, b = 6 bis 10, c = 11 bis 15, d = 16 bis 20, e = 21 und mehr; die spontan aufgegangenen Arten sind durch ° gekennzeichnet. Die Lage der einzelnen Teiltransekte sind in der Abbildung 1 dargestellt.

Chart 1: Transection of shrubs at the Hellerberg cut A 62 near Freisen/Saarland. The embankment sections are separated into / (embankment) and – (berm.). The plants are classified as follows : a = 1 to 5, b = 6 to 10, c = 11 to 15, d= 16 to 20, e = 21 and more, the spontaneously grown species are marked °. The location of the individual transection parts are shown in fig. 1

Die Randzonen des Hanganschnittes zeigen deutlich eine Übergangsvegetation zu den bestehenden Waldbeständen mit Ginster und Traubenholunder auf.
Die einzelnen Bermen sollten begehbar bleiben und wurden seinerzeit nicht mit Gehölzen bepflanzt. Einzelne Gehölze haben sich von selbst angesiedelt bzw. wurden aus unerklärlichen Gründen gepflanzt.
Die Begrünung des Hanges erfolgte in verschiedenen Abschnitten. Das Staatliche Straßenneubauamt Kaiserslautern nahm 1971 eine mutterbodenlose Begrünung vor und bepflanzte im Jahr 1972 Teile der Böschung mit Gehölzen. Eine Ergänzungspflanzung erfolgte 1979 durch das Staatliche Straßenneubauamt Saarbrücken.
Die Entwicklung der Pflanzen im unteren Teil des Hellerberges geht ja nach Stärke der verwitterten oder durch Erosion abgelagerten Schicht nur langsam voran. Im oberen Bereich (Hartgestein, Melaphyr) verhindert die sehr geringe Verwitterung eine normale Vegetationsentwicklung. Auf dem bis 55° C anzeigenden Thermometer wurde am 12. Juli 1982 dicht an der Oberfläche um 14.00 Uhr der Wert von 55° C abgelesen.

Pflanzenart und Anteil an der Saatgutmischung von 1971	Böschungsbereich	
	unten	oben
Festuca ovina – Schafschwingel (20%)	+	+
Trifolium repens – Weißklee (2%)	+	+
Lupinus perennis – Dauerlupinie (4%)	+	+
Poa pratensis – Wiesenrispe (15%)	+	–
Festuca rubra ssp. eurubra – Rotschwingel (12%)	+	–
Avenella flexuosa – Drahtschmiele (5%)	+	–
Lotus corniculatus – Hornschotenklee (4%)	+	–
Poa nemoralis – Hain-Rispengras (9%)	–	+
Lolium perenne – Weidelgras (15%)	–	–
Cynosurus cristatus – Kammgras (7%)	–	–
Agrostis tenuis – Rotes Straußgras (7%)	–	–

Tabelle 2: Vom staatl. Straßenneubauamt Kaiserslautern auf dem Hellerberganschnitt der A 62 Freisen im Jahr 1971 aufgebrachten Saatgutmischung mit Angaben über das Vorkommen der Arten 1982 unterschieden in untere (Buntsandstein und Rotliegendes) und obere (Melaphyr) Böschungsbereiche (+ = vorhanden, – = nicht vorhanden).

Chart 2: Seedcomposition supplied by the Public New Road Surveyor's Office Kaiserslautern in 1971 at the Hellerberg cut of the A 62 Freisen with indications as to species existing in 1982, separated into lower (variegated sand stone and Rotliegendes) and upper (Melaphyr) embankments (+ = existing, – = not existing)

Tabelle 3: Pflanzenarten, die sich spontan auf dem Hellerberganschnitt der A 62 bei Freisen eingefunden haben. Bei der Aufnahme im Jahr 1982 wurde zwischen unterem und oberem Böschungsbereich unterschieden (+ = vorhanden, − = nicht vorhanden).
Chart 3
Plant species spontaneously grown at the Hellerberg cut of the A 62 near Freisen. For the survey in 1982, the lower and upper embankment sections were separated (+ = existing, − = not existing)

2. Ansaat

Die vom Staatlichen Straßenneubauamt Kaiserslautern im Jahr 1971 eingesäten Pflanzenarten sind in Tabelle 2 dargestellt. Vorherrschend waren im Jahr 1982 auf der gesamten Böschung Schafschwingel (Festuca ovina), Dauerlupine (Lupinus perenne) und Weißklee (Trifolium repens). Alle anderen in der Tabelle 2 mit einem Kreuz versehenen Arten treten nur vereinzelt auf. Die zwischen 1971 und 1982 auf natürlichem Wege angekommenen Pflanzenarten enthält die Tabelle 3. Die Bestimmung der Gräser und Kräuter wurde gemeinsam mit Dr. Sauer vom Botanischen Institut der Universität des Saarlandes in Saarbrücken vorgenommen.

Pflanzenart	Böschungsbereich	
	unten	oben
Achillea millefolium – Schafgarbe	+	+
Artemisia vulgaris – Beifuß	+	+
Galium mollugo – Wiesen-Labkraut	+	+
Plantago lanceolata – Spitzwegerich	+	+
Picris hieracioides – Bitterkraut	+	+
Cirsium vulgare – Gewöhnl. Kratzdistel	+	−
Dactylis glomerata – Knäuelgras	+	−
Daucus carota – Wilde Möhre	+	−
Festuca arundinacea – Rohrschwingel	+	−
Hypericum perforatum – Johanniskraut	+	−
Melilotus albus – Weißer Steinklee	+	−
Medicago lupulina – Hopfenklee	+	−
Rumex crispus – Krauser Ampfer	+	−
Senecio jacobaea – Jakobsgreiskraut	+	−
Tripleurospermum inodorum – Geruchlose Kamille	+	−
Vicia hirsuta – Behaarte Wicke	+	−
Ceratodon purpureus – Purpur-Moos	−	+
Cirsium arvense – Acker-Kratzdistel	−	+
Crepis capillaris – Kleinköpfiger Pipau	−	+
Epilobium angustifolium – Schmalblatt-Weidenröschen	−	+
Hieracium umbellatum – Dolden-Habichtskraut	−	+
Hypochoeris radicata – Gewöhnl. Ferkelkraut	−	+
Lapsana communis – Rainkohl	−	+
Lathyrus sylvestris – Wald-Platterbse	−	+
Leucanthemum vulgare – Wiesen-Margerite	−	+
Rumex obtusifolius – Stumpfblättriger Ampfer	−	+
Senecio viscosus – Klebriges Greiskraut	−	+

Rolf Johannsen

Zur Entwicklung von Busch- und Heckenlagen am Hellerberganschnitt bei Freisen im Saarland seit dem Frühjahr 1980

On the Development of Bushlayer and Hedge-bushlayer Construction at the Hellerberg cut near Freisen, Saarland, Since Spring 1980

Zusammenfassung:
Die Entwicklung von Busch- und Heckenlagen auf Versuchsflächen am Hellerberg im Saarland wird beschrieben. Dabei werden die drei unterschiedlichen Standorte kurz vorgestellt. Die Beobachtungen auf den Versuchsflächen werden tabellarisch für die einzelnen Pflanzen zusammengestellt. Einzelne ausgegrabene Pflanzen werden abgebildet. Es sind arttypische und standorttypische Wuchsformen der Pflanzen erkennbar.

Summary:
The development of bushlayer and hedge-bushlayer construction in experimentation areas on the slopes of the Hellerberg is described. The three different locations are presented briefly. The observations made in the experimentation areas are presented in tabulated form for each of the plant species.
There are illustrations of individual plants taken out of ground. They show growth patterns typical for the species as well as for the given habitat.

1. Einleitung

Im Rahmen eines Gutachtens zur Sanierung der Bodenerosion am Hellerberganschnitt bei Freisen (BEGEMANN 1980) wurden von Herrn Begemann, Herrn Schampanis und mir im Frühjahr 1980 Feldversuche mit Hecken- und Buschlagen angelegt.
Im August 1982 wurden diese Versuchspflanzungen von den Herren Bergehoff, Hähne, Preim und von mir teilweise wieder aufgegraben. Dabei wurden die Wurzelbilder studiert und vermessen.

2. Der Standort

Die Versuchsflächen befinden sich in der Mitte des Hellerberganschnittes etwa 490 bis 520 m über NN. Der Hang ist südwest-exponiert und liegt an der Luvseite des Gebirgszuges. Die mittleren Niederschlagsmengen betragen im Raum Freisen 950 mm pro Jahr. Am Hellerberg wurden drei unterschiedliche Gesteinsarten angeschnitten. Diese bilden unterschiedliche Böden aus. Aus dem Verwitterungsschutt aller drei Gesteinsarten wurden Bodenproben entnommen. Diese wurden von Professor Herrmann Schütz bodenmechanisch und von der Forschungsanstalt Geisenheim chemisch untersucht.

2.1 Rotliegendes

Das Rotliegende steht im unteren Teil des Hellerberges an. Die Versuchshecken- und Buschlagen wurden in der Mitte einer ca. 10 m hohen und 45° steilen Böschung angeordnet (Abb. 1).
Das Rotliegende besteht aus wechselnden Schichten von Ton- und Sandstein. Die untersuchte Probe besteht aus Sandsteingrus und hat einen Reibungswinkel von 29,5° und eine Kohäsion von 4 N/cm². Der pH-Wert liegt bei 7,7. Der Boden ist wie folgt mit Nährstoffen versorgt: Calcium 0,29‰, Stickstoff 0,0‰, Phosphor 0,0‰, Kalium 0,002‰.
Im Bereich der Versuchsflächen befindet sich nur eine Rohbodenauflage von 0 bis 30 cm. Diese ist fast humusfrei. Dahinter befindet sich glatter, nicht klüftiger Fels.

2.2 Magmatite

Die Magmatite stehen im oberen Abschnitt des Hellerberges an. Die Hecken- und Buschlagen wurden in einem Schuttkegel unterhalb einer 6 m hohen Abbruchkante eingebaut. An dieser Stelle stehen direkt nebeneinander Melaphyr und Phänoandesit an.

Abb. 1
Der Hellerberganschnitt bei Freisen im Saarland.
Lageplan mit Versuchsflächen

Fig. 1
The Hellerberg intersection near Freisen/Saarland. Layout plan with test-surface.

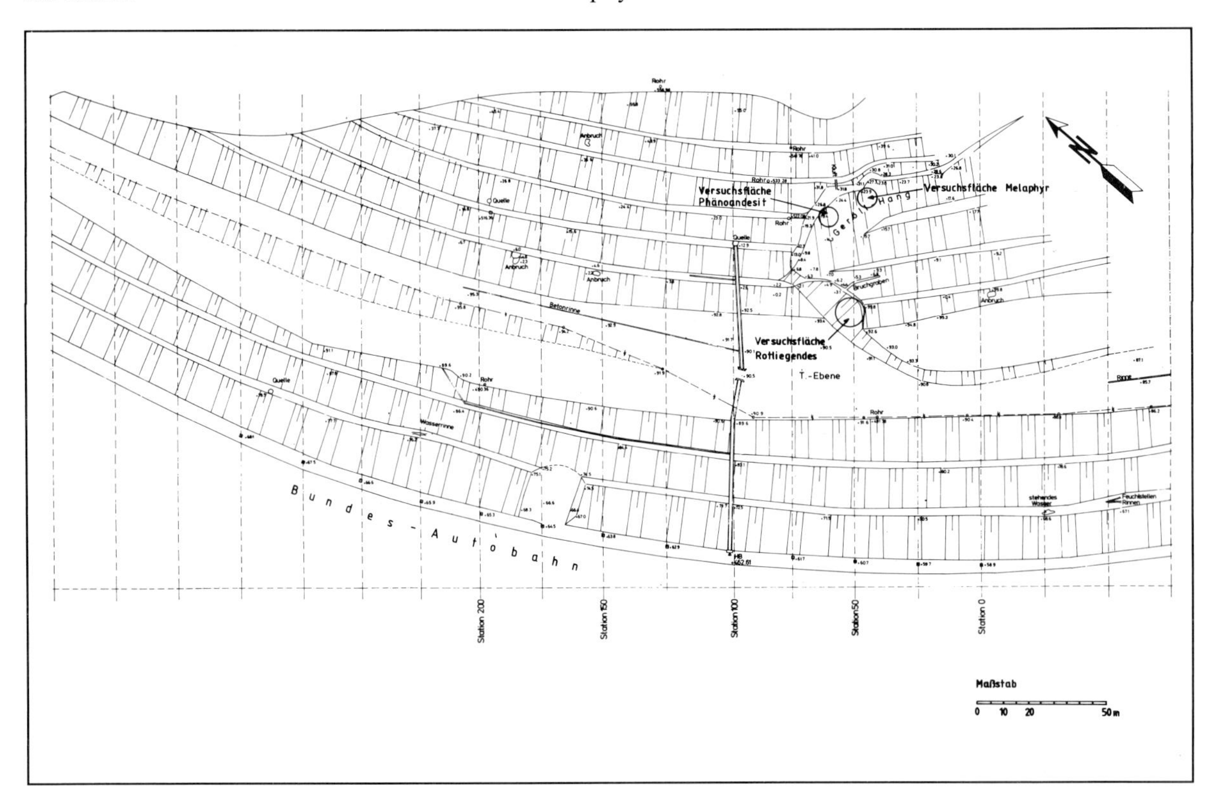

2.3 Der Melaphyr

Der Melaphyr verwittert zu einem gleichförmigen Sand und Grus mit einem Reibungswinkel von 28° und einer Kohäsion von 5 N/cm^2. Sein pH-Wert liegt bei 5,8 und er ist wie folgt mit Nährstoffen versorgt: Calcium 0,047‰, Stickstoff 0,0‰, Phosphor 0,004‰, Kalium 0,001‰. Der Grus ist humuslos.

2.4 Der Phänoandesit

Der Phänoandesit verwittert zu kantigen Steinen, Grus und Sand. Für den Grus wurde ein Reibungswinkel von 29,5° und eine Kohäsion von 2 N/cm^2 ermittelt. Er hat einen pH-Wert von 5,75 und ist wie folgt mit Nährstoffen versorgt: Calcium 0,071‰, Stickstoff 0,006‰, Phosphor 0,002‰, Kalium 0,001‰. Der Grus ist fast humusfrei.
Beide Versuchsflächen im magmatischen Bereich liegen unmittelbar unter einer Abbruchwand, so daß hier Steinschlag und Überschotterung eine wesentliche Rolle spielen.

3. Die Lebendbauweisen

Die Pflanzen und die Bauweisen wurden auf Grund örtlicher Beobachtungen, der Fachliteratur und der gutachterlichen Stellungnahme von SCHIECHTL (1979) ausgewählt. Der Versuch wurde am 24. 4. 1980 angelegt.
Es wurden Buschlagen aus Korbweide (Salix viminalis) hergestellt. Hierbei wurde nach SCHIECHTL (1973) vorgegangen. Es wurden Riefen etwa 50 cm tief in den Hang hineingeschlagen. Die auf dem gegenüberliegenden Hang geworbenen Weidenäste von 60–100 cm Länge und 1,0 bis 2,0 cm Stärke wurden kreuzweise in die Riefen gelegt, so daß sie ca. 10° nach hinten geneigt waren. Es wurden etwa 10 Weidenäste auf einen lfd. m Buschlage eingebaut.
Im Rotliegenden wurde außerdem eine Buschlage aus Salweide (Salix caprea × cinerea) gebaut.
Die Heckenlagen enthalten folgende Pflanzen:

Weißer Hartriegel (Cornus alba) Jpf. 100/150
Salweide (Salix caprea × cinerea) bew. Sth. 80/120
Hirschholunder (Sambucus racemosa) Jpf. 100/150
Besenginster (Sarothamnus scoparius) Jpf. 30/40 im Container ∅ 10 cm
Gemeine Schneebeere (Symphoricarpos rivularis) Jpf. 60/100

Die Heckenlagen wurden nach SCHIECHTL (1973) gebaut. Es wurden Riefen etwa 50 cm tief in den Hang hineingeschlagen. Die Pflanzen wurden mit 10° Neigung nach hinten in die Lage eingebaut. Hierbei wurden etwa 7 Pflanzen pro lfd. m Riefe gelegt. Danach wurde die Riefe mit anstehendem Verwitterungsgrus wieder verfüllt.

4. Beobachtung der Busch- und Heckenlagen zwischen 1980 und 1982

In den Jahren 1980 bis 1982 wurde die Entwicklung des Triebwachstums der eingebauten Pflanzen beobachtet. Im August 1982 wurden einzelne Pflanzen wieder ausgegraben und deren Wurzelsysteme studiert. Die Ergebnisse dieser Beobachtungen werden in den Tabellen 1 bis 4 getrennt für die einzelnen Pflanzenarten dargestellt: Die Abbildungen 2 bis 10 stellen einzelne ausgegrabene Pflanzen dar. Alle Maßangaben sind in cm. Die Stärken von Wurzeln und Sprossen wurden etwa 3 cm vom Ansatz entfernt gemessen. Es wurden kaum Wurzeln vollständig freigelegt. Die angegebenen Längen gelten für die freigelegten Teilstücke.

5. Literatur

BEGEMANN, W., 1980: Stabilisierung der Bodenerosion am Hellerberg. Ingenieurbiologisches Gutachten.
SCHIECHTL, H. M., 1973: Sicherungsarbeiten im Landschaftsbau. Callwey Verlag München.
SCHIECHTL, H. M., 1979: Gehölze für Lebendverbauung am Hellerberg/Freisen. Ingenieurbiologisches Gutachten.

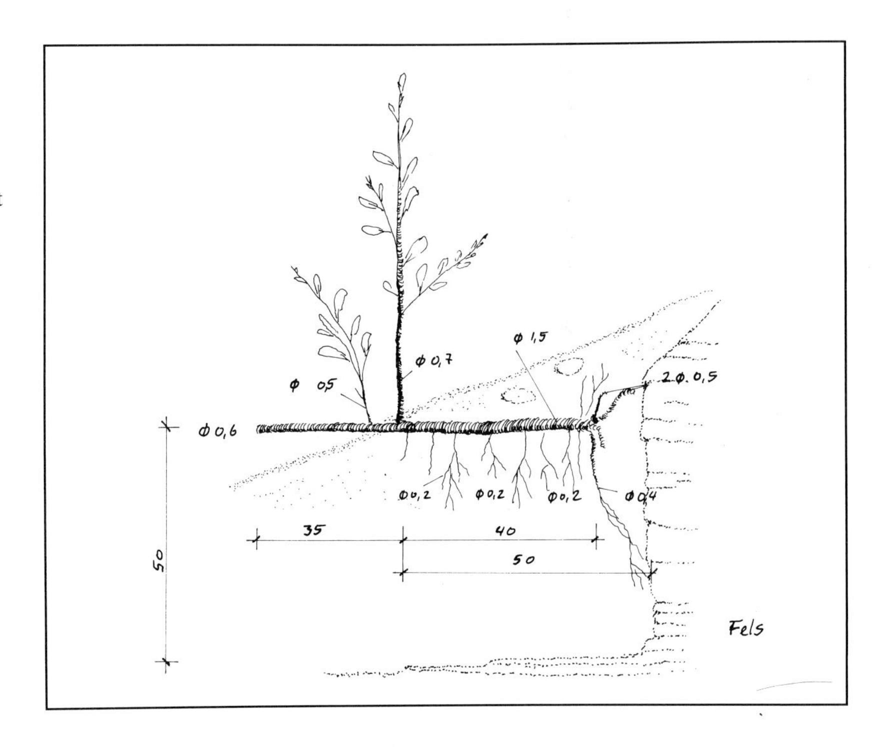

Abb. 2
Entwicklung der Salweide aus Heckenlagen im Rotliegenden am Hellerberg bei Freisen im Saarland.

Fig. 2
Development of the salix caprea out of hedge-layers in the Rotliegende on the Hellerberg near Freisen/ Saarland

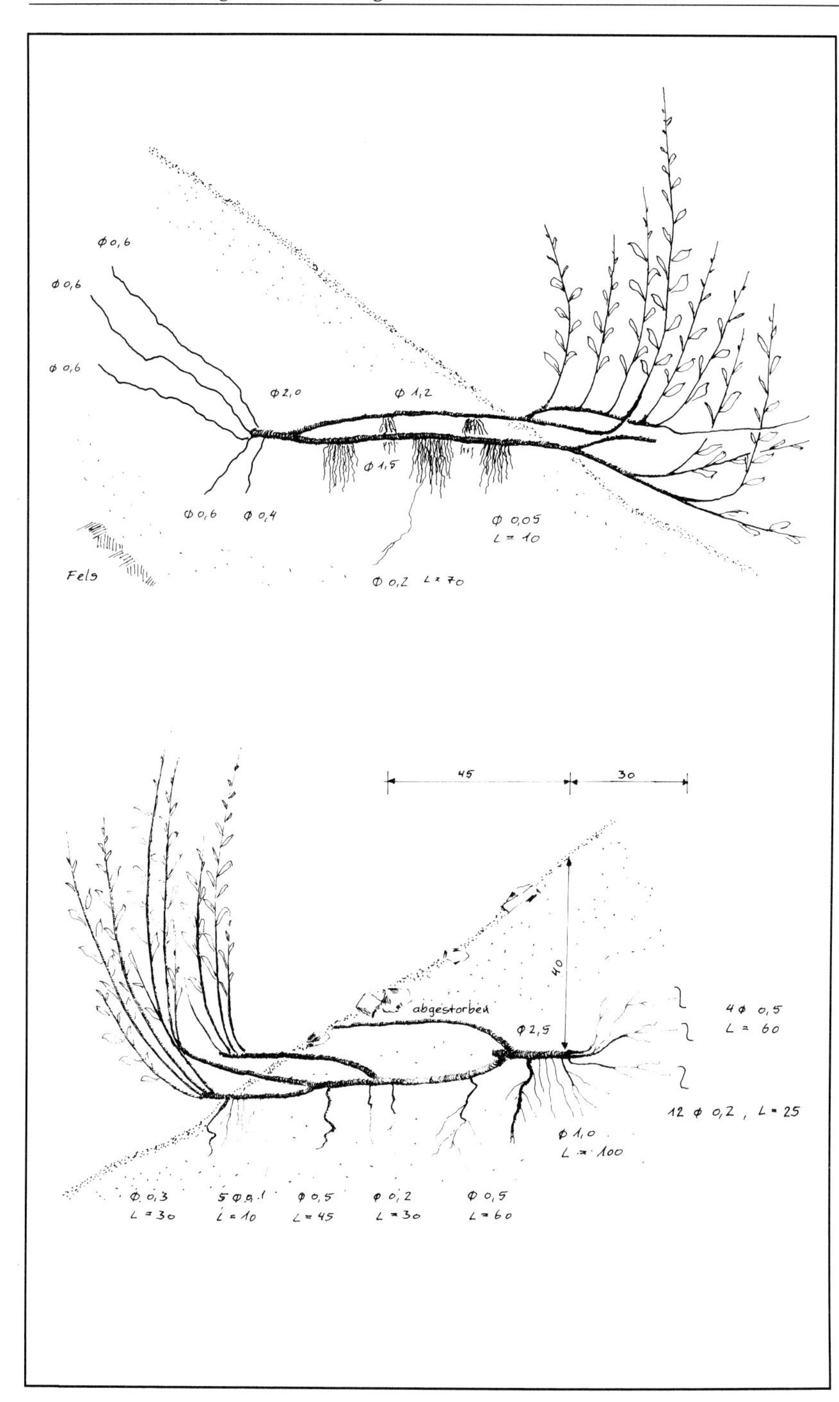

Abb. 3
Entwicklung der Salweide aus Heckenlagen in Melaphyr am Hellerberg bei Freisen im Saarland.
Alle Maße in cm

Fig. 3
Development of the Salix caprea out of hedge-layers in the Melaphyr on the Hellerberg near Freisen/Saarland.
Unit of measure: cm

Abb. 4
Entwicklung der Salweide aus Heckenlagen im Andesit am Hellerberg bei Freisen im Saarland.
Alle Maße in cm

Fig. 4
Development to the salix caprea out of hedge-layers in the Andesit on the Hellerberg near Freisen/Saarland
Unit of measure: cm

Abb. 5
Entwicklung der Korbweide aus Buschlagen im Rotliegenden am Hellerberg bei Freisen im Saarland.

Fig. 5
Development of salix viminalis out of hedge-layers in the Rotliegende on the Hellerberg near Freisen/ Saarland.

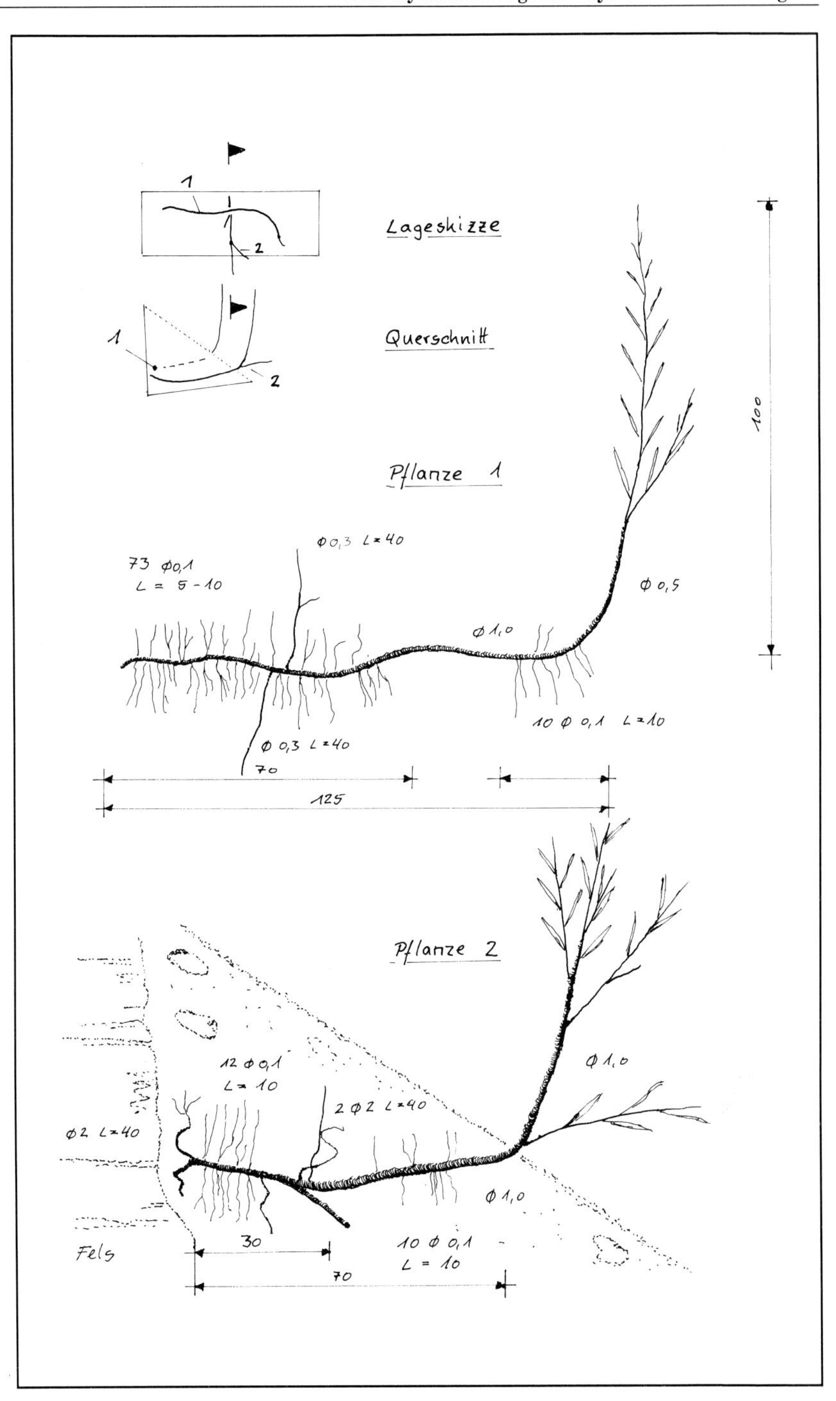

Abb. 6
Entwicklung der Korbweide aus Buschlagen im Melaphyr am Hellerberg bei Freisen im Saarland. Alle Maße in cm

Fig. 6
Development of salix viminalis out of hedge-layers in the melaphyr on the Hellerberg near Freisen/Saarland, unit of measure: cm

Abb. 7
Entwicklung der Korbweide aus Buschlagen im Phänoandesit am Hellerberg bei Freisen im Saarland.

Fig. 7
Development of salix viminalis out of hedge-layers in phaenoandesite on the Hellerberg near Freisen/ Saarland

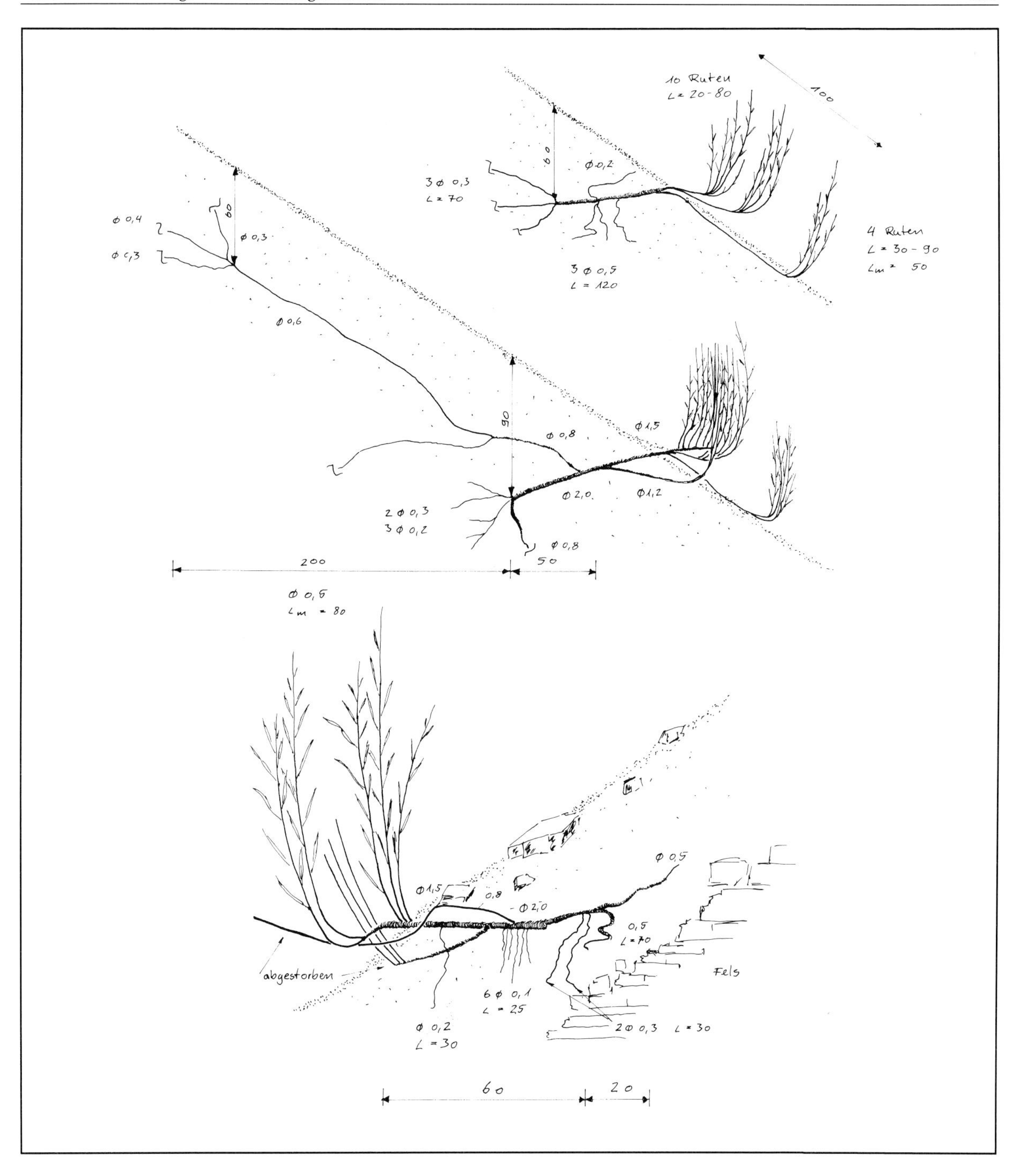
10 Ruten
L = 20-80
100
60
Φ 0,2
3 Φ 0,3
L = 70
4 Ruten
L = 30 - 90
Lm = 50
3 Φ 0,5
L = 120
80
Φ 0,4
Φ 0,3
Φ 0,3
Φ 0,6
90
Φ 0,8
Φ 1,5
Φ 2,0
Φ 1,2
2 Φ 0,3
3 Φ 0,2
Φ 0,8
200
50
Φ 0,5
Lm = 80
Φ 0,5
Φ 1,5
0,8
Φ 2,0
0,5
L = 70
abgestorben
Fels
6 Φ 0,1
L = 25
Φ 0,2
L = 30
2 Φ 0,3 L = 30
60
20

Abb. 8
Entwicklung des Hirschholunders aus Heckenlagen im Rotliegenden am Hellerberg bei Freisen im Saarland.
Alle Maße in cm

Fig. 8
Development of Sambucus racemosa out of hedge-layers in Rotliegenden near Freisen/Saarland, unit of measure: cm

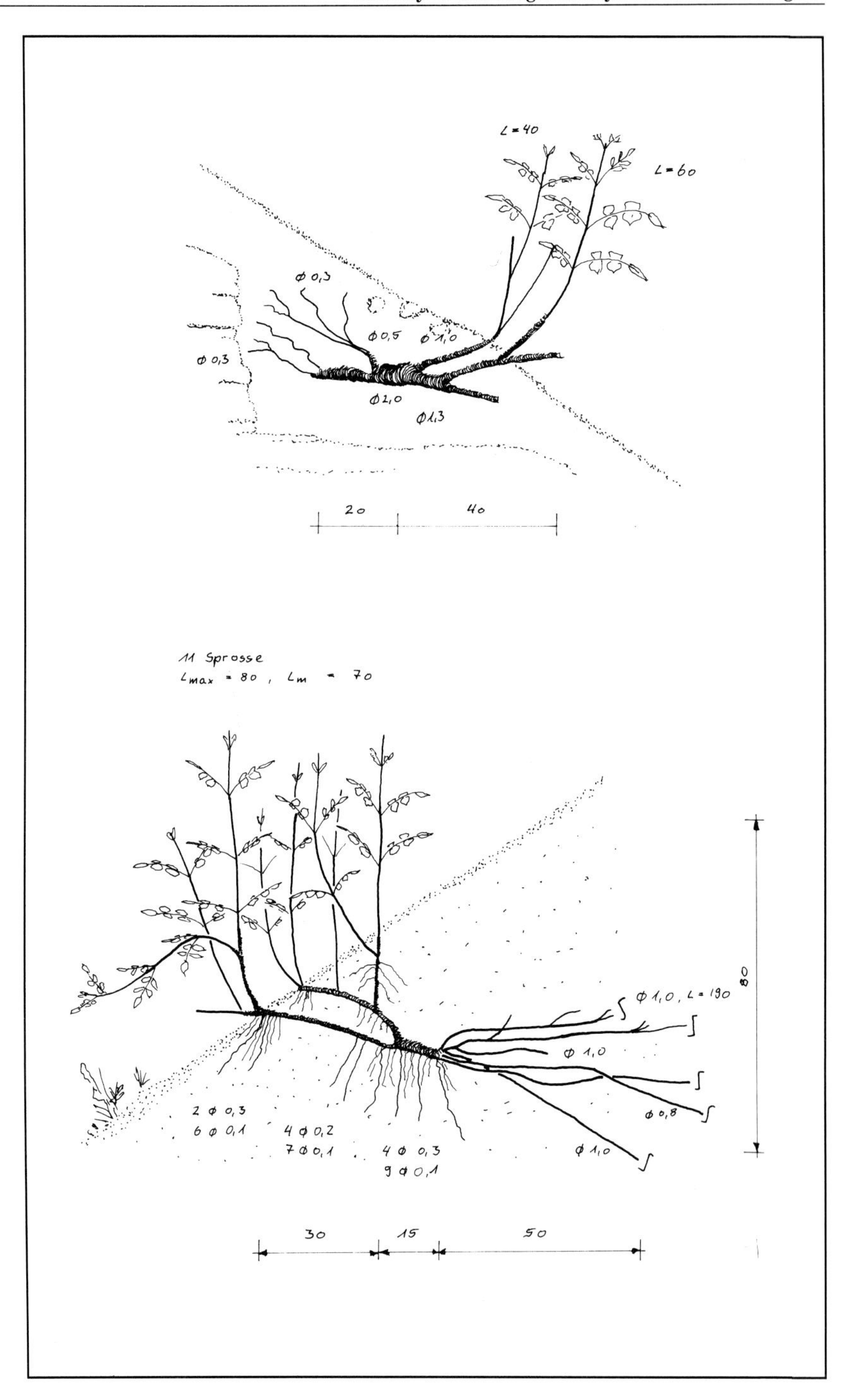

Abb. 9
Entwicklung des Hirschholunders aus Heckenlagen am Hellerberg bei Freisen im Saarland.
Alle Maße in cm

Fig. 9
Development of Sambucus racemosa out of hedge-layers near Freisen/Saarland, unit of measure: cm

Abb. 10
Entwicklung des Hirschholunders aus Heckenlagen im Andesit am Hellerberg bei Freisen im Saarland.
Alle Maße in cm

Fig. 10
Development of Sambucus racemosa out of hedge-layers on the Hellerberg near Freisen/Saarland, unit of measure: cm

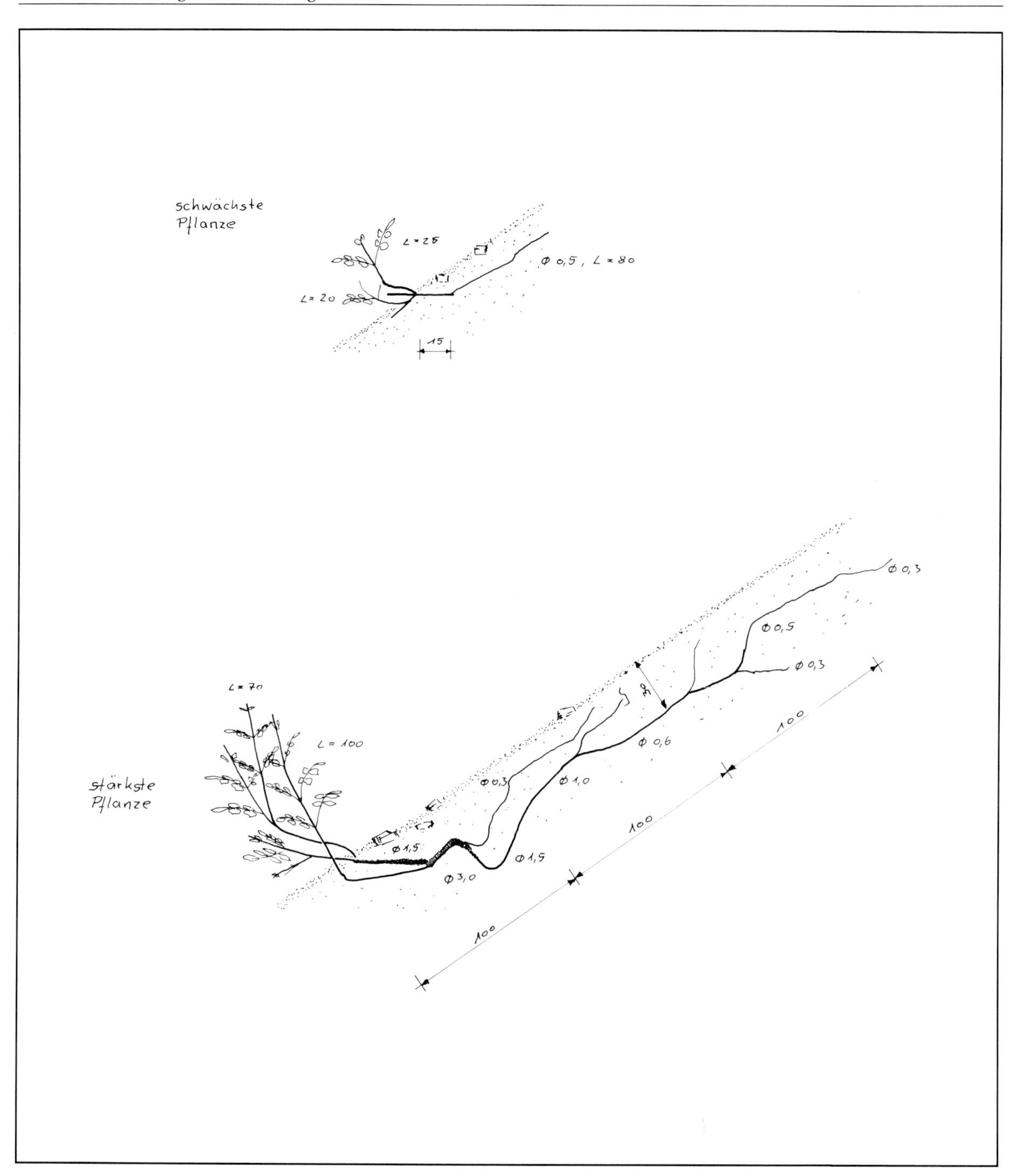
schwächste
Pflanze
L = 25
Ø 0,5 , L = 80
L = 20
15
stärkste
Pflanze
L = 70
L = 100
Ø 0,3
Ø 0,5
Ø 0,3
30
Ø 0,6
Ø 0,3
Ø 1,0
Ø 1,5
Ø 1,5
Ø 3,0
100
100
100

Datum und Bemerkungen	Rotliegendes	Melaphyr	Phänoandesit
24. 4. 1980	Einbau von je 10 Jungpflanzen 80/120		
9. 8. 1980	10 angewachsen	10 angewachsen	10 angewachsen
25. 5. 1981	10 lebend, aber nur bei 2 Jungpflanzen Sprosse lebend, bei 8 Pflanzen Sprosse abgestorben, diese Pflanzen treiben jedoch aus der Basis nach; Trieblängen 20–30 cm.	10 lebend, nur 4 Sprosse lebend; 6 Pflanzen treiben aus der Basis nach; Sproßlängen 10 cm.	7 lebend, stark verschüttet; 4 Sprosse trocken, 6 zerschlagen, aus der Basis nachgetriebene Sprosse 10–15 cm lang.
14. 8. 1982	15 Sprosse mit einer maximalen Länge von 80 cm, mittlere Länge 40 cm. Wurzeln über 40 cm Länge bei 0,3 cm Stärke.	42 Sprosse mit einer maximalen Länge von 80 cm und einer mittleren Länge von 40 cm. Hauptwurzeln 0,5–0,6 mm stark, wachsen in 50 cm Tiefe parallel zum Böschungsverlauf nach oben; Nebenwurzeln bilden dichten Wurzelfilz (Abb. 3).	35 Sprosse mit einer maximalen Länge von 80 cm, mittlere Länge 40 cm, Haupttriebe stark verzweigt und teilweise abgeschlagen, Basis 10–20 cm überschottert. Die maximale Wurzelstärke beträgt 0,8 cm bei über 70 cm Länge. Die Hauptwurzeln von 0,5–0,8 cm Stärke laufen in ca. 30 cm Tiefe parallel zur Böschung nach oben (Abb. 4).
Besondere Beobachtungen	Die Wurzeln der Jungpflanzen wurden beim Einlegen gegen den anstehenden Fels verbogen und gestaucht (Abb. 2). Die Heckenlage war stark mit Lupinen durchwachsen. Die Lupinenwurzeln dringen im Gegensatz zu den Weidenwurzeln auch in die Verwitterungszone des Felses ein.		Die Länge der Wurzeln nach hinten war durch die Bruchlinie begrenzt. Bei Bewegungen des Rutschkörpers waren durchgehende Wurzeln gerissen. Danach wuchsen wieder neue Wurzeln durch die Bruchlinie.
Allgemeine Beobachtungen	Unter dem Einfluß von Schneedruck, Überschotterung und Steinschlag wächst die Salweide flach am Boden und bildet harfenförmige Ruten. Ihr Wurzelsystem ist ein dichtes Gewebe aus dünnen, sehnigen, braunen Wurzeln.		

Tabelle 1: Entwicklung der Salweide (Salix caprea x cinerea) in den Heckenlagen am Hellerberg bei Freisen im Saarland.

Chart 1: Development of a goat's willow (Salix caprea x cinerea) in the hedge layers at the Hellerberg near Freisen/Saarland

Datum und Bemerkungen	Rotliegendes	Melaphyr	Phänoandesit
24. 4. 1980	Einbau von je 10 Ästen von 1–2 cm Stärke und 60–100 cm Länge		
9. 8. 1980	keine Beobachtung	8 lebende Pflanzen	3 lebende Pflanzen
25. 5. 1981	keine Beobachtung	8 lebende Pflanzen, Sprosse im Mittel 25 cm lang	3 Pflanzen mit insgesamt 4 Trieben, maximale Sproßlänge 40 cm, mittlere Länge 25 cm.
15. 8. 1982	6 Sprosse mit einer maximalen Länge von 100 cm und einer mittleren Länge von 80 cm; vom Wild verbissen. Die Wurzeln haben eine maximale Stärke von 0,3 cm bei über 40 cm Länge. Die mittlere Stärke der Wurzeln besträgt 0,1 cm. Die oberen 20 cm der Lage werden intensiv durchwurzelt (Abb. 5).	In der Buschlage 27 Sprosse mit einer maximalen Länge von 120 cm und einer mittleren Länge von 70 cm; 100 cm unterhalb der Lage 4 Sprosse mit einer mittleren Länge von 60 cm, Lage ca. 20 cm überschüttet. Wurzeln mit einer maximalen Stärke von 0,7 cm und über 200 cm Länge. Die Hauptwurzeln laufen in etwa 70 cm Tiefe parallel zum Hang nach oben. Mittlere Wurzelstärke 2–3 mm (Abb. 6).	12 Sprosse mit einer maximalen Länge von 120 cm und einer mittleren Länge von 55 cm; starke Überschotterung der Triebe; Wurzeln von maximal 0,5 cm Stärke und über 70 cm Länge; Wurzeln im Mittel 0,1–0,2 cm stark und über 30 cm lang (Abb. 7).
Besondere Beobachtungen	Die Korbweide wächst im Verband mit Lupine und Habichtskraut. Im Gegensatz zu den Weidenwurzeln gehen die Lupinenwurzeln senkrecht nach unten in den verwitterten Fels. Sie sind 0,5–1,0 cm stark und über 60 cm lang.	Oberhalb der Buschlage ist der Boden vegetationsfrei. Unterhalb haben sich Disteln angesiedelt (10 Stück/m^2).	
Allgemeine Beobachtungen	Die Korbweide ist resistent gegen Steinschlag und Überschotterung. Unter dem Einfluß von Schneedruck und Überschotterung bildet sie harfenförmige Sprosse aus. Die Farbe der Blätter war auf allen drei Standorten gelbgrün. Die Wurzeln sind dünn, sehnig und braun.		

Tabelle 2: Entwicklung der Korbweide (Salix viminalis) in den Buschlagen am Hellerberg bei Freisen im Saarland.

Chart 2: Development of a basket willow (Salix viminalis) in the hedge layers at the Hellerberg near Freisen/Saarland

Datum und Bemerkungen	Rotliegendes	Melaphyr	Phänoandesit
24. 4. 1980	Einbau von je 10 Jungpflanzen 100/150		
9. 8. 1980	10 angewachsen	10 angewachsen	10 angewachsen
25. 5. 1981	9 Pflanzen lebend, nur bei einer Pflanze Vorjahrestrieb lebend, 8 Pflanzen treiben aus der Basis nach. Sproßlängen 10–25 cm.	8 Pflanzen lebend, Vorjahrstriebe vertrocknet, teilweise zerschlagen, treiben aus der Basis 4–5 Sprosse pro Pflanze nach; maximale Länge 40 cm, mittlere Länge 30 cm.	10 Pflanzen lebend, alle Vorjahrstriebe vertrocknet, treiben aus der Basis 3–5 Sprosse pro Pflanze nach; maximale Länge 30 cm, mittlere Länge 20 cm.
15. 8. 1982	Maximale Sproßlänge 60 cm, mittlere Länge 40 cm, Wurzeln maximal 0,5 cm stark bei einer Länge über 30 cm, mittlere Wurzelstärke 0,3 mm (Abb. 8).	Maximale Sproßlänge 110 cm, mittlere Länge 70 cm; maximale Wurzelstärke 1,2 cm bei einer Länge über 70 cm, mittlere Wurzelstärke 0,5 cm. Die Hauptwurzeln laufen in 50–80 cm Tiefe parallel zur Böschung hangaufwärts (Abb. 9).	21 Sprosse mit einer maximalen Länge von 110 cm und einer mittleren Länge von 70 cm; maximale Wurzelstärke 1,5 cm bei über 320 cm Länge. Die Hauptwurzeln laufen in 30 cm Tiefe parallel zur Böschung hangaufwärts (Abb. 10).
Besondere Beobachtungen			Die Heckenlage hat 10–20 cm große Steine aufgehalten.
Allgemeine Beobachtungen	Der Hirschholunder hat eine deutlich ausgebildete Basis. Vom überschütteten Stamm gehen nur geringe Adventivwurzeln aus. Der Hirschholunder bildet wenige dicke, fleischige, gelbliche Wurzeln mit wenigen Verzweigungen aus.		

Tabelle 3 Entwicklung des Hirschholunders (Sambucus racemosa) in den Heckenlagen am Hellerberg bei Freisen im Saarland.

Chart 3: Development of Sambucus racemosa in hedge layers at the Hellerberg near Freisen/Saarland

Weißer Hartriegel (Cornus alba)

24. 4. 1980 Einbau von je 10 Jungpflanzen 100/150 pro Versuchsfläche als Heckenlagen.
8. 8. 1980 auf allen Standorten zu 90% angewachsen.
25. 5. 1981 auf allen Standorten lebend und vital, teilweise vom Wild verbissen.
14. 8. 1982 auf allen Standorten geschlossene Lagen.

Gemeine Schneebeere (Symphoricarpos rivularis)

24. 4. 1980 Einbau von je 10 Jungpflanzen 60/100 pro Versuchsfläche als Heckenlagen.
8. 8. 1980 auf allen Standorten zu 90% angewachsen, teilweise blühend.
14. 8. 1982 auf allen Standorten geschlossene Lagen.

Besenginster (Sarothamnus scoparius)

24. 4. 1980 Einbau von je 10 Jungpflanzen 30/40 mit Container von 10 cm Durchmesser pro Versuchsfläche als heckenlagenähnliche Bauweise.
8. 8. 1980 im Rotliegenden und Melaphyr 100% Anwuchs, im Phänoandesit 40% Anwuchs.
25. 5. 1981 totaler Ausfall auf allen drei Standorten.

Salweide (Salix caprea × cinerea)

24. 4. 1980 Einbau von 10 Ästen von 1,0–2,5 cm Stärke und 60–100 cm Länge als Buschlagen nur im Rotliegenden.
8. 8. 1980 50% angewachsen.
14. 8. 1982 21 Sprosse mit einer maximalen Länge von 50 cm und einer mittleren Länge von 20 cm. Die Wurzeln sind maximal 0,5 cm stark und im Mittel 0,1–0,2 cm stark. Die oberen 20 cm der Böschung waren dicht durchwurzelt, der Boden in 20–60 cm Tiefe war wenig durchwurzelt.

Tabelle 4: Entwicklung von Weißem Hartriegel, Gemeiner Schneebeere und Besenginster in Heckenlagen und von Salweide in Buschlagen am Hellerberg bei Freisen im Saarland.

Chart 4
Evolution of dogwood, snow berry and genista in hedge layers and goat's willow in bush layers at the Hellerberg near Freisen/Saarland

Dipl.-Ing. Rolf Johannsen
Büro für Ingenieurbiologie
Schönforstwinkel 2
5100 Aachen

Karl Hähne

Wurzelentwicklung einer Salweide am Hellerbergausschnitt der A 62 bei Freisen im Saarland sowie einer Rotbuche und einer Traubeneiche am ungestörten Hellerberghang

Root Development of a Goat's Willow, a Copper Beach and a Quercus Petraea in an Undisturbed Hellerberg Slope at the A 62 near Freisen/Saarland

Zusammenfassung
Um die Wurzelentwicklung am Einschnitt des Hellerberges bei Freisen von Pioniergehölzen und späteren Waldbeständen beurteilen zu können, wurden eine Salweide (Salix caprea) ausgegraben sowie an einem ungestörten Hang eine 24 m hohe Rotbuche (Fagus sylvatica) und eine 17,20 m hohe Traubeneiche (Quercus petraea) umgezogen.
Mit einem zwar flachen, jedoch ausgedehnten Wurzelsystem vermag die Salweide die verwitterte Schicht des anstehenden Gesteins schnell zu durchwurzeln und zumindest ein Abreißen von Rasensonden zu verhindern. Die Rotbuche konnte auf dem skelettreichen Boden nicht ihr typisches Herzwurzelsystem ausbilden, während die Traubeneiche mit einigen starken Wurzeln tiefer als 1,20 m in den Untergrund eingedrungen war.
Ein rechnerischer Versuch gibt eine Vorstellung über die beim Umziehen der Bäume auftretenden Kräfte.

Summary
In order to assess the root development of pioneer trees and of the future forest on the Hellerberg Cut near Freisen, a willow (salix caprea) was dug up on the Cut, and a 24-m copper beech (fagus sylvatica) and a 17.2-m oak (quercus petraea) on undisturbed parts of the Hellerberg slopes were pulled down.
The willow with its flat, but far spread root system can easily reach into the wheathered layer of the rock face and is able to prevent at least grass sod from being torn. The copper beech was found to be unable to develop the typical shape of its root system in the skeleton-rich soil, while the oak was able to penetrate the subsoil to a depth of 1.2 m with several strong roots.
Mathematical trials provide some orientations on the forces present in pulling down the trees.

Im August 1982 wurden vergleichende Wurzeluntersuchungen an einer Salweide (Salix caprea), einer Rotbuche (Fagus sylvatica) und einer Traubeneiche (Quercus petraea) im Melaphyr und Rotliegenden durchgeführt.

1. Zur Salweide

Die Salweide stand an einer um 45° geneigten, südexponierten Böschung des Autobahneinschnittes im Rotliegenden (495 m ü. N. N.). Das anstehende Gestein wurde von einer 15–35 cm starken Verwitterungsschicht, die teilweise nicht mehr von Rasensoden gehalten werden konnte, überdeckt (zur Geologie des Rotliegenden und Melaphyr sowie zum Klima vergleiche die Ausführungen von DEGRO, EIERMANN und JOHANNSEN in diesem Buch).
Die etwa 8–9 Jahre alte Salweide war max. 5 m hoch. Der Aufwuchs bestand aus 7 Ästen mit einem durchschnittlichen Durchmesser von 7 cm und 4,3 m durchschnittlicher Länge (Abb. 1). Der Wurzelteller nahm eine Fläche von 3,00×6,50 Metern (19,5 m^2) ein (Abb. 2).
Eine im Querschnitt 11,8 cm hohe und 8,3 cm breite Wurzel ist nach einer anfänglichen Richtungsänderung um fast 180° horizontal in östlicher Richtung weitergewachsen (Abb. 3 und 4). Die Wurzel mit einer Gesamtlänge von 6,85 m folgte dabei einer wasserführenden Schicht (Abb. 5). Exemplarisch wurde diese Wurzel als Wurzel 1. Ordnung bezeichnet und genauer untersucht.

Abb. 1
Salweide auf dem Hellerberganschnitt der A 62 bei Freisen im Saarland. Der Geometerstab ist 3 m lang. Der rechte Baum wurde ausgegraben. Im Vordergrund eine der vielen Stellen dieses Hanges, auf der die Vegetation noch nicht Fuß gefaßt hat.

Fig. 1
Goat's willow on the Hellerberg cut of the A 62, near Freisen/Saarland. Surveyor'pole: 3 m. The tree on the right hand side was digged out. In the foreground is one of the many places of this slide on which the vegetation was unable to settle

Foto: Prein

Abb. 3
Das Wurzelwerk der Salweide in Stammnähe. Rechts die 6,85 m lange Hauptwurzel (Hellerberganschnitt der A 62 bei Freisen im Saarland).

Fig. 3
Goat's willow's roots neat the trunk. Right hand side the main root 6.85 m (Hellerberg cut of the A 62 near Freisen/Saarland)

Foto: Prein

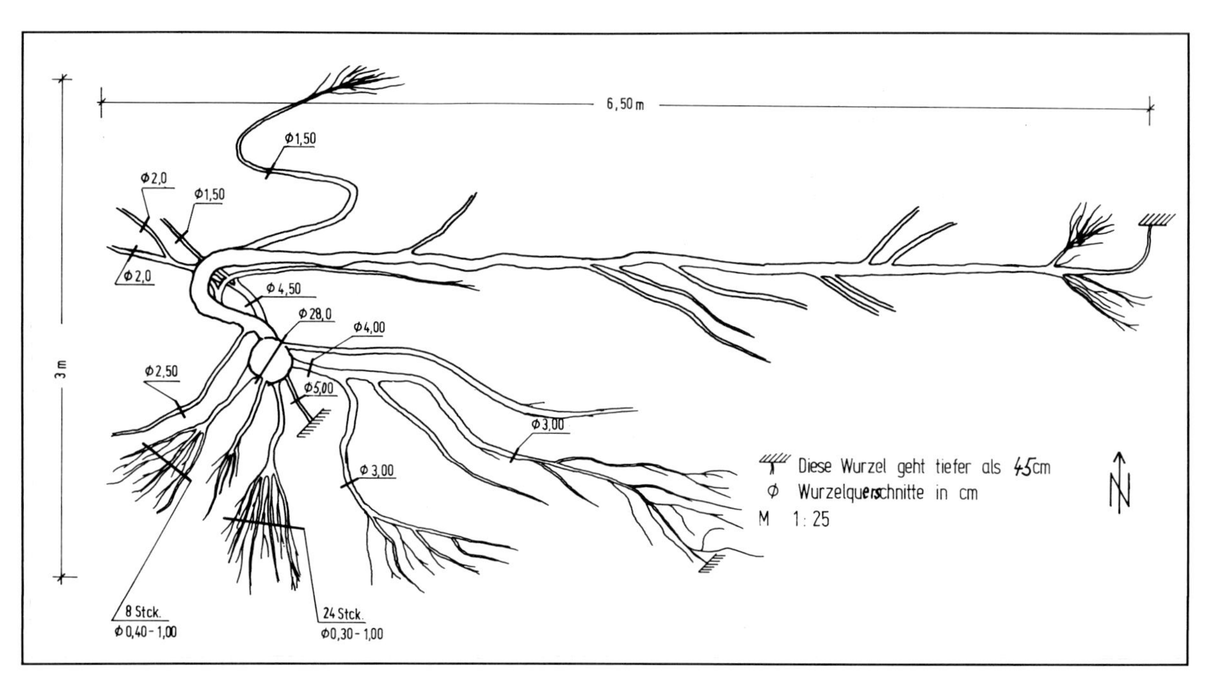

Abb. 2
Ausdehnung des Wurzelwerks der Salweide auf dem Hellerberganschnitt der A 62 bei Freisen im Saarland.

Fig. 2
Dispersion of goat's willow's roots on the Hellerberg cut of the A 62 near Freisen/Saarland

Zeichnung: Hähne

Abb. 4
Die ersten drei Meter der Hauptwurzel der Salweide (Hellerberganschnitt der A 62 bei Freisen im Saarland).

Fig. 4
The first three meters of the goat's willow's main root (Hellerberg cut of the A 62 near Freisen/Saarland)

Foto: Prein

Abb. 5
Schematische Darstellung der Hauptwurzel der Salweide auf dem Hellerberganschnitt der A 62 bei Freisen im Saarland.

Fig. 5
Schematic presentation of the goat's willow's main root on the Hellerberg cut of the A 62 near Freisen/Saarland

Zeichnung: Hähne

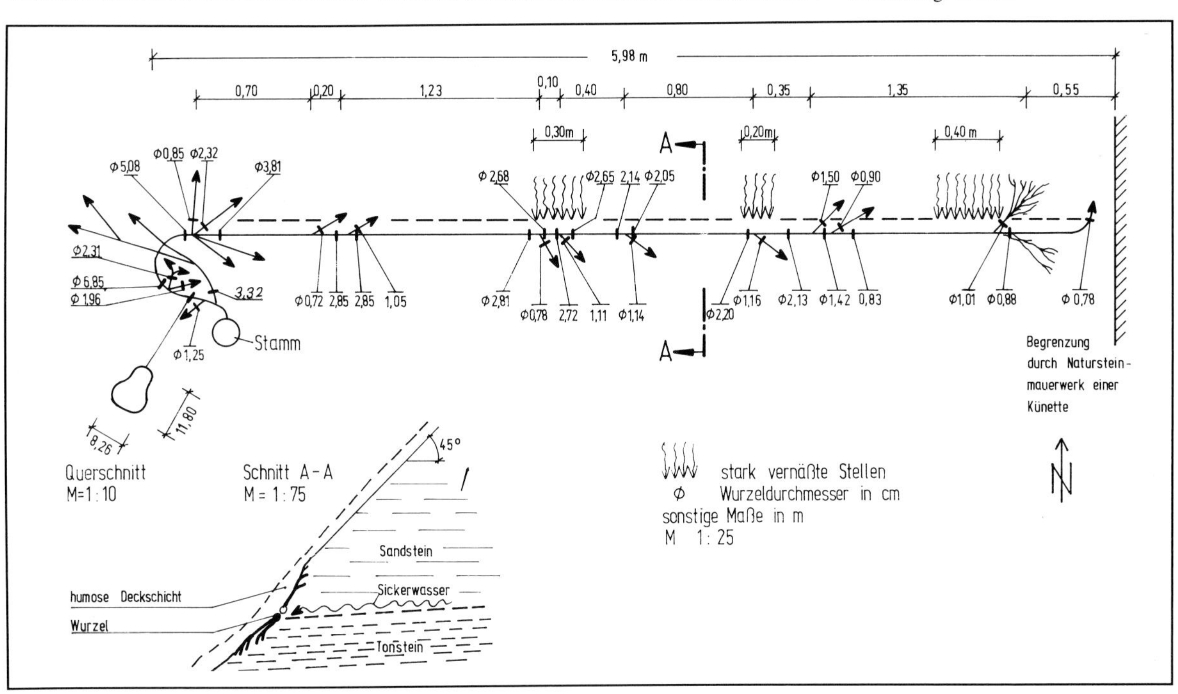

Der weitaus größere Teil der abzweigenden Wurzeln, d. h. der Wurzeln 2. Ordnung, wuchs die Böschung aufwärts mit insgesamt 17,6 cm^2 Querschnittsfläche. Die Böschung abwärts zweigten Wurzeln 2. Ordnung mit 9,71 cm^2 Querschnittsfläche ab, jeweils gemessen in 5 cm Abstand vom Ursprung. Ein Streifen der Deckschicht von ca. 12 cm Breite und ca. 25 cm Tiefe wäre demnach mit einer Kraft von (17,6 $cm^2 \times$ 1 KN/cm^2)*) 6,85 m = 2,57 KN/lfd. m Wurzellänge den Hang aufwärts verankert. Diese Überlegung bleibt theoretisch, solange nicht bekannt ist, wo die Wurzeln 2. Ordnung bei einer Belastung der Wurzel 1. Ordnung reißen (Abb. 6).

Lediglich eine starke Wurzel mit einem Durchmesser von 5 cm konnte beobachtet werden, die über eine Tiefe von 45 cm hinaus in den ungestörten Fels gewachsen war. Generell konnte festgestellt werden, daß der weitaus größte Anteil der Hauptwurzeln zunächst in 20–35 cm Tiefe unter der Erdoberfläche geblieben und nach ca. 2 m Länge mit ihren verzweigten Enden, die sich weiter in Feinwurzeln ($\varnothing \leqq 0,5$ mm) aufteilten, in den Fels eingedrungen war. Besonders im Bereich um den Stamm herum traten viele feine in den Fels gewachsene Senkerwurzeln zu Tage.

Hingewiesen sei noch auf die Querschnittsform der 6,85 cm langen Wurzel (Abb. 3). Um eine möglichst starre Einspannung der Weide zu gewährleisten, war es notwendig, daß die vom Stamm ausgehenden Hauptwurzeln zumindest in Stammhöhe Biegekräfte aufnehmen konnten. Wegen der Hanglage trat hauptsächlich ein nach Osten gerichtetes Moment (rechtsdrehend) auf, was im Querschnitt dieser Wurzel im oberen Bereich zu einer Zug- und unten zu einer Druckkraft führte. Eine ähnliche Verteilung von Querschnittsfläche und Kraft ist in der Form eines Plattenbalkens wiederzufinden.

Das Wurzelsystem dieser Pionierpflanze hatte sich flexibel an den Standort angepaßt. Es konnte allgemein als Flachwurzelsystem mit einer leichten Neigung zum Senkerwurzelsystem angesprochen werden.

Nach dem Umkippen der Weide infolge eines Sturmes erkennt man eindrucksvoll die Umlagerung der Kräfte. Jede Verankerung wurde nach ihrem Versagen so lange durch eine weitere ersetzt, bis das Gesamtsystem Baum–Wurzel eine neue Gleichgewichtslage erreichte (Abb. 7).

2. Zur Rotbuche

Im Zuge von Wegebaumaßnahmen an einem ungestörten Hang des Hellerberges sind zahlreiche Wurzelteller angeschnitten worden, wobei einige Bäume in ihrer Standfestigkeit gelitten hatten. Diese Bäume wurden der Gesellschaft für Ingenieurbiologie freundlicherweise von Herrn Forstdirektor Leonhard vom Forstamt Türkismühle für Untersuchungen zur Verfügung gestellt.

*) Größenordnung der Wurzelzugfestigkeit gewählt nach HILLER (1966)

Abb. 6
Hangaufwärts wachsende Wurzeln der Salweide (Hellerberganschnitt der A 62 bei Freisen im Saarland).

Fig. 6
Goat's willow's roots growing up-hill (Hellerberg cut of the A 62 near Freisen/Saarland)

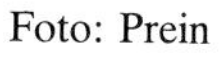
Foto: Prein

Abb. 7
Nach dem Sturz ist die Salweide noch mit einer Vielzahl von Wurzeln im Boden verankert (Hellerberganschnitt der A 62 bei Freisen im Saarland).

Fig. 7
After the fall many goat's willow's roots remain anchored in the soil (Hellerberg cut of the A 62 near Freisen/Saarland)

Foto: Prein

Um den Wurzelteller freizulegen, wurden die Bäume umgezogen. Der Zeitaufwand betrug pro Baum mit fachgerechtem Zersägen etwa 1 Stunde. Die Abb. 8 zeigt im Prinzip das Umziehen mit einem Geländefahrzeug und 2 Seilwinden.
Die Rotbuche stand im Bereich des Melaphyr an einem um 17° geneigten, nach Süden exponierten Hang. Die verwitterte Schicht hatte eine Dicke von etwa 1,5 m (Abb. 9). Ein leichter Säbelwuchs der meisten Bäume auf diesem Hang weist auf ein Kriechen des Hanges über große Zeiträume hin. Der Durchmesser des Fällquerschnittes des 24 m hohen Baumes betrug 0,5 m. Etwa parallel zur Hangneigung wurde mittels zweier Zugseile der Baum umgezogen. Die Seile waren in 4,3 m Höhe angebracht worden.
Nach Aussage des Fahrers des Geländefahrzeuges wurde die max. Zugkraft (2×8 t $\triangleq$ 160 KN) beider Winden kurz vor dem Umkippen des Baumes fast vollständig beansprucht. Da die Reibung zwischen Rad und Boden nicht ausreichte, wurden die Kräfte über ein Stützschild am Heck des Fahrzeuges in den Boden abgetragen.
Im folgenden werden die einzelnen Phasen des Kippens stichwortartig erläutert:

Phase 1
- Lockerung des Wurzeltellers nach mehrmaligem Anziehen und Nachlassen durch das Zuggerät
- Nachhaltige Störung des Korngerüstes
- Hörbares Reißen der ersten Wurzeln
- Reine Drehbewegung des Baumes

Phase 2
- Weiteres Reißen starker Wurzeln
- Heraustrennen des Wurzeltellers
- Schiefstellung des Baumes
- Wahrscheinliches Auftreten max. Kräfte
- Reine Drehbewegung

Phase 3
- Reißen letzter großer hangseitiger Wurzeln
- Weitere Schiefstellung
- Starke Verkleinerung der Kontaktfläche zwischen Wurzelteller und Untergrund
- Kombination von kurzer Gleit- und Drehbewegung

Phase 4
- Aufhören der Gleitbewegung
- Fallen des Baumes durch Eigengewicht.

Der Wurzelteller hatte eine Fläche von $2{,}20 \times 3{,}10$ m = 6,82 m^2 und mit einer Dicke von durchschnittlich 1 m ein Volumen von 6,82 m^3

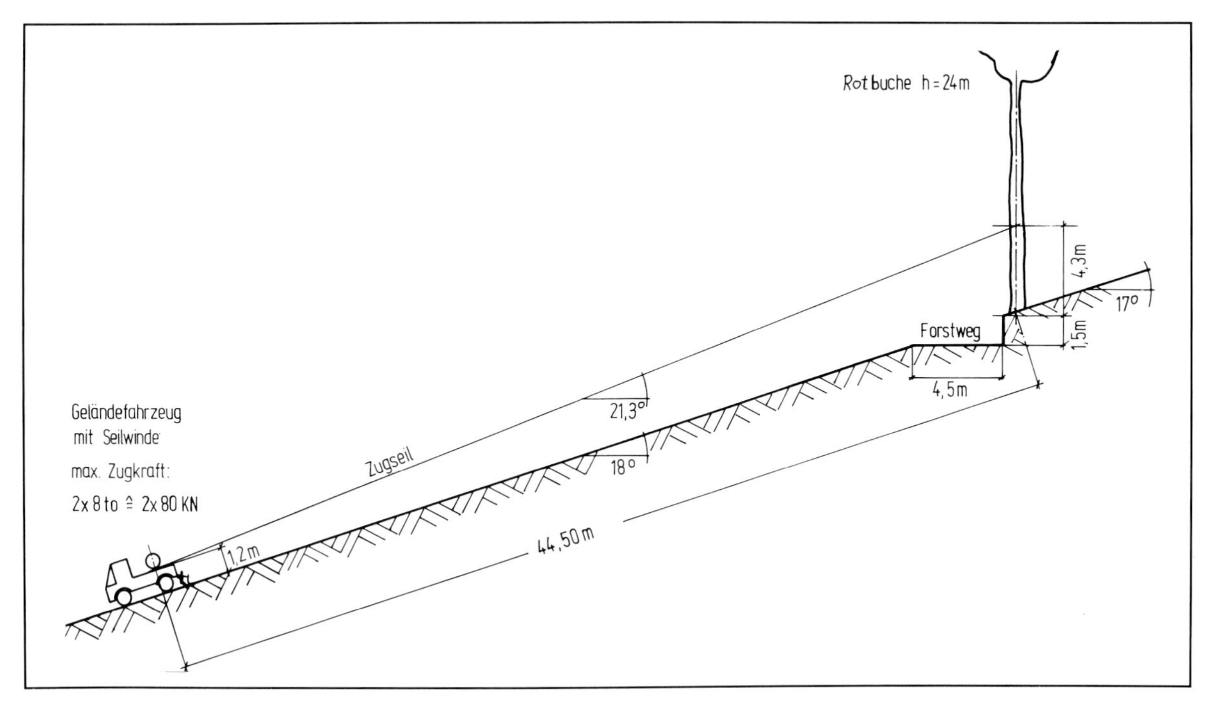

Abb. 8
Schematische Darstellung der Zugeinrichtung beim Umziehen einer Rotbuche am Hellerberg bei Freisen im Saarland.

Fig. 8
Schematic presentation of the drawgear used for the pulling down of a copper beech at the Hellerberg near Freisen/Saarland

Zeichnung: Hähne

Abb. 9
Wurzelteller der Rotbuche am Hellerberg bei Freisen im Saarland.

Fig. 9
Copper beech root circle at the Hellerberg near Freisen/Saarland

Foto: Prein

(Abb. 9). An der hangseitigen Bruchkante des Wurzeltellers befanden sich 41 abgerissene Wurzeln mit einem durchschnittlichen Durchmesser von 2,12 cm und einer Gesamtquerschnittsfläche von 223,83 cm^2. Teilweise ragten die Wurzeln bis zu einem Meter weit über den Wurzelteller hinaus. Sie waren demnach weit außerhalb des durch die Wurzeln gebundenen Tellers gerissen.
Die Durchwurzelung war sehr intensiv und gleichmäßig, was nach KÖSTLER, BRÜCKNER und BIBELRIETHER (1968) typisch für die Rotbuche ist. Dieser Baum konnte jedoch sein charakteristisches Herzwurzelsystem wegen des sehr dichten, skelettreichen Bodens nicht ausbilden. Eine große Anzahl Feinwurzeln hielt den Boden zwischen den großen Skelettwurzeln fest. Die untere Schicht des Wurzeltellers war auffallend gleichmäßig herausgerissen, so als sei sie regelrecht verklebt. Nur vereinzelte stärkere Wurzeln waren tiefer als 1,20 m in den Boden bzw. Fels gewachsen. Ihre Wirkung sollte nicht unbeachtet bleiben.

3. Zur Traubeneiche

Die Traubeneiche stand auf einem um 15° geneigten, südexponierten Hang. Der Gesteinsuntergrund ist Melaphyr.
Der Stammdurchmesser des Fällquerschnittes betrug 0,30 m und die Höhe des Baumes 17,20 m (Abb. 10).
Die Traubeneiche konnte im Direktzug umgezogen werden. Hier brachte das Geländefahrzeug den Zug selbst auf. Die im Vergleich zur Rotbuche wesentlich geringere Zugkraft konnte noch von den Reifen des Geländefahrzeugs in den Boden übertragen werden.
Das Wurzelwerk des Baumes war unregelmäßig aufgebaut. Charakteristisch waren 6 bis 7 Wurzeln mit einem Durchmesser von 6–9 cm, die auch wesentlich tiefer als 1,00 m in den Hang eingedrungen waren. Als Baum mit der höchsten mechanischen Wurzelenergie nach KÖSTLER, BRÜCKNER und BIBELRIETHER (1968) war er nicht in der Lage, seine Wurzeln auf direktem Wege in die Tiefe zu treiben. An den korkenzieherartigen Krümmungen war die große Mühe zu erkennen, die die Pflanze hatte, um in den mit der Tiefe schnell dichter werdenden Boden einzudringen.
Die Ausbildung einer Pfahlwurzel ist für Eichen in den ersten Jahrzehnten typisch, wird aber durch vielfache Einwirkungen des Standortes im höheren Alter stark abgewandelt. Nur bei ungehemmter Entwicklung kommt es zur Ausbildung eines Pfahlwurzelsystems. Das gänzliche Fehlen einer Pfahlwurzel an dem umgezogenen Exemplar kann einmal mit einem sehr schwer durchwurzelbaren Boden begründet werden, jedoch auch, so Forstdirektor Leonhard, mit dem bei der Pflanzung vorgenommenen Wurzelschnitt. Eine Eichensaat wäre für die ungehinderte Entwicklung des arttypischen Wurzelsystems von Vorteil gewesen.

Der Wurzelteller war deutlich untergliedert in eine größere Grundfläche von 2,80×2,70 m = 7,56 m² (an deren Grenze die meisten Wurzeln abgerissen waren) und in eine kleine innere Fläche von 1,30 m×1,60 m = 2,08 m² (in der der Wurzelteller mit Boden gefüllt und 0,80 m stark war). Zur intensiveren Bodenbindung trugen auch die beiden jungen Buchen bei, die mit herausgezogen wurden (mit jeweils 5,5 cm Stammdurchmesser).

Der geringe Anteil von Feinwurzeln hatte eine geringe Bodenbindung zur Folge. Die Traubeneiche gründete ihre Standfestigkeit hauptsächlich auf ihre langen, tiefgehenden Wurzeln, von denen einige noch nach dem Sturz im Boden verblieben.

Abb. 10
Wurzelteller der Traubeneiche am Hellerberg bei Freisen im Saarland. Der Stammdurchmesser betrug in 50 cm Höhe 0,30 m.

Fig. 10
Quercus petraea root circle at the Hellerberg near Freisen/Saarland. With a hight of 50 m, the trunk's diameter was 0.30 m

4. Wirkungen der Salweide, der Rotbuche und der Traubeneiche auf das von ihnen durchwurzelte Lockergestein

In der Tabelle 1 sind die wichtigsten Daten zu den drei Baumarten nochmals zusammengestellt worden.

Tabelle 1
Angaben zum Wurzelwerk einer Salweide, einer Rotbuche und einer Traubeneiche im Bereich eines Hanges des Hellerberges bei Freisen im Saarland.

*) Ausdehnung nahezu vollkommen erfaßt.

Chart 1
Description of the root system of a goat's willow, a copper beech and a Quercus petraea in the region of a slope at the Hellerberg near Freisen/Saarland
* Dispersion almost perfectly seized

	Salweide	**Rotbuche**	**Traubeneiche**
Alter (Jahre)	8–9	70–80	50–60
Wuchshöhe (m)	5	25	17,20
Durchwurzelungstiefe (m):			
– Hauptwurzelmasse	0,35	1,00	0,80
– extensive Wurzeln	> 0,40 (wenige Wurzeln)	> 1,20 (wenige Wurzeln)	> 1,00 (mehrere starke Wurzeln)
Grundfläche des Wurzeltellers (m^2)	max. 19,5*)	≧ 6,82	≧ 7,56
Volumen des Wurzeltellers (m^3)	max. 6,83	≧ 6,82	≧ 6,05
Art der Durchwurzelung	eher extensiv	intensiv	extensiv
Gestein	Rotliegendes	Melaphyr	Melaphyr

Die Salweide bewirkt bereits eine gute Bewehrung der verwitterten Schicht des angeschnittenen Gesteins. Die durchwurzelte Schicht ist im festen Fels mit wenigen starken Wurzeln, aber sehr vielen feinen Senkerwurzeln verankert. Die Folge ist eine starke Erhöhung der Zugfestigkeit der Deckschicht.
Die Rotbuche hat zu einer starken, intensiven Bewehrung des verwitterten Gesteins bis in 1,00 m Tiefe geführt. Die durchwurzelte Schicht ist mit sehr vielen Feinwurzeln und einer kleineren Anzahl von Wurzeln bis 2 cm Durchmesser im Boden verankert. Nach KÖSTLER, BRÜCKNER und BIBELRIETHER (1968) ist sie guter Bodenbildner. Die Folge ist eine hohe Zugfestigkeit in der oberen 1 m starken Schicht.
Die Traubeneiche führt zu einer extensiven Bewehrung bis in 0,8 m Tiefe. Die durchwurzelte Schicht ist mit 6 bis 7 cm starken Wurzeln über eine Tiefe von mindestens 1 m hinaus verankert.
Rotbuche und Traubeneiche stellen als Mischung vom Durchwurzelungsverhalten her gesehen auf diesem Standort eine sehr gute Kombination dar.

5. Berechnung der Größenordnung der auftretenden Kräfte beim Umziehen der Rotbuche

Zur weiteren Erhellung des Einflusses von Gehölzwurzeln auf die Standfestigkeit von Böschungen und Hängen ist es notwendig, möglichst genau die Kennwerte einer den Hang bedeckenden, durchwurzelten Bodenschicht zu ermitteln.

Die folgende Überschlagsrechnung soll lediglich als Versuch angesehen werden, die bodenfestigende Wirkung eines Wurzelwerks abzuschätzen. Der Verfasser würde sich über Kritik und Anregungen freuen.

Nachstehend sind die Annahmen aufgelistet, die zu dem vereinfachten statischen System nach Abb. 11 führen:

- Das System Baum–Wurzelteller sei starr.
- Der Drehpunkt befinde sich im Schnittpunkt von Baumachse und Sohle.
- Das vielfach statisch unbestimmte System wurde auf ein statisch bestimmtes System reduziert.
- Die max. Kräfte treten erst nach Zerstörung des Korngerüstes in der Sohlfuge auf.
- Es werden keine dynamischen Kräfte berücksichtigt.
- Die Scherkraft in der verbleibenden Kontaktfläche zwischen Wurzelteller und Untergrund wird vernachlässigt, da der Untergrund bei maßgeblich höheren Scherbelastungen sofort in den Weg herausbricht.

5.1 Materialkennwerte und äußere Kräfte

- Zugfestigkeit von Bauholz nach DIN 1052 T 1 (Tab. 7) Eiche und Buche mittlerer Güte.
  zul $\sigma_z = 10\ MN/m^2 = 1\ KN/cm^2$
- Eigenlast von Laubholz nach DIN 1055 T 1 (1978)
  $\varrho_L = 8\ KN/m^3$
- Wichte des Bodens, feucht nach DIN 1055 T 2 (Febr. 1976) (der organische Anteil aus Wurzeln wurde nicht berücksichtigt)
  $\gamma = 20\ KN/m^3$
- Äußere Kräfte (siehe Abb. 4). Mit den Gleichgewichtsbedingungen $\Sigma M_{so} = O$; $\Sigma V = O$ und $\Sigma X = O$ ergibt sich das Gleichungssystem

$$\begin{array}{llllll} \text{I.} & 1{,}15 & +\ 0{,}33\,D & +\ Mo & = 618{,}94 \\ \text{II.} & 0{,}292 & +\ 1\quad D & +\ O & = 189{,}00 \\ \text{III.} & 0{,}956 & + \quad\ O & +\ O & = 194{,}18 \end{array}$$

mit folgenden Ergebnissen:

$$\begin{array}{ll} \det A & = -0{,}956 = O \text{ (linear unabhängig)} \\ Z & = 203{,}1\ KN \\ D & = 248{,}3\ KN \\ Mo & = 302{,}7\ KN/m \end{array}$$

Besonders herausgestellt sei dabei die Zugkraft, mit der der Wurzelteller hangaufwärts verankert war. Mit der oben angegebenen Zugkraft

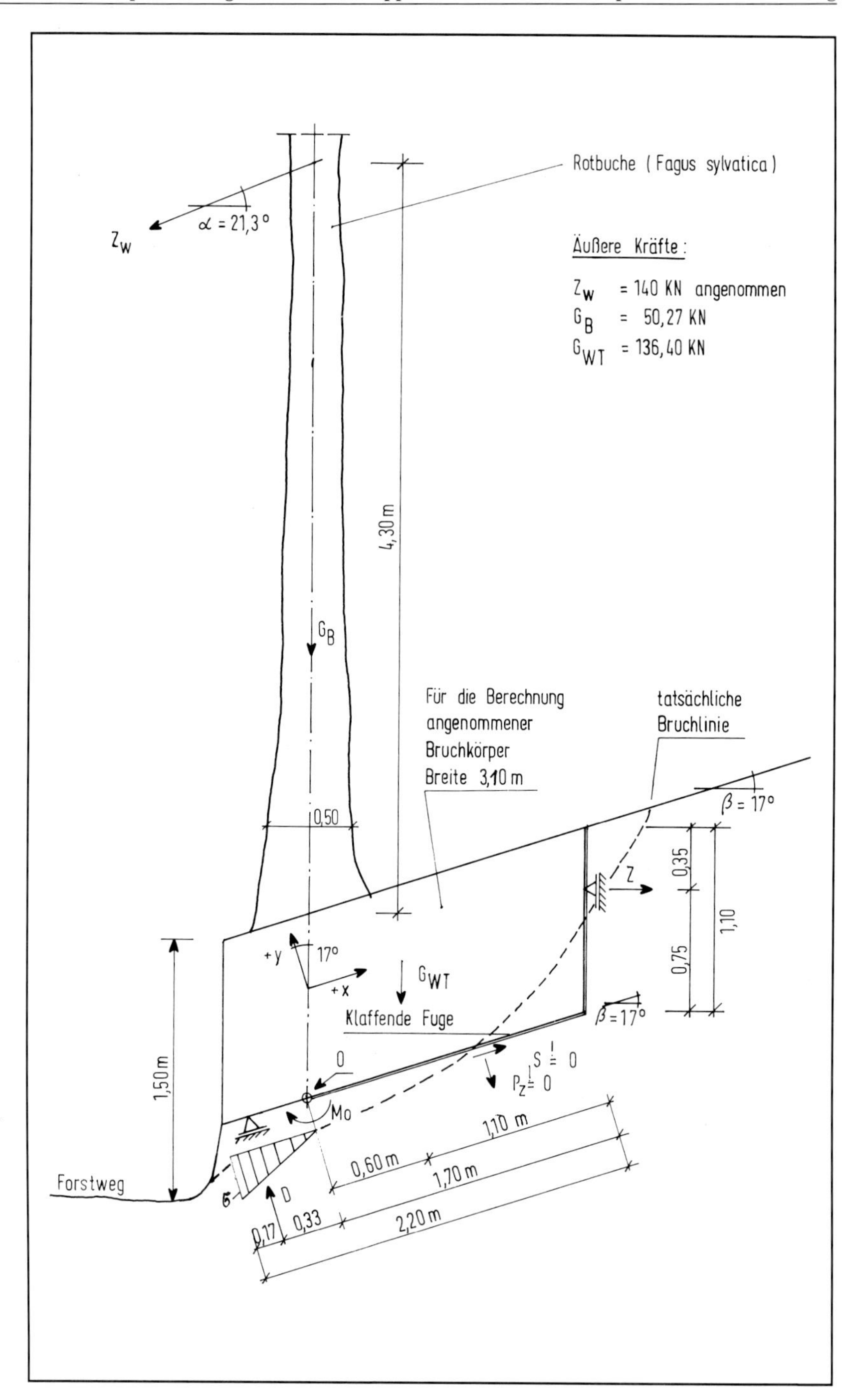

Abb. 11
Statisches System zur Berechnung der Auflagerreaktion bei einer Rotbuche am Hellerberg bei Freisen im Saarland.

Fig. 11
Static system to calculate the bearing pressure of a copper beech at the Hellerberg near Freisen/Saarland

Zeichnung: Hähne

werden 203,1 cm^2 Wurzelquerschnittsfläche benötigt, um diese Zugkräfte abzudecken.
Tatsächlich wurden an der hangseitigen Bruchkante des Wurzeltellers der Buche 41 Wurzeln mit 223,83 cm^2 Querschnittsfläche (Durchmesser an der Rißstelle der Wurzel gemessen) gefunden. Diese relativ gute Übereinstimmung von in der Natur gemessenen Werten und Rechnung mag Zufall sein. Nach diesen Werten ist jedoch mit einer Zugfestigkeit der 1 m starken Deckschicht dieses Hanges von evtl. 50 bis 66,7 KN/m^2 (= 5,0 bis 6,67 Mp/m^2) zu rechnen.

5.2 Folgerungen

Ein 70–80 Jahre alter Buchenbestand hat eine etwa 1 Meter starke Bodenschicht auf dem fraglichen Hang zu einer zusammenhängenden Bodenscholle verfestigt. Nach SIMMERSBACH (1976) ist der Sicherheitsgrad gegenüber Gleiten einer Erdscholle um so unabhängiger vom Abtrag ihres Böschungsfußes, je länger eine zusammenhängende Scholle ist. So war es hier im Zuge des Wegebaues nicht notwendig gewesen, künstliche Stützbauwerke zu errichten oder die hangseitige Wegeböschung stark abzuflachen. Bei undurchwurzeltem Boden oder kleineren Schollen wären entsprechende Maßnahmen notwendig gewesen.
Der Verfasser dankt den Herren Johannsen (Aachen), Forstdirektor Leonhard (Türkismühle), Prein (Aachen) und Bergerhoff (Aachen) für ihre Hilfe bei den Außenarbeiten.

6. Literatur

Deutscher Normenausschuß:
- DIN 1052 (1969), Holzbauwerke – Berechnungen und Ausführung, Blatt 1. Baunormen Holzbau. Beuth Verlag 1978.
- DIN 1055 (1978), Lastannahmen für Bauten, Teil 1. Baunormen Holzbau. Beuth Verlag 1978.
- DIN 1055 (1976), Lastannahmen für Bauten, Teil 2.

ELLENBERG, H. (1978): Vegetation Mitteleuropas mit den Alpen. Ulmer Verlag.

HILLER, H. (1966): Beitrag zur Beurteilung und zur Verbesserung biologischer Methoden im Landeskulturbau. Dissertation. Technische Universität Berlin.

KÖSTLER, N., E. BRÜCKNER und H. BIBELRIETHER (1968): Die Wurzeln der Waldbäume. Verlag Paul Parey. Hamburg und Berlin.

SIMMERSBACH (1976): Über Translationsgleitungen in alpinen Hängen (aus dem Englischen übersetzt von G. Bunza). In: BUNZA, KARL und MANGELSDORF (1976): Geologisch-morphologische Grundlagen der Wildbachkunde. Schriftenreihe der Bayerischen Landesstelle für Gewässerkunde. Heft 11.

WENDEHORST und MUTH (1981): Bautechnische Zahlentafeln. Verlag B. G. Teubner, Stuttgart.

Diplomingenieur Karl Hähne
Institut für Landschaftsbau,
Fachgebiet Ingenieurbiologie der
Technischen Universität Berlin
Lentzeallee 76
1000 Berlin 33

Gesellschaft für Ingenieurbiologie

Exkursionsbeispiel 1 Hellerberganschnitt der A 62 bei Freisen im Saarland

Example 1 of a Study-tour to the Hellerberg Cut at the A 62 near Freisen/Saarland

Zusammenfassung:
Im ersten Exkursionsbeispiel, dem Hellerberganschnitt der A 62 bei Freisen im Saarland, wird die Vegetationsentwicklung auf einem extremen Standort dargestellt. Auf folgende Bereiche wird eingegangen: Lage, Größe, Relief, Exposition, Gestein, Böden, Geländeklima, Vegetation, Schäden und Gefahren, Schutzwald.

Summary:
In the first example, an excursion to the Hellerberg Cut along the A 62 Expressway near Freisen, Saarland, the development of vegetation on a site displaying extreme conditions is described. The following features are described: location, size, relief, exposition, type of rock and soil, micro climate, vegetation, damage, threat, protective forest.

Hanganschnitt am Hellerberg bei Freisen durch die Autobahn (A 62)*)

Lage und Größe

Der 596 m hohe Hellerberg ist ein Teil der Freisener Höhe (Abb. 1). Diese bilden die Wasserscheide zwischen Nahe und Glan und zugleich die Grenze zwischen den Naturräumen Saar-Pfalz-Bergland und Nordpfälzer Bergland. Diese Landschaften sind reich an Vulkankuppen und haben ein stark bewegtes Relief.
Bereits die Trasse der Reichsautobahn Kaiserslautern–Trier sollte am Südhang des Hellerberges über die Freisener Höhen führen. Noch vor 1939 wurde auf der Trasse mit Rodungsarbeiten begonnen, doch wurden die Bauarbeiten nicht weitergeführt.
Bei der Neuplanung der A 62 wurde an derselben Stelle ein tiefer Anschnitt geplant (Abb. 2). Während der Bauarbeiten kamen bei der Station 50 Teile der Hanganschnittes ins Rutschen. Durch die Verlegung der Autobahntrasse um etwa 50 m wurde die weitere Rutschung verhindert und sichergestellt, daß nach Inbetriebnahme der Autobahn der Verkehr vor eventuellem Steinschlag und weiteren Rutschungen bewahrt bleibt.
Der Anschnitt ist rund 90 m hoch. Die gesamte Böschungsfläche hat eine Größe von etwa 6 ha.

Relief und Exposition

Die ursprüngliche Geländeneigung betrug 18–20°. Die oberen Böschungspartien sind 45°, die unteren 34° geneigt. Die Böschung ist nach Südwesten exponiert (Abb. 1) und mit zahlreichen Bermen versehen (vgl. Abb. 1 im Beitrag von R. JOHANNSEN in diesem Buch).

*) Die Abschnitte zum Relief, Gestein, Klima, Wasserhaushalt, Vegetation (bis auf den letzten Absatz) sowie Schäden und Gefahren sind mit geringfügigen Änderungen den Arbeiten von BEGEMANN (1980) und JOHANNSEN (1981) entnommen

Abb. 1
Der Hellerberganschnitt bei Freisen im Saarland (Ausschnitt aus der Topographischen Karte 1:25000, Blatt Freisen)

Fig. 1
The Hellerberg cut near Freisen/Saarland (extract of the topographical map: 1:125.000, sheet Freisen)

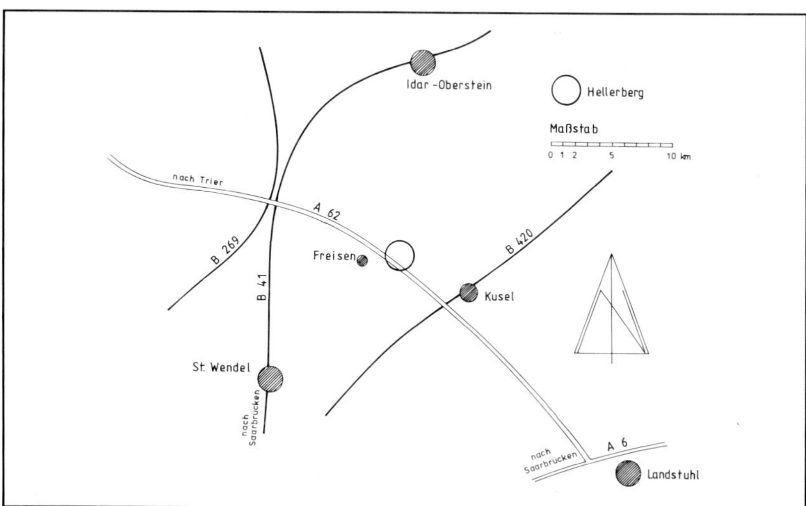

Abb. 2
Übersichtsskizze Hellerberg

Fig. 2
Drawing of Hellerberg

Gestein

Nach MÜLLER und MIHM (1971) stehen am Hellerberg Tholeyer Schichten aus Ton- und Sandsteinen an. Darüber befinden sich Magmatite, nämlich Melaphyre mit Phänoandesitgängen. Diese drei Gesteinsarten unterscheiden sich in ihren Eigenschaften sehr stark. Sie zeigen unterschiedliche Erosionsformen und verwittern zu verschiedenen Böden, die unterschiedliche Vegetationsdecken tragen.

Das erdgeschichtlich älteste Gestein sind die **Tholeyer Schichten.** Sie befinden sich im unteren Teil der Böschung zwischen 460 m und 520 m über NN und bedecken 75% der Böschungsfläche. Sie gehören zum Unteren Rotliegenden und sind im Perm durch Sedimentation entstanden. Sie bestehen aus einer Wechselfolge von Sand-, Schluff- und Tonsteinen. Nach Angaben der Bundesanstalt für Straßenwesen (1972) fallen die Schichten generell nach Nordosten ein (Einfallrichtung 60°, Einfallwinkel 22,5°). Im Bereich des großen Hangrutsches bei Station 50 wurde in der unteren Gleitfläche ein Einfallen der Schichten mit 37° nach Südosten ermittelt. Dieser sehr große Einfallwinkel sowie zusätzlich noch weitere Schichtverdrehungen haben die Standsicherheit des neuen Straßeneinschnittes wesentlich verringert.

Die Sedimente bestehen aus Quarz, Montmorillonit, Hämatit und Plagioklas. Bei dem Sandstein handelt es sich um einen sehr verwitterungsbeständigen Arkosesandstein der Bodenklasse 7 nach DIN 18300. Der Sandsteingrus hat einen Reibungswinkel von 29,5° und eine Kohäsion von 4 N/cm² (SCHÜTZ 1980). Der Schluffstein entspricht der Bodenklasse 6 und verwittert schnell zu Schluff (Bodenklasse 4–5). Im Bereich der Rutschung wurden plastische Tone mit einem Wassergehalt von 34,5% festgestellt. Der Reibungswinkel dieser Tone wird mit 26°, die Kohäsion mit 1,3 N/cm² angegeben (Bundesanstalt für Straßenwesen 1972).

In der erdgeschichtlichen Wende vom Unterrotliegenden zum Oberrotliegenden hat im Bereich der Saar-Nahe-Senke ein umfangreicher Gebirgsfaltungsprozeß stattgefunden, der durch intensiven Vulkanismus begleitet wurde. Hierbei wurden die Tholeyer Schichten durch den Melaphyr überlagert, der später durch Andesitgänge durchzogen wurde.

Der **Melaphyr** ist die härteste Gesteinsart am Hang. Die Festigkeit dieser Felspartien wird überwiegend durch den Zerklüftungsgrad bestimmt. Diese Kluftflächen haben stark wechselnde Streich- und Einfallrichtungen. Auch der Zerklüftungsgrad wechselt zwischen sehr schwach (1–5 Klüfte/m) und stark (mehr als 20 Klüfte/m). Demzufolge gibt es sehr schwach verwitternde standsichere Felspartien und stark verwitternde Abschnitte, bei denen die Bodenbildung schon eingesetzt hat.

Das Verwitterungsmaterial des Melaphyr ist ein Grus mit einem Reibungswinkel von 28° und einer Kohäsion von 5 N/cm² (SCHÜTZ 1980).

Die **Phänoandesite** sind ein porenhaltiges Ganggestein mit einer geringeren Gesteinshärte als der Melaphyr. Kluftflächen sind nicht ausgeprägt. Sobald die Gesteinsoberfläche der Atmosphäre ausgesetzt wird, beginnt ein Verwitterungsprozeß, der ziemlich schnell zu einer Zerkrümelung des Gesteins führt. Das Verwitterungsmaterial ist ein Andesitgrus, mit einem Reibungswinkel von 29,5° und einer Kohäsion von 2 N/cm^2 (SCHÜTZ 1980).

Böden

Das Untere Rotliegende (Tholeyer Schichten) dürfte überwiegend zu geringmächtigen, schwach sauren bis neutralen Braunerden verwittern, wobei die Entwicklung auf den steilen Hanglagen auch nur bis zum Ranker gehen kann. Am Hangfuß und auf den Bermen werden sich in feinsandigen bis tonigen Lehmen voraussichtlich Pseudogleye ausbilden. Die magmatischen Gesteine verwittern im Steilhang zu meist flachgründigen Rohböden und Rankern. Die Böden sind im allgemeinen schwach sauer. Wegen oftmaligen akuten Wassermangels, besonders in der Sommer- und Spätsommerzeit, können Störungen im Nährstoffhaushalt auftreten.

Die biologische Aktivität ist in den bisher verwitterten Teilen der Ausgangsgesteine als gering anzusehen.

Groß- und Geländeklima

Die Freisener Höhen liegen im subatlantischen Klimabereich. Die mittlere Lufttemperatur beträgt im Juli 16°. Am 15. 5. ist der mittlere Beginn der Apfelblüte.

Die häufigste Windrichtung ist West-Süd-West. Der Wind trifft demnach oft frontal auf den angeschnittenen Hang und führt zu starken Schlagregen sowie starker Verdunstung und Austrocknung bei trockenem Wetter.

Die Temperaturschwankungen auf der Südwestseite des Hellerberges sind groß. So wurde an einem sonnigen Herbsttag auf der Böschung eine maximale Tagestemperatur von 40° C und eine minimale Nachttemperatur von 7,5° C gemessen. Diese Temperaturunterschiede führen zu schneller Verwitterung der anstehenden Felsformationen. Die große Temperaturamplitude bewirkt, daß auf der Böschung nur trockenheitsresistente und frostunempfindliche Pflanzenarten überleben können.

Wasserhaushalt

Der mittlere Jahresniederschlag beträgt 950 mm. Auf der gesamten Böschungsfläche von 6 ha sind das etwa 55000 m^3 Niederschlag pro Jahr. Bei kurzen Niederschlägen kann auf der ganzen Böschung mit einer hohen Evaporationsrate (unproduktive Verdunstung) gerechnet werden. Da sich die Vegetation auf der Böschung noch in den ersten Sukzessionsstadien befindet, ist die derzeitige Transpirationsrate der Pflanzen relativ gering. Nur auf den kleinen feuchten Flächen wird von der Vegetation eine hohe Transpirationsleistung erbracht.

Abb. 3
Teilansicht des Hellerberganschnittes bei Freisen, aufgenommen 1982. Das Bild läßt die Tholeyer Schichten aus dem unteren Rotliegenden und dem sie überlagernden Melaphyr sowie Schadensstellen erkennen

Fig. 3
Part-view of the Hellerberg cut near Freisen, pictured 1982. The picture shows the Tholeyer beds: lower Rotliegendes and upper melaphyr as well as damaged parts

Foto: Pflug

Bei länger anhaltendem Regen und bei tauendem Schnee muß die Versickerungsrate hoch angesetzt werden. Das gesamte magmatische Gestein des oberen Drittels der Böschung läßt infolge seiner vielen Klüfte erhebliche Wassermengen einsickern, die erst auf den tonhaltigen Sedimenten wieder an die Böschungsoberfläche gelangen. Vermutlich treten an diesen Stellen auch weiter Sickerwassermengen aus dem oberhalb der Böschung gelegenen Niederschlagsgebiet des Hellerberges zutage. Als Trockenwetterabfluß während einer Schönwetterperiode wurde an den Schichtquellen eine Gesamtschüttung von 4,8 l/min gemessen. Bei Regenwetter sind die Quellschüttungen zwei- bis dreimal so groß. Die Sickerwassermengen sind die Hauptursache für die großen Rutschungen im Hang. Die übrigen Wassermengen fließen als Oberflächenwasser ab. Dieser Abfluß dürfte auf der steilen Böschung den Hauptanteil der gesamten Niederschlagsmenge ausmachen. Als Folge des Oberflächenabflusses sind im feinkörnigen, verwitterten Substrat schon viele Auswaschungen, Flächenerosionen und Runsen entstanden.

Vegetation

Für die Beurteilung der Tholeyer Schichten als Pflanzenstandort ist zu beachten, daß der mittlere Wassergehalt des Sandsteins von 9,7% unter dem der anderen Rohböden liegt. Die dichte Struktur des unter dem Boden anstehenden Sedimentits behindert die Ausbildung eines tiefreichenden Wurzelwerks. Der pH-Wert von 7,7 und der hohe Calciumgehalt begünstigen ein Pflanzenwachstum. Ein Nährstoffdefizit dürfte bei Kalium und Phosphor bestehen.

Im Melaphyrgrus wurden 16,8% Wassergehalt gemessen. Der pH-Wert von 5,8 und das Nährstoffdefizit an Kalium, Calcium und Phosphor schränken die Zahl der verwendbaren Pflanzen ein. Die Klüftigkeit des Gesteins ermöglicht ein tiefreichendes Wurzelwerk, das sich durch den Verwitterungsgrus hindurch in die Felsklüfte entwickelt. Diese Entwicklung wird durch die Feuchtigkeit in den Klüften gefördert. So kann sich im Fels eine gute vegetative Verankerung der Pflanzen entwickeln und den Boden festhalten.

Im Andesitgrus wurde ein Wassergehalt von 10 Gew.-% gemessen. Der pH-Wert von 5,75 und das Nährstoffdefizit an Kalium, Calcium und Phosphor schränken die Zahl der verwendbaren Pflanzenarten ein. Mit der Ausbildung eines tiefreichenden Wurzelsystems ist nicht zu rechnen, da der Felshorizont homogen und fest ist. Nur die Verwitterungszone und die Schuttkegel stellen Pflanzenstandorte dar.

Die maßgeblichen Standortfaktoren für eine Vegetationsdecke sind im Bereich der Sedimentite extreme Trockenheit, extreme Kälte und Frost, stellenweise Staunässe, Erosion im Wurzelbereich, Übersandung und Schneedruck. Im Bereich der Magmatite sind es extreme Hitze und Trockenheit, extreme Kälte und Frost, Schneedruck, Steinschlag, Nährstoffmangel und saurer Boden (Abb. 3).

Als potentielle natürliche Vegetation wird von der Obersten Naturschutzbehörde des Saarlandes ein artenarmer Traubeneichen-Buchenwald der submontanen bis montanen Stufe mit subkontinentalem Einfluß angegeben. Als standortgerechte Gehölze werden genannt: Bergahorn (Acer pseudoplatanus), Sandbirke (Betula pendula), Roter Hartriegel (Cornus sanguinea), Eingriffliger Weißdorn (Crataegus monogyna), Zweigriffliger Weißdorn (Crataegus laevigata), Rotbuche (Fagus sylvatica), Rainweide (Ligustrum vulgare), Traubeneiche (Quercus petraea), Brombeere (Rubus fruticosus), Salweide (Salix caprea), Besenginster (Sarothamnus scoparius), Vogelbeere (Sorbus aucuparia) und Wolliger Schneeball (Viburnum lantana).

Eine Reihe der zu den natürlichen Waldgesellschaften gehörenden Arten haben sich spontan auf dem Hang eingefunden. An Quellen stehen Roterle (Alnus glutinosa) und Grauerle (Alnus incana). Auf den Bermen und Böschungen treten vereinzelt Sandbirke, Espe (Populus tremula), Brombeere, Himbeere (Rubus idaeus), Salweide, Hirschholunder (Sambucus racemosa), Besenginster und gemeiner Schneeball (Viburnum opulus) auf. Außerdem werden große Flächen von Rotschwingel (Festuca rubra), Schafschwingel (Festuca ovina) und Dauerlupine (Lupinus perennis) aus Ansaat bedeckt. Auffallend war die Steinschlagresistenz der Salweide und des Hirschholunders.

Im Bereich der Sedimente kommen als bestandsbildende Baumarten vor allem Rotbuche, Stieleiche, Traubeneiche und Hainbuche vor. Als Pionierarten treten hier u. a. Eberesche, Aspe, Sandbirke, Roterle und Grauerle auf. Im Bereich der magmatischen Gesteine dürfte die Traubeneiche die geeignetste Baumart sein. Als Pionierarten kommen hier vor allem Hartriegel, Hundsrose, Felsenbirne, Kreuzdorn, Salweide, Hirschholunder, Sandbirke und Brombeere in Frage (in Anlehnung an die Forstliche Standortkartierung des Saarlandes 1975).

Schäden und Gefahren

Im magmatischen Gestein befinden sich Stellen mit Rinnen- und Flächenerosionen, Steinschlagherde, Felsabgänge und steinschlaggefährdete Zonen (Abb. 6). Die Steinschlagherde befinden sich überwiegend im stark zerklüfteten Melaphyr. Die Erosion von weichen Gesteinspartien führt oberhalb dieser Partien zur Bildung von Steilwänden. Hier bricht der festere Fels, wenn sein Auflager durch Erosion abgetragen ist, in ganzen Blöcken heraus.

Die größten Felsabgänge entstehen im Bereich des Hangrutsches bei Station 50. Durch den Hangrutsch wurde eine rückschreitende Erosion eingeleitet, die den Hang hochläuft. Die Höhe der Abbruchkante beträgt 6 m.

Im Sedimentgestein ist das Wasser die maßgebliche Erosionskraft. Oberflächenwasser und Schneeschurf führen zu ständigem Abtrag des Rohbodens. Hierdurch sind in den Böschungen Hohlkehlen entstanden.

Die darüberliegenden Bermen sind deswegen gefährdet.
An Quellhorizonten kommt es zu Böschungsbrüchen. Der größte schwemmte 500 m³ Boden auf die Autobahn. Das auf den Bermen stehende Wasser kann zu weiteren Rutschungen führen.
Teilweise sind in den Böschungen Runsen entstanden. Am Fuße des Hangrutsches bei Station 50 (Berme 6), haben sich mehrere Risse und ein Bruchgraben von 2 m Tiefe gebildet. Durch Einsickern von Niederschlagswasser in diese Risse können weitere Gleitschichten entstehen. Hauptursache dieser Rutschung kann die Entspannung des Gebirges nach dem Aushub gewesen sein (Bundesanstalt für Straßenwesen 1972).

Vegetationsmaßnahmen
Auf die Böschungsflächen wurden im Winter und Frühjahr 1971 durch Naßsaat folgende Gräser und Kräuter aufgebracht:
20% Schafschwingel (Festuca ovina)
15% Wiesenrispe (Poa pratensis)
12% Rotschwingel (Festuca rubra ssp. rubra)
15% Weidelgras (Lolium perenne)
9% Hainrispe (Poa nemoralis)
7% Gemeines Straußgras (Agrostis tenuis)
5% Drahtschmiele (Avenella flexuosa)
4% Hornschotenklee (Lotus corniculatus)
2% Weißklee (Trifolium repens)
4% Dauerlupine (Lupinus polyphyllos)
Im Winter und Frühjahr 1971 wurden auf den Böschungen und Bermen die nachstehend genannten Bäume und Sträucher gepflanzt:

		Anzahl
Bergahorn (Acer pseudoplatanus	Heister 2×v., 150/200	40
Sandbirke (Betula pendula)	Heister 2×v. m.B., 125/150	30
Eberesche (Sorbus aucuparia)	Heister 2×v., 125/150	30
Hainbuche (Carpinus betulus)	l. Heister 1×v., 80/100	200
Feldahorn (Acer campestre)	l. Heister 1×v., 80/100	200
Gemeine Heckenkirsche (Lonicera xylosteum)	Str. 2×v., 80/125	100
Salweide (Salix caprea)	l. Str. 1×v., 70/90	400
Traubeneiche (Quercus petraea)	Jpf. 3j.v.,50/80	250
Schlehe (Prunus spinosa)	l. Str. 1×v., 40/60	350
Vogelkirsche (Prunus avium)	Jpf. v., 40/60	250
Weißdorn (Crataegus monogyna)	l. Str. 1×v., 40/60	250

Später wurde eine weitere Pflanzung mit Bäumen und Sträuchern durchgeführt.

Im Auftrag des Staatlichen Straßenneubauamtes Saarbrücken erstellte W. BEGEMANN 1980 ein »Ingenieurbiologisches Gutachten über die Stabilisierung der Böschungserosionen am Hellerberg Gem. Freisen«. Die in diesem Gutachten vorgeschlagenen ingenieurbiologischen Maßnahmen sind bisher nicht ausgeführt worden.

Schutzwald

Auf dem Steilhang ist eine wirtschaftliche Holznutzung nicht zu erwarten. Der gesamte Hang sollte als Schutzwald ausgewiesen werden.

Stationen der Exkursion

Station 1: Im Rotliegenden wurden auf einem Steilhang mit einer Neigung von 45° die Hauptwurzeln einer etwa achtjährigen Salweide freigelegt. Die Salweide entstand aus Anflug.

Station 2: Im Rotliegenden, Melaphyr und Andesit sind im April 1980 Heckenlagen aus Salweide, Rotem Holunder (Sambucus racemosa), Gemeinde Heckenkirsche (Lonicera xylosteum) und Weißem Hartriegel (Cornus alba) und Buschlagen aus Korbweiden (Salix viminalis) eingebaut worden. Um die Wurzelentwicklung festzustellen, wurden Teile dieser Hecken- bzw. Buschlagen im August 1982 ausgegraben.

Station 3: Eine Traubeneiche von 17 m Höhe und 30 cm Stammdurchmesser und eine Rotbuche von 25 m Höhe und 50 cm Stammdurchmesser wurden mit einer Seilwinde umgezogen, um die Wurzelteller sichtbar zu machen. Sie standen in einem dem Anschnitt unmittelbar benachbarten Waldbestand an einer Wegböschung im Melaphyr. Die Hangneigung beträgt 17°.

Literatur

BEGEMANN, W. (1980): Ingenieurbiologisches Gutachten über die Stabilisierung der Böschungserosionen am Hellerberg, Gemeinde Freisen. Lennestadt.

Bundesanstalt für Straßenwesen (1972): Gutachterliche Stellungnahme zur Böschungsrutschung am Anschnitt Hellerberg bei Freisen im Zuge des Neubaues der BAB 76 Trier–Landstuhl. Köln.

JOHANNSEN, R. (1981): Ingenieurbiologische Maßnahmen zur Stabilisierung der Bodenerosionen am Hellerberganschnitt der A 62 bei Freisen. Aachen (unveröffentlicht).

MÜLLER, G. und MIHM, A. (1971): Seichte Intrusionen im Verband der extrusiven Grenzlagervulkanite am Hellerberg bei Freisen (nördliches Saarland). Neues Jahrbuch für Mineralogie. H. 9.

Minister für Wirtschaft, Verkehr und Landwirtschaft des Saarlandes, Forsteinrichtung (1975): Standortkartierung des Saarlandes, Wuchsgebiet II. Saarbrücken.

SCHÜTZ, H. (1980): Bodenuntersuchung der BAB-Böschung bei Freisen. Wuppertal.

Klaus Gronemeier

Hydrogeologische Situation des Ferschweiler Plateaus unter besonderer Berücksichtigung der Schichten unterhalb der Luxemburger Sandsteinplatte.

Hydrogeological Condition of the Ferschweiler Plateau with Special Emphasis on the Layers Underlying the Luxembourg Sandstone Plate.

Zusammenfassung:
Häufige Rutschungsereignisse an den Talflanken des Ferschweiler Plateaus in den Keuperschichten unterhalb der Luxemburger Sandsteinplatte werden, ausgehend von einem interdisziplinär diskutierten Rutschkörper bei Weilerbach an der Sauer, auf den geologisch-hydrogeologischen Hintergrund zurückgeführt. Maßgebend für die Massenverlagerungen sind neben dem grundsätzlichen ungünstigen geologischen Aufbau der Hänge mit halbfestem Gestein im Liegenden und kompaktem Fels im Hangenden bei starker erosiver Unterschneidung die hydrogeologische Situation. Schneller Grundwassertransport in Kluftzonen, die mit der Ausgestaltung der Grundwassersohlflächen korrespondieren, lassen nach Niederschlagspitzen und im Winter Kluftwasserdrücke aufbauen, die im Zusammenhang mit anderen hydraulischen und zusätzlichen bodenmechanischen Faktoren Rutschungen begünstigen. Der Einfluß des Menschen kann bei baulichen Maßnahmen mehr als negativ, d.h. rutschungsfördernd, beschrieben werden.

1. Einführung

In den verschiedenen geologischen Provinzen Mitteleuropas sind bevorzugt rutschanfällige geologische Schichten bekannt.
Die Massenverlagerung bei Weilerbach an der Sauer, die innerhalb des Tagungsthemas zu besichtigen ist, wird in der mesozoischen Landschaft Mitteleuropas häufig angetroffen, sie ist sogar typisch. Das Zusammenspiel von folgenden grundsätzlichen geologischen Gegebenheiten und zusätzlichen menschlichen Eingriffen kann sie auslösen:
– Das Vorhandensein eines tiefliegenden Erosionsniveaus
Wechsellagerungen von starren Felsformationen und verwitterungsempfindlichen halbfesten Gesteinen führen bei Unterschneidung durch den Vorfluter zur Instabilität des Schichtstufenkörpers. In den zusätzlichen quantitativen Entspannungsbewegungen der Talflanken, den sogenannten Talzuschub, liegen die dynamischen Faktoren begründet, die infolge zeitlicher Veränderung des inneren Spannungsfeldes Massenbewegungen initiieren.
– Die Wirkung des Wassers
Unterschiedlich wasserleitende Schichten wie klüftiger Fels oder abdichtender Tonstein führen Grundwässer unterschiedlich schnell ab. Diese können in Quellen austreten und rasch abfließen, sie können vertikal in wechsellagernden Schichten infiltrieren und wasserempfindliche Gesteine plastifizieren, sie können Kluft- und Porenwasserdrücke aufbauen.
– Menschliche Eingriffe
führen zur Veränderung des Hanggleichgewichtes und damit bei potentieller Rutschbereitschaft zur eigentlichen Auslösung des Rutschvorgangs.

Summary:
The article attributes the frequent mass slides along the slopes of the Ferschweiler Plateau in the Keuper layers below the Luxembourg sandstone plate to geological-hydrogeological factors, based on an interdisciplinary discussion of the material moved in a slide near Weilerbach-on-Saar. The principal determinant of the mass movements is, apart from the basically unfavourable geological structure of the slopes with semi-consolidated, lying material and hanging compact rock strongly undercut. The quick flow of ground water in fissures creates, following precipitation peaks in winter, water pressure in the fissures which, along with other mechanical factors, facilitate mass movements. The effects of human action, such as construction work, can be discribed as tending towards the negative, i.e. promoting slides.

2. Geologische Situation

Innerhalb des devonischen Schiefergebirges bildet die mesozoische Bitburger Mulde eine flache eingesenkte SW-NE-streichende Struktur. Die Schichten des Buntsandstein, Muschelkalk, Keuper und des Jura fallen von beiden Seiten zu dieser Muldenachse ein. Das Muldentiefste ist auf deutscher Seite bei Weilerbach anzunehmen.
Der jurassische Luxemburger Sandstein baut mit Schichten der Trias in Reliefumkehr im Zentrum der Mulde markante Hochplateaus auf, die auf deutscher Seite erosiv von der Sauer, der Prüm und dem Fleisbach in isolierte Einheiten zergliedert worden sind: Ferschweiler Plateau, Heiderücken, Wallendorfer Berg und Hartberg (Abb. 1).
Die zu Tage ausstreichenden Schichteinheiten lassen sich wie folgend kurz charakterisieren (Abb. 2). Im Sauertal bei Bollendorf streichen die obersten Partien des *Oberen Muschelkalks* zu Tage aus. Es sind dickbankige Dolomite, von dünnen Kalk-Mergellagen getrennt. Die Ablagerungen des *Keuper*, die die Plateauhänge bis zur Sandsteinkante aufbauen, beginnen mit Wechselfolgen von Dolomiten und Mergeln mit Sandsteinen, die durch den Grenzdolomit des *Unteren Keuper* abgeschlossen werden.
Der *Mittlere Keuper* beginnt mit dem Pseudomorphosen- oder Gipskeuper, etwa 50 m mächtig. Lithologisch bestehen diese Schichten aus einer Wechsellagerung von bunten Siltsteinen, Mergelbändern und Tonsteinen. Fasergips tritt oft schichtkonkordant, aber auch als Kluftfüllung auf. Typisch sind Pseudomorphosen nach Steinsalz. Als deutlicher Geländeanstieg ist häufig der hangende *Schilfsandstein* mit Mächtigkeiten zwischen 5 und 20 m aufgeschlossen. Er ist als bankiger Fein-Mittelsandstein mit karbonatischem Bindemittel ausgebildet. Abschließend stehen die Steinmergel mit 60–70 m an. Hier wechseln bunte Ton-Silt und Mergelsteine, sowie Gipsbänke. Eingelagert in diese Sedimente sind zahlreiche 5–10 m dünne Dolomitbänke (Steinmergel), die in kleine Quader zerfallen. In diesen Schichten ist der Hangrutsch von Weilerbach angelegt.
Im *Oberen Keuper* (Rhät) bilden Rhät-Sandstein und der schmierseifenähnliche Rote Ton zusammen mit den Psilonotenschichten des Lias langsam den Übergang zu dem hier landschaftlich dominierenden Luxemburger Sandstein. Dieser im verwitterten Zustand gelbbraun entfärbte Sandstein mit konglomeratischen Lagen ist stellenweise gut geklüftet und mit Lösungshohlräumen durchzogen. Das Bindemittel des Sandsteins ist demzufolge karbonatisch, aber stellenweise auch kieselig und tonig. Die Mächtigkeit dieser markanten Ablagerung beträgt 60–80 m.
Überlagert wird der Luxemburger Sandstein stellenweise von Erosionsresten des Sinémurien, Mergel- und Kalksteinen.
Pleistozäne Schotterreste treten auf den Hochplateaus sporadisch auf.

3. Hydrogeologische Situation

Das Verhalten des Grundwassers in Festgesteinen wird durch den petrographischen Aufbau des Gesteins und die tektonische Ausgestaltung des Grundwasserleiters bestimmt.

Die Speicherung geschieht in Porenräumen der Gesteine und in den Klufthohlräumen des Gebirges, die Wasserwegsamkeit setzt sich ebenfalls aus Gestein- und Kluftdurchlässigkeit zusammen.

Der Hauptgrundwasserträger ist der Luxemburger Sandstein im Hangenden des Profils. Dessen Grundwassersohle liegt weit über Vorfluterniveau. Sämtliche bedeutende Grundwasseraustritte liegen an der Grenzfläche, die von den Tonen des Lias und dem rhätischen Roten Ton gebildet werden. Das Auftreten der Grundwasseraustritte (Quellen und Grundquellen in Bächen) ist vom Relief der Grundwassersohle abhängig (s.unten), das Schüttungsverhalten wird weitgehend von hochdurchlässigen Kluftzonen bestimmt, die am Erosionsrand ausstreichen (s. unten und Abb. 3).

Abb. 1
Geologische Spezialkarte und geologische Schnitte des Hochplateaus
Pfeil: Exkursionsgebiet.

Fig. 1
Special geological map and geological intersection of the elevated plateau, arrow: excursion-area.

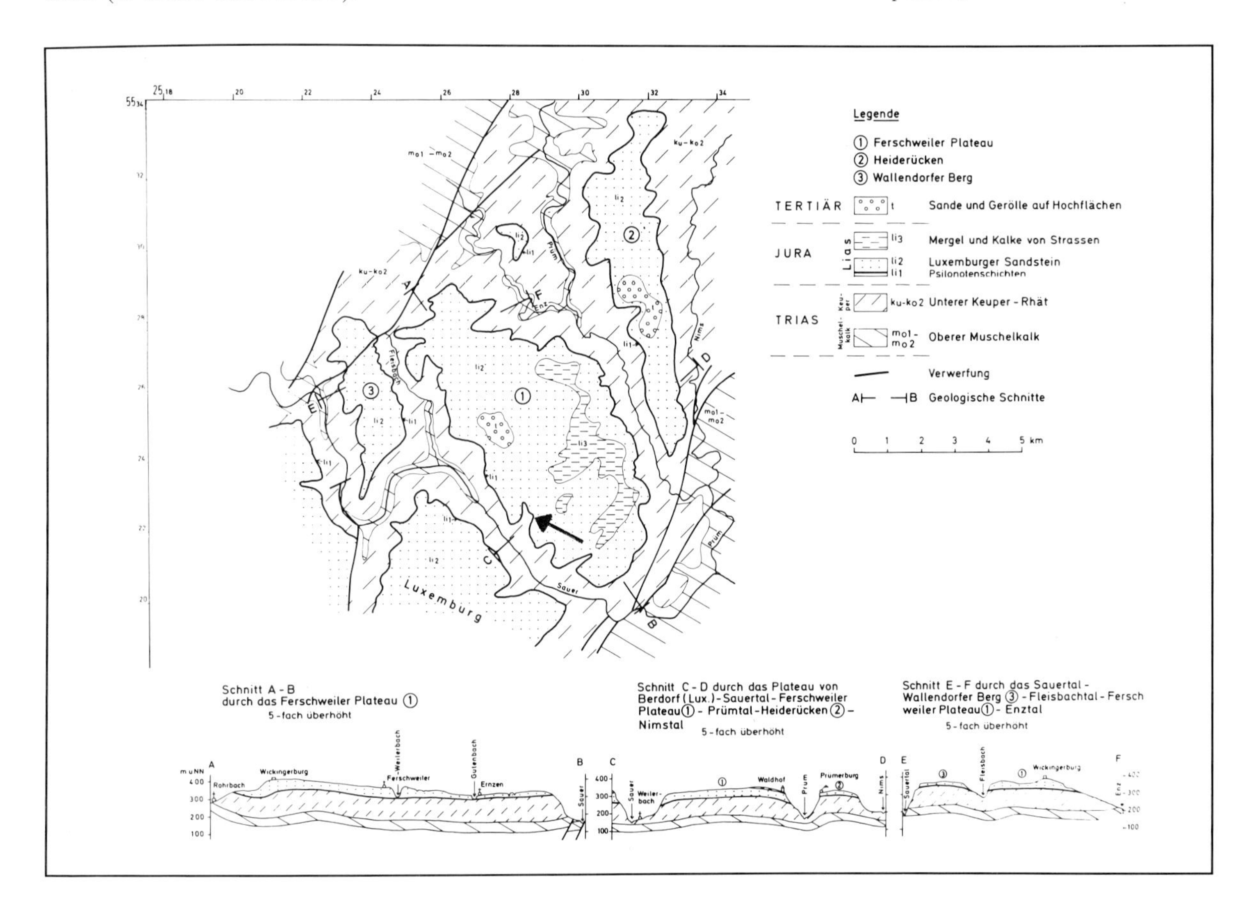

Abb. 2
Normalprofil des Trias und des Unteren Lias im Untersuchungsraum

Fig. 2
Normal profile of Trias and Lower Lias in the research area.

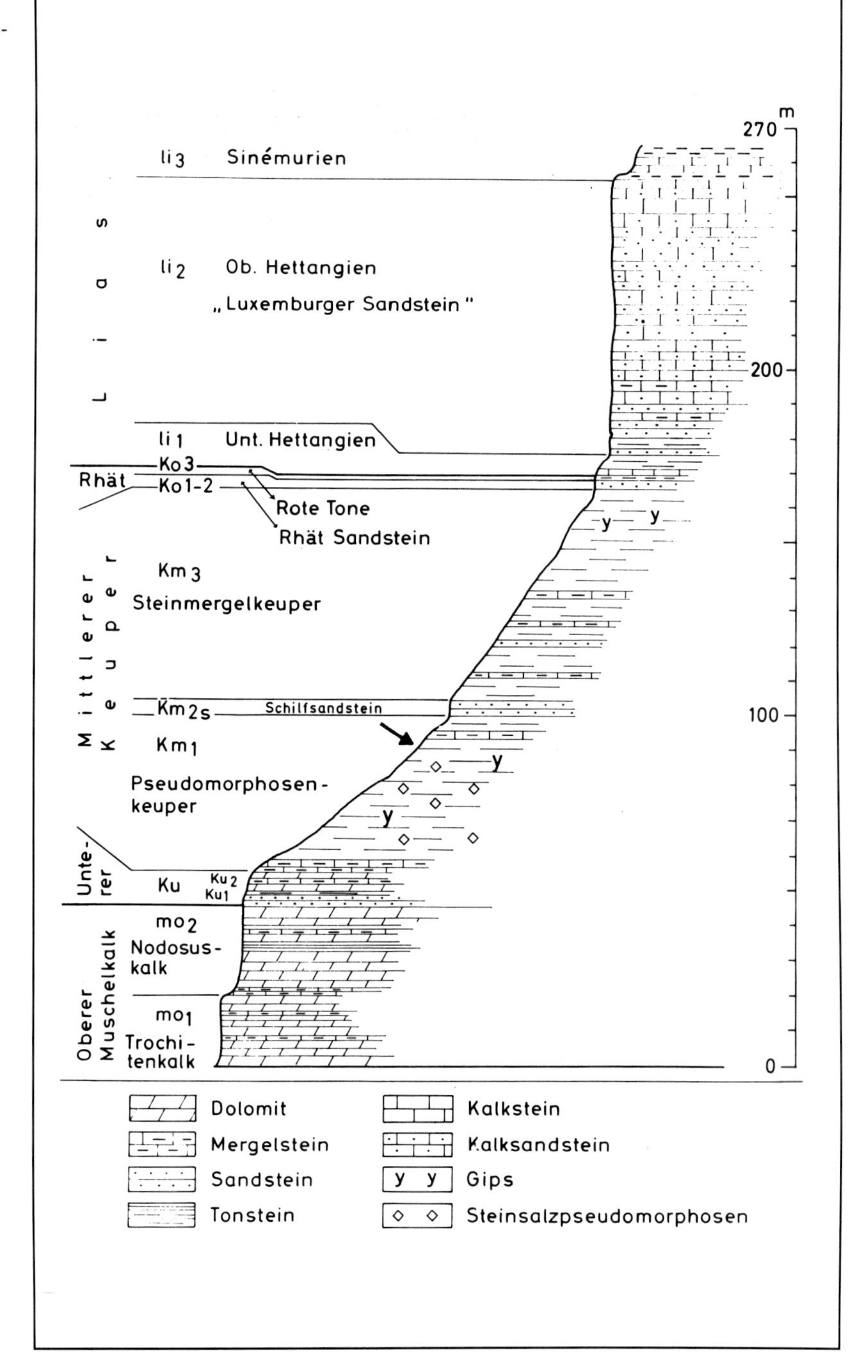

Abb. 3
Die Lagerung des Grundwasserträgers (Basis Luxemburger Sandstein) und Beziehungen zu Grundwasseraustritten und Grundwasserfließrichtungen
Pfeil: Exkursionsgebiet.

Fig. 3
The position of the ground-water carrier (basis: Luxemburg sandstone) and the connections to ground-water discharge and ground-water flowing directions, arrow: excursion area.

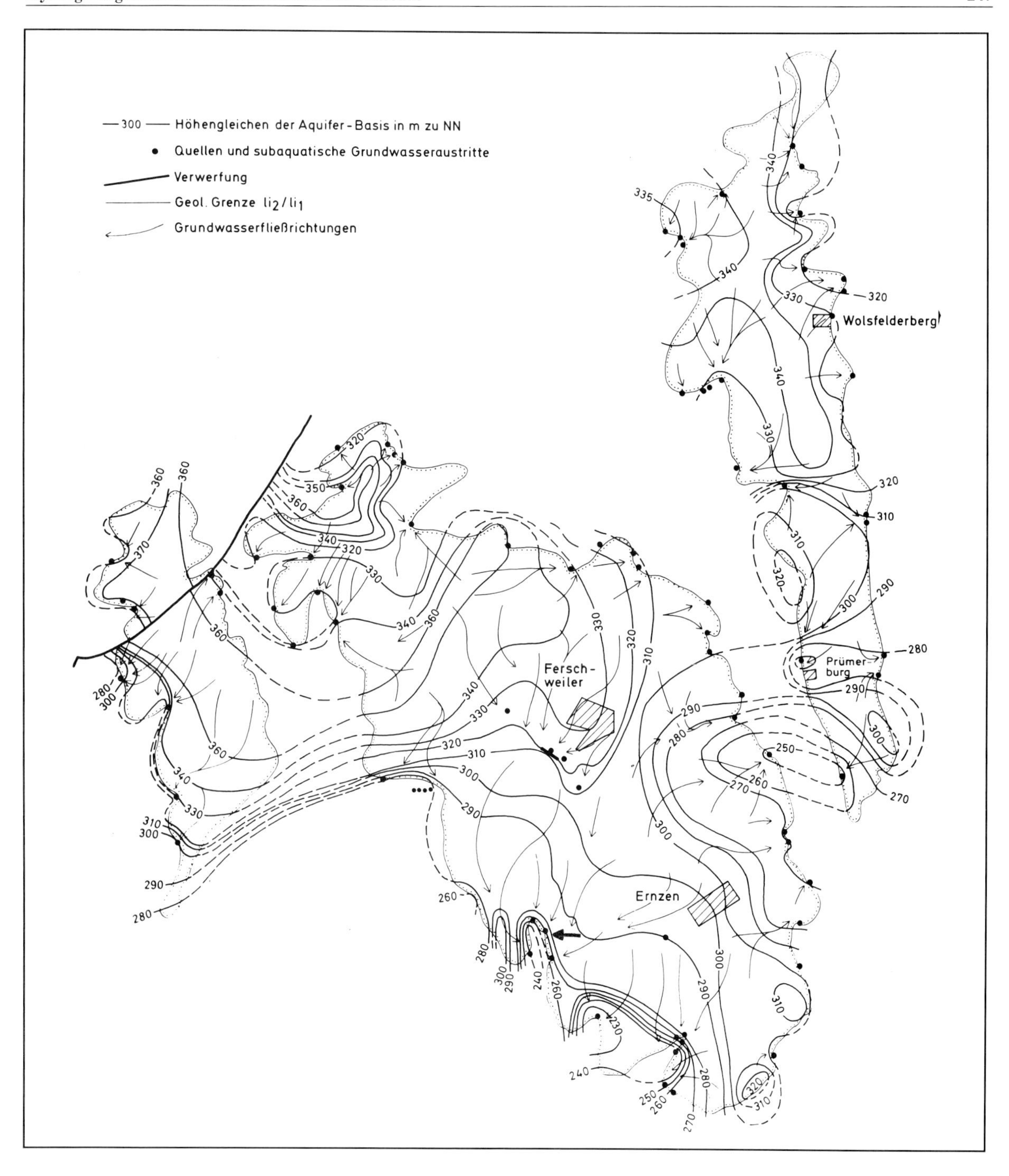
—300— Höhengleichen der Aquifer-Basis in m zu NN
Quellen und subaquatische Grundwasseraustritte
Verwerfung
Geol. Grenze li_2/li_1
Grundwasserfließrichtungen
Wolsfelderberg
Prümerburg
Ferschweiler
Ernzen

Die hydrogeologischen Verhältnisse der inhomogenen speicherarmen und weitgehend undurchlässigen Keuper-Sedimente werden einmal durch vertikale Versickerungsvorgänge von der hangenden Grundwassersohle charakterisiert. Versickerungsvorgänge und Niederschlags-Infiltration bei fehlender Sandstein-Überdeckung lassen entsprechend dem oben angesprochenen Relief kleine Quellaustritte zu, die oft noch an Auslaugungszonen gebunden sind. Diese in Trockenmonaten oft versiegenden Schichtquellen sind häufig nur als weitflächige Nässestellen ausfindig zu machen. Eigene Grundwasserstockwerke im Keuper-Profil hingegen sind im Schilfsandstein und Grenzdolomit ausgebildet. Definierbare Quellhorizonte entwässern die zwar geringmächtigen aber speicher- und leitfähigen Aquifere.
Im Oberen Muschelkalk hingegen, dem liegenden Hauptgrundwasserleiter, fließt Grundwasser nur auf Schicht- und Kluftbahnen. Da der Muschelkalk oft verkarstet ist, sind bei entsprechendem Wasserangebot riesige Durchsatzmengen möglich. So versickert z.B. der Fleisbach nördlich von Bollendorf im Muschelkalk vollständig, um in der Sauer als subaquatischer Austritt erwärmt aufzustoßen.
Meßwerte und Interpretationen sollen folgend dieses Modell näher erläutern und seine Bedeutung für das stattgefundene Rutschereignis am Weilerbach und andere potentielle Orte von Massenverlagerungen aufzeigen.
Es wurde erwähnt (siehe Abb. 3), daß die Grundwasserfließrichtungen zum Relief des Grundwasserstauers in Beziehung zu setzen sind, solange das Grundwasser nicht gespannt im Infiltrationsgebiet vorliegt. Diese Verhältnisse treffen auf die Wässer im Hangprofil zu. Durch die tektonische Ausgestaltung des Plateaus erkennt man die großen Hauptmulden, die flachen Nebenmulden und die Aufwölbungszonen. Man erkennt, wie Mulden und Fließrichtungen korrespondieren. Die Größe der unterirdischen Einzugsgebiete beeinflußt wesentlich die Schüttungsmenge der Quellen. Die Weilerbachmulde und die Mulden nördlich und südlich von Ernzen sind die wasserreichsten Austrittszonen am Plateau. Daß hier Wasserangebot und Rutschungs-Intensität korrespondieren, ergibt sich aus der Durchnässung der wasserempfindlichen Keuper Tone, der Kluft- und Porenwasser-Druckerhöhung und durch vertikale Kluftwasservernetzung. Die Bedeutung der Klüfte für Wassertransport und Rutschpotential bedarf jetzt einer Erklärung.
Es ist aus Aufschlußbeobachtungen, Bohrungen und hydraulischen Überlegungen gesichert, daß Grundwässer in Festgesteinen bevorzugt in Kluftbahnen fließen. Um die Kluftdurchlässigkeit zu berechnen, sind jedoch ihre Einmessung im Azimut, ihre Öffnungsweiten und ihre Abstände in jeder hydraulisch wirksamen Richtung vonnöten, und zwar im gesamten Untersuchungsraum. Dies geschieht durch Einmessen aller erreichbaren Klüfte am Erosionsrand sowie über den Zufällig-

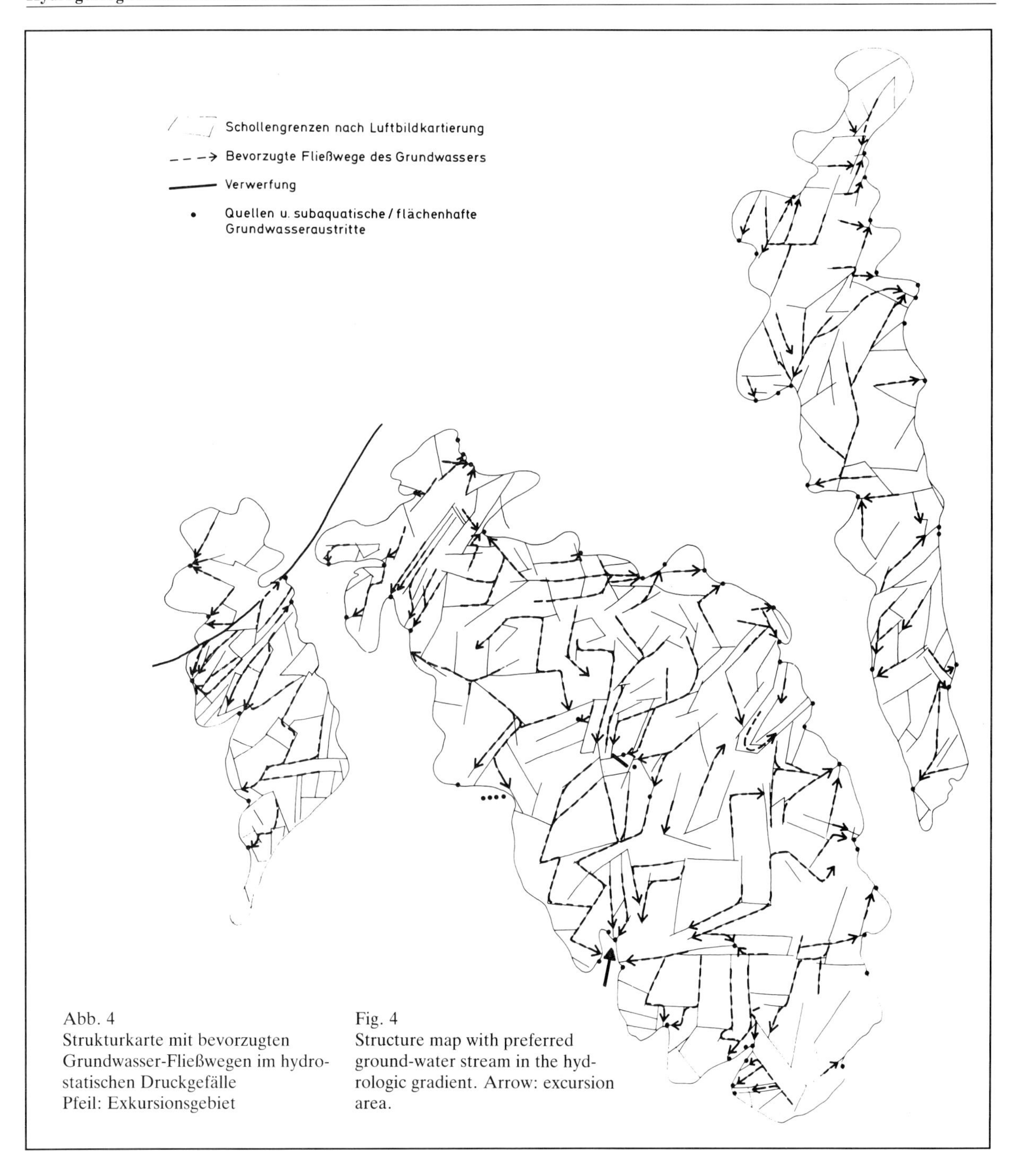

Abb. 4
Strukturkarte mit bevorzugten Grundwasser-Fließwegen im hydrostatischen Druckgefälle
Pfeil: Exkursionsgebiet

Fig. 4
Structure map with preferred ground-water stream in the hydrologic gradient. Arrow: excursion area.

keitsbereich hinaus mittels fotogeologischer Analyse und Satellitenbild-Auswertung, sowie folgender statistischer Aufbereitung.
Mit den erarbeiteten tektonischen Grunddaten werden Karten der tektonischen Ausgestaltungsintensität entworfen. Sie zeigen Bereiche gleicher hydraulischer Wertigkeit und Wasserwegsamkeit. In der Endauswertung werden Strukturkarten erstellt, auf denen die bevorzugten Grundwasserfließwege auf Gesteins-Block-Grenzen dargestellt sind. Es zeigte sich, daß im Fall des Ferschweiler Plateau diese bevorzugten Wasserwege genutzt werden, sie korrespondieren mit den Quellaustritten und deren Schüttungen (Abb. 4). Dieses Zusammenwirken zwischen tektonischen Wasserleitbahnen und Grundwassersohlschichtgefälle kann zu schneller horizontaler Ausbringung der Wässer führen, aber auch zu erfolgreicher Infiltration in die liegenden geologischen

Abb. 5
Lageplan und regionaltektonische Daten zum Grundwasser-Markierungsversuch Ferschweiler, Mai 1974

Fig. 5
Position plan and tectonic dates to the ground-water marking experiment in Ferschweiler, May 1974

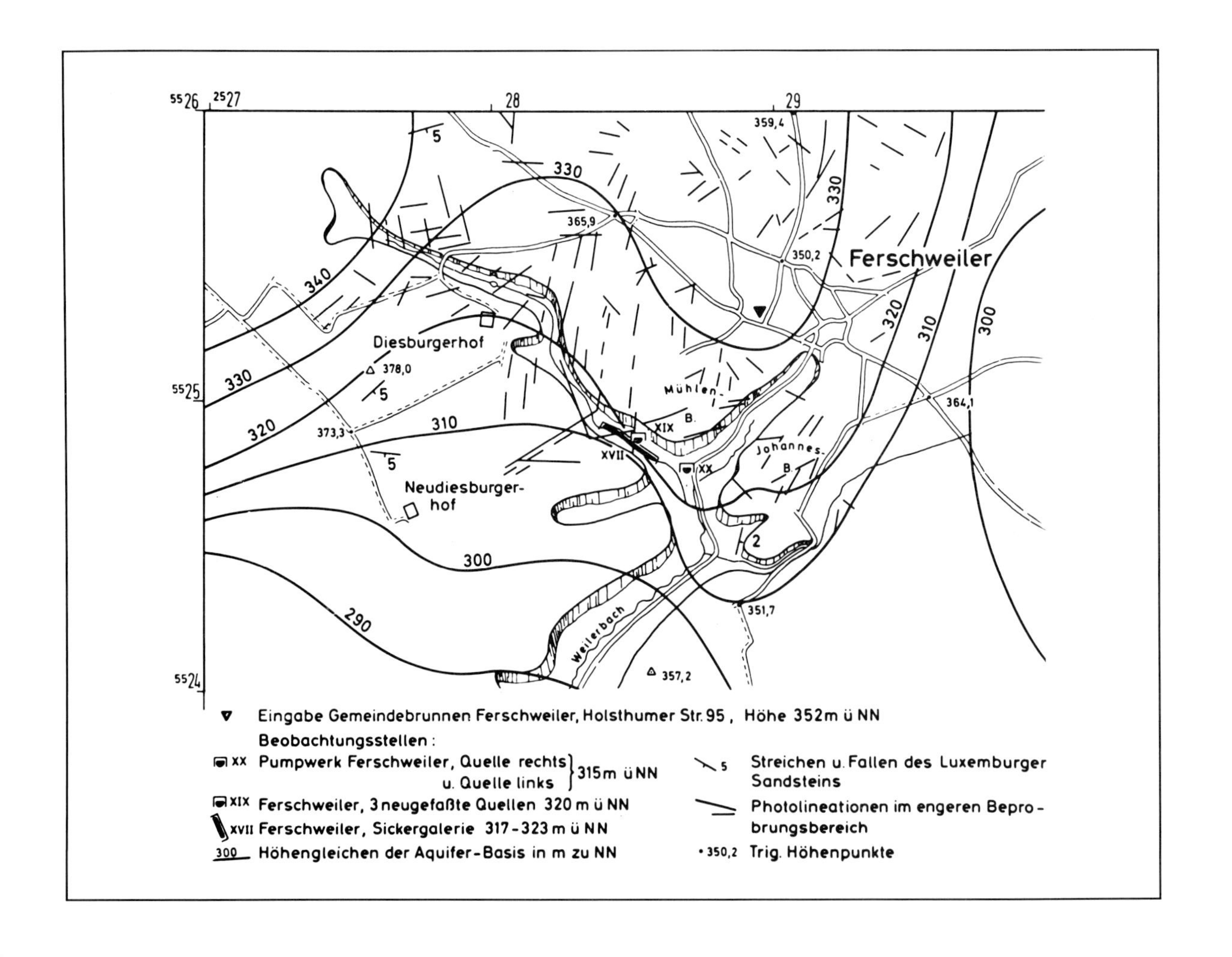

Einheiten, wie entsprechende Messungen im Gelände zeigten. Grundwasserabflußspitzen können sich im Kluftraum also lokal schnell bewegen und Kluftwasserdrücke aufbauen, besonders in Wintermonaten bei fehlender Verdunstung und mangelndem Schutz der Vegetationsdekken, aber auch in der Vegetationsperiode nach intensiven Niederschlägen. Ein Grundwasser-Markierungsversuch in Ferschweiler (Abb. 5) im Mai 1974 nach 3 defizitären Trockenjahren (1971 – 1973) ergab eine Fließgeschwindigkeit von 27 km/h im Kluftraum.
Wie rasch Wassersättigungen in den nässeempfindlichen Ton- und Mergellagen auftreten können – verursacht durch Quellschüttungsanstieg oft auf ganzen Quellinien, eventuell unterstützt durch Niederschlags-Einwirkungen auf die instabilen Hangflächen selbst, kombiniert mit Grundwasseranstieg am Böschungsfuß, dessen Auftriebswirkung die rückhaltenden Kräfte einer potentiellen instabilen Masse vermindert – kann erklären, warum so oft und so unvorhergesehen – weil zeitlich nach Witterungseinflüssen verzögert – Rutschungen im Bereich der Hänge an den Plateauflächen unterhalb des Luxemburger Sandsteins auftreten. Menschliche Aktivitäten können diese Ereignisse fördern, wann immer Massengleichgewichte gestört werden. Sie können kaum zur Verhinderung beitragen, da das geschulte Auge des Geologen ganze Generationen von Rutschungen an diesen Hängen erfaßt. So bleibt als Aufgabe des Wissenschaftlers besonders die Sanierung und der vorbeugende Schutz der Standorte, wo bauliche Maßnahmen durchgeführt wurden oder werden sollen.

Hinweis
Weitgehende Informationen zu der Hydrogeologie dieses Gebietes sowie zur Methodik der Untersuchungen enthalten die folgenden Arbeiten des Autors.

4. Literatur

GRONEMEIER, K.: Das Grundwasser im Luxemburger Sandstein. Geologie, Wasserhaushalt und Umweltbelastung am Beispiel von 3 Großtestflächen. Diss., 195 S., Mainz 1976.
GRONEMEIER, K.: Qualitativer und quantitativer Nachweis von Umwelteinflüssen auf das Grundwasser im Luxemburger Sandstein. – Z.dt.geol.Ges., 127, S. 11–35, Hannover 1976.
GRONEMEIER, K.: Grundwasser-Haushaltsuntersuchungen in »Naturlysimetern« des Luxemburger Sandsteins der Bitburger Mulde. – Mainzer Geowiss. Mitt., 7, S. 95–150, Mainz 1978.
DULCE, J.-C. und GRONEMEIER, K.: Linearanalysen auf Satelliten- und Luftbildern in verschiedenen geologischen Einheiten – Anwendbarkeit in der Hydrogeologie, Z.dt.geol.Ges., 133, S. 535–549, Hannover 1982.

Dr. Klaus Gronemeier
Dr. Pieles Engineering GmbH
Baugrunduntersuchungen
Mathildenstr. 25
2300 Kiel 14

Zusammenfassung:
Jede Artenzusammensetzung eines Standorts verdeutlicht die dort wirkenden abiotischen und biotischen Einflüsse. Die standortanzeigenden Pflanzenarten des Rutschhanges zwischen Weilerbach und Ferschweiler werden anhand einer Übersicht und vier Tabellen besprochen. Bei der Auswahl wurden insbesondere solche Arten berücksichtigt, die bevorzugt auf feucht-nassem, tonigem und basischem Untergrund vorkommen. In einer Vegetationskarte (1:1000) des Rutschhanges wird der Standort der wichtigsten charakteristischen Arten angegeben.

Summary
The particular combination of plants in a given location indicates the abiotic and biotic influences in the area. The habitat-indicating plants that can be found near the slides between Weilerbach and Ferschweiler are discussed and presented in a survey and four tables. Species included in the presentation are those that prefer a moist, clay, basic C-horizon. A vegetation map (1:1000) of the slope area shows the location of the most important characteristic species.

Ullrich Asmus

Standortanzeigende Pflanzen am Rutschhang bei Weilerbach an der Sauer

Habitat-Indicating Plants at the Slides near Weilerbach-on-Saar

Die vorangegangenen Beiträge haben das Exkursionsbeispiel, Hangrutschung an der Kreisstraße 19 zwischen Weilerbach und Ferschweiler, schon aus straßenplanerischer, geologischer und forstlicher Sicht dargestellt. Die heute dort wachsenden Pflanzen sollen mit ihren Lebensbedingungen einen Einblick aus vegetationskundlicher Sicht in die Charakteristik dieses Standorts vermitteln. In dieser Arbeit sind jene Arten herausgestellt worden, die Hinweise auf bestimmte Standortbedingungen zulassen.

Die Arten eines Standortes sind nicht vom Zufall allein abhängig. Wohl kann der Zufall zum Beginn einer Vegetationsbesiedlung für den weiteren Verlauf der Sukzession verantwortlich sein – aber die abiotischen und biotischen Faktoren haben bei der fortschreitenden Entwicklung eines Standortes einen zunehmenden Einfluß und prägen die Artenzusammensetzung insbesondere der Klimax-Gesellschaften nachhaltig.

Die drei wichtigsten abiotischen Faktoren sind:

1. Licht: durch Licht werden enzymatische Prozesse in Gang gesetzt (Photosynthese-Aktivität erst nach Überschreiten eines für jede Pflanzenart typischen Lichtschwellenwerts, Hell- oder Dunkelkeimer, etc.).
2. Feuchtigkeit: a) Bodenfeuchte – im Zusammenhang mit dem Substrat dient Wasser als Lösungs- und Transportmittel der Nährstoffe und Assimilate. b) Luftfeuchtigkeit – wirkt sich direkt auf die Transpiration und indirekt auf die Photosynthese aus, Bestäubungs- und Verbreitungsmechanik können durch Luftfeuchtigkeit gesteuert werden.
3. Substrat: a) physikalisch – es stabilisiert und verankert die Pflanze. b) chemisch – der Ionenhaushalt des Bodens steuert die Zusammensetzung spezifischer Bestände.

Neben diesen Hauptfaktoren kommen noch einige spezielle Faktoren hinzu, die von Fall zu Fall die Artenzusammensetzung beeinflussen. Grundsätzlich ist jeden Pflanzengesellschaft das Resultat der an diesem Standort wirkenden Faktoren.

Beschreibung des Gebietes und der Vegetation

Der westexponierte Hang erstreckt sich vom Weilerbach (NN 220 m) bis zum Fuß des anstehenden Luxemburger Sandstein (NN 280 m). Die Fläche steht unter differenziertem forstlichen Einfluß. Im oberen Bereich sind Douglasien, im unteren Lärchen und Fichten angepflanzt. Mit der Rotbuche als dominierender Waldart kommen auch Bergahorn, Stieleiche, Hainbuche, Esche, Vogelkirsche, Bergulme und Erle vor. Die beigefügte Vegetationskarte verdeutlicht diese Durchmengung der Laubgehölze.

Der Wald im mittleren Bereich ist am meisten durch die Rutschung in Mitleidenschaft gezogen worden – hier entstand ein undurchdringliches Gestrüpp verschiedener Gehölzarten (siehe Tabelle 1).

Clematis vitalba	**– Waldrebe**
Rubus fruticosus agg.	**– versch. Brombeerarten**
Viburnum opulus	**– Wasser-Schneeball**
Viburnum lantana	**– Wolliger Schneeball**
Acer campestre	**– Feldahorn**
Cornus sanguinea	**– hartriegel**
Crataegus spec.	**– Weißdorn**
Malus sylvestris	**– Wild-Apfel**
Lonicera xylosteum	**– Heckenkirsche**
Lonicera periclymenum	**– Wald-Geißblatt**
Prunus spinosa	**– Schlehe**
Rosa canina	**– Hundsrose**
Sorbus aria	**– Mehlbeere**
Rubus idaeus	**– Himbeere**
Rubus caesius	**– Krätzbeere**
Sambucus racemosa	**– Trauben-Holunder**
Sambucus nigra	**– Schwarzer Holunder**

Tabelle 1: Gehölzarten des Gestrüpps im mittleren Teil des Rutschhanges.

Chart 1
Wood species of shrubs in the centre of the slide slope

Die nur schüttere Vegetation der weitgehend offenen Vegetationsflächen besteht zur Zeit noch zum größten Teil aus Pionierarten bewegter lehmiger Böden.

Selbst Steinklee-Bestände (Melilotus alba und Melilotus officinalis), in der Karte mit »Meli« dargestellt, die man als frühe therophytische Sukzessionsstufe betrachtet, sind noch ausreichend vorhanden.

Vegetationskarte des Rutschhanges an der Kreisstraße (K 19) zwischen Ferschweiler und Weilerbach
Einzelgehölze:

A	–	Acer pseudoplatanus (Berg-Ahorn)
1	–	Alnus glutinosa (Schwarz-Erle)
Ø	–	Betula pendula (Hänge-Birke)
Car	–	Carpinus betulus (Hainbuche)
Cor	–	Corylus avellana (Haselnuß)
B	–	Fagus sylvatica (Rotbuche)
△	–	Fraxinus excelsior (Gemeine Esche)
L	–	Larix europaea (Lärche)
F	–	Picea abies (Rot-Fichte)
K	–	Prunus avium (Vogel-Kirsche)
Ps	–	Pseudotsuga menziesii (Douglasie)
Q	–	Quercus robur (Stiel-Eiche)
S	–	Salix caprea (Sal-Weide)
Sp	–	Salix purpurea (Purpur-Weide)
Sv	–	Salix viminalis (Korb-Weide)
	–	Sarothamnus scoparius (Besenginster)
So	–	Sorbus aucuparia (Eberesche)
U	–	Ulmus glabra (Berg-Ulme)

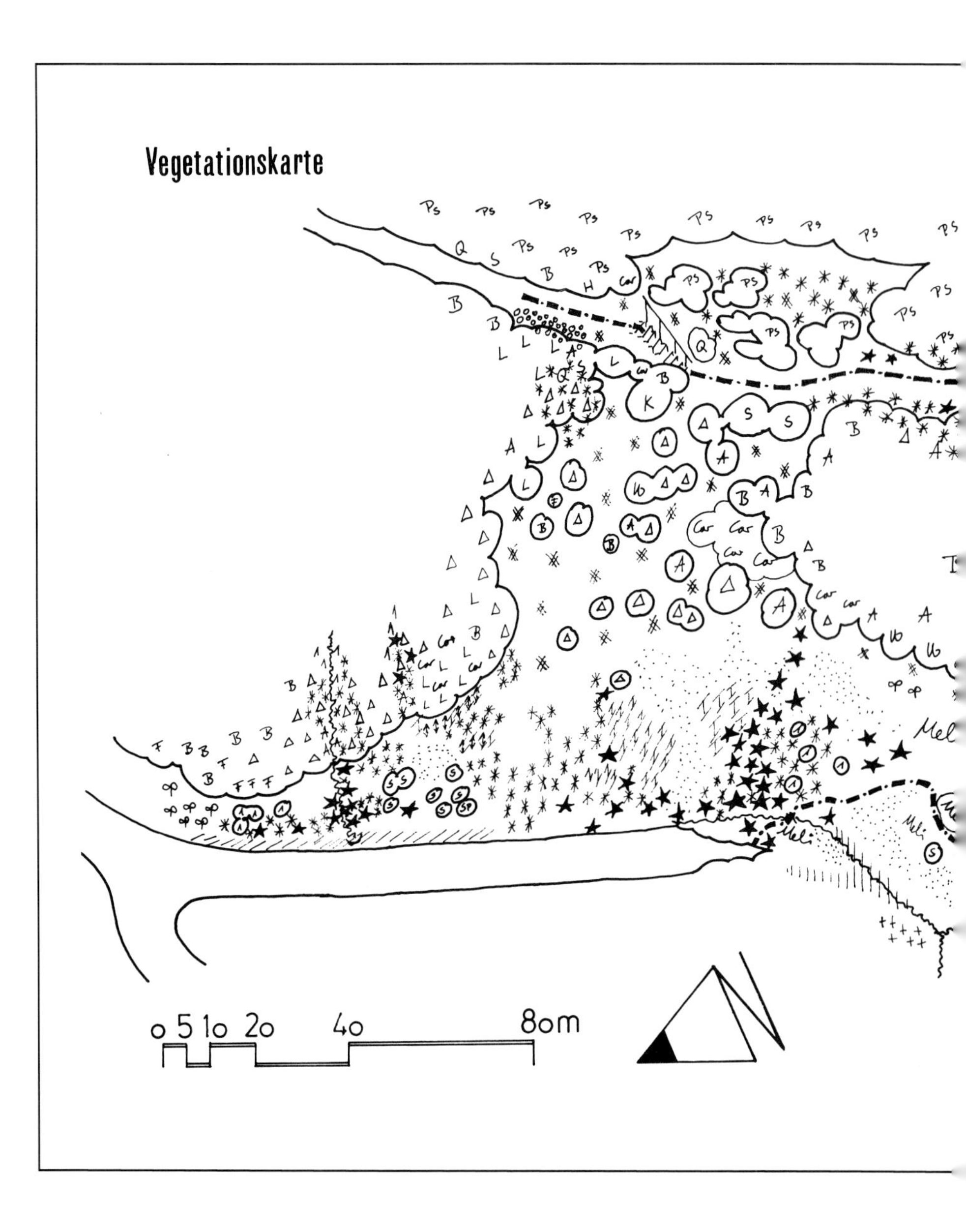

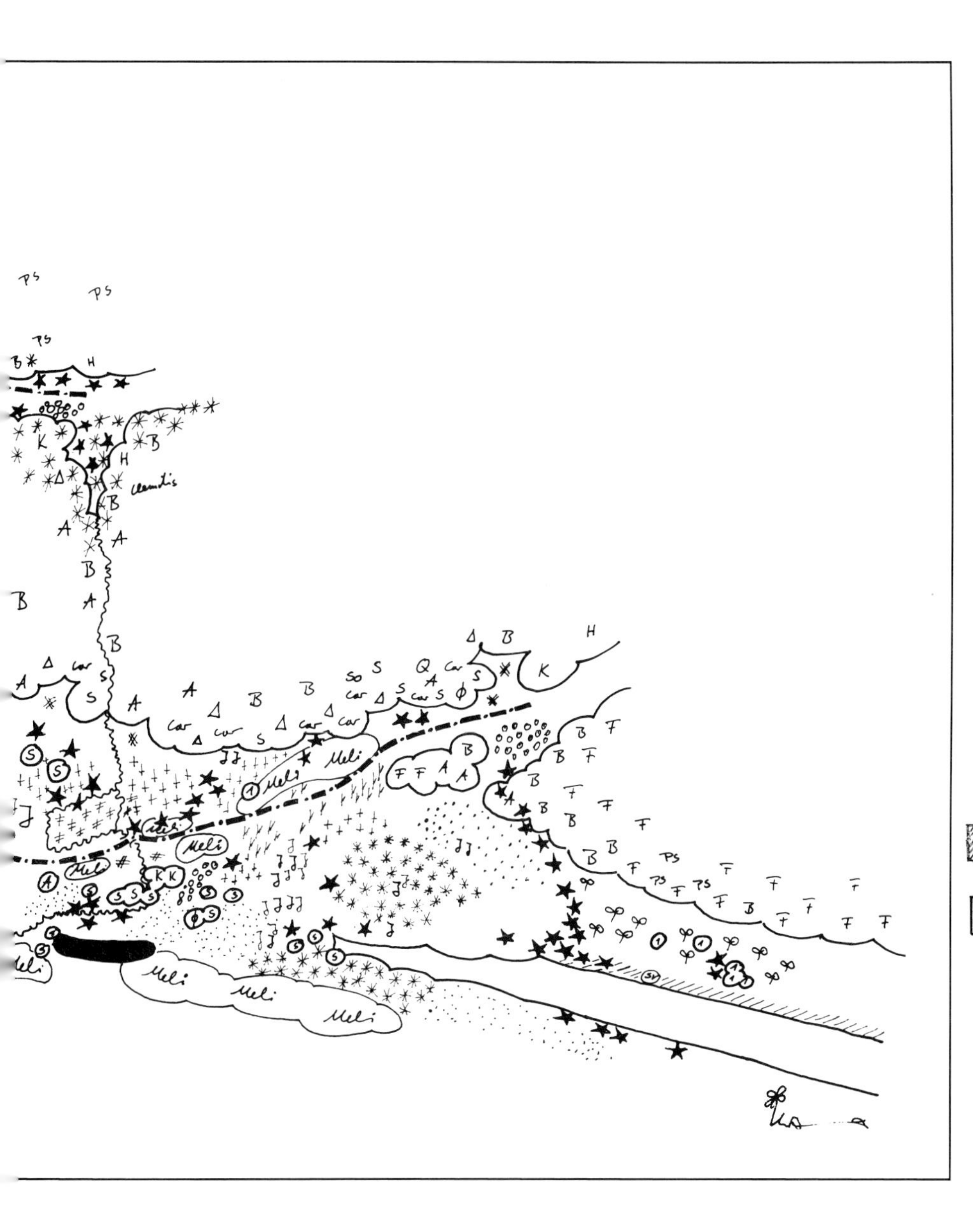

Gehölzbestände:

– Gestrüpp aus verschiedenen Gehölzarten entsprechend der Tabelle 1.

Krautige Vegetationsbestände mit folgenden vorherrschenden Arten:

– Calamagrostis epigejos (Land-Reitgras)

– Carex flacca (Blaugrüne Segge)

– Carex pendula (Hänge-Segge)

– Equisetum arvense (Acker-Schachtelhalm)

– Equisetum maximum (Riesen-Schachtelhalm)

– Equisetum palustre (Sumpf-Schachtelhalm)

– Juncus effusus, J. conglomeratus, J. inflexus (Flatter-Binse, Knäuel-Binse, Blaugrüne Binse)

Meli – Melilotus alba & M. officinalis

– Phalaris arundinacea (Rohr-Glanzgras)

– Tussilago farfara (Huflattich)

Vegetationsbestände bestimmter Lebensbedingungen:

– Hochstauden entlang der Straßenränder entsprechend der Tabelle 2.

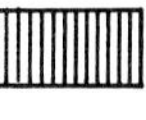
– Staunasse Vegetationsbestände entsprechend der Tabelle 3

– Trittvegetation des Wanderweges mit typischen Pflanzenarten der Tabelle 4

Sonstiges:

– Bachlauf

– Asphaltkuppe

Darüber hinaus gibt es auf kleineren Flächen Hochstaudenbestände (siehe Tabelle 2), Staunässe liebende Vegetation (siehe Tabelle 3) und spezielle Trittvegetation (siehe Tabelle 4).

Tabelle 2: Hochstaudenarten entlang der Gewässer im Bereich der Rutschung

Chart 2
Shrub species along the waters near the slide

Carex pendula	**– Hänge-Segge**
Eupatorium cannabinum	**– Wasserdost**
Angelica sylvestris	**– Wald-Engelwurz**
Mentha aquatica	**– Wasser-Pfefferminz**
Scrophularia umbrosa	**– Flügel-Braunwurz**
Rumex obtusifolius	**– Stumpfblättriger Ampfer**
Stachys sylvatica	**– Wald-Ziest**
Epilobium hirsutum	**– Rauhhaariges Weidenröschen**
Filipendula ulmaria	**– Mädesüß**
Phalaris arundinacea	**– Rohr-Glanzgras**

Tabelle 3: Pflanzenarten die bevorzugt staunasse Standorte besiedeln.

Chart 3
Plant species preferring backwater locations

Juncus bufonius	**– Kröten-Binse**
Glyceria fluitans	**– Flutender Schwaden**
Polygonum hydropiper	**– Wasserpfeffer**
Equisetum palustre	**– Sumpf-Schachtelhalm**
Juncus effusus	**– Flatter-Binse**
Juncus conglomeratus	**– Knäuel-Binse**
Juncus inflexus	**– Blaugrüne Binse**

Tabelle 4: Pflanzenarten auf einem Standort der durch häufiges Betreten gekennzeichnet ist.

Chart 4
Plant species on frequently stepped on locations

Poa annua	**– Einjähriges Rispengras**
Polygonum aviculare	**– Vogel-Knöterich**
Trifolium repens	**– Weißklee**
Lolium perenne	**– Weidelgras**
Plantago major	**– Breit-Wegerich**
Agrostis stolonifera	**– Weißes Straußgras**

Aus den hier vorkommenden Arten sind drei Gruppen ausgewählt worden (Abb. 1):
1. Arten, die in irgendeiner Weise typisch dafür sind, Wasser anzuzeigen, ohne daß man offene Gewässer sieht. Wie zum Beispiel: Sicker-, Quell-, Riesel- oder Grundwasser.

2. Waldarten, die typisch sind für frisch-feuchte basophile Gehölzbestände.
3. Pionierarten, die offene lehmige Standorte nach Störungen im Boden besiedeln und die man jetzt natürlich dort vermehrt antrifft.

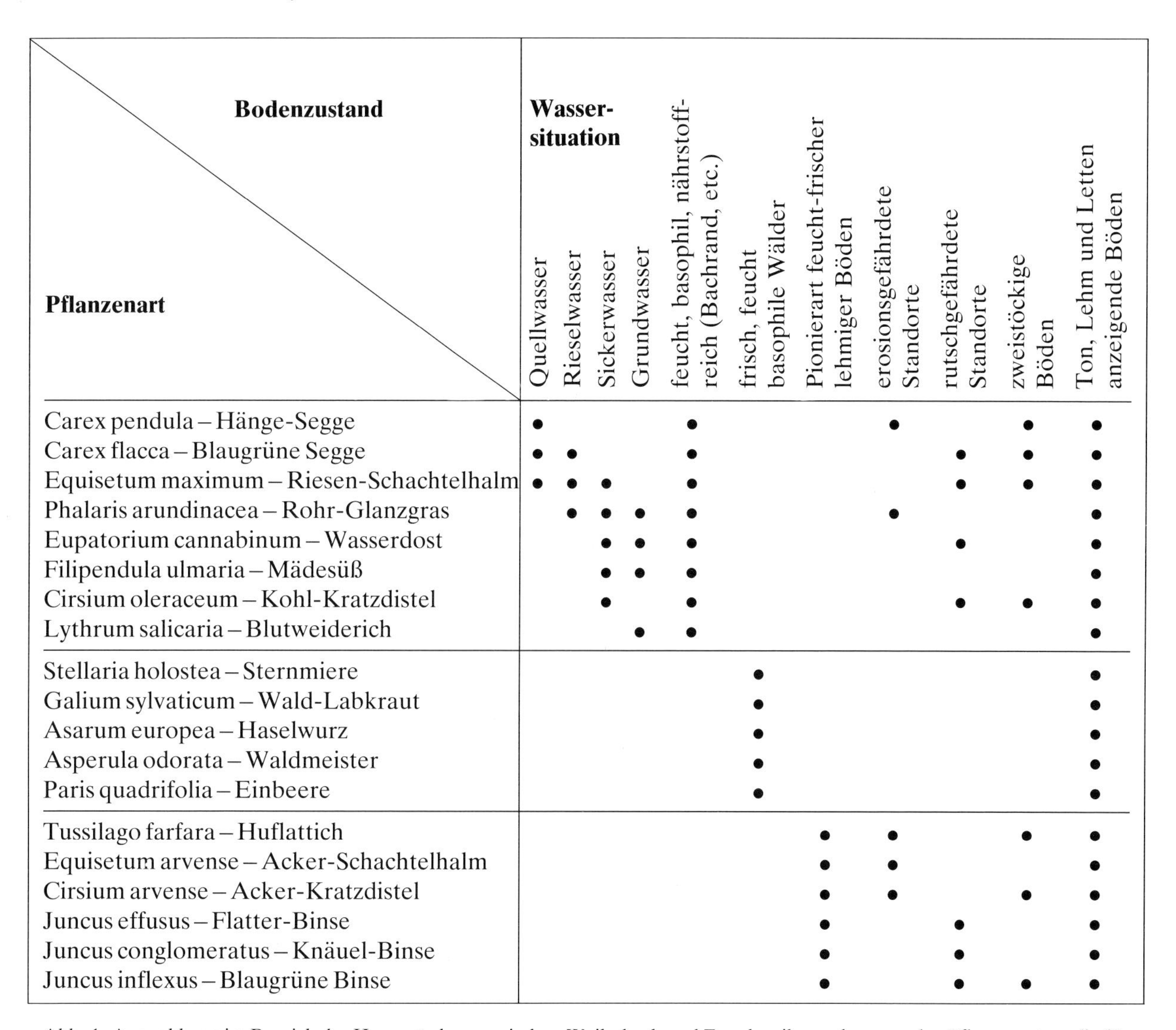

Bodenzustand / **Pflanzenart**	**Wasser-situation**										
	Quellwasser	Rieselwasser	Sickerwasser	Grundwasser	feucht, basophil, nährstoff-reich (Bachrand, etc.)	frisch, feucht basophile Wälder	Pionierart feucht-frischer lehmiger Böden	erosionsgefährdete Standorte	rutschgefährdete Standorte	zweistöckige Böden	Ton, Lehm und Letten anzeigende Böden
Carex pendula – Hänge-Segge	●				●			●		●	●
Carex flacca – Blaugrüne Segge	●	●			●				●	●	●
Equisetum maximum – Riesen-Schachtelhalm	●	●	●		●				●	●	●
Phalaris arundinacea – Rohr-Glanzgras		●	●	●	●			●			●
Eupatorium cannabinum – Wasserdost			●	●	●				●		●
Filipendula ulmaria – Mädesüß			●	●	●						●
Cirsium oleraceum – Kohl-Kratzdistel			●		●				●	●	●
Lythrum salicaria – Blutweiderich				●	●						●
Stellaria holostea – Sternmiere						●					●
Galium sylvaticum – Wald-Labkraut						●					●
Asarum europea – Haselwurz						●					●
Asperula odorata – Waldmeister						●					●
Paris quadrifolia – Einbeere						●					●
Tussilago farfara – Huflattich							●	●		●	●
Equisetum arvense – Acker-Schachtelhalm							●	●			●
Cirsium arvense – Acker-Kratzdistel							●	●		●	●
Juncus effusus – Flatter-Binse							●		●		●
Juncus conglomeratus – Knäuel-Binse							●		●		●
Juncus inflexus – Blaugrüne Binse							●		●	●	●

Abb. 1. Auswahl von im Bereich der Hangrutschung zwischen Weilerbach und Ferschweiler vorkommenden Pflanzenarten, die für einen bestimmten Bodenzustand typisch sind. Durch ● sind die von diesen Arten in der Regel bevorzugten Bodensituationen gekennzeichnet.

Fig. 1: Selection of plant species in the area of the slope slide typical for a specified soil condition, between Weilerbach and Ferschweiler. The soil conditions usually preferred by these species are marked

Carex pendula (Hänge-Segge) ist zusammen mit dem Riesen-Schachtelhalm ein Zeiger für Quellwasser und Quellhorizonte. An diesen Stellen gibt es in der Regel zweistöckige Böden, wobei unter einer wasserdurchlässigen meist kalkhaltigen Schicht eine wasserstauende ansteht. Solche Verhältnisse treten häufig in unterschiedlichen Schichten des Keupers oder des Juras auf. Bekannt sind im fränkischen Schichtstufenland der Ornatenton des Juras (Hangbrücke bei Würgau der B 505) oder der Feuerletten des Keupers.
Der Riesen-Schachtelhalm (Equisetum maximum) kommt außerdem bevorzugt ähnlich dem Rohr-Glanzgras (Phalaris arundinacea) auch an vom Wasser überrieselten Gelände vor. Sickerwasserbereiche können auch von den beiden zuletzt genannten Arten angezeigt werden. Doch eine ganze Reihe von nährstoffliebenden Hochstauden wie z. B. der Wasserdost (Eupatorium cannabinum), das Mädesüß (Filipendula ulmaria), die Kohl-Kratzdistel (Cirsium olearaceum) oder der Blutweiderich (Lythrum salcaria) verdeutlichen neben einem hohen Grundwasserstand in Tallagen auch Sickerwasser in Hanglagen.
Die zweite Gruppe von Arten sind ausdrückliche Waldarten, die einen gut mit Wasser und Nährstoffen versorgten Standort anzeigen. Und zudem geben sie Hinweise auf den Untergrund. Er ist bei der Sternmiere (Stellaria holostea), dem Wald-Labkraut (Galium sylvaticum), der Haselwurz (Asarum europaea), dem Waldmeister (Asperula odorata) und der Einbeere (Paris quadrifolia) durchweg aus tonigem bzw. lehmigem Material aufgebaut. Meist reagiert der Untergrund schwach basisch bis basisch.
Die Arten der dritten Gruppe treten erst dann auf, wenn die Bodenstörung schon geschehen ist. Wer kennt nicht den Huflattich (Tussilago farfara), den Acker-Schachtelhalm (Equisetum arvense) oder die Akker-Kratzdistel (Cirsium arvense) entlang künstlicher Störungen in Form von Straßendämmen und -einschnitten oder natürlicher Störungen an Uferabbrüchen bzw. Felsstürzen. Diese drei Störanzeiger sind nicht nur typisch für Rutschungen und Erdbewegungen in lehmigen Böden, sie treten auch dann auf, wenn sich im Untergrund ein Verdichtungshorizont gebildet hat (z. B. durch schwere landwirtschaftliche Maschinen auf feuchten Ackerböden).
Die Binsenarten (Juncus effusus, J. conglomeratus, J. inflexus) sind bevorzugt dort anzutreffen, wo der Oberboden verschlemmt ist. Sie können auf Bewegungen der darüberliegenden Hänge hinweisen.
Alle vorgestellten Arten wachsen bevorzugt in Böden aus tonigem bis lehmigem Material. Neben dem Huflattich, dem Acker-Schachtelhalm und der Acker-Kratzdistel zeigen auch die Hänge-Segge und das Rohr-Glanzgras Erosionslagen an. Auf Rutschgefahr deuten neben den Binsen auch der Riesen-Schachtelhalm, der Wasserdost und die Kohl-Kratzdistel hin. Die Vegetation dieses Untersuchungsbereiches ist

durchsetzt mit Arten, die in hohem Grade auf feuchte Tonlagen hinweisen. Quer durch den Wald ziehen sich Rinnen, die mit Erlen (Alnus glutinosa) und Eschen (Fraxinus excelsior) bestanden sind. In den Rinnen wachsen – durch niemanden zu übersehen – der Riesen-Schachtelhalm und die Hänge-Segge. Die forstliche Nutzung hat diese problemreichen Standorte erkannt und auf die Aufforstung mit den am Anfang erwähnten Arten im engeren Bereich der Rutschung verzichtet.
Daß Straßen durch Tonlagen, insbesondere Basistone, hindurch geführt werden, ist kein Einzelfall; daß man aber insbesondere hier auf die Zeichen der Natur achten sollte, wäre aus Sicherheits- und Kostengründen wünschenswert.

Literatur:

Forschungsstelle für Ingenieurbiologie des Generalinspektors für das deutsche Straßenwesen (Hrsg.): Atlas standortkennzeichnender Pflanzen. Berlin 1941.
HEGI, G.: Illustrierte Flora von Mitteleuropa. 1. u. 2. Aufl. München 1906–1966.
OBERDORFER, E.: Pflanzensoziologische Exkursionsflora für Süddeutschland. Stuttgart 1970.

Diplombiologe Ullrich Asmus
Lehrstuhl für Landschaftsökologie
und Landschaftsgestaltung der
Technischen Hochschule Aachen
Lochnerstraße 4–20
5100 Aachen

Zusammenfassung
Im August 1982 wurden an einem Rutschhang bei Weilerbach an der Sauer die Wurzeln eines Bergahorns (Acer pseudoplatanus), einer jungen Schwarzerle (Alnus glutinosa), einer Esche (Fraxinus excelsior) sowie einiger krautiger Pionierpflanzen (Huflattich, Tussilago farfara; Hängende Segge, Carex pendula; Riesenschachtelhalm, Exquisetum maximum) ausgegraben. Die Ausbreitung und Ausbildung der Wurzeln wird näher beschrieben. Wie tief Gehölze in Felsspalten eindringen konnten, wurde anhand einer Douglasie (Pseudotsuga menziésii) gezeigt.

Summary
In August 1982, the roots of the following trees and plants on a landslide section near Weilerbach-on-Sauer were examined: mountain maple (acer pseudo-platanus), a young alder-tree (alnus glutinosa), an ash (fraxinus excelsior), and some nonwood pioneer plants (coltsfoot, tussilago farfara; hanging sedge, carex pendula; pewter-grass, equisetum maximum).
Strength and spread of the roots are described in some detail. The penetration depth of trees in rock faults was measured, using a douglas (pseudotsuga menziesii) as an example.

Abb. 1, Seite 268

[1])An dieser Stelle möchte ich Herrn Forstamtmann Göbel vom Forstamt Irrel danken, der mit vielen Hinweisen und der Bereitstellung von Arbeitsgeräten die Ausgrabungen unterstützte. Weiterhin danke ich Herrn Johannsen (Aachen), der die Esche, und Herrn Bergerhoff (Aachen), der die krautigen Pionierpflanzen ausgegraben hatte. An der Freilegung des Bergahorns haben Herr Johannsen und Herr Bergerhoff mitgeholfen.

Karl Hähne

Die Wurzelentwicklung einiger Gehölze sowie krautiger Pionierpflanzen am Rutschhang bei Weilerbach

Root Development of some Shrubs and Stalky Pioneer Plants in a Slope near Weilerbach

Im August 1982 wurden die Wurzeln eines Bergahorns (Acer pseudoplatanus), einer jungen Schwarzerle (Alnus glutinosa), einer Esche (Fraxinus excelsior) sowie einiger krautiger Pionierpflanzen im Bereich des Rutschhanges bei Weilerbach an der Sauer ausgegraben.[1])
Wie tief Gehölze in Felsklüfte eindringen können, wurde anhand einer Douglasie (Pseudotsuga menziésii) gezeigt.
Diese Pflanzen wurden als Vertreter der potentiellen Vegetation sowie der Pioniergesellschaften zur Rohbodenbesiedelung ausgewählt, um zu erkunden, wie sich die Pflanzen im Rutschkörper entwickelt hatten.
Der anstehende Kalkstein im Verbund mit Kalktuff und Kalksinter und das Klima sind im Exkursionsführer der Gesellschaft für Ingenieurbiologie, der im Jahrbuch 1981–83 enthalten ist, näher beschrieben worden.

1. Bergahorn (Acer pseudoplatanus)

Der Baum befand sich am südlichen Rand des Rutschkörpers. Dort war der Waldbestand nicht so stark gestört bzw. vernichtet worden. Die gewachsenen Bodenhorizonte waren gestört bzw. erst wieder im Aufbau begriffen. Die obere 40 cm starke Schicht war bereits stark mit Humus angereichert, so daß sie als Oberboden angesprochen werden kann.
Der Baum, vor dem Rutsch durch Nachbarbäume beschattet, befand sich plötzlich am Waldrand und hatte am Stamm von unten her neue Äste ausgetrieben. Mit 14 m Höhe und etwa 25 cm Stammdurchmesser am Fällschnitt hatte er sich durch den Rutschvorgang um 26,0° geneigt. Bevor die Ausgrabungsarbeiten begannen, wurde der Baum in 4 m Höhe durch eine lange Stange an einer hangaufwärts stehenden Buche mittels Draht verödelt, um ein vorzeitiges, unkontrolliertes Umkippen zu vermeiden.
Eine 80 cm lange, hangabwärts gerichtete, 12 cm hohe und 9 cm breite Wurzel kündete einen geneigten Wurzelteller an (Abb. 1). Nach dem Abgraben der oberen 30 cm dicken Bodenschicht zeigten sich etwa 6 Wurzelanläufe, die hangaufwärts und hangabwärts sowie in südlicher

Richtung besonders stark ausgeprägt waren (Abb. 2). Der Wurzelteller dehnte sich über 9,62 m^2 aus (Abb. 3 und 4).
Hangseitig befand sich ein bereits vermoderter Wurzelstock, dessen verfaulte Wurzeln im Wurzelwerk des Bergahorns zu finden waren. Aber auch eine Reihe von Bergahornwurzeln waren in das vermoderte Holz eingedrungen. Einzelne Wurzeln hatten in etwa 4 m Entfernung vom Stamm noch einen Durchmesser von 2 cm. Diese weitstreichenden Wurzeln fanden sich besonders in südlicher und nördlicher Richtung (Abb. 3). Bestimmend waren zunächst relativ glatte, sich erst in 1 m Umkreis vom Stamm verzweigende starke Skelettwurzeln. Die so entstandenen Wurzeln zweiter Ordnung waren zunächst ebenfalls mit nur wenigen Verzweigungen weiter gewachsen und hatten sich erst kurz vor ihrem Ende stark verzweigt, wobei der Durchmesser fast konstant geblieben war.

Abb. 2, Seite 268
Abb. 3, Seite 269
Abb. 4, Seite 265

Der gesamte Wurzelteller konnte in zwei Ebenen eingeteilt werden. Die erste Ebene bildeten starke bis in etwa 30 cm Tiefe weitstreichende Wurzeln. Die zweite Ebene bestand aus zunächst sehr starken Wurzeln, die sich aber sehr bald aufzweigten und fast senkrecht in Schichten unterhalb von 70 cm Tiefe eingedrungen waren (Abb. 5). Insgesamt belief sich die Querschnittsfläche dieser 19 Wurzeln mit durchschnittlich 2 cm Durchmesser auf 59,7 cm^2. Die hangaufwärts gerichteten Wurzeln hatten insgesamt eine Querschnittsfläche von 57,7 cm^2 (Abb. 6 und 7).

Abb. 5, Seite 269
Abb. 6, Seite 265
Abb. 7, Seite 270

Das Wurzelsystem konnte als flaches Herz-Senkerwurzelsystem bezeichnet werden. Die Bodendurchwurzelung lag ihrer Intensität nach zwischen der der Traubeneiche und der der Rotbuche am Hellerberg bei Freisen.
KÖSTLER, BRÜCKNER und BIBELRIETHER (1966) schreiben dem Bergahorn mit seinem weichen Holz eine geringe Wurzelenergie sowie Wurzelverwachsungen zu. Diese Erscheinung war an diesem Exemplar auch zu beobachten (Abb. 8 und 9).

Abb. 8, Seite 270
Abb. 9, Seite 271

Wurzelverwachsungen treten auch bei anderen Baumarten auf und entstehen, wenn Wurzeln mit hohem Druck aufeinander gepreßt werden. Dies hat den Austausch von Saft zur Folge. Es kann auch zwischen Wurzeln verschiedener Bäume auftreten, so daß ältere Waldbestände miteinander in Verbindung stehen und damit die Möglichkeit des Austausches von Informationen zwischen den Bäumen untereinander besteht.
Zum Abschluß sei noch erwähnt, daß die hangabwärts gerichteten Wurzeln an ihrem ersten Verzweigungspunkt nach unten abgeknickt waren, während die hangaufwärts gerichteten als Folge einer Stauchung große Bögen beschrieben (Abb. 8 und 10). Damit ergab sich eine Kräfteverteilung, wie sie in Abbildung 11 dargestellt wurde. Hierbei ist zu unterscheiden zwischen der Standfestigkeit des Baumes selbst und

Abb. 10, Seite 271
Abb. 11, Seite 266

seiner Wirkung auf die Stabilität des Hanges. Das Vorhandensein einer solchen Wirkung kann hier aufgrund der oben genannten Kräfteverteilung sowie der räumlichen Lage der Wurzeln vermutet werden. Die in tieferen Schichten verankerten Wurzeln stellen gegen die vom Oberhang her drückenden Erdmassen eine Verankerkung dar (Abb. 11). Um für das Fällen die Standfestigkeit des Baumes zu schwächen, wurden nach und nach sämtliche Wurzeln der ersten Ebene abgetrennt, was auch ein leichteres Ausgraben der unteren Wurzeln ermöglichte (Abb. 12). Aber selbst als die große hangabwärts gerichtete »Stützwurzel« gekappt war, beschleunigte sich die Bewegung nicht. Nur durch weiteres Zerschneiden der stark gespannten Zugwurzeln der 2. Ebene, deren Schnittstellen sich sofort 1–2 cm voneinander entfernten, neigte sich der Baum weiter, bis er zuletzt nur noch auf 6 Wurzeln mit 2, 2,5 und 2,0 cm sowie 1, 4,0 und 5,0 cm Durchmesser stand. Nur durch Umschieben war es letztlich möglich, den Baum umzustürzen. Als vielfach statisch unbestimmtes (überbestimmtes) System hat das Wurzelsystem die auftretenden Kräfte bis zuletzt auf die noch verbleibenden Wurzeln umgelagert.

Abb. 12, Seite 271

2. Schwarzerle (Alnus glutinosa)

Der Boden im Bereich der Schwarzerle bestand aus einem Gemisch von Steinen aus Sandstein (im Durchmesser bis 50 cm) und Kalksinter. Diese Durchmischung war auf den Rutschvorgang zurückzuführen, bevor der Samen des Baumes dort anflog. Der Rutschhang war nach Westen exponiert und hatte an dieser Stelle eine Neigung von 25°. Der Baum hatte eine Höhe von 3 m und 5 cm Stammdurchmesser (Abb. 13).

Abb. 13, Seite 272

Das Wurzelsystem bestand aus einzelnen wenig verzweigten Wurzeln, die versuchten, möglichst auf direktem Wege in den Untergrund einzudringen, wobei sie aber durch Steine zunächst gehindert wurden (Abb. 14 und 15). Nach einem durchschnittlichen Längenwachstum von 1 m in der oberen 20–30 cm starken Schicht waren die meisten Wurzeln in tiefere Schichten eingedrungen. Die Wurzeln hatten einen Durchmesser von 0,6–2,5 cm. Es fehlten weitgehend Haarwurzeln (Abb. 16). Der Wurzelteller dehnte sich über 2,10 m×2,60 m = 5,46 m^2 aus (Abb. 17 und 18).

Abb. 14, Seite 266
Abb. 15, Seite 272

Etwa ein Drittel aller Wurzeln war tiefer als 35 cm gewachsen. Ihre Querschnittsfläche belief sich auf 12,5 m^2 (Abb. 19).

Die Schwarzerle hatte diesen Standort mit ihren Skelettwurzeln gut erschlossen. Erst an ihren Wurzelspitzen zeigte sich eine intensivere Durchwurzelung.

Abb. 16, Seite 272
Abb. 17, Seite 267
Abb. 18, Seite 273
Abb. 19, Seite 273

3. Esche (Fraxinus excelsior)

Die Esche stand ebenfalls in der Rutschzone des Hanges. Der Boden und die südliche Exposition entsprachen den beim Bergahorn angetroffenen Standortverhältnissen. Auch die Esche hatte sich durch die Rut-

schung geneigt und zwar um 68° gegenüber der Senkrechten (Abb. 20).
Abb. 20, Seite 274
Die Pflanze hatte vor der Rutschung eine Höhe von 8 m erreicht. Der Stammdurchmesser betrug 16 cm. Der Baum hatte sich bei dieser Neigung durch einige junge Triebe versucht zu regenerieren und den ursprünglichen Stamm ab etwa 2 m Höhe aufgegeben, wie an seinem spärlichen Laubwuchs zu erkennen war (Abb. 21).
Abb. 21, Seite 275
Der Wurzelteller dehnte sich über 2,0 m×2,0 m = 4 m^2 aus, war 1 m stark und als fest zusammenhängende Scholle abgerutscht (Abb. 22).
Abb. 22, Seite 274
Das Wurzelsystem machte einen unregelmäßigen und durch die Bodenbewegungen gestörten Eindruck. Viele Wurzeln waren geknickt und gestaucht, so daß keine Rückschlüsse auf die ursprüngliche Lage der Wurzeln gezogen werden konnten.
Die Esche hatte den kalkreichen Standort jedoch wesentlich intensiver erschlossen als Erle und Bergahorn. Die zunächst kräftigen Wurzeln hatten sich sehr schnell in eine Vielzahl von Feinwurzelbüscheln verzweigt. Sie erwies sich damit als ein sehr gut geeigneter Pionier auf diesem Standort.

4. Grüne Douglasie (Pseudotsuga menziésii)
Welche Leistungen Gehölze mit ihren Wurzeln zu vollbringen in der Lage sind, deutete sich an den freigelegten Wurzeln der Douglasie im Zugbereich des Hangrutsches an (Abb. 23).
Abb. 23, Seite 275
Hier waren einige Wurzeln in rund 2 m Tiefe noch 3 cm stark. Vermutlich erreichten diese Wurzeln eine Tiefe von mindestens 3 m. In den Zugrissen waren kreuz und quer gespannte Wurzeln zu beobachten, die den Boden bewehrt hatten (Abb. 24).
Abb. 24, Seite 276
Die Douglasie war auf diesem Standort sehr gut geeignet, auch tiefere Bodenschichten und Felsblöcke zu verklammern und zu verankern.

5. Krautige Pionierpflanzen
In diesem Abschnitt werden Wurzelausgrabungen auf dem Rutschkörper selbst von Huflattich (Tussilago farfara), Hängender Segge (Carex pendula) und Riesenschachtelhalm (Equisetum maximum o.E. telmateia), auch Zinnkraut genannt, dargestellt (Abb. 25).
Abb. 25, Seite 275
Abb. 26, Seite 276
Der Huflattich (Abb. 26), 15–30 cm hoch werdend, hatte bis 1,50 m weit kriechende unterirdische Sproßausläufer (Rhizome), die aus einer Tiefe von etwa 40 cm neue Sprosse zur Erdoberfläche trieben (Abb. 27).
Abb. 27, Seite 267
Wie bereits HEGI (etwa 1920), so haben auch andere Autoren (BECKER, MUSSGNUG, FRANK und CZERMAK 1942, GARKE 1972, von KRUEDENER 1951, von KRUEDENER, BECKER, ESCHER und MUSSGNUG 1941, OBERDORFER 1979) den Huflattich als einen der ersten und wichtigsten Rohbodenbesiedler und als Pionierpflanze auf rutschenden Hängen, frischen offenen Stellen, sowie an Schutthalden und Moränenschutt bezeichnet. Der bevorzugte Stand-

ort sind anlehmige bis lehmige, d. h. eher bindige Böden, die besonders bei Durchnässung wesentlich weniger mechanisch belastbar sind als rollige Böden.

Die Hängende Segge, etwa 60 cm hoch werdend, treibt im Gegensatz zu anderen Seggenarten keine (HEGI etwa 1925) oder nur kurze (JERMY, CHATER und DAVID 1982) unterirdische Sproßausläufer. An den auf dem Rutschhang gefundenen Exemplaren wurden Ausläufer nicht festgestellt, jedoch ein intensives, weitverzweigtes Wurzelsystem, durchschnittlich bis in 40 cm Tiefe reichend (Abb. 27 und 28). Einige Wurzeln konnten bis in 3 m Entfernung von der Pflanze verfolgt werden (Abb. 29).

Abb. 28, Seite 277
Abb. 29, Seite 276

Der Riesenschachtelhalm, 60 bis 70 cm hoch, war bis in 80 cm Tiefe zu finden (Abb. 30). Der ursprüngliche Sproßausläufer konnte jedoch in dieser Tiefe noch nicht festgestellt werden. Wie die beiden schon besprochenen Pionierpflanzen, so weist auch der Schachtelhalm auf sehr feuchte Orte und Quellhorizonte hin. Er gedeiht mit seinen luftgefüllten Rhizomen gut auf wassergesättigten Böden und treibt von den Knoten (Nodien) der Rhizome immer wieder neue Triebe und Wurzeln, wie dies auch alle anderen Pflanzen mit unterirdischen Sproßausläufern tun.

Abb. 30, Seite 277

6. Literatur

BECKER, A., R. MUSSGNUG, F. FRANK und H. CZERMAK (1942): Die lebende Verbauung. Archiv für Wasserwirtschaft. Heft 72. Berlin.

GARCKE, A. (1972): Illustrierte Flora. Verlag Paul Parey, Berlin und Hamburg.

HEGI, G. (1925): Illustrierte Flora von Mitteleuropa Band II. J. F. Lehmanns Verlag, München.

JERMY, A. C., CHATER, A. O., DAVID, R. W. (1982): Sedges of the British Isles. Botanical Society of the British Isles. London.

KLAPP, E. (1958): Grünlandkräuter. Bestimmen im blütenlosen Zustand. Verbreitung und Wert. Verlag Paul Parey, Hamburg und Berlin.

KÖSTLER, J. N., BRÜCKNER, E., BIBELRIETHER, H. (1966): Die Wurzeln der Waldbäume. Verlag Paul Parey, Hamburg und Berlin.

KRUEDENER, A. von (1951): Ingenieurbiologie. E. Reinhardt Verlag, München/Basel.

KRUEDENER, A. von, A. BECKER, W. ESCHER und R. MUSSGNUG (1941): Atlas standortkennzeichnender Pflanzen. Wiking-Verlag Berlin.

OBERDORFER, E. (1979): Pflanzensoziologische Excursionsflora. Verlag Eugen Ulmer, Stuttgart.

Diplomingenieur Karl Hähne
Institut für Landschaftsbau,
Fachgebiet Ingenieurbiologie der
Technischen Universität Berlin
Lentzeallee 76
1000 Berlin 33

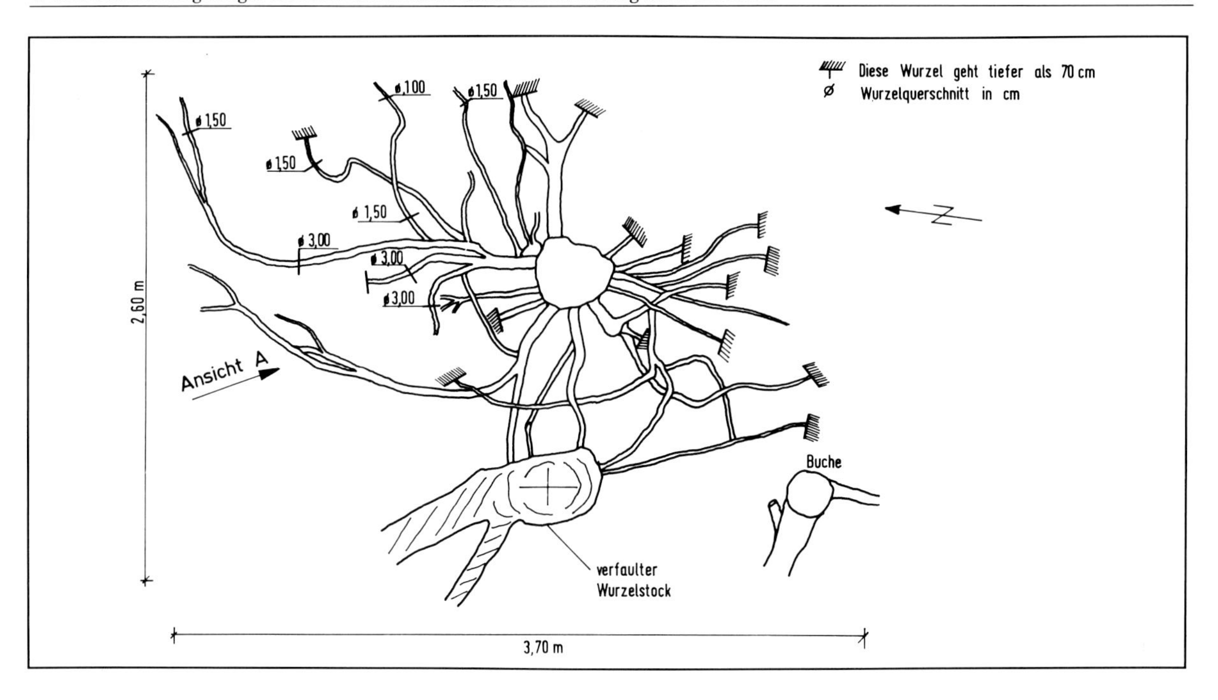

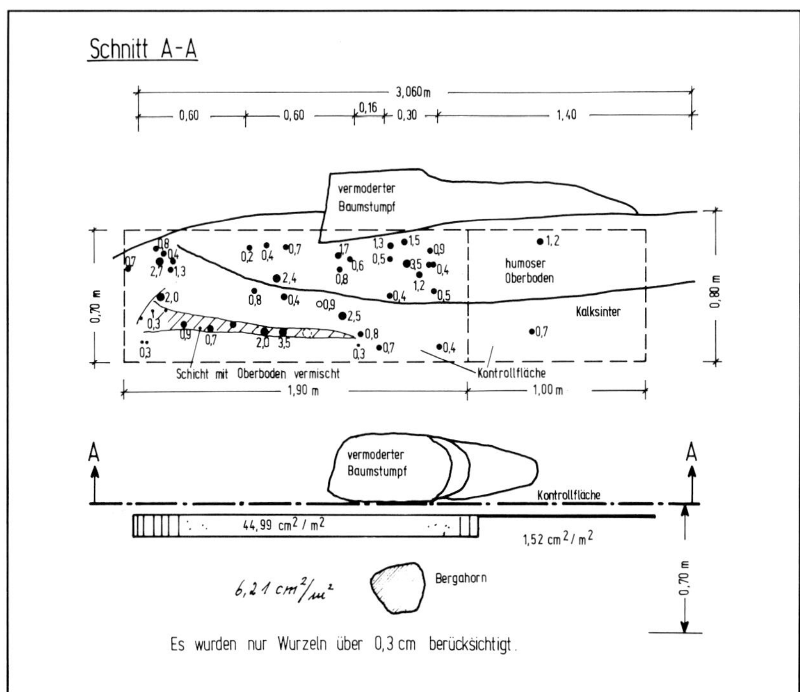

Abb. 4
Ausdehnung der Sklettwurzeln des Wurzeltellers des Bergahorns am Rutschhang bei Weilerbach an der Sauer (ausgegraben am 20. 8. 1982, Draufsicht)

Fig. 4
Extension of the skeletal roots of the root circle on the slope near Weilerbach-on-Sauer (digged out on the 20. 8. 1982, top view)

Abb. 6
Verankerung des Wurzeltellers des Bergahorns hangaufwärts sowie unterhalb von 0,7 m Tiefe (Rutschhang bei Weilerbach an der Sauer, ausgegraben am 20. 8. 1982).

Fig. 6
Upwards anchoring root circle of the sycamore and deeper than 0.7 m (sliding slope near Weilerbach-on-Sauer, digged out on the 20. 8. 1982)

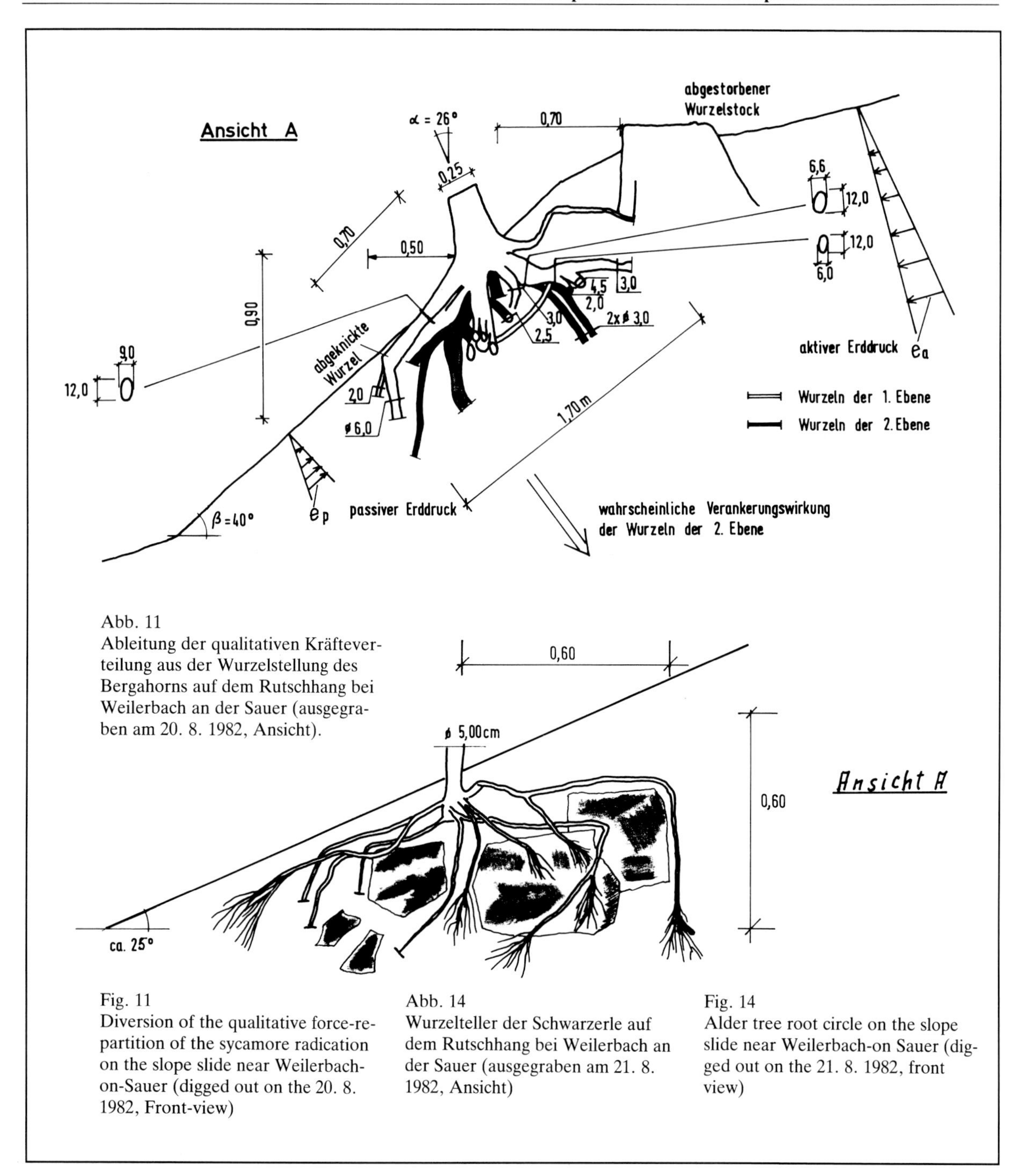

Abb. 11
Ableitung der qualitativen Kräfteverteilung aus der Wurzelstellung des Bergahorns auf dem Rutschhang bei Weilerbach an der Sauer (ausgegraben am 20. 8. 1982, Ansicht).

Fig. 11
Diversion of the qualitative force-repartition of the sycamore radication on the slope slide near Weilerbach-on-Sauer (digged out on the 20. 8. 1982, Front-view)

Abb. 14
Wurzelteller der Schwarzerle auf dem Rutschhang bei Weilerbach an der Sauer (ausgegraben am 21. 8. 1982, Ansicht)

Fig. 14
Alder tree root circle on the slope slide near Weilerbach-on Sauer (digged out on the 21. 8. 1982, front view)

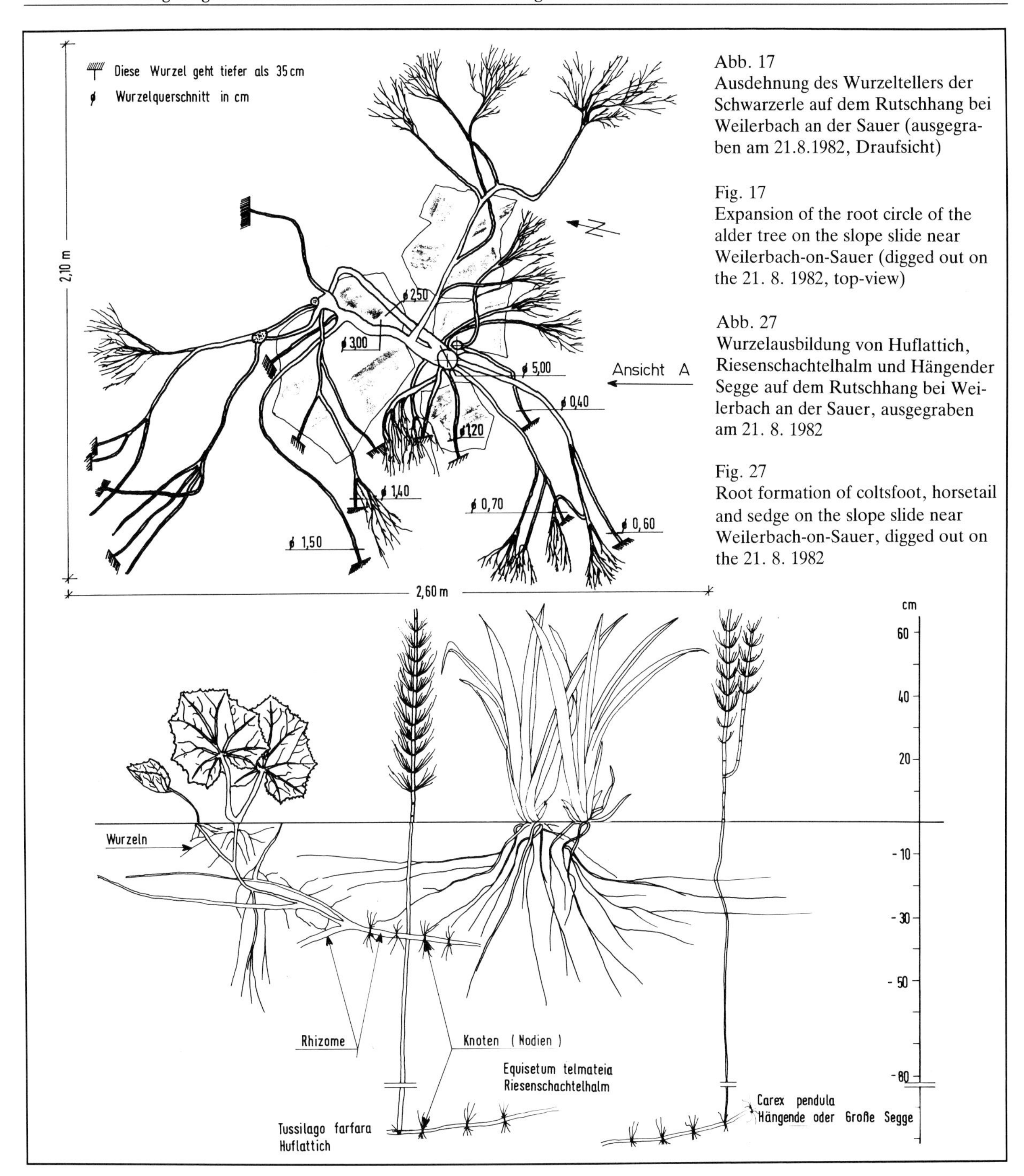

Abb. 17
Ausdehnung des Wurzeltellers der Schwarzerle auf dem Rutschhang bei Weilerbach an der Sauer (ausgegraben am 21.8.1982, Draufsicht)

Fig. 17
Expansion of the root circle of the alder tree on the slope slide near Weilerbach-on-Sauer (digged out on the 21. 8. 1982, top-view)

Abb. 27
Wurzelausbildung von Huflattich, Riesenschachtelhalm und Hängender Segge auf dem Rutschhang bei Weilerbach an der Sauer, ausgegraben am 21. 8. 1982

Fig. 27
Root formation of coltsfoot, horsetail and sedge on the slope slide near Weilerbach-on-Sauer, digged out on the 21. 8. 1982

Abb. 1
Die Stützwurzeln des Bergahorns vor der Freilegung

Fig. 1
Prop-root of the sycamore before the extrication

Abb. 2
Die Wurzeln der ersten Ebene des Bergahorns in südlicher und westlicher Richtung sehr stark ausgeprägt.

Fig. 2
Roots on the first level of the sycamore are very distinctive

Abb. 3
Ausdehnung des Wurzeltellers des Bergahorns mit weitstreichenden Wurzeln

Fig. 3
Extension of the root circle of the sycamore with far reaching roots

Abb. 5
Der umgestürzte Wurzelteller des Bergahorns von unten mit abgerissenen Wurzeln der zweiten Ebene.

Fig. 5
The overturned root circle of the sycamore shown from below, with torn off roots on the second level

Abb. 7
Die hangaufwärtsgerichteten abgeschnittenen Wurzeln des Bergahorns unter einem abgestorbenen Wurzelstock

Fig. 7
The slope upwards pointed roots of the sycamore (cut-off) underneath a perished root-stock

Abb. 8
Wurzelentwicklung des Bergahorns in nördlicher Richtung (Bildmitte) mit bogigen, gestauchten Wurzeln.

Fig. 8
Northern root development of the sycamore (centre) with curved, compressed roots

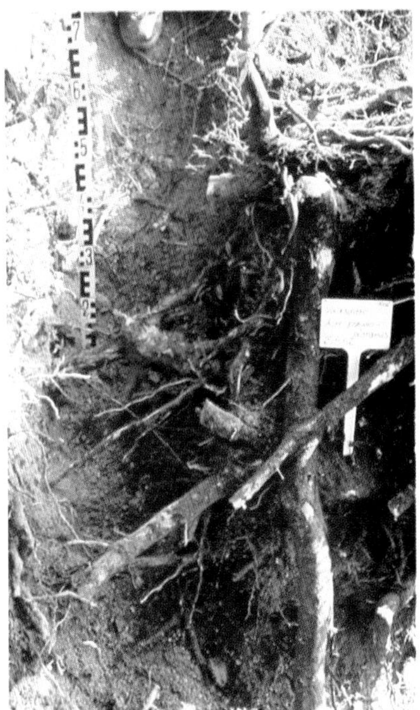

Abb. 9
Wurzelverwachsung des Bergahorns und teilweise zerschnittene Wurzeln der ersten Ebene.

Fig. 9
Rooting of the sycamore and partly shredded roots on the first level

Abb. 10
Die Stützwurzel des Bergahorns nach der Freilegung mit deutlich abgeknickten Verzweigungen.

Fig. 10
Prop-root of the sycamore after extrication with broken ramification

Abb. 12
Der umgestürzte Bergahorn

Fig. 12
The overthrown sycamore

Abb. 13
Ansicht der 3 m hohen Schwarzerle

Fig. 13
View of the 3 m high alder tree

Abb. 16
Der nördliche Teil des Wurzeltellers der Schwarzerle

Fig. 16
The northern part of the root circle of the alder tree

Abb. 15
Die nach Süden gerichteten Wurzeln der Schwarzerle

Fig. 15
The southwards pointed roots of the alder tree

Abb. 18
Ausdehnung des Wurzeltellers der Schwarzerle

Fig. 18
Expansion of the root circle of the alder tree

Abb. 19
Wurzeln der Schwarzerle, die tiefer als 30 cm in den Boden eingedrungen sind

Fig. 19
Alder tree roots penetrated further than 30 cm into the ground

Abb. 20
Ansicht der 3 m hohen Esche

Fig. 20
View of the 3 m high ash-tree

Abb. 22
Der geneigte Wurzelteller der Esche ist offenbar als einzelne Bodenscholle gerutscht.

Fig. 22
The bended root circle of the ash-tree has obviously moved a whole lump

Abb. 21
Durch die Rutschung gestörtes Wurzelsystem der Esche. Die Neigung des Baumes zu einer starken Verzweigung des Wurzelwerks führte vorwiegend zur Ausbildung von Fein- und Haarwurzeln.

Fig. 21
The root system of the ash-tree disturbed by the sliding. Its tendency towards a strong root ramification led to formation of fine and hairy roots

Abb. 23
2–3 m tief reichende Wurzeln der Douglasie, die durch eine abgerutschte Scholle freigelegt wurde

Fig. 23
The 2–3 m deep roots of the douglas fir, layed open by the slid lump

Abb. 25
Rutschkörper des Hangrutsches bei Weilerbach mit Hängender Segge, Huflattich und Großem Schachtelhalm bewachsen

Fig. 25
Part of the slope slide near Weilerbach with sedge, coltsfoot and horsetail

Abb. 24
Zugriß. Die Wurzeln der Douglasie waren seilartig gespannt.

Fig. 24
Pulling fissure. Roots of the douglas fir were stretched like ropes

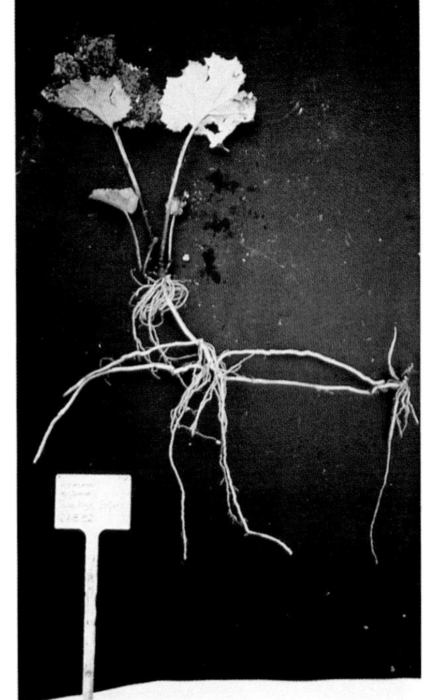

Abb. 26
Wurzelausbildung des Huflattich

Fig. 26
Root development of the coltsfoot

Abb. 29
Wurzelausbildung der Hängenden Segge

Fig. 29
Root formation of the sedge

Abb. 28
Wurzelausbildung der Hängenden Segge, unten Hangsickerwasser

Fig. 28
Root formation of sedge, below infiltration water of the slope

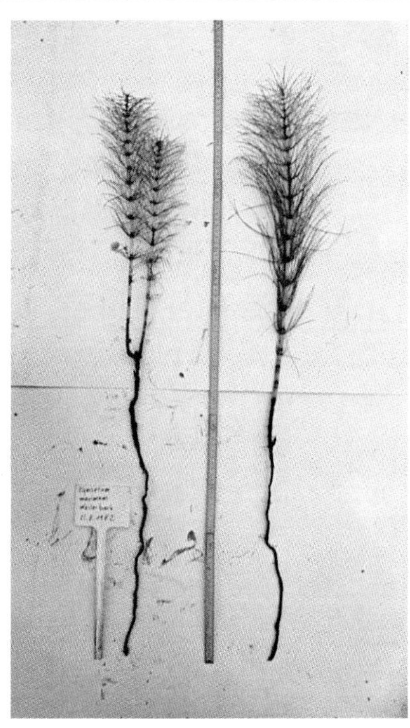

Abb. 30
Wurzelausbildung des Riesenschachtelhalms

Fig. 30
Root formation of the horsetail

Gesellschaft für Ingenieurbiologie

Exkursionsbeispiel 2 auf der Tagung der Gesellschaft für Ingenieurbiologie am 24. und 25. September 1982 in Saarburg

Field Excursion 2 during the Saarburg Conference of the Society for Biological Engineering on 24 and 25 September 1982

Zusammenfassung:
Im zweiten Exkursionsbeispiel werden die möglichen Ursachen eines Hangrutsches an der K 19 zwischen Ferschweiler und Weilerbach im Tal der Sauer und die sich auf dem gerutschten Gelände verbliebene bzw. sich auf natürlichem Wege einstellende Vegetation behandelt. Im einzelnen wird auf folgende Bereiche eingegangen: Relief, Exposition, Höhenlage, Gesteine, Böden, Geländeklima, Vegetation, Nutzung, landschaftsökologische Gesichtspunkte zur Straßenplanung, landschaftsökologische und ingenieurbiologische Gesichtspunkte zum Weiterbau der Straße.

Summary:
The second example concerns the possible causes of a land slide along Route K 19 between Ferschweiler and Weilerbach in the valley of the Sauer river and the vegetation which remained or sprang up on the section which slid downward. The features described are: relief, exposition, altitude, rock and soil types, micro climate, vegetation, use, ecological aspects of road planing, ecological and bio-engineering aspects of continuing the construction of the road.

Hangrutsch bei Weilerbach an der Sauer

Lage

Der Hangrutsch (Abb. 1) liegt im Tal des zur Sauer entwässernden Weilerbaches und entstand während des Neubaues der Kreisstraße (K 19) zwischen Ferschweiler und Weilerbach. Die abgerutschte Fläche liegt innerhalb der Abteilung 175 des Staatswaldes Ernzen und hat eine Größe von rund 1,3 ha.

Jahr des Hangrutsches: 1976

Relief, Exposition und Höhenlage

Der steile Hang besaß vor der Rutschung ein bewegtes Kleinrelief, das nach der Rutschung noch ausgeprägter wurde. Es ist nach Westen geneigt und liegt 230 bis 280 m über NN.

Gestein und Böden

Die nachstehenden Angaben zu den Gesteinen sind der Arbeit von W. BIZER (1978) entnommen.

Das Exkursionsbeispiel am Westrand des Ferschweiler Plateaus liegt in den Schichten des Mesozoikums der Trier–Bitburger Mulde, bei der es sich um eine flache Depression handelt, die sich in das Devon des Rheinischen Schiefergebirges eingesenkt hat. A. MÜLLER (1974) bezeichnet diese Depression als »Nordosten des Pariser Beckens«. Bei allen Schichten liegt eine Streichrichtung von NE nach SW (Messungen zwischen 20 und 60°) vor.

Die vorkommenden Gesteine gehören dem mittleren Keuper und dem unteren Lias an. Aufgrund der biostratigraphischen und lithostratigraphischen Unterschiede können im Bereich des Exkursionsbeispiels folgende Einheiten voneinander abgegrenzt werden (Abb. 2 und 3):

- Schilfsandstein
- Steinmergelgruppe und
- Luxemburger Sandstein.

Abb. 1
Hangrutsch im Bereich der Neubaustrecke der Kreisstraße (K 19) zwischen Ferschweiler und Weilerbach im Jahr 1977, ein Jahr nach dem Ereignis.
Foto: Pflug

Fig. 1
Slope slide in the vicinity of the new road section (Kreisstraße 19) between Ferschweiler and Weilerbach in 1977, one year after the event

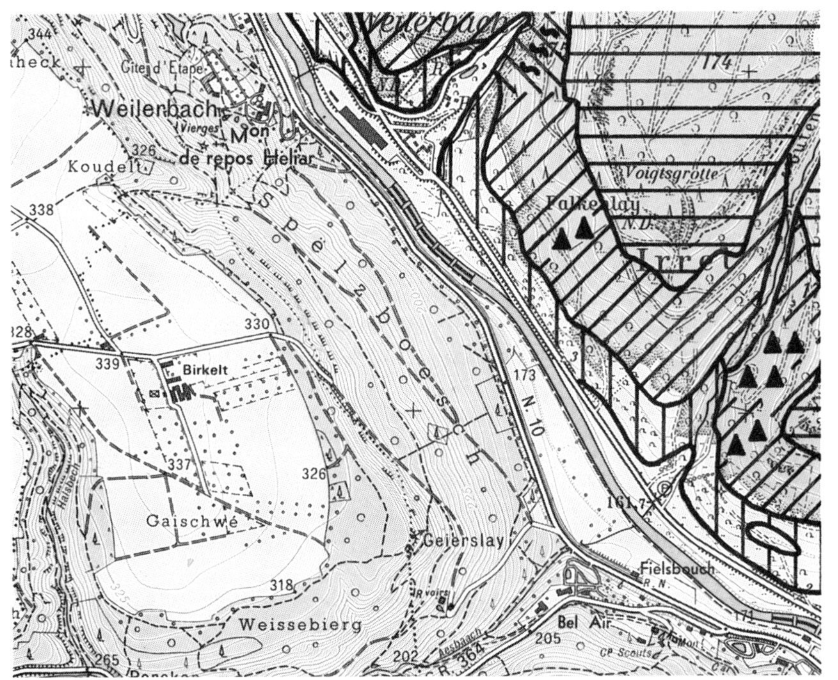

Abb. 2
Ausschnitt aus der von W. BIZER (1978) angefertigten Geologischen Karte über den Westrand des Ferschweiler Plateaus (Ausschnitt aus der Topographischen Karte 1:25 000, Blatt Bollendorf).

Fig. 2
Parts of the geological map (1978) from W. BIZER showing the West border of the Ferschweiler Plateau (Section of the topographical map 1:25.000, sheet: Bollendorf)

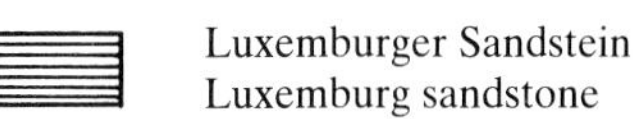
Luxemburger Sandstein
Luxemburg sandstone

Steinmergelgruppe
Chalky clay formation

Gipskeuper
Grypsum keuper

Kalktuff im Weiterbachtal
Calcareous tuff in the Weiterbach valley

Blockströme des Luxemburger Sandsteins
Boulder stream of luxemburg sandstone

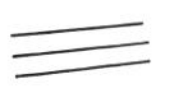
Störung (gesichert)
Stabilized fault

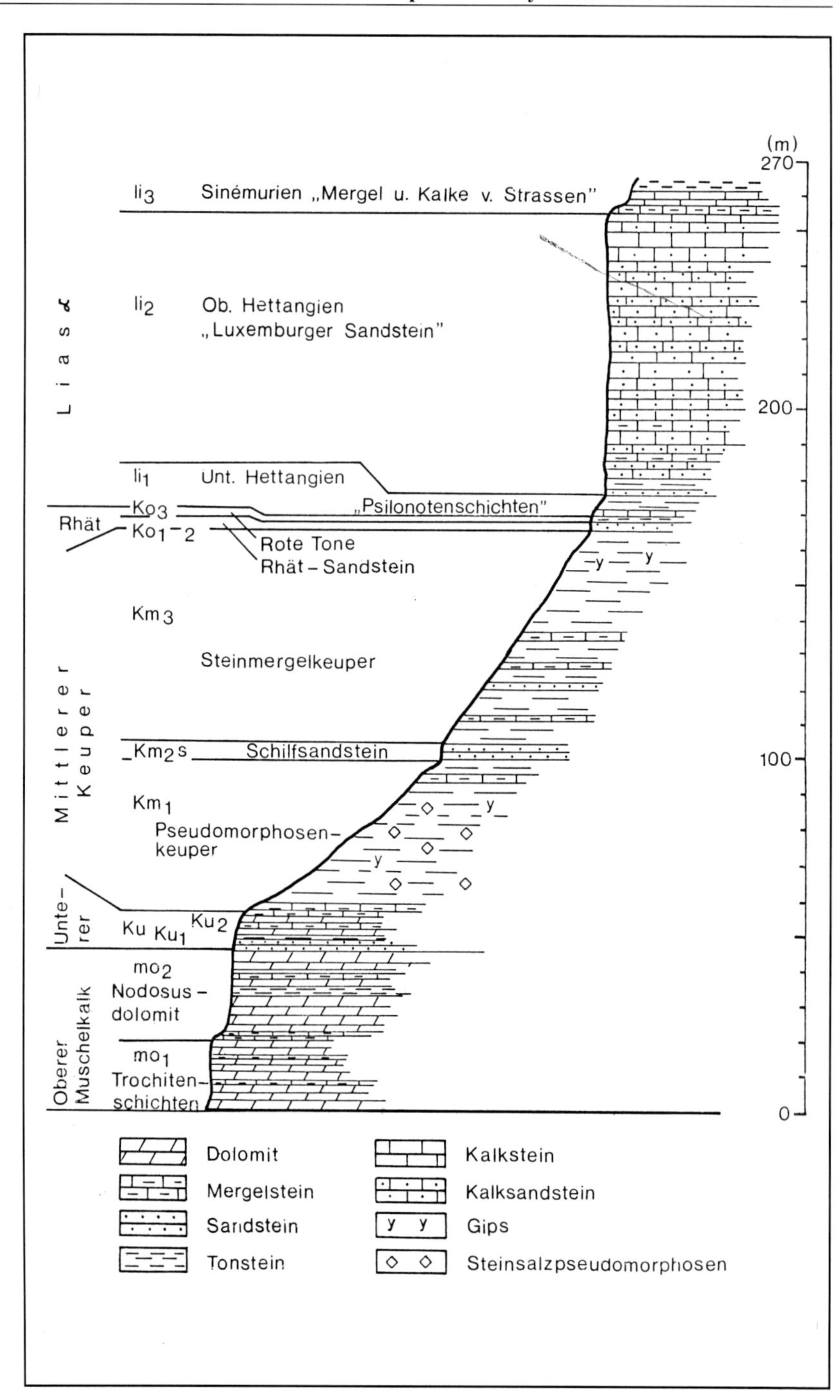

Abb. 3
Normalprofil der Trias und des Unteren Lias im Bereich des Ferschweiler Plateaus (aus GRONEMEIER 1976).

Fig. 3
Standard profile of the Trias and lower Lias of the vicinity of the Ferschweiler Plateau (GRONEMEIER 1976)

Der Hangrutsch liegt im Bereich der Steinmergelgruppe, die im Hangenden auf den Schilfsandstein folgt. Sie bildet damit den zweiten Teil des Anstieges zum Ferschweiler Plateau, ist durch etwas steilere Hangneigungen als der Gipskeuper gekennzeichnet und stark mit Material des oberhalb anstehenden Luxemburger Sandsteins überschüttet. Ihre Mächtigkeit beträgt 60–70 m.

Bei der Steinmergelgruppe handelt es sich um eine Wechsellagerung aus schwarzen, feingeschichteten Tonsteinen, die vor allem an der Basis der Einheit auftreten (häufig als Gerölle im unteren Teil der Rutschung), roten Ton- bis Siltsteinen und bröckeligen sowie weichen feingeschichteten verschieden gefärbten Mergelsteinen, oft durchsetzt von Gipsbänken. Ein sicheres Unterscheidungsmerkmal zum ähnlich aufgebauten Gipskeuper ist das Auftreten von 5 bis 10 cm mächtigen Bänken aus hellgrauem dichten tonigen Dolomit (Steinmergel). Der obere Bereich der Steinmergelgruppe, in dem die Steinmergelbänke zurücktreten, wird von H. GREBE (1891) als »Bunte Mergel« bezeichnet. Im Bereich des Hangrutsches kommt Kalktuff vor.

Der Luxemburger Sandstein stellt den letzten Teil des Anstiegs zur Hochfläche dar und bildet das Ferschweiler Plateau. Seine Mächtigkeit beträgt nördlich Weilerbach zwischen 65 und 70 m. An der Plateaukante ist er durchgehend als 5 bis 10 m hohe Felszone aufgeschlossen. Im Weilerbachtal liegt neben dieser oberen noch eine 5–7 m hohe »untere Felszone« unmittelbar an der Basis vor. Beim Luxemburger Sandstein handelt es sich um einen mittel- bis grobkörnigen Sandstein. Die Korngröße liegt zwischen 0,5 und 1 mm. Der Sandstein ist von gelbbrauner Farbe, teilweise tritt auch eine Rotfärbung auf. Er ist dickbankig. Die Bankungsmächtigkeiten in den Felszonen können mehrere Meter betragen. Durch die Herauslösung des karbonatischen Bindemittels kommt es in den Felszonen zu kleinen kreisförmigen oder ellipsenförmigen Hohlräumen (etwa 3 bis 10 cm Durchmesser), die oft perlschnurartig hintereinander aufgereiht sind oder wabenartige Strukturen bilden.

Im Gebiet des Weilerbaches konnte eine intensive Bruchtektonik nachgewiesen werden. Im Bereich des Hangrutsches sind mehrere Störungen festgestellt worden.

Der Hang wird stark von Hangwasser durchsickert. Er ist von zahlreichen Quellmulden und Quellhorizonten durchsetzt. Häufig sind Eisenoxidbänder eingeschaltet, die meist stark verkittet sind. Auf den erheblichen Grundwassereinfluß weist u. a. auch die oftmals starke Rostfleckigkeit des Bodens hin.

Als Bodentypen kommen Ranker, Pelosole, Rendzinen und Gleye verschiedener Ausprägung vor.

Geländeklima

Das bodennahe Klima im Bereich des Hangrutsches dürfte ein mittleres

Mittel der Jahrestemperatur, ein mittleres Mittel der Luftfeuchte, einen ziemlich geringen Luftaustausch und eine mittlere Häufigkeit von Niederschlägen aufweisen.

Vegetation

Als potentielle natürliche Vegetation ist auf diesen Standorten der Perlgras-Buchenwald (Melico fagetum) zu erwarten, der mit anspruchsvollen und wärmeliebenden Ausbildungen vertreten sein dürfte. Als wichtigste Baumarten sind im Perlgras-Buchenwald des Gebietes Rotbuche (Fagus sylvatica) und Traubeneiche (Quercus petraea) zu nennen. Das Vorkommen von Bergahorn und Bergulme deutet bereits auf klimatische Übergänge vom Tiefland zum Bergland hin. Im Rutschhang treten im Bereich der zahlreichen Quellmulden und Quellhorizonte in der Bodenvegetation vor allem Große oder Hängende Segge (Carex pendula), Riesenschachtelhalm (Equisetum maximum) und Huflattich (Tussilago farfara) auf.

Bei der Planung der Straße hätten allein schon vegetationskundliche Aufnahmen die hohe Rutschgefährdung des Hanges erkennen lassen müssen. Im oberen und unteren Teil des Hanges tritt die Hängende Segge auf. Sie zeigt zügiges Sickerwasser und Quellaustritte an und weist, wenn sie in quer zum Hang verlaufenden Streifen angetroffen wird, auf wasserführende Schichten hin. Auch der Riesenschachtelhalm kennzeichnet u. a. wasserzügige Böden und Quellhorizonte. Der Huflattich weist auf auskeilende Lehm- und Tonbänder und damit auf Quellhorizonte und die Neigung der von ihm durchwurzelten Böden zur Rutschung hin. Die drei genannten Pflanzen sind nicht nur Anzeiger für Böden mit zügigem Sickerwasser und Quellhorizonten. Sie tragen mit ihren tiefgehenden und lang ausstreichenden Wurzelsystemen auch zur Sicherung der Hangböden gegen Erosion durch Wasser und Rutschung bei. Das zahlreiche Auftreten der Esche weist ebenfalls auf die genannten Wasserverhältnisse hin.

Zum Zeitpunkt der Exkursion stehen im unteren Teil des Rutschhanges ausgedehnte Bestände von Hängender Segge, Riesenschachtelhalm, Huflattich, Blaugrüner Segge (Carex flacca), Sumpfschachtelhalm (Equisetum palustre), Flatterbinse (Juncus effusus), Knäuelbinse (Juncus conglomeratus) und Blaugrüner Binse (Juncus inflexus). Auch im oberen Hangteil treten Hängende Segge und Riesenschachtelhalm an mehreren Stellen auf. Zwischen der Straße und dem im darüberliegenden Hang verlaufenden Weg stocken an den Rändern der stehengebliebenen Waldbestände vornehmlich Eschen. Auf den gerutschten Böden macht sich Jungwuchs aus Esche, Roterle (Alnus glutinosa) und Salweide (Salix caprea) breit (vgl. Vegetationskarte im Beitrag von U. ASMUS in diesem Buch).

Nutzung

Der Hang wird forstlich genutzt. In seinem oberen Teil stocken etwa

24jährige Douglasien- und Lärchenbestände (Pseudotsuga menziesii und Larix europaea). Im mittleren Teil handelt es sich um etwa 30jährige Rotbuchenbestände (Fagus sylvatica), durchsetzt mit Stieleiche (Quercus robur), Bergahorn (Acer pseudoplatanus), Hainbuche (Carpinus betulus), Esche (Fraxinus excelsior) und vereinzelt Vogelkirsche (Prunus avium) und Bergulme (Ulmus glabra).

Landschaftsökologische Gesichtspunkte zur Straßenplanung

Bei der Planung der Straße wären u. a. folgende Probleme bzw. Merkmale zu berücksichtigen gewesen:

- die steilen Hänge
- die kleinräumigen Wechsellagen von Gesteinen unterschiedlicher Eigenschaften
- das ständig durchsickernde Hangwasser
- die Quellhorizonte und Quellmulden
- die flachgründigen Böden
- die Zweischichtigkeit des Untergrundes (Gleybildung, Gleitschichten)
- die Sinter- und Tuffbildung
- das gehäufte Vorkommen von Pflanzenarten, die Sickerwasser, Quellhorizonte und wasserzügige Böden kennzeichnen
- die forstwirtschaftliche Nutzung (Kahlschläge auf der Hochfläche, junge Bestände auf dem Hang) und
- möglicherweise auch die Lage auf dem Westhang (erhöhte Niederschläge).

Landschaftsökologische und ingenieurbiologische Gesichtspunkte zum Weiterbau der Straße

Bei den Überlegungen zur Behebung der Schäden und zur Fertigstellung der Straße sollten u.a. folgende Punkte beachtet werden:

- Berücksichtigung der besonderen Eigenschaften des Hangwasserhaushalts
- Regelung des Wasserzu- und -abflusses u. a. durch Fernhalten des Oberflächenwassers von benachbarten Standorten, Fassung der Wasseraustrittsstellen und gefahrlose Ableitung des Oberflächenwassers vom Hang
- Prüfung der Böschungsneigungen
- möglichst wenig Eingriffe in den gerutschten Hang
- Prüfung, ob überhaupt größere Ingenieurbauten (u. a. Stützmauern, Kaskaden, Rigolen) erforderlich sind
- Prüfung, ob der Hangrutsch der natürlichen Vegetationsentwicklung überlassen bleiben kann und inwieweit eine naturnahe, standortgerechte Waldvegetation künstlich begründet werden sollte
- Prüfung, ob und ggf. welche ingenieurbiologischen Maßnahmen geeignet sind
- Schutzmaßnahmen, um ein weiteres Abrutschen von Gestein zu verhindern und dadurch eine eventuelle Überschüttung des unterhalb

der Straße gelegenen Fließgewässers zu vermeiden
- Wahl des Zeitraumes, an dem an der Straße weitergearbeitet wird (möglichst niederschlagsarme Perioden).

Stationen der Exkursion

Station 1: Am vernäßten Unterhang der Rutschung, unmittelbar oberhalb der Straße, sind die Wurzeln einiger standortanzeigender Pflanzen wie Hängende Segge, Riesenschachtelhalm und Huflattich aufgegraben worden.
Station 2: In der Mitte des unteren Ruschhanges, etwa 5 m oberhalb der Straße, wurden die Wurzeln einer 2,5 m großen Roterle freigelegt.
Station 3: An dieser Station ist das Wurzelbild eines gerodeten 15 m hohen Bergahorns zu sehen.
Station 4: An dieser Stelle wurden die Wurzeln einer umgefallenen und wieder ausgetriebenen, 8 m hohen Esche halb freigelegt.
Station 5: An der oberen Abrißkante des Rutschhanges sind die Wurzelbilder 24jähriger Douglasien zu sehen.

Literatur

BIZER, W. (1978): Zur Geologie am Westrand des Ferschweiler Plateaus in der Umgebung von Ernzen, Ferschweiler, Weilerbach und Echternacherbrück. Mainz (unveröffentlicht).
GREBE, H. (1981): Erläuterungen zur Geologischen Spezialkarte von Preußen. Blatt Bollendorf. Berlin.
GRONEMEIER, K. (1976): Qualitativer und quantitativer Nachweis von Umwelteinflüssen auf das Grundwasser im Luxemburger Sandstein. Z. dt. geol. Ges. 127. Hannover.
MÜLLER, A. (1974): Die Trias-Lias-Grenzschichten Luxemburgs. Publ. Serv. Geol. Luxembourg. Vol XXIII. Luxemburg.

Helgard Zeh

Anregung zu einer ingenieurbiologischen Verbauung des Hangrutsches bei Weilerbach

Suggestions für Reclaiming a Slide in Weilerbach with Biological Engineering Methods

Zusammenfassung:
Der Hangrutsch Weilerbach kann in schrittweisem Vorgehen mit kombinierten Verbauungsmethoden saniert werden, so daß die Straße am gewünschten Ort verlaufen kann. Vorgeschlagen wird eine tief und oberflächlich entwässernde Stabilisierung mit einer Geotextil – Schotter – Buschlagenpackung. Dabei werden am Rutschungsfuß Geotextilien mit Schotter in Schichten übereinander gestapelt und dazwischen Heckbuschanlagen verlegt. Das gesamte rutschgefährdete Terrain soll biotechnisch entwässert und aufgeforstet werden.

Summary
The slide near Weilerbach can be reclaimed step by step with a combination of biological engineering methods so that the road can still run in the desired location. What is proposed is a stabilization with drainage underground and on the surface, and a packing of geotextile-gravel-twig braids. To do this at the foot of the slide layers of geotextiles and gravel are alternated with hedge twig packings inbetween. The whole slide-prone area should be reforested and drained by bio-technical processes.

Zur Zeit der Exkursion der Gesellschaft für Ingenieurbiologie im September 1982 hatte sich der Hangrutsch annähernd beruhigt. Endgültig werden die Bewegungen in der vorgefundenen Geologie nie zur Ruhe kommen. Deshalb müssen beim Straßenbau auch möglichst wenig Geländebewegungen durchgeführt und sorgfältig die Wasserverhältnisse reguliert werden. Statt starrer Bauwerke sind elastische sich dem Gelände und eventuellen Rutschungen anpassende Bauwerke vorzuziehen. Besonders geeignet sind ingenieurbiologische Bauweisen. Die Vegetation entzieht den Böden Wasser und erhöht damit die Standsicherheit. Das Wasser im Hangrutsch fließt jedoch auch in Schichten, wo es von der Vegetation nicht erreicht wird. Deshalb kommen nur Verbauungsmethoden in Frage, die neben den Pflanzen an der Oberfläche auch noch stabilisierend und entwässernd bis in die wasserführenden Schichten wirken. Es besteht sogar die Möglichkeit, das Straßentrassee am jetzigen Ort zu führen, wenn schrittweise das Material des hangseitigen Straßenbordes ausgetauscht und mit durchlässigem Material ersetzt wird.
Man müßte folgendermaßen vorgehen: In Schritten von ca. 5 m entfernt man das Rutschmaterial. Man gräbt bis ca. 1 m unter das Straßenniveau und ca. 5 m nach hinten. Dann legt man ein Geotextilgewebe mit hoher Reißfestigkeit, guten Filtereigenschaften und guter Durchwurzelbarkeit 5 m breit und 11 m lang aus. Das Geotextil wird ca. 1 m hoch mit durchlässigem und grobstückigem Material aufgefüllt.

Dann schlägt man das Geotextil vorne hoch (Neigung bis 80°) und nach hinten um. Das Schichtpaket sollte sich 10° nach hinten neigen.
Nun verlegt man bis 6 m lange Weidenäste kreuzweise über das Geotextil und zwar so, daß die dicken Enden in das gewachsene Erdreich ragen und die dünnen Enden vorne handspannenlang herausragen.
Dann folgt das nächste Paket und so weiter bis zur gewünschten Böschungshöhe. Es wäre günstig, die Neigung des gesamten Paketes der natürlichen Geländeneigung anzupassen. Am Fuß der **Geotextil-Schotter-Buschlagenpackung** muß das durchsickernde Wasser gesammelt und schadlos unter der Straße weggeführt werden. Die Buschlagen bewurzeln sich in luftreichem Schotter auf der gesamten eingelegten Länge und bilden eine wachsende elastische Armierung. – Um eine Weidenmonokultur zu vermeiden, können standortgerechte Gehölze als bewurzelte Jungware mit eingelegt werden.
– Oberhalb des Paketes sollen oberflächige biotechnische Entwässerungen z. B. Faschinen das nähere Einzugsgebiet entwässern. Auf jeden Fall sollte der gesamte Hangrutsch mit einer Art Vorwald aufgeforstet werden, der viel Wasser verbraucht z. B. Weiden, Grauerlen, Eschen und Bergahorn.
Mit dieser Verbauungsart können Pflanzen kombiniert mit technischen Mitteln zur Stabilisierung des Hangrutsches Weilerbach beitragen.

Diplomingenieur Helgard Zeh
Landschaftsplanerin
Bächtold AG Ingenieure ETH/SIA
Bern/Thun/Schönried
Farbstraße 37 c
CH-3076 Worb

Joachim Rohde

Saatgut und Keimung von Bäumen und Sträuchern – Hinweise zur Ernte, Qualität, Lagerung, Behandlung und Aussaat

Seeds and Germination of Trees and Bushes – Harvest, Quality, Storage, Treatment and Sowing

Zusammenfassung:
Bei ingenieurbiologischen Maßnahmen ist es oft zweckmäßig, anstelle von Jungpflanzen Saatgut von einheimischen Bäumen und Sträuchern zu verwenden. Die Tabelle enthält für 97 Bäume und Sträucher Angaben zur Erntezeit, zur Aufbereitung der Früchte und Samen, zum Tausendkorngewicht, zur Keimfähigkeitsdauer, zu den Lagerungsbedingungen, zum Keimverzug einschließlich Zwangsruhe und Keimruhe, zur Saatgutbehandlung (Stratifikation), zur Aussaatzeit, zur Keimung und zur Keimzeit.

Summary:
In biological engineering it is frequently advisable to use seeds rather than seedlings of native trees and bushes. The table contains, for 97 varieties, information on harvest period, processing fruit and seeds, weight pergone thousand grains, length of germination capacity period, on the storage conditions required, on delayed germination including dormancy, seed treatment (stratification), sowing season, on germination and germination period.

Vorwort des Herausgebers

In der inzwischen 14 Jahre alten Richtlinie für den Lebendverbau an Straßen (RLS, Entwurf 1971) der Forschungsgesellschaft für das Straßenwesen befindet sich eine Tabelle über das Saatgut von Bäumen und Sträuchern. Darin sind Hinweise zur Ernte, Behandlung und Aussaat der Samen von 88 Baum- und Straucharten enthalten. Für die Neufassung des Abschnittes Lebendverbau der Richtlinie für die Anlage von Straßen, Teil Landschaftsgestaltung (RAS-LG 3) mußte diese Tabelle überarbeitet werden. Die Neubearbeitung übernahm Herr Dr. Rohde vom Institut für Zierpflanzenbau der Forschungsanstalt für Weinbau, Gartenbau, Getränketechnologie und Landespflege in Geisenheim am Rhein. Die von ihm erarbeitete Tabelle mußte jedoch für die Richtlinie gekürzt werden. Mit Einverständnis der Forschungsgesellschaft für das Straßen- und Verkehrswesen wird die von Dr. Rohde erarbeitete Tabelle nachstehend in ihrem vollen Umfang veröffentlicht.
Die Saatguttabelle enthält überwiegend einheimische Baum- und Straucharten. Ziergehölze der Parks und Gärten wurden nicht berücksichtigt. Sie sind als fremdländische, meist empfindlichere Arten für ingenieurbiologische Bauweisen und die sich daraus entwickelnden Baum- und Strauchbestände meistens weniger gut oder nicht geeignet.

Erklärungen zur Tabelle und Definitionen befinden sich auf Seite 318

Gehölzart	Ernte-maßnahmen Erntezeit (Monate)	Aufbereitung der Früchte und Samen	Tausend-korn-gewicht (g)	Keimfähig-keits-dauer (Jahre)
(1)	(2)	(3)	(4)	(5)
Abies alba Weißtanne	Zapfen ca. 2 Wo. vor Reife und Zerfall IX–X pflücken, sonst geflügelte Samen ausgefallen	Trennen der Samen von den Zapfenresten, entflügeln	45	0,5–2
Acer campestre Feldahorn	Zusammengesetzte Frucht aus 2 geflügelten Nüßchen fast reif IX–XI pflücken	entflügeln, reinigen	80	0,5–1
Acer platanoides Spitzahorn	Zusammengesetzte Frucht aus 2 geflügelten Nüßchen fast reif oder reif auflesen X–XI	entflügeln, reinigen	110–125	1,5
Acer pseudoplatanus Bergahorn	Zusammengesetzte Frucht aus 2 geflügelten Nüßchen fast reif oder reif auflesen X–XI	entflügeln, reinigen	80–110	1,5
Alnus incana Grauerle	geflügelte Nüßchen in holzigen »Zapfen«; reif pflücken; X–XI	»Zapfen« nach dem Klengen ggf. zermahlen oder abraspeln	0,6	1–2 (–3)
Alnus glutinosa Schwarzerle	geflügelte Nüßchen in holzigen »Zapfen«; reif pflücken; X–XI	»Zapfen« nach dem Klengen: ca. 60% Nüßchen	1,3	1–2 (–3)
Alnus viridis Grünerle	geflügelte Nüßchen in holzigen »Zapfen«; reif pflücken; XI–XII	»Zapfen« nach dem Klengen: ca. 60% Nüßchen	0,7	

Lagerungs-bedingungen und -dauer (Monate)	Keimverzug Zwangsruhe Keimruhe (Monate)	Saatgut-Vorbehandlung Stratifikation (Monate)	Aussaatzeit (Monate)	Keimung (%) Keimzeit (Wochen)
(6)	(7)	(8)	(9)	(10)
Samenwassergehalt (Swg) von ca. 15% auf 9–7,5%, in Behältern trocken bei ca. –5 bis –15 °C	Zwangsruhe nach Quellung beendet (Zr.); Embryo keimbereit	Strat. entfällt; 1 Tag in Wasser b. ca. 20 °C vorquellen; in feuchtem Sand 1 Woche vorkeimen	IV–V ggf. VI	20–70% unterschiedlich hoher Anteil taub od. geschädigt (Larven) ca. 4 Wo. 20–30 °C
mögl. luftig u. kühl in Säcken aufbewahren; ohne Trockng. ca. 6 Mon.; od. in Behältern bei –4 bis –10 °C	embryonale Wachstumsruhe mit Kältebedarf z. T. überliegend	Strat. von Handelssaatgut 2–6 Monate bei 2–5 °C in feuchtem Sand	III–IV ggf. II oder nach der Ernte	30–70% 3–5 Wochen
trocken in Behältern bei + 5 °C ca. 5 Mon.	embryonale Wachstumsruhe mit Kältebedarf z. T. überliegend	Strat. von Handelssaatgut 2–3 Monate bei 2–5 °C in feuchtem Sand	III–IV ggf. II oder nach der Ernte	30–70% 3–6 Wochen bei ca. 5 °C
trocken in Behältern bei + 5 °C ca.4 Mon. Samenwassergehalt unter 15%	embryonale Wachstumsruhe mit Kältebedarf, z. T. überliegend, wahrscheinlich inf. Abscisinsäure embryon. Wachstumsruhe	Strat. von Handelssaatgut 2–3 Monate bei 2–5 °C in feuchtem Sand	III–IV ggf. II oder nach der Ernte	70–95% 4–5 Wochen
trocken, kühl in Behältern od. Flaschen; 3–4 Monate	Saatgut unterschiedl. (Herkunft; Samenträger, Witterung) Zr. u. Kr. möglich	2 Wochen vorquellen bei 5 °C	sofort nach E. oder (II) III–IV	30–70% 3–5 Wochen 20–30 °C
trocken, kühl in Behältern od. Flaschen; 3–4 Monate	Saatgut unterschiedl. (Herkunft; Samenträger, Witterung) Zr. u. Kr. möglich	2 Wochen vorquellen bei 5 °C	sofort nach E. oder III–IV	30–70% 4–5 Wochen
trocken, kühl in Behältern od. Flaschen; ca. 4 Monate	Saatgut unterschiedl. (Herkunft; Samenträger, Witterung) Zr. u. Kr. möglich	2 Wochen vorquellen bei 5 °C	sofort nach E. oder III–IV	bis 30% 2–4 Wochen

(1)	(2)	(3)	(4)	(5)
Amelanchier ovalis (A. vulgaris) Felsenbirne	beerenartige Apfelfrüchte fast reif pflücken VII–VIII	Fruchtfleisch entfernen; Früchte 2 Wochen auf Haufen rotten/gären lassen, tägl. umschichten; durch Sieb spülend reiben; lufttrocknen; reinigen	80–150	1–2
Berberis vulgaris Berberitze	ungeeignet, weil Zwischenwirt für Getreiderost; Anbauverbot; weitere Arten nicht in Mittel-Europa einheimisch;			
Betula pendula (B. verrucosa; B. alba) Sandbirke	Fruchtkätzchen mit einsamigen, zweiflügeligen Nüßchen fast reif im VI–VII abstreifen oder pflücken VI–IX	Reinigen von Kätzchenresten; Nüßchen bleiben geflügelt	0,3–0,5	1–3 stark lagerungsabhängig
Betula pubescens Moorbirke	Fruchtkätzchen mit einsamigen, zweiflügeligen Nüßchen fast reif im VI–VII abstreifen oder pflücken VI–IX	Reinigen von Kätzchenresten; Nüßchen bleiben geflügelt	05–0,6	1–3 stark lagerungsabhängig
Calluna vulgaris Besenheide	Samenträger IX (X) abmähen; Kapseln mit sehr kleinen Samen	keine Aufbereitung der Früchte und Samen	0,017 »Reinsaat«	2–3
Caragana arborescens Erbsenstrauch	Hülsen mit fast reifen Samen pflücken im VII	Hülsen zerreiben; Samen lufttrocknen und reinigen	30	ca. 5
Carpinus betulus Hainbuche, Weißbuche	Nüßchen mit Hochblatt fast reif oder reif X–XII pflücken	»entflügeln«; dreschen und reinigen	40	1,5

(6)	(7)	(8)	(9)	(10)
statt lagern, besser stratifizieren	embryonale Wachstumsruhe mit Kältebedarf; z. T. überliegend	3–4 Monate stratifiz. bei + 2 °C	nach E. oder III–IV, evtl. II	ca. 4 Wochen nach Überwindung d. Keimruhe, sonst 1–2 Jahre
	?	Strat. 4–6	III–IV	?
Samenwassergehalt = 5% günstig; in geschlossenen Gefäßen (ggf. Flaschen mit hygroskopischen Mitteln) bei –5 °C kurzfristig!	Zwangsruhe infolge Lichtmangel u. unterminimalen Temperat. bis ca. 15 °C; Lichtbedarf unterschiedlich	Vorquellen	III–IV besser nach d. Ernte	ungereinigt 15–30%; gereinigt f. Saatgutprüfung: 30–70%; sogar bis 90% bei 20 °C und 7 Tg. 8 Std. Licht keimfördernd; 4–5 Wochen
Samenwassergehalt = 5% günstig; in geschlossenen Gefäßen (ggf. Flaschen mit hygroskopischen Mitteln) bei –5 °C kurzfristig!	Zwangsruhe infolge Lichtmangel u. unterminimalen Temperat. bis ca. 15 °C; Lichtbedarf unterschiedlich	Vorquellen	III–IV besser nach d. Ernte	15–30% (unger.) 30–70% (gerein.) 3–5 Wochen
nicht lagern	?	ohne Vorbehandlung und Stratifikation	sofort IX–X	ungereinigt; lichtgefördert; 4–5 Wochen
nicht trocken lagern wegen Hartschaligkeit, sondern bei rel. Luftfeuchte von 60–75% bei + 5 °C oder in Säcken	Zwangsruhe infolge gas- und wasserundurchlässiger Samenhülle (Testa)	Heißwasserbehandlung zur Überwindung der Hartschaligkeit; danach ca. 17 Std. bei 25 °C vorquellen	V	unterschiedlich je nach Anteil überliegender Samen; bei Keimbereitschaft u. 20–30 °C ca. 5–6 (–8) Wo.
nicht trocken lagern, sondern stratifizieren	embryonale Wachstumsruhe mit Kältebedarf, überliegend	Stratifikation bei 3–5 °C 4–6 Monate	sofort nach E. X–XI oder besser nach Strat. ca. III	30–70%, 5–10 Wochen bei 20 °C, wenn Samen keimbereit

(1)	(2)	(3)	(4)	(5)
Castanea sativa Eßkastanie	Nuß reif ± mit stacheliger Fruchthülle auflesen; X–XI	lufttrocknen (für Saatgutprüfung innere braune Fruchthülle abschälen)	4000	0,5
Clematis vitalba Waldrebe	einsamige Früchte mit verbleibenden langen dichtfedrigen Fruchtgriffeln reif X–XII pflücken	keine (?)	1	2
Colutea arborescens Blasenstrauch	nicht aufspringende Hülsen fast reif oder reif im X pflücken	Hülsen zerreiben oder dreschen; Samen lufttrocknen und reinigen	1–2,5	3
Cornus mas Kornelkirsche	beerenartige Steinfrüchte mit fleischigem Exokarp (meist rote äußere Fruchthülle) und sklerenchymatisch. Endokarp fast reif pflücken; VIII–X	Früchte quetschen, rotten lassen, über Sieb Fruchtfleisch entfernen Endokarp reinigen	160	mehr als 2
Cornus sanguinea Roter Hartriegel	beerenartige Steinfrüchte mit fleischigem Exokarp (meist blaue äußere Fruchthülle) und sklerenchymatisch. Endokarp fast reif oder reif pflücken; IX; VIII–X	Früchte quetschen, rotten lassen, über Sieb Fruchtfleisch entfernen Endokarp reinigen	30	mehr als 2
Corylus avellana Hasel	von becherartiger Hülle umgebene Nuß reif pflücken IX–X	ggf. Fruchthüllen entfernen	1000	1,5

(6)	(7)	(8)	(9)	(10)
hoher Samenwassergehalt erforderlich s. Fagus und Quercus	embryonale Wachstumsruhe mit Kältebedarf, überliegend ?	Stratifikation 2–3 Mon. bei ca. 5 °C; ggf. 2 Tage vorquellen	II–IV	(30)–50–70%; K. hypogäisch in 3–6 Wochen bei 20–30 °C
nicht feucht lagern	?	?	nach E. oder III	bis 30% 4–5 Wochen
ohne verminderten Samenwassergehalt	Zwangsruhe infolge Hartschaligkeit wahrscheinlich	keine Angaben; Warm-Kühl-Stratifik. bei 20–25/5 °C günstig (?); Heißwasservorbehandlung ca. 95 °C vorquellen	V (IV)	30–70% 4–6 Wochen, wenn keimbereit
nicht lagern, sondern stratifizieren	Zwangsruhe, embryonale Wachstumsruhe mit Kältebedarf; 1–2 Jahre überliegend	Endokarp-Ritzung in Trommel oder H_2SO_4-Behandlung; dann Vorquellung u. Stratifik. 4–6 Mon. b. + 4–5 °C od. Warm- und Kühlstrat. 12–18, max. 24 Monate	III (mit Sand u. a.)	unterschiedlich je nach Anteil überliegender Samen; b. Keimbereitschaft: bis 70%; ca. 5 Wo.
nicht lagern, sondern stratifizieren	Zwangsruhe, embryonale Wachstumsruhe mit Kältebedarf; bis 1 Jahr überliegend	Endokarp-Ritzung in Trommel oder H_2SO_4-Behandlung; dann Vorquellung u. Stratifik. 4–6 Mon. b. + 4–5 °C od. Warm- u. Kühlstrat.4–6 Mon. bei ca 5 °C	III oder X–XI	unterschiedlich je nach Anteil überliegender Samen; b. Keimbereitschaft: bis 70% in ca. 5 Wo., wenn keimbereit
nicht trocken lagern	nicht keimbereit; ohne Stratifik. überliegend	Kühlstrat. bis 6 Mon. bei ca. 5 °C	III–(IV), oder X–XI	60–95% K. hypogäisch (unterird.); Keimdauer abh. v. Keimbereitschaft

(1)	(2)	(3)	(4)	(5)
Cotoneaster:	In Baumschulen Vermehrung selten; Stecklingsbewurzelung günstiger als			
C. integerrimus Gewöhnl. Zwergmispel und C. nebrodensis Filzige Zwergmispel	fast reife Apfelfrüchte IX–X pflücken	Fruchtfleisch entfernen lufttrocknen 20 °C	10–20	ca. 2
Crataegus laevigata (C. oxyacantha) Eingriffliger Weißdorn u. Crataegus monogyna Zweigriffliger Weißdorn	apfelartige Früchte, fast reif pflücken IX–X (XI reif, spät gepflückt)	Zerstoßen; über Sieb auswaschen, lufttrocknen; max. Trockentemperatur 35 °C ungünstig; Reinigen von Fruchtfleischresten	55–70	ca. 3
Cytisus nigricans Schwarzwerdender Geißklee und C. scoparius Besenginster	mehrsamige Hülsen reif pflücken; VIII	Hülsen zerreiben oder dreschen; lufttrocknen und reinigen	8–10	10–20–25
Daphne mezereum Seidelbast	einsamige, fleischige Steinfrüchte, besser fast reif als »vollreif« pflükken, Reifezeit sehr unterschiedlich VI–A. VIII	Zerstoßen; über Sieb fleischiges Exokarp auswaschen V–VI/VI–VII	75	1–2
Euonymus europaeus Pfaffenhütchen	4fächrige rosarote Kapseln mit 4–8 Samen, umgeben vom fleischigen »Samenmantel« fast reif im VIII oder reif IX–X pflücken	ggf. Entfernen des Frucht- oder Samenmantels (Endokarp)	ca. 30	1

(6)	(7)	(8)	(9)	(10)
Aussaat. Für Landschaftsbau ggf.:				
falls gewünscht in Beuteln bei 4–5 °C	embryon. Wachstumsruhe mit Kältebedarf; keimhemm. Stoffe im Fruchtfleisch (!?)	nach Entfernen des Fruchtfleisches Vorquellen u. Stratif. 4–6 Mon. 5 °C	III–IV; (II)	untersch. je nach Keimbereitschaft in ca. 2–3 Monaten bei ca. 20 °C
wie Cotoneaster; in Beuteln bei ca. 5 °C	embryon. Wachstumsruhe mit Kältebedarf 1–2 J. überliegend; Zwangsruhe infolge keimhemm. Stoffe im Fruchtfleisch »Blastokoline«	Stratifik. besonders von Handelssaatgut 4–6 Monate bei 5 °C	III–(IV) oder IX–XI Frühj.-aussaat (+)	70–95% ca. 5 Wochen bei ca. 20 °C, wenn keimbereit
nicht stark austrocknen lassen, wegen Hartschaligkeit (Samenhülle gas- und wasserundurchlässig)	Keimverzug infolge Hartschaligkeit wahrscheinlich offenbar kein Kältebedarf	Heißwass.-Behandl. bei 95 °C oder H_2SO_4-Beh.; Abbau durch Mikroorganismen bei 20–25 °C dauert zu lange; Vorquellung vor Aussaat	V	Keimung bei 20 °C u. Licht ca. 70% ca. 4 Wo., wenn keimbereit. Ca. 5–6 Wochen bei C. scoparius
Lagerung mit oder ohne fleischigem Exokarp	nicht keimbereit unterschiedlich lange überliegend Ursachen?	nach Entfernen des fleischigen Exokarp ca. 12–18 Monate stratifizieren	sofort nach Ernte oder nach Strat. III–IV	70–95%, wenn keimbereit, (ohne überliegenden Anteil)
ggf. ca. 3 Monate Lagerung vor Stratifik.; keine besonderen Angaben; also kühl, dunkel und trocken	Samen mit nicht keimbereitem Embryo; wahrscheinl. Kältebedarf des Embryos; evtl. keimhemmende Stoffe im Endokarp 1–(2) J. überliegend	Stratifik. mindestens 2–3 Mon. bei ca. 5 °C max. 6 Mon. abhängig v. Lagerungsdauer und Aussaatzeit nicht über 10 °C	III–(IV) oder nach Ernte (ungünstig) VIII–IX–X	70–95%, 4–5 Wochen, wenn keimbereit

(1)	(2)	(3)	(4)	(5)
Fagus sylvatica **Rotbuche**	Früchte als »Bucheckern« mit Fruchtbecher; reif auflesen oder nach Entfernung des Laubes zusammenharken und absieben X–XI	lufttrocknen, dreschen und reinigen	22	0,5 (bis 7 J. unter opt. Lagerungsbedingungen)
Fraxinus excelsior **Esche**	Früchte als einsamige Nüßchen mit langem Flügel reif im X–XI–(VIII) ernten	lufttrocknen, dreschen, reinigen	70	2–4–7
Genista-Arten	Hülsen reif pflücken;	Hülsen zerreiben		ca. 5/4
G. germanica **Dt. Ginster**	IX	Gemisch reinigen	3 9	
G. pilosa **Sandginster**				
G. sagittalis **Flügelginster**	IX–X		?	
G. tinctoria **Färberginster**	IX–XI		3	
	In den Baumschulen ist die Stecklingsbewurzelung meistens geeigneter.			
Hedera helix **Efeu** **– entfällt –**	Aussaat unüblich wegen schneller, erfolgreicher Stecklingsbewurzelung in Beeren im folgend. Jahre reifend, schwarz II–IV	Fruchtfleisch entfernen		ca. 1
Hippophae rhamnoides **Sanddorn**	beeren- bis steinfruchtartige Früchte mit fleischigem Exocarp und sklerenchym. Endokarp; fast reif (VIII–IX) oder reif (IX–X) von Zweigen schneiden	Früchte durch Quetschmühle entsaften, auswaschen, lufttrocknen; Temperaturmaximum 30 °C; reinigen	7–14	2–3

(6)	(7)	(8)	(9)	(10)
Erdmieten alle 3 Mon. umschicht. (Mäuse!); in Behältern: Swg. v. 30 auf 10%, langsam vermindern! +2, −4, −10 °C je Swg. und Lagerdauer; ggf. 1 Jahr	Samen mit nicht keimbereitem Embryo; weil z. T. überliegend	ggf. 5 Monate Kühlstratifikation in Sand bei +4 °C, statt Lagerung; 1 Tag vorquellen günstig	IV–V oder X–XI–(XII)	70–95% 4–8 Wochen, wenn keimbereit
Lagerung ungünstig, wegen Zeitverlust, jedoch mögl. kühl, trocken, luftig, dunkel in Säcken u. a.	Keimverzug: Embryo z. Fruchtreife unvollständig entwickelt; Nachreife bei 15–20 °C; zusätzlich embryon. Wachstumsruhe mit Kältebed. um +5 °C. Zr.: Endosperm	besonders bei früher Fruchternte (grüne Früchte) VIII Warmstratifik. ca. 2 Mon. bei 15–20 °C, dann 5–7 Mon. Kühl-Strat. b. 1–7 °C zur Überwindung der Keimruhe	III oder sofort nach d. Ernte	65–95% nach Entfernen der tauben Früchte; 2–4 Wo., wenn keimbereit; sehr unterschiedlich
Saatgut unempfindlich, weil hartschalig, möglichst kühl; Dauer abhängig von Aussaattermin	Zwangsruhe infolge Hartschaligkeit (Wasserundurchlässigkeit der Testa)	Testa anritzen in Trommel mit Glas u. a.; ggf. mehrfach oder Heißwasserbehandlung bei ca. 95 °C; anschließend vorquellen (ca. 2 Tage Lagerung in Wasser	V	ca. 3 Wochen 30–70%
Baumschulen. Falls trotzdem, dann:			sofort nach der Ernte	
nicht trocken lagern, sonst hartschalig	Zwangsruhe und embryonale Wachstumsruhe?	Stratifikation 3 Monate bei ca. 5 °C	IV; ggf. II–V oder IX–XI	70–95% ca. 4 Wochen bei ca. 20 °C

(1)	(2)	(3)	(4)	(5)
Ilex aquifolium **Stechpalme**	beerenart. Steinfrüchte mit ± roter Fruchthülle fast reif (IX–X) pflücken	Fruchtfleisch zerquetschen rotten lassen und über Sieb auswaschen	50–75	3–4
Juglans regia **Walnuß**	Früchte mit grünem Exokarp und sklerenchymatischem Endokarp (Fruchthüllen) mit einem stark gefurchten Samen im Okt. (X) auflesen	lufttrocknen	15 000 bis 20 000 (Kultursorten bis 50 000 g)	
Juniperus communis **Wacholder**	»Beerenzapfen«, im 2. Jahr reif; fast reif bis reif »kämmen« VIII–XI–(II)	1–2 Tage einweichen; durch Quetschmühle; zerdrückte Reste durch Sieb rührend ausspülen; lufttrocknen	75 oder 30 Min. in H_2SO_4; oder 2 Std. in Alkohol; od. Heißwasserbehandlg. als Möglichkeiten, Zapfenreste zu entfernen. (zu (3))	ca. 2
Larix decidua **Europäische Lärche**	Zapfen mit geflügelten Samen reif im X pflükken; X (IV) möglich	Klengen bewirkt keine vollständige Samenausbeute; 2. Abschälen der äußeren Zapfenschicht 4 Tg. 11 U/h Darrtrommel umgerüstet	6 umgerüstet; Reinheitsgrad: 60–95% je nach Gerätetyp. Entflügeln	ca. 3
Laburnum alpinum **Alpengoldregen** **Laburnum anagyroides** **(L. vulgare)** **Gemeiner Goldregen**	Hülsen	Dreschen oder Zerreiben der Hülsen; nach Lufttrocknen reinigen (Windfege)	30	3
Ligustrum vulgare **Liguster, Rainweide**	Beeren reif (IX) (schwarz) X–XII pflükken	Beeren zerquetschen; ggf. 2–3 Wochen rotten lassen auf Sieb auswaschen und lufttrocknen	20	1–2

(6)	(7)	(8)	(9)	(10)
trockene Lagerung bewirkt Hartschaligkeit, besonders bei später Ernte (XI)	Hartschaligkeit und embryon. Wachstumsruhe mit Kältebedarf	bei Handelssaatgut Exokarp in Trommel anritzen od. Heißwasserbehandlung; Strat. b. + 5 °C	III–IV nach Strat. besser als n. Ernte (IX–XI) überliegend	65–95% ca. 5 Wochen, wenn keimbereit
mäßig trocken bei + 2 °C; Samenwassergehalt nicht absenken, sonst verminderte Keimfähigkeit; frostfrei!	Zwangsruhe infolge Eigenschaften der Fruchthüllen möglich (kurzfristig)	Strat. 5–6 Monate relativ trocken bei 1–5 °C	IV–V ggf. III; Nüsse legen	70–95% langsam
Beerenzapfen oder Saatgut kühl lagern	Zwangsruhe infolge d. Beerenzapfen und embryon. Wachstumsruhe mit Kältebedarf bei über 12 °C sekundäre Keimruhe!	Warmstrat. ca. 6 Wo. bei 25 °C; danach Kühlstratifik. bis 12 Mon. bei ca. 5 °C; Vorquellen besonders von gelagertem Handelssaatgut	III–IV	30–90%, 5–6 Wo., wenn keimbereit nach der Stratifik.; Keimtemperatur um 5 °C, (+), wenn zum Teil noch überliegend
Zapfenlagerung: tägl. umschichten bis trokken oder 2. Samenlagerung in Behältern, wenn Swg. ca. 6%; –4 bis –10 °C		evtl 1 Monat Strat. bzw. Vorkeimen	III–IV–V	30–60–80% je nach Herkunft u. Vorbeding.; in 4–6 Wochen bei ca. 20 °C
Samen unempfindlich wegen ± hartschaliger Testa; kühl, dunkel, nicht ausgeprägt trokken	Zwangsruhe inf. Hartschaligkeit (keine Quellg.), 2. embryon. Ruhe mögl. (?) z. T. überliegend	Testa anritzen oder anätzen; mit Heißwasserbehandlung wasserdurchlässig machen	IV–V	30–70% 2–4 Wochen
Lagerung der Samen bis V, dann strat.	Embryo nicht keimbereit	Strat.: 3–6 Monate, stattdessen auch Aussaat (XI–XII) Freiland	XI günstiger als III–IV	70–95%

(1)	(2)	(3)	(4)	(5)
Lonicera alpigena **Alpenheckenkirsche** **L. caerulea** **Blaue Heckenkirsche** **L. nigra** **Schwarze Heckenkirsche** **L. periclymenum** **Waldgeißblatt**	mehrsamige Beeren dunkelrot VIII–IX schwarzblau, hell bereift blauschwarz rot mit Kelchabschnitt jeweils VIII–IX pflücken	Beeren zerquetschen; ggf. 2–3 Wochen rotten lassen auf Sieb aus- waschen und lufttrocknen	?	ca. 2 (?)
Lonicera xylosteum **Rote Heckenkirsche**	Beeren fast reif (hellrot)* oder reif (dunkelrot) pflücken** *VII–VIII **VIII–IX	Beeren zerquetschen, rotten lassen, auf Sieb auswaschen und luft- trocknen	10	ca. 2
Lycium barbarum **(L. halimifolium)?** **(L. vulgare)** **Bocksdorn Teufelszwirn** **eingebürgert**	In Baumschulen unüblich wegen erfolgreicher Steckholzbewurzelung und gleic Aussaaten deshalb nicht empfehlenswert, lediglich bei großem Bedarf an Säm mehrsamige korallenrote Beeren reif (XI) pflücken	s. Lonicera xylosteum	6	ca. 1
Malus sylvestris **Holzapfel**	Apfelfrüchte fast reif oder reif meist X evtl. XI pflücken	Fruchtfleisch zerquet- schen, rotten lassen, aus- waschen und Samen lufttrocknen; ggf. reinigen	33	?
Picea abies **Rotfichte, Fichte**	Zapfen mit geflügelten Samen, reif, XI–III, am besten II, pflücken	Klengen ab 25 °C stei- gern bis max. 42 °C Darr- temperatur Reinigung und Entflügeln	8 bei mittel- europäischer Herkunft	4–6
Pinus cembra **Zirbelkiefer**	Zapfen nach 2–3 J. reif, mit Saatgut auflesen XI–II	lufttrocknen »Zirbelnüsse« fallen aus (ohne Flügel)	220	?
Pinus mugo (P. montana) **Bergkiefer mit ssp.**	Zapfen im XI–I pflücken enthalten geflügelte Samen	Klengen bei 45–47 °C lufttrocknen, reinigen und entflügeln	6–7	5

(6)	(7)	(8)	(9)	(10)
Lagerungsbedingungen kühl, dunkel, trocken, ohne Schwankungen; spezifische L. unbekannt	Embryo nicht keimbereit	Stratifikation: ca. 4–5 Monate evtl. + 5 °C günstig	IX–X oder III–IV (evtl. II)	3–4 Wochen, wenn keimbereit
s. Lonicera alpigena	Embryo nicht keimbereit	Stratifikation ca. 4–5 Monate evtl. + 5 °C günstig	III–IV	70–95% 6–8 Monate ohne Strat.; 3–4 Wochen mit Strat.
her Nachkommen. lingen in der Landschaft denkbar.				
s. Lonicera	Embryo nicht keimbereit	Stratifikation: 4–5 Monate (?)	III–IV	
	Embryo wahrscheinl. wachstumsruhend mit Kältebedarf	Kühlstrat. bis 5 Mon. bei ca. + 5 °C (nicht unter 3 Monate)	XI–XII oder III–IV, ggf. II	70–95% 5–6 Wochen
Trocknen auf Swg. – 8–6%, dann Lagerg. in Gefäßen bei –4 bis –10 °C	Keimung abhängig von Herkunft und Vorbedingungen	ggf. 10 Tage in Sand vorkeimen	III–IV	70–95%, 15–25 °C u. Licht; optimaler Keimtemp.-Bereich: 7 bis 32 °C Triebkraft: ∅ 52%; 4–5 Wo.
statt lagern besser stratifizieren	Keimverzug, Embryo zur Fruchtreife unvollständig entwikkelt	Stratifik. zur Nachreife des Embryos; 2. zur Überwindung der Ruhe	III–IV	70–95%, 4–5 Wo., wenn keimbereit; ± überliegend
kühl, dunkel und luftdicht in Behältern Swg. niedrig halten	vorquellen oder in Sand vorkeimen	keine Strat.	III–IV	70–95% 3–5 Wochen 20–30 °C

(1)	(2)	(3)	(4)	(5)
Pinus nigra ssp. nigra (P. austriaca) Schwarzkiefer	Zapfen reifen im 2. Jahr Ernte: XI–XII	Zapfen luftig lagern; Klengen bei 45–47 °C	20	5
Pinus strobus Weymouthskiefer	(bedingt als Forstgehölz eingebürgert; nicht-einheimisches Landschaftsgehölz) Zapfen reifen im 2. Jahr Ernte: IX–X	Zapfen luftig lagern; Klengen bei 45–47 °C	17	ca. 4
Pinus sylvestris (P. silvestris) Waldkiefer Föhre u. a.	Zapfen reif pflücken im XI–XII (bis III mögl.) in Säcke	Klengen bei Temp. bis 42 °C	6,5–7	3–5
Populus tremula Zitterpappel	Kapseln mit großer Samenanzahl reifen im Mai; vorher IV–V Fruchtzweige schneiden und auslegen	lufttrocknen, ggf. Samen mit Haaren durch engmaschiges Sieb reiben; Windfege?	0,01	ungeschützt sehr stark abnehmend; gelagert bei + 3 °C bis 6–12 Mon.
Prunus avium Vogelkirsche, Süßkirsche	einsamige Steinfrüchte mit fleischigem Exokarp und sklerenchymatischem Endokarp (Fruchthüllen) reif (rot) pflücken VI–VIII	Fruchtfleisch quetschen und auswaschen	160	1–2
Prunus mahaleb Felsenkirsche, Steinweichsel, Weichselkirsche	einsamige Steinfrüchte mit fleischigem Exokarp und sklerenchymatischem Endokarp (Fruchthüllen) reif (rot) pflücken VI–VIII	Fruchtfleisch quetschen und auswaschen	90	1–2
Prunus padus Traubenkirsche	einsamige Steinfrüchte mit fleischigem Exokarp und sklerenchymatischem Endokarp (Fruchthüllen) reif (rot) pflücken VIII–IX	Fruchtfleisch quetschen und auswaschen Trocken bis max. 30 °C und ggf. vom Fruchtfleischrest reinigen	45–50	?

(6)	(7)	(8)	(9)	(10)
kühl, dunk. u. luftdicht in Behältern; Swg. ca. 8%, Temp.: –2 °C, günstig	vorquellen oder in Sand vorkeimen	keine Strat.	III–IV	75–90% 3–4 Wochen
wie bei P. mugo und P. nigra	vorquellen oder in Sand vorkeimen	keine Strat.	IV	80–85% 4–6 Wochen
Swg. unter 9% in Gefäßen bei 0 bis + 5 °C	vorquellen oder in Sand vorkeimen Sämlinge einheitlicher	nicht strat.;	III–IV	85–95%, 3–6 Wo. 20–30 °C (+) Triebkraft ∅ 34% Keimtemperaturen 4–35 °C
nicht lagern, sofort aussäen bzw. auslegen der Fruchtzweige	Samen mit keimbereitem Embryo	entfällt	IV–V im Kasten; unbedeckt, mäßig feucht halten	max. bis 90%, jedoch sehr unterschiedlich; in 1 Wo. 20–30 °C und Licht günstig
statt lagern, besser stratifizieren, sonst kühl, dunkel und trocken	embryonale Wachstumsruhe mit Kältebedarf; ohne Überwindung der Keimruhe überliegend	Stratifikation 3–5 Monate bei ca. 5 bis 10 °C	II–IV mit Sand oder nach d. Ernte bis XI	40–60–95% je nach Anteil keimbereiter und überliegender Embryonen 4–5 Wochen
statt lagern, besser stratifizieren, sonst kühl, dunkel und trocken	embryonale Wachstumsruhe mit Kältebedarf; ohne Überwindung der Keimruhe überliegend	Stratifikation 3–5 Monate bei ca. 5– bis 10 °C	II–IV mit Sand oder nach d. Ernte bis XI	70–90% 4–5 Wochen
statt lagern, besser stratifizieren, sonst kühl, dunkel und trocken	embryonale Wachstumsruhe mit Kältebedarf; ohne Überwindung der Keimruhe überliegend	Stratifikation 3–5 Monate bei ca. 5– bis 10 °C	II–IV mit Sand oder nach d. Ernte bis XI	?

(1)	(2)	(3)	(4)	(5)
Prunus serotina Späte Traubenkirsche	einsamige Steinfrüchte mit fleischigem Exokarp und sklerenchymatischem Endekarp (Fruchthüllen) reif (rot) pflücken VIII X, häufig sehr unterschiedlich am Zweig reifend	Fruchtfleisch quetschen und auswaschen Trocken bis max. 30 °C und ggf. vom Fruchtfleischrest reinigen	80–100	?
Prunus spinosa Schlehe, Schlehdorn	fast reif pflücken VIII–IX	Früchte auf Haufen rotten lassen, auswaschen	250 und mehr	
Pseudotsuga menziesii Douglasie (Douglastanne oder Douglasfichte (–))	Zapfen reifen im IX; schwere Samen fallen aus! Ernte VIII–IX	Klengen der Zapfen bei 35–38 °C, Reinigen u. Entflügeln	10	3 nach 3 J. Keimfähigkeitsverlust von ca. 10% bei opt. Lagerung siehe (6)
	Wie Pinus strobus als Forstgehölz verbreitet, jedoch kein einheimisches Landsch			
Pyrus communis Holzbirne	gelbgrüne, reife Früchte im IX pflücken, ggf. im X	Fruchtfleisch und knorpeliges Kerngehäuse entfernen	30	?
Quercus petraea (Qu. sessilis) Trauben- oder Wintereiche	Nüsse oder Eicheln mit becherförmiger Hülle reif im X–XI auflesen; siehe Fagus		2000–2500	0,5
Quercus robur (Qu. pedunculata) Stieleiche	Nüsse oder Eicheln mit becherförmiger Hülle, reif im X–XI auflesen; siehe Fagus		3300–3800	0,5

(6)	(7)	(8)	(9)	(10)
statt lagern, besser stratifizieren, sonst kühl, dunkel und trocken	embryonale Wachstumsruhe mit Kältebedarf; ohne Überwindung der Keimruhe überliegend	Stratifikation ca. 6 Monate bei ca. 5 °C bis maximal 12 Monate	III–IV sonst siehe P. avium IX–XI	70–95% 4–5 Wochen, wenn keimbereit
statt lagern, besser stratifizieren, sonst kühl, dunkel und trocken	embryonale Wachstumsruhe mit Kältebedarf; ohne Überwindung der Keimruhe überliegend	Stratifikation 5–6 Monate bei ca. 5 °C	III–IV besser als IX	70–95%
Samenwassergehalt (Swg) auf 7–5% absenken (nach Lufttrocknung Swg. ca. 20% bei 20 °C; Lagertemp. je nach Swg. –5 bis –18 °C günstig	?	1 Mon. Strat. oder Vorkeimen in Sand günstig für Einheitlichkeit der Sämlinge	IX oder III	80–95% ca. 4 Wochen 20–30 °C; walzen und mit grobem Sand ca. 1 cm bedecken (auf Beete)
aftsgehölz; kann bei Selbstaussaat als eingebürgert gelten (?)				
Lagerung der Samen zur Verhinderung vorzeitiger Keimung: Verhind. der Quellg.: Zwangsruhe	relativ flache embryonale Wachstumsruhe mit Kältebedarf	Strat. 2 Mon. bei + 2 bis 4 °C bereits ausreichend; ab XII–I; bei längerer Strat. (5 Mon.) Keimung (ungünstig)	II–III besser als IX–X, auch wegen Mäuse im Winter	30–70%, 3–4 Wo. Temp. anfangs 10–15 °C nachfolgend höher
Samenwassergehalt hoch lassen, sonst vermind. Keimfähigkeit; deshalb einmieten s. Fagus	?	Strat. nicht erforderlich	III–IV in Rillen, 5–6 cm tief	70–95%, ca. 5 Wo. Keim. hypogäisch (unterirdisch) bei 20 °C (+)
Samenwassergehalt hoch lassen, sonst vermind. Keimfähigkeit; deshalb einmieten s. Fagus	?	Strat. nicht erforderlich	III–IV in Rillen, 5–6 cm tief	60–80% 5–6 Wochen wie Qu. petraea

(1)	(2)	(3)	(4)	(5)
Quercus rubra (Qu. borealis var. maxima) Amerikanische Eiche	Als Forstgehölz verbreitet, jedoch kein einheimisches Landschaftsgehölz; kann Ernte im X	in dünnen Lagen lufttrocknen, um Schimmeln und Erwärmen zu verhindern	2500–2700	?
Rhamnus catharticus Kreuzdorn	mehrsamige, schwarze beerenartige Steinfrüchte reif VIII–IX–X pflücken	fleischiges Exokarp auswaschen, Endokarp lufttrocknen	14	?
Rhamnus frangula Faulbaum	mehrsamige, schwarze beerenartige Steinfrüchte reif VIII–IX–X pflücken	fleischiges Exokarp auswaschen, Endokarp lufttrocknen	18	?
Ribes alpinum Alpenjohannisbeere	fast reife mehrsamige Beeren; VI pflücken	Früchte zerquetschen und Fruchtfleisch auswaschen, Samen lufttrocknen	5	2–3
Robinia pseudoacacia Scheinakazie; Robinie	nicht-einheimisches Nutz- und Landschaftsgehölz; häufig verwildernd (Wurzel Hülsen im X–XI pflücken, ggf. auch XII	Hülsen dreschen oder zerreiben, vom Saatgut trennen (Sieb oder Windfege)	20	20–30

(6)	(7)	(8)	(9)	(10)
bei Selbstaussaat als eingebürgert gelten (?)				
Samenwassergehalt hoch lassen, sonst vermind. Keimfähigk.; deshalb einmieten s. Fagus	?	Strat. nicht erforderl. ca. 6 Wo. vorkeimen, Sämlinge dann einheitlicher	IV, ggf. III–V oder X–XIII	70–95% ca. 5 Wo. Keimung hypogäisch (unterirdisch) bei 20 °C (+)
statt lagern besser gleich stratifizieren	Embryo nicht keimbereit, weil Samen überliegen; Keimruhe tiefer als bei R. frangula	Stratifik. 5–7 Mon.; wahrscheinlich ca. + 5 °C optim.	III–IV bei XI ungleichmäßige Keimung	30–70% 4–6 Wochen
statt lagern besser gleich stratifizieren	Embryo nicht keimbereit, weil Samen überliegen; Keimruhe flacher als bei R. catharticus	Stratifik. 5 Mon.	III–IV	30–70% ca. 4 Wochen
statt lagern besser gleich stratifizieren	?	Stratifik. 2–5 Mon. bei 1 bis 5 °C bis II	III–IV bei VII–VIII Keimung ungleichmäßiger	70–80% ca. 3 Wochen
schößlinge und Selbstaussaat)				
Samen ausgeprägt hartschalig, also gas- und wasserundurchlässig; deshalb keine Lagerungsprobleme	Zwangsruhe infolge Hartschaligkeit; Embryo nach der Quellung keimbereit	Testa in Ritztrommel verletzen; Anritzen soll günstiger sein als Heißwasserbehandlung (?) Vorquellen! ca. 18 Stunden	IV–V, nicht früher wegen Frostempfindlichkeit der Sämlinge	70–95%, 5–6 Wo. 20–30 °C günstig; Licht keimfördernd

(1)	(2)	(3)	(4)	(5)
Rosa arvensis (R. repens) **Kriech-, Feldrose** **Rosa canina** **Hundsrose** **Rosa glauca** **(R. rubrifolia)** **Rotblättrige Rose** **Rosa pimpinellifolia** **(R. spinosissima)** **Bibernellrose**	Hagebutten-Fruchtfleisch (umgewandelte Blütenachse) je nach Reifegrad ± fest und dann weich, Ausfärbung berücksichtigen; ca. X pflücken	Hagebutten-Fruchtfleisch »trocken entkernen« oder rotten lassen; Nüßchen auswaschen, nur lufttrocken	18 (jeweils Nüßchen) bei R. canina ca. 30	Keimfähigkeit nimmt ab je länger Saatgut überliegt
Rosa rubiginosa **Weinrose**			10–14	?
Rosa rugosa			5,5	?
Kartoffelrose	nicht-einheimisches Landschaftsgehölz; eingebürgert; zum Teil übertrieben			
Rubus fructicosus **(Sammelname für einheimische Brombeerarten)** **Brombeere**	Sammelfrüchte mit einsamigen Steinfrüchten (Exokarp fleischig, Endokarp sklerenchymatisch) fast reif oder reif im VIII–X pflücken	Fruchtfleisch entfernen; auswaschen	2	?
Rubus idaeus **Himbeere**	Sammelfrüchte mit einsamigen Steinfrüchten (Exokarp fleischig, Endokarp sklerenchymatisch) fast reif oder reif im VII–VIII pflücken ungebräuchliche Vermehrungsmethode; stattdessen sind Wurzelschnittlinge	Fruchtfleisch entfernen; auswaschen	?	?
Salix caprea **Salweide**	Kapseln mit zahlreichen haarschopfigen Samen (s. Populus) fast reif A. VI Fruchtzweige schneiden und auslegen	lufttrocknen, ggf. Samen vom Haarschopf durch Reiben auf engmaschigem Sieb trennen; Windfege?	ca. 0,01	ca. 3 Wo.

(6)	(7)	(8)	(9)	(10)
Nüßchen möglichst nicht lange trocken lagern, wegen Zunahme der Hartschaligkeit des Perikarp (Fruchthülle z. T. dickwandig, sklerenchymatisch) im Gegensatz zur dünnen Testa stark verwendet	Zwangsruhe infolge Hartschaligkeit unterschiedlich (art- u. witterungsabhängig); stark bei R. canina! Außerd. embryon. Wachstumsruhe mit Kältebedarf, Embryo vollst. ausdifferenz., kein Keimverzug, jed. Keimruhe arteigen versch. tief, z. T. Details unbekannt	Stratifik. erst wirksam nach Überwind. d. Hartschaligkeit bzw. Quellung; bei R. canina ca. 18 Mon. Dauer bzw. bis 27 Mon. bis Keimung (in Lit); Kältebedarf nach Quell. wahrscheinlich früher gedeckt; (+ 5 °C); deshalb Nüßchenhülle in Ritztrommel verletzen u. 2 Tage vorquellen vor Strat.	III–IV oder X–XI (XII)	30–70–95% sehr unterschiedlich, je nach Voraussetzungen pro Art; bei R. canina Keimbeginn trotz üblicher Strat. ca. 18 Mon. nach Ernte
»auf keinen Fall trocken aufbewahren«, sondern stratifizieren oder aussäen	Nach trock. Lagerung von Handelssaatgut Zwangsruhe inf. Hartschaligkeit wahrscheinlich; außerdem embryon. Wachstumsruhe mit Kältebedarf	bei Handelssaatgut Samenwasserlagerung von 1–2 Tg. vor Strat. günst. (?); Strat. bei ca. + 5 °C bis II	III; ggf. IX–X	keine Angaben; große Unterschiede mögl., wegen Artengemisch; Keimzeit bei keimbereiten Embryonen kurz, ca. 1–3 Wochen
»auf keinen Fall trocken aufbewahren«, sondern stratifizieren oder aussäen (s. bei Kultursorten) üblich	Nach trock. Lagerung von Handelssaatgut Zwangsruhe inf. Hartschaligkeit wahrscheinlich; außerd. embryon. Wachstumsruhe mit Kältebedarf	bei Handelssaatgut Samenwasserlagerung von 1–2 Tg. vor Strat. günst. (?); Strat. bei ca. + 5 °C bis II	III oder VII–VIII	
nicht lagern, sondern sofort aussäen, bzw. Auslegen der Fruchtzweige	Samen mit keimbereitem Embryo; Keimbeginn deshalb bereits ca. 12 Std. nach der Aussaat	entfällt	Anfang VI; Termin einhalten	bis 50%; sehr unterschiedlich; 20–30 °C und Licht etwa optimal; Keimdauer ca. 2 Wochen

(1)	(2)	(3)	(4)	(5)
Salix cinerea	und andere einheimische Weiden werden durch Steckholzbewurzelung			
Sambucus nigra Schwarzer Holunder	beerenartige Sammelfrucht mit mehreren Nüßchen fast reif (rot) oder reif (schwarz) VIII–IX pflücken	Früchte zerquetschen; Fruchtfleisch auswaschen; Nüßchen lufttrocknen	2,5	ca. 1
Sambucus racemosa Traubenholunder	beerenartige Sammelfrucht mit mehreren Nüßchen reif (rot) VII pflücken	Früchte zerquetschen; Fruchtfleisch auswaschen; Nüßchen lufttrocknen Früchte 4–6 Wochen rotten lassen	7	1
Sorbus aria Mehlbeere	apfelartige Früchte mit Samen im Kerngehäuse fast reif oder reif IX–X pflücken	Fruchtfleisch zerquetschen, 4–6 Wo. rotten lassen, über Sieb auswaschen; Reste entfernen »Blastokoline«?	250–440	ca. 3
Sorbus aucuparia Vogelbeere, Eberesche	apfelartige Früchte mit Samen im Kerngehäuse fast reif oder reif VIII–X pflücken (keine Beeren!)	Fruchtfleisch zerquetschen, 4–6 Wo. rotten lassen, über Sieb auswaschen; Reste entfernen »Blastokoline«? Reinigen und trocknen max. 32 °C ungünstig	200–250	ca. 3
Sorbus domestica Speierling	apfelartige Früchte mit Samen im Kerngehäuse; fast reif oder reif IX–X pflücken	Fruchtfleisch zerquetschen, 4–6 Wo. rotten lassen, über Sieb auswaschen; Reste entfernen »Blastokoline«? Reinigen und trocknen max. 32 °C ungünstig	30–35	ca. 3

(6)	(7)	(8)	(9)	(10)
wesentlich leichter vermehrt; Nachkommen einheitlicher als Sämlinge.				
statt lagern, besser stratifiz. od. aussäen; Lagerung kühl, dunkel möglich	embryon. Wachstumsruhe mit Kältebedarf und Zwangsruhe wahrscheinlich	Stratifik. 5–6 Mon. b. ca. 5 °C (+) 1–2 Tg. »Vorquellen« in Wasser (?)	III–IV (II); IX–XI nicht günstig	70–95% ca. 4 Wochen, wenn keimbereit
statt lagern, besser stratifiz. od. aussäen; Lagerung kühl, dunkel möglich	embryon. Wachstumsruhe mit Kältebedarf und Zwangsruhe wahrscheinlich	Stratifik. 5–6 Mon. b. ca. 5 °C (+) 1–2 Tg. »Verquellen« in Wasser (?)	III–IV (II); IX–XI nicht günstig Aussaat wirtschaftlich	70–95% ca. 4 Wochen, wenn keimbereit
zur Lagerung keine Angaben, also allgemeingültige Beding. einhalten wie kühl (nicht üb. + 5 °C), dunkel, trocken u. a.	embryon. Wachstumsruhe mit Kältebedarf u. Zwangsruhe inf. keimhemmenden Stoffes im Fruchtfleisch	Strat. 4–6 Monate bei + 1 bis 7 °C optimal, eher + 3 °C als 5 °C	III–IV besser als IX–XII, weil nach Strat. Sämlinge einheitlicher	70–95%, wenn keimbereit; 4–5 Wochen
zur Lagerung keine Angaben, also allgemeingültige Beding. einhalten wie kühl (nicht üb. + 5 °C), dunkel, trocken u. a.	embryon. Wachstumsruhe mit Kältebedarf u. Zwangsruhe inf. keimhemmenden Stoffes im Fruchtfleisch, ggf. überlieg.; Anteil unterschiedl.	Strat. 4–6 Monate bei + 0,5 bis 3 °C Optimum: 1 °C	III–IV besser als IX–XII, weil nach Strat. Sämlinge einheitlicher	30–70%, 4–5 Wochen Keimung bei niedr. Temp. bis ca. + 1 °C (Frost (–!))
zur Lagerung keine Angaben, also allgemeingültige Beding. einhalten wie kühl (nicht üb. + 5 °C), dunkel, trocken u. a.	embryon. Wachstumsruhe mit Kältebedarf u. Zwangsruhe inf. keimhemmenden Stoffes im Fruchtfleisch, ggf. überlieg.; Anteil unterschiedl.	Strat. 4 Monate bei 4 °C (»Kalt-Naß-Stratifikation«)	III–IV besser als IX–XII, weil nach Strat. Sämlinge einheitlicher	30–70%, wenn keimbereit in 4–5 Wochen

(1)	(2)	(3)	(4)	(5)
Sorbus torminalis Elsbeere	apfelartige Früchte mit Samen im Kerngehäuse; fast reif oder reif IX–X pflücken	Fruchtfleisch zerquetschen, 4–6 Wo. rotten lassen, über Sieb auswaschen; Reste entfernen »Blastokoline«? Reinigen und trocknen max. 32 °C ungünstig	40	ca. 3
Symphoricarpos-Arten Schneebeere, Korallenbeere	nicht einheimisch, jedoch z. T. eingebürgert; in Baumschulen Steckholz- und Stecklingsvermehrungsmethode; S. albus var. laevigatus (S. rivularis; nicht Hybriden wie S. x chenaultii kommen in Frage. Keimverzug (unentwick (Keimruhe) gemeinsam vorhanden; Erlangung der Keimbereitschaft tempera			
Taxus baccata Eibe	Samen mit Samenmantel (Arillus) fast reif im im VIII oder reif IX pflücken (ab X Vogelfutter) (keine Beeren!; Nacktsamer ohne Zapfen und Samenflügel; also keine Konifere, sondern Nadelgehölz)	Arillus nicht (wie früher) gären lassen, sofort nach Ernte auswaschen (Sieb), Samen lufttrocknen; von Resten reinigen (»Blastokoline«)	65–70	3
Tilia cordata (T. parvifolia) Winterlinde	kugelige, dünnschalige Nüßchen im XI reif pflücken; Qualität der Samenträger beachten	Nüßchen reinigen von Fruchtstielen u. Hochblättern durch Reiben und Windfege u. a.	30–40	1,5–2

(6)	(7)	(8)	(9)	(10)
zur Lagerung keine Angaben, also allgemeingültige Beding. einhalten wie kühl (nicht üb. + 5 °C), dunkel, trocken u. a.	embryon. Wachstumsruhe mit Kältebedarf u. Zwangsruhe inf. keimhemmenden Stoffes im Fruchtfleisch, ggf. überlieg.; Anteil unterschiedl.	Stratifikation notwendig; Bedingungen ähnlich (?)	III–IV besser als IX–XII, weil nach Strat. Sämlinge einheitlicher	
Stecklingsbewurzelung üblich; Aussaat bei großem Mengenbedarf denkbar; billiger als Steckholz- Schneebeere) ⫩S. albus (S. racemosus) und S. orbiculatus (S. vulgaris; Korallenbeere) jedoch elter Embryo), Zwangsruhe (infolge Hartschaligkeit) und embryonale Wachstumsruhe mit Kältebedarf turabhängig u. a.				
nicht lagern, sondern stratifizieren, um den Keimbeginn vorzuverlegen bzw. die Dauer des Überliegens zu vermindern; Lagerung von Handelssaatgut kühl um 0 °C, dunkel und bei geringem Samenwassergehalt bei mögl. konst. Bedingungen	Zwangsruhe infolge keimhemmender Stoffe im Samenmantel und ggf. durch Hartschaligkeit d. Testa (besonders nach langer Lagerung bei Raumtemp.); 2. embryon. Wachstumsruhe mit Kältebedarf verursacht das Überliegen	Wasserlagerung von 18–24 Std. als »Vorquellung« besonders bei fast reifen Samen (+) Strat.: 12–18 Mon. bei + 5 °C (Kältebedarf wird nicht bei Minustemp. gedeckt!)	VIII–X im Kasten mit Mäuseschutz oder III–IV im Freiland (Beete)	30–70%, ca. 4 Wo., wenn keimbereit mit relativ hoher Keimdichte und Keimgeschwindigk. oder Keimzeit; sonst Keimung während des 1. bis 3. Jahres
nicht lagern, sondern stratifizieren (siehe Taxus) Handelssaat: Samenwassergehalt auf 10–12% absenken; in Behältern b. 1–3 °C, dann 3 J. keimfähig	Keimverzug: Zur Reifezeit Embryo noch unvollständig entwickelt, also »Nachreife« erford. 2. Zwangsruhe inf. des hartschaligen Perikarpes. 3. embryon. Wachstumsruhe mit Kältebedarf; Endosperm-Einfluß auf Radicula-Streckung (?)	H_2SO_4-Behandlung von 20 min. der Nüßchen; 1 Tag Vorquellen; Warmstratif. 6 Mon. b. 20 °C; danach Kühlstratif. 3–6 Mon. 1–5 °C, sonst 1–2 Jahre überliegend	III–IV 1,5 Jahre nach Ernte üblich	30–70–95% sehr unterschiedl. von Jahr zu Jahr, 4–6 Wochen, wenn keimbereit

(1)	(2)	(3)	(4)	(5)
Tilia platyphyllos (T. grandifolia) Sommerlinde	5rippige, dickschalige Nüßchen; alle weiteren Fakten s. T. cordata; Hartschaligkeit stärker; Anteil gekeimter Samen mit 30–50–70% meistens geringer.	Nüßchen reinigen von Fruchtstielen und Hochblättern durch Reiben und Windfege u. a.	100	1,5–2
Ulex europaeus Stechginster	mehrsamige, zweiklappige Hülsen reif V–VII mit Handschutz pflücken, mehrmals, weil ungleichmäßig reifend	Hülsen wie bei anderen Leguminosen dreschen oder zerreiben und über Sieb oder Windfege reinigen	7	2–3
Ulmus minor (U. carpinifolia) Feldulme (U. campestris auct. non L.)	Nüßchen mit je einem Samen von unterschiedlich breitem elliptisch-birnenförmigem Flügel randförmig umgeben; reif V–VI auflesen oder pflücken	geflügelt: entflügelt und gereinigt	14 8,5	0,5
Ulmus glabra (U. montana) Bergulme	Nüßchen mit je einem Samen von gleich breitem elliptisch-birnenförmigem Flügel randförmig umgeben; reif V–VI auflesen oder pflücken (mittelständiger Same)	geflügelt: entflügelt und gereinigt	15 8,5	0,5

(6)	(7)	(8)	(9)	(10)
nicht lagern, sondern stratifizieren (siehe Taxus) Handelssaat: Samenwassergehalt auf 10–12% absenken; in Behältern b. 1–3 °C, dann 3 J. keimfähig	Keimverzug: Zur Reifezeit Embryo noch unvollständig entwickelt, also »Nachreife« erford. 2. Zwangsruhe inf. des hartschaligen Perikarpes. 3. embryon. Wachstumsruhe mit Kältebedarf; Endosperm-Einfluß auf Radicula-Streckung (?)	H_2SO_4-Behandlung von 20 min. der Nüßchen; 1 Tag Vorquellen; Warmstratif. 6 Mon. b. 20 °C; danach Kühlstratif. 3–6 Mon. 1–5 °C, sonst 1–2 Jahre überliegend	III–IV 1,5 Jahre nach Ernte üblich	30–70–95% sehr unterschiedl. von Jahr zu Jahr, 4–6 Wochen, wenn keimbereit
Lagerung unproblematisch, weil Embryo wirksam durch Testa geschützt; wie üblich kühl, dunkel, aber ungetrocknet; stattdessen Stratifikation	Zwangsruhe infolge Hartschaligkeit wahrscheinlich (?)	2 Tage Wasserlagerung zum »Vorquellen« Kühlstratifikation bis zur Aussaat möglich	III–IV geschützt oder V Freiland	70–95% 2–6 Wochen Sämlinge frostempfindlich
nicht lagern, sondern sofort aussäen; bei –5 °C keimfähig bis 16 Mon. (+)	Embryo nach Quellung keimbereit; relativ ungeschützt gegenüber Außenfaktoren wie Temp.	2 Tg. Vorquellung günstig; Strat. nicht erforderlich	V–VI, notfalls etwas später	30–70%, ca. 2 Wo. 20–30 °C, sehr unterschiedlich; häufig ± Anteil tauber Nüßchen beachten
nicht lagern, sondern sofort aussäen;	Embryo nach Quellung keimbereit; relativ ungeschützt gegenüber Außenfaktoren wie Temp.	2 Tg. Vorquellung günstig; Strat. nicht erforderlich	V–VI, notfalls etwas später	30–70%, ca. 2 Wo. 20–30 °C, sehr unterschiedlich; häufig ± Anteil tauber Nüßchen beachten

(1)	(2)	(3)	(4)	(5)
Ulmus laevis (U. effusa) **Flatterulme**	Nüßchen mehr rundlich als elliptisch reif; VI	geflügelt: entflügelt und gereinigt	? ?	0,5 (?) 0,5 (?)
Viburnum lantana **Wolliger Schneeball**	stark abgeflachte Steinfrüchte, fast reif mit rotem, reif mit schwarzem Exokarp (äußere Fruchthülle); Endokarp jedoch sklerenchymatisch; IX fast reif; günstiger als reif	äußere Fruchthülle zerquetschen u. auswaschen bis max. 30 °C lufttrocknen, sonst wird stärkere Hartschaligkeit bewirkt	44	1–2
Viburnum opulus **Gemeiner Schneeball**	Steinfrüchte, reif mit mit rotem Exokarp (äußere Fruchthülle); Endokarp jedoch sklerenchymatisch; IX fast reif; günstiger als reif später als X ungünstig	äußere Fruchthülle zerquetschen u. auswaschen bis max. 30 °C lufttrocknen, sonst wird stärkere Hartschaligkeit bewirkt	20	1–2 (?)

(6)	(7)	(8)	(9)	(10)
nicht lagern, sondern sofort aussäen;	Embryo nach Quellung keimbereit; relativ ungeschützt gegenüber Außenfaktoren wie Temp.	2 Tg. Vorquellung günstig; Strat. nicht erforderlich	VI, notfalls etwas später	30–70%, ca. 2 Wo. 20–30 °C, sehr unterschiedlich; häufig ± Anteil tauber Nüßchen beachten
mögl. nicht lagern, sondern fast reife, aufbereitete Steinfrüchte sofort aussäen od. Handelssaatgut stratifizieren	Zwangsruhe infolge wasserundurchläss. innerer Fruchthülle (Endokarp) mögl.; 2. embryon. Wachstumsruhe mit Kältebedarf, jedoch keine Sämlingsknospenruhe nach der Keimung	Stratifik. 4–6 Mon. b. + 5 °C bei ausgeprägter Hartschaligkeit reifen, gelagerten Saatgutes bis 18 Mon.; ohne Strat. 2 Jahre überliegend, Frost ist nicht zur Überwindung der Keimruhe erforderlich	IV–V	ca. 30–70% ca. 4–5 Wo., wenn keimbereit. Begriff »Frostkeimer« überholt u. falsch; denn bei Minus-Temp. weder Nachreife noch Überwindung embryon. Wachstumsruhe (Keimruhe) noch Streckungswachstum des Embryos (Keimung)!
mögl. nicht lagern, sondern fast reife, aufbereitete Steinfrüchte sofort aussäen oder Handelssaatgut stratifizieren	Zwangsruhe infolge wasserundurchläss. innerer Fruchthülle (Endokarp) mögl.; 2. embryon. Wachstumsruhe mit Kältebedarf, jedoch keine Sämlingsknospenruhe nach der Keimung (bei V.-Arten in USA Förderung des Austriebes der Plumula notwendig)	Vorsicht bei Übertragung amerikan. Versuchsergebnisse wegen unterschiedl. Klima- u. Witterungsverlauf zu M.-Europa. Warm- und Kühl-Stratifikation günst., also erst 20–30 °C, dann 3–10 °C (?)	IV–V	Temperaturbedarf für Phasen der Keimung und des Sämlingswachstums unterschiedlich?

Tabellen-Erklärungen (Legende):

1. Abkürzungen:

E = Ernte
Kr = Keimruhe
Mon = Monate
Std = Stunden
Strat = Stratifikation
Swg = Samenwassergehalt
Tg = Tage
Wo = Wochen
Zr = Zwangsruhe
(+) = günstig
(–) = ungünstig

2. Definitionen:

Abscisinsäure = Hemmstoff; von Pflanzen gebildet (Phytohormon); beeinflußt Wachstum; eine der Ursachen für embryonale Wachstumsruhe (Keimruhe)
Blastokoline = Begriff für keimhemmende Stoffe im Fruchtfleisch und/oder Samen
Endosperm = Nährgewebe im Samen
Endokarp = innere Fruchthülle
Exokarp = äußere Fruchthülle
Perikarp = gesamte Fruchthülle
Hartschaligkeit = wasserundurchlässige Samenhülle (Testa)
hypogäisch = unterirdische Keimung (im Gegensatz zu epigäisch)
H_2SO_4-Behandlung = Behandlung des Saatgutes mit Schwefelsäure, um hartschalige Samenhüllen wasserdurchlässig zu machen
Kältebedarf = embryonaler Bedarf an niedrigen Temperaturen um +0,5 bis ca. 10 °C zur Überwindung der Keimruhe
Keimung = Streckungswachstum des Embryos
Keimruhe = embryonale Wachstumsruhe vollständig differenzierter, nicht keimbereiter Embryonen
Keimverzug = Verzögerung der Keimung infolge unvollständig differenzierter, sich im Differenzierungswachstum befindender, nicht keimbereiter Embryonen
Klengen = Maßnahmen zur Trennung von Zapfen und Samen (im Forst)
Lagerung = Aufbewahrung von Saatgut zur Erhaltung der Keimfähigkeit (im Gegensatz zur Stratifikation!)
Nachreife = physiologische Prozesse zur Erlangung der Keimbereitschaft des Embryos bei vorher erfolgter Fruchtreife
Plumula = Sämlingsknospe
Radicula = Keimwurzel
Stratifikation = Aufbewahrung von Saatgut im feuchten Medium (wie Sand) zur Überwindung der embryonalen Wachstumsruhe (Keimruhe) (im Gegensatz zur Lagerung!)
Zwangsruhe = durch Außenfaktoren (wie Temperaturen oder Eigenschaften der Frucht- und Samenhülle u.a.) erzwungene Wachstumsruhe keimbereiter Embryonen

Literatur

BÄRTELS, A.: Gehölzvermehrung. Verlag Eugen Ulmer, Stuttgart, 1982.

KRÜSSMANN, G.: Die Baumschule, Verlag Paul Parey, Hamburg und Berlin, 1981.

Forsschungsgesellschaft für Straßen- und Verkehrswesen: Richtlinien für die Anlage von Straßen (RAS) Teil: Landschaftsgestaltung (RAS-LG) Abschnitt 3: Lebendverbau. RAS-LG 3. Ausgabe 1983. Köln

ROHDE, J.: Einfluß der Temperatur auf die Zwangs- und Keimruhe, den Keimverzug und die Sämlingsknospenruhe bei Gehölzen. Gartenwelt Nr. 17, S. 368–369, 1972.

ROHMEDER, E.: Das Saatgut in der Forstwirtschaft. Verlag Paul Parey, Hamburg und Berlin, 1972.

RUGE, U.: Gärtnerische Samenkunde. Verlag Paul Parey, Hamburg und Berlin, 1966.

Wiss. Oberrat Dr. J. Rohde
Institut für Zierpflanzenbau der Forschungsanstalt für Weinbau, Gartenbau, Getränketechnologie und Landespflege
von Lade-Straße 1
6222 Geisenheim/Rhein

Hildegard Hiller

Lebender Baustoff Pflanzen

Living Building Material: The Plant

Zusammenfassung:
Im ersten Abschnitt werden die bei ingenieurbiologischen Bauweisen zur Anwendung kommenden Formen des Pflanzenmaterials aufgeführt. Im zweiten Abschnitt wird auf die Eigenschaften verschiedener Pflanzenarten und ihre biotechnische Eignung eingegangen. Behandelt werden Weiden, Baum- und Straucharten verschiedener Gattungen, Arten der Gattung Pappel, Gräser und Kräuter des Röhrichts, Pflanzen der Wattküste und Gräser der Küstendünen.

Summary:
The first part of the article lists the types of plant matter that are being used in bio-engineering. The second part discusses the properties of different species of plants and their biotechnical suitability.
Included are willows, various species of trees and bushes, different types of poplars, grasses and reeds, plants from tital mud flats and coastal dune grasses.

1. Formen des Pflanzenmaterials

Bei ingenieurbiologischen Bauweisen kommen folgende Formen des Pflanzenmaterials zur Anwendung:

1.1 Vollständige Pflanzen:

Pflanzen

Vollständige, d. h. aus Sproß und Wurzeln bestehende, verholzte oder krautige Pflanzen.
Beschaffenheit nach DIN 18 916 und nach »Gütebestimmungen für Baumschulpflanzen« des Bundes deutscher Baumschulen (BdB). (Gehölze für Straßen- und Landschaftsbau)

Pflanzballen

Etwa 20×20 cm bis 30×30 cm großer, etwa würfelförmiger Ballen aus der obersten Bodenschicht; er besteht aus mehreren vollständigen Pflanzen einer oder mehrerer Arten mit dem von ihnen durchwurzelten Boden.
Pflanzenarten: z. B. Adenostyles spp., Carex spp., Glyceria maxima, Phalaris arundinacea, Phragmites australis, Petasites spp., Schoenoplectus lacustris.

Containerpflanzen

Pflanzen aller Gattungen, die einzeln in Behältern, die das gesamte Wurzelwerk umfassen, herangezogen werden. Der Behälterinhalt muß gut durchwurzelt sein. Die Größe des Behälters muß in einem angemessenen Verhältnis zur Pflanzengröße stehen.

Fertigrasen
Fest zusammenhängende, dichtnarbige Rasenstücke, die vorwiegend aus vollständigen Graspflanzen mit der obersten Schicht des von ihnen durchwurzelten Bodens bestehen.
Rasensoden (= Rasenplatten, -plaggen, -ziegel): etwa 30×30 cm große und 3 bis 4 cm dicke Stücke.
(Ausnahme: Salzrotschwingel auf Seedeichen: 4–6 cm; ab August 6–8 cm dick)
Rollrasen: mit Schälmaschinen in gleich bleibenden Maßen (z. B.: Länge 1,67 m, Breite 0,3 m = 0,5 m²) geworben.
Sonderform: Andelsodenbänder im Watt

1.2 Saatgut

Samen mit zumeist Samenträgern, z. B. Spelzen, Fruchthüllen, Fruchtständen.

Handelsübliches Saatgut
Von Gräsern, Kräutern, Leguminosen u. a. Pflanzen Beschaffenheit nach dem »Gesetz über den Verkehr mit Saatgut (Saatgutverkehrsgesetz) vom 23. Juni 1975 (BGBl. I, S. 1453) und weiteren einschlägigen Gesetzen und Verordnungen. Sorten nach den »Beschreibenden Sortenlisten« des Bundessortenamtes.

Saatverfahren
Trockensaatverfahren, z. B. Strohmulchsaatverfahren nach Schiechtl, vorgefertigter Saatmatten;
Naßsaatverfahren (= Hydro seeding) z. B. Finn-Verfahren;
Auslegen von Fruchtständen: z. B. Adenostyles spp., Petasites spp., Phragmites australis, Tussilago farfara.

1.3 Bewurzelungsfähige Pflanzenteile

Zumeist Sproßteile, die sich zu einer neuen vollständigen Pflanze regenerieren, d. h. sich auf dem Wege der vegetativen Vermehrung bewurzeln und Sprosse bilden.
Steckhölzer
Bewurzelungsfähige, unverzweigte Teile eines verholzten, zumeist ein- bis zweijähr. Triebes, d. h. Sprosses.
Pflanzenarten: Salix spp.
L: 20 bis 40 cm, ∅ 1 bis 2 cm – (nach DIN 19 657 und DIN 18 918)
Ingenieurbiologische Bauweisen: z. B. Steckholzbesatz von Böschungspflaster.
Setzhölzer (= Setzpflöcke, »Spieker«)
Bewurzelungsfähiger, unverzweigter Teil eines verholzten oberirdischen Sprosses. L: 0,5 bis 1,0 m; ∅ 2 bis 4 cm (nach DIN 19 657)
Pflanzenarten: hauptsächlich Salix spp.

Ingenieurbiologische Bauweisen: z. B. Setzholz-Schwelle, Lebende Bürsten.

Setzstangen
Bewurzelungsfähige, gradschäftige und wenig verzweigte Teile von dikkeren, verholzten oberirdischen Sprossen (= Astenden). L: 1,0 bis 2,5 m; ∅ 4 bis 6 cm (nach DIN 19 657 und DIN 18 918)
Pflanzenarten: Hauptsächlich Populus spp., Salix alba, Salix fragilis
Ingenieurbiologische Bauweisen: z. B. Setzstangen-Schwelle.

Zweige
Dünnere, bewurzelungsfähige verzweigte Teile von verholzten oberirdischen Sprossen, mindestens 0,5 m lang (nach DIN 19 657 und DIN 18 918)
Pflanzenarten: hauptsächlich Salix spp.
Ingenieurbiologische Bauweisen: z. B. Ast- und Zweigpackungen (Rauhwehr, Buschmatratzen) Buschschwellen.

Äste
Dickere, bewurzelungsfähige verzweigte Teile von verholzten oberirdischen Sprossen. (Der Übergang von »Zweig« zu »Ast« ist fließend und nicht genau abgrenzbar). (Nach DIN 19 657 und DIN 18 918)
Pflanzenarten: hauptsächlich Salix spp.
Ingenieurbiologische Bauweisen: z. B. Ast- und Zweigpackungen (Rauhwehr, Buschmatratze) Gitterbuschwerk.

Busch
Gemisch aus bewurzelungsfähigen Zweigen und Ästen einer oder mehrerer Gehölzarten.
Pflanzenarten: vorwiegend Salix spp.
Ingenieurbiologische Bauweisen: z. B. Buschlagen und verwandte Bauweisen.

Faschinen
Bestehen aus austriebsfähigen, verholzten, dünnen, biegsamen, elastischen, möglichst wenig verzweigten Ruten oder Zweigen, die zusammengebunden sind zu Bündeln mit Längen über 1 m und ∅ über 10 cm.
Pflanzenarten: z. B. Populus spp., Salix spp.
Transportform der Baustoffe für die ingenieurbiologischen Bauweisen: Hangwippen, Spreitlagen, Flechtwerke u. a.

Halmstecklinge
Bewurzelungsfähige, in der Regel unverzweigte Teile eines unverholzten Sprosses, zumeist von Gramineen

Pflanzenarten: z. B. Ammophila arenaria, A. baltica, Phalaris arundinacea, Phragmites australis
Ingenieurbiologische Bauweisen: z. B. Halmstecklingsbesatz.

Sprößlinge
Im Boden ± aufwärts wachsende Jungsprosse
Pflanzenarten: z.B. Glycera maxima, Phalaris arundinacea, Phragmites australis, Schoenoplectus lacustris, Typha angustifolia, T. latifolia
Ingenieurbiologische Bauweisen: z.B. Sprößlingsbesatz

Rhizomschnittlinge
Teile von unterirdisch ± waagerecht wachsenden Ausläufern (Sprosse!) mit mindestens einem besser zwei unversehrten Internodien.
Pflanzenarten: z. B. Acorus calamus, Adenostyles spp., Agropyron junceum, Carex spp., Elymus arenarius, Glyceria maxima, Phalaris arundinacea, Phragmites australis, Petasites spp., Schoenoplectus lacustris, Spartina townsendii, Tussilago farfara
Ingenieurbiologische Bauweisen: z. B. Rhizombesatz.

2. Eigenschaften verschiedener Pflanzenarten und ihre biotechnische Eignung

Für ingenieurbiologische Bauweisen sind vor allem folgende Pflanzenarten geeignet

2.1 Weiden

Silberweide *(Salix alba)*

Wuchshöhe:	15–30 m; die größte Baumweide Mitteleuropas.
Anwendungsbereich:	Nur an Gewässern im vorwiegend norddeutschen Flachland, west- und südwestdeutschen Hügel- und Bergland und süddeutschen Hügelland, im Mittelgebirge, im Alpenvorland, in voralpiner Moränenlandschaft einschl. Schotterflächen.
Standortangaben:	Bodenarten: Kies, Geröll, Geschiebe, Sand, Lehm, Schluff, Ton (Rohauböden), gut durchlüftete, jedoch keine verdichteten Böden. Feuchtezustand: Frisch bis feucht, auch zeitweise überschwemmt; keine Staunässe! Nährstoff- und Karbonatgehalt: Nährstoffreich, basenreich, karbonatreich bis schwachsauer.
Biotechnische Eignung:	Tiefwurzelnd bis in die Grundwasserzone. Etwas wärmeliebend.
Vegetativ vermehrbar:	Setzholz, Setzstangen.

Großblättrige Weide, Schlucht-Weide *(Salix appendiculata, S. grandifolia)*

Wuchshöhe: 2–4 m

Anwendungsbereich: Nur bei Wundhängen und Aufschüttungen im Alpenvorland, in voralpiner Moränenlandschaft einschl. Schotterflächen, in den Alpen bis zu 2000 m ü. NN.

Standortangaben: Bodenarten: Reiner und steiniger Lehm und Ton.
Feuchtezustand: sickerfrisch.
Nährstoff- und Karbonatgehalt: Nährstoffreich, basenreich, karbonathaltig, neutral.

Biotechnische Eignung: In Schluchten; im Pionier-Gebüsch von Lawinenbahnen oder Schneerunsen.

Reif-Weide *(Salix daphnoides)*

Wuchshöhe: 5–12 m.

Anwendungsbereich: Bei Wundhängen und Aufschüttungen im Alpenvorland, in voralpiner Moränenlandschaft einschl. Schotterflächen, in den Alpen zwischen etwa 800 und 1400 m ü. NN.
An Gewässern wie oben.

Standortangaben: Bodenarten: Kies, Geröll, Geschiebe, Sand, Lehm, Schluff, Ton (Rohauböden).
Feuchtezustand: sickernaß, wechselnaß.
Nährstoff- und Karbonatgehalt: Nährstoffarm bis nährstoffreich, basenreich, karbonatreich, neutral.

Biotechnische Eignung: Pionierpflanze, Bodenfestiger. Anspruchslos; jedoch außerordentlich licht- und luftbedürftig. Schwere Böden und stauende Nässe werden nicht vertragen. Geeignet für Faschinen, Spieker etc.

Filzast-Weide *(Salix dasyclados)*

Wuchshöhe: 3–4 m.

Anwendungsbereich: Vorwiegend an Gewässern im norddeutschen Flachland.

Standortangaben: Bodenarten: Sand, Lehm (Schwemmböden).
Feuchtezustand: Feucht bis frisch.
Nährstoff- und Karbonatgehalt: Nährstoffreich, basenreich.

Biotechnische Eignung: Ungewöhnlich üppiges Rutenwachstum; früher

auch als Korbweide gepflanzt. Sogar im sumpfigen Gelände einsetzbar.
Gut vegetativ vermehrbar.

Lavendel-Weide *(Salix elaeagnos, S. incana)*

Wuchshöhe: 5–12 m, oft strauchartig.

Anwendungsbereich: Bei Wundhängen und Aufschüttungen im Alpenvorland, in voralpiner Moränenlandschaft einschl. Schotterflächen, in den Alpen zwischen etwa 800 und 1400 m ü. NN.
An Gewässern wie oben.

Standortangaben: Bodenarten: Kies, Geröll, Geschiebe, Sand, Lehm, Schluff, Ton.
Feuchtezustand: Sickernaß, zeitweise trockenfallend.
Nährstoff- und Karbonatgehalt: Nährstoffarm, basen- und karbonatreich.

Biotechnische Eignung: Rohbodenpionier, auch auf feuchten mergeligen Rutschhängen, Bodenfestiger.
Überschüttung ertragend.
Besonders geeignet als Steckholz in Trockenpflaster.

Knack- oder Bruchweide *(Salix fragilis)*

Wuchshöhe: 8–12 m, auch baumartig wachsend.

Anwendungsbereich: Nur an Gewässern im vorwiegend norddeutschen Flachland, west- und südwestdeutschen Hügel- und Bergland und süddeutschen Hügelland, im Mittelgebirge.

Standortangaben: Bodenarten: Kies, Geröll, Geschiebe, Sand, Lehm, Schluff (Rohauböden).
Feuchtezustand: sickernaß, verträgt längere Überschwemmungen.
Nährstoff- und Karbonatgehalt: Nährstoffreich, basenreich, karbonatarm bis schwach sauer.

Biotechnische Eignung: Bodenfestiger mit intensivem Wurzelwerk.
Auch auf schlecht durchlüfteten Böden und Rohauböden.
Sturmempfindlich, brüchiges Holz!
Gut vegetativ vermehrbar.

Glanz-Weide *(Salix glabra)*

Wuchshöhe: bis 1,5 m.

Anwendungsbereich: Nur auf Wundhängen und Aufschüttungen in

	den Alpen zwischen etwa 1400 und 2000 m ü. NN.
Standortangaben:	Bodenarten: Stein, Schutt, Grus, Lehm. Feuchtezustand: Feucht. Nährstoff- und Karbonatgehalt: Nährstoffarm bis nährstoffreich, karbonatreich.
Biotechnische Eignung:	Auch auf dolomitischen Geröllen. Langdauernde Schneebedeckung ertragend.

Spieß-Weide *(Salix hastata)*

Wuchshöhe:	bis 1,5 m.
Anwendungsbereich:	Nur auf Wundhängen und Aufschüttungen in den Alpen bis zu 2000 m ü. NN.
Standortangaben:	Bodenarten: Humoser Stein, Schutt, Grus und humoser Lehm, lehmige Böden. Feuchtezustand: sickerfrisch oder -feucht. Nährstoff- und Karbonatgehalt: ± nährstoffreich, basenreich, karbonatarm.
Biotechnische Eignung:	Für wasserzügige Hänge und Steinschutthalden. Langdauernde, hohe Schneebedeckung ertragend.

Schwarz-Weide *(Salix myrsinifolia, S. nigricans)*

Wuchshöhe:	3–4 m.
Anwendungsbereich:	Bei Wundhängen und Aufschüttungen im vorwiegend norddeutschen Flachland, west- und südwestdeutschen Hügel- und Bergland und süddeutschen Hügelland, im Mittelgebirge, im Voralpenland, in voralpiner Moränenlandschaft einschl. Schotterflächen, in den Alpen zwischen etwa 800 und 1400 m ü. NN. An Gewässern wie oben.
Standortangaben:	Bodenarten: Kies, Geröll, Geschiebe, Sand, Lehm, Schluff, Ton, auch humos. Feuchtezustand: sickernaß (wechselnaß), zeitweise überschwemmt. Nährstoff- und Karbonatgehalt: Nährstoffreich, basenreich, karbonathaltig.
Biotechnische Eignung:	Vor allem für kühl-feuchte Kalkgebiete. Relativ schattenverträglichste Salix-Art.

Lorbeer-Weide *(Salix pentandra)*

Wuchshöhe:	4 bis 12 m.
Anwendungsbereich:	Nur an Gewässern im vorwiegend norddeut-

schen Flachland, west- und südwestdeutschen Hügel- und Bergland und süddeutschen Hügelland, im Mittelgebirge, im Alpenvorland, in voralpiner Moränenlandschaft einschl. Schotterflächen.

Standortangaben: Bodenarten: Ton, Torf.
Feuchtezustand: sicker- bis staunaß.
Nährstoff- und Karbonatgehalt: Nährstoffreich, basenreich, karbonatarm, neutral bis mäßig sauer.

Biotechnische Eignung: Gut geeignet für quellige Böden, z. B. in sickernassen Einschnitten; auch auf stark vernäßten Böden, wo andere Arten versagen!

Purpur-Weide *(Salix purpurea)*
Formenreich!

Wuchshöhe: 2 bis 6 m.

Anwendungsbereich: Bei Wundhängen und Aufschüttungen im vorwiegend norddeutschen Flachland, west- und südwestdeutschen Hügel- und Bergland sowie süddeutschen Hügelland, im Mittelgebirge, im Alpenvorland, in voralpiner Moränenlandschaft einschl. Schotterflächen, in den Alpen zwischen etwa 800 und 1100 m ü. NN.
An Gewässern wie oben.

Standortangaben: Bodenarten: Kies, Geröll, Geschiebe, Sand, Lehm, Schluff, Ton (alluviale Schwemmböden).
Feuchtezustand: naß, zeitweise überschwemmt. Die ssp. purpurea für trockene Böden.
Nährstoff- und Karbonatgehalt: Nährstoffreich bis nährstoffarm, karbonatreich bis schwach sauer.

Biotechnische Eignung: Trockenresistent; auch auf Rohauböden, Bodenfestiger, Pionierpflanze. Gut geeignet zum Böschungsschutz wegen des niedrigen Wuchses, der feinen Zweige und der intensiven Durchwurzelung.
Größte ökologische Amplitude aller Salix-Arten, daher sehr anpassungsfähig. Elastische Ruten von äußerster Biegefestigkeit. Gut geeignet für Buschlagen. Kein Wild- und Viehverbiß.

Mandel-Weide *(Salix triandra, S. amygdalina)*

Wuchshöhe: 2 bis 7 m.

Anwendungsbereich: Bei Wundhängen und Aufschüttungen im vorwiegend norddeutschen Flachland, west- und südwestdeutschen Hügel- und Bergland sowie süddeutschen Hügelland, im Mittelgebirge, im Alpenvorland, in voralpiner Moränenlandschaft einschl. Schotterflächen, in den Alpen zwischen etwa 800 und 1100 m ü. NN.
An Gewässern wie oben.

Standortangaben: Bodenarten: Sand, Lehm, Schluff, Ton.
Feuchtezustand: sickernaß, periodisch überschwemmt.
Nährstoff- und Karbonatgehalt: Nährstoffreich, basenreich, meist karbonathaltig.

Biotechnische Eignung: Bodenfestiger, Pionierpflanze.
Mäßig schattenverträglich, etwas spätfrostempfindlich.

Korb-Weide *(Salix viminalis)*

Wuchshöhe: 3 bis 8 m.

Anwendungsbereich: Nur an Gewässern im vorwiegend norddeutschen Flachland, west- und südwestdeutschen Hügel- und Bergland und süddeutschen Hügelland. Bis ca. 800 m ü. NN.

Standortangaben: Bodenarten: Kies, Geröll, Geschiebe, Sand, Lehm (Rohauböden).
Feuchtezustand: sickernaß, periodisch überschwemmt, keine Staunässe.
Nährstoff- und Karbonatgehalt: Nährstoffreich, basenreich, karbonathaltig.

Biotechnische Eignung: Wärmeliebend, empfindlich gegen Spätfröste; sehr anspruchsvoll an die Nährstoffversorgung. Wildverbißgefährdet. Entwickelt bis zu 3 m lange einjährige Ruten (Flechtweide!); vorwiegend als Nutzweide anzupflanzen. Nur bei entsprechenden Standortverhältnissen für Flechtwerke, Faschinen und Spreitlagen verwenden.

Bäumchen-Weide *(Salix waldsteiniana, S. arbuscula, Sammelart)*

Wuchshöhe: bis 1,5 m.

Anwendungsbereich: Nur auf Wundhängen und Aufschüttungen in den Alpen zwischen etwa 1400 und 2500 m ü. NN.

Standortangaben: Bodenarten: Humoser Lehm und Ton.

	Feuchtezustand: sickerfrisch.
	Nährstoff- und Karbonatgehalt: Mäßig nährstoffreich und basenreich, mild bis mäßig sauer.
Biotechnische Eignung:	Auf gut durchlüfteten Böden.
	Langdauernde und hohe Schneebedeckung ertragend.

2.2 Straucharten verschiedener Gattungen

Grün-Erle *(Alnus viridis)*

Wuchshöhe:	0,5 bis 2 m.
Anwendungsbereich:	An Wundhängen und Aufschüttungen in den Alpen zwischen etwa 1400 und 2000 m ü. NN.
Standortangaben:	Bodenarten: Stein, Schutt, Grus, Ton.
	Feuchtezustand: sickerfrisch.
	Nährstoff- und Karbonatgehalt: Nährstoffreich, basenreich, karbonatarm.
Biotechnische Eignung:	Pionierpflanze, Bodenfestiger, Rohbodenkeimer.
	Starkes Stockausschlagvermögen, Flachwurzler, Wurzelbrut.
	Verträgt Schneedruck, daher auch in Schneerunsen.

Roter Hartriegel *(Cornus sanguinea)*

Wuchshöhe:	1 bis 4 m.
Anwendungsbereich:	An Wundhängen, Aufschüttungen sowie an Gewässern ab 1,5 m über SoMW im vorwiegend norddeutschen Flachland, west- und südwestdeutschen Hügel- und Bergland, süddeutschen Hügelland, im Mittelgebirge, im Alpenvorland, in voralpiner Moränenlandschaft einschl. Schotterflächen.
Standortangaben:	Bodenarten: steiniger Lehm und reiner Lehm, Schluff, Ton.
	Feuchtezustand: Frisch, mäßig trocken.
	Nährstoff- und Karbonatgehalt: Nährstoffreich, basenreich, karbonathaltig.
Biotechnische Eignung:	Pionierpflanze, Bodenfestiger, Wurzelausläufer.
	Starkes Stockausschlagvermögen. Licht- bis Halbschattenpflanze, etwas wärmeliebend.

Hasel *(Corylus avellana)*

Wuchshöhe:	2 bis 6 m.
Anwendungsbereich:	An Wundhängen, Aufschüttungen sowie an Gewässern ab 1,5 m über SoMW im vorwie-

	gend norddeutschen Flachland, west- und südwestdeutschen Hügel- und Bergland und süddeutschen Hügelland, im Mittelgebirge, im Alpenvorland, in voralpiner Moränenlandschaft einschl. Schotterflächen, in den Alpen zwischen etwa 800 und 1400 m ü. NN.
Standortangaben:	Bodenarten: Stein, Schutt, Grus, Lehm. Feuchtezustand: Frisch, mäßig trocken. Nährstoff- und Karbonatgehalt: Nährstoffreich bis karbonatarm.
Biotechnische Eignung:	Pionierpflanze mit starkem Stockausschlagvermögen, Bodenfestiger. Waldmantelgehölz, sehr windhart. Licht- bis Halbschattenpflanze.

Ein- und zweigriffeliger Weißdorn *(Crataegus monogyna* und *C. laevigata oxyacantha)*
Sollen künftig nicht mehr angepflanzt werden, weil sie bevorzugte Wirtspflanzen des Feuerbrandes, einer Bakteriose, sind, der Obstbäume und andere Gehölze aus der Familie der Rosaceae befällt.

Pfaffenhütchen *(Euonymus europaeus)*

Wuchshöhe:	1 bis 3 m.
Anwendungsbereich:	An Wundhängen, Aufschüttungen sowie an Gewässern ab 1,5 m über SoMW im vorwiegend norddeutschen Flachland, west- und südwestdeutschen Hügel- und Bergland, süddeutschen Hügelland, im Mittelgebirge, im Alpenvorland, in voralpiner Moränenlandschaft einschl. Schotterflächen, in den Alpen zwischen etwa 800 und 1100 m ü. NN.
Standortangaben:	Bodenarten: Steinige und reine Lehm- und Tonböden. Feuchtezustand: Frisch, trocken. Nährstoff- und Karbonatgehalt: Nährstoffreich, basenreich, karbonathaltig.
Biotechnische Eignung:	Mittleres Stockausschlagvermögen. Dichte, jedoch nicht sehr tiefe Bewurzelung. Halbschatten- bis Lichtpflanze. Vorsicht in Hackfruchtgebieten (Schwarze Rüben- und Bohnenblattlaus)!

Faulbaum *(Frangula alnus, Rhamnus frangula)*

Wuchshöhe:	1 bis 4 m.

Anwendungsbereich: An Wundhängen, Aufschüttungen und an Gewässern ab 1,5 m über SoMW im vorwiegend norddeutschen Flachland, west- und südwestdeutschen Hügel- und Bergland und süddeutschen Hügelland, im Mittelgebirge, im Alpenvorland, in voralpiner Moränenlandschaft einschl. Schotterflächen.

Standortangaben: Bodenarten: Sand, Lehm, Schluff, Ton, Torf, tiefgründig, sauerhumos.
Feuchtezustand: staufeucht bis -naß, verträgt hohen Grundwasserstand.
Nährstoff- und Karbonatgehalt: Nährstoffarm, karbonatarm bis schwach sauer.

Biotechnische Eignung: Halbschatten bis Lichtpflanze.
Mittleres Stockausschlagvermögen. Wurzelbrut. Humuszehrer. Wirtspflanze der Grünen Gurkenlaus!

Sanddorn *(Hippophae rhamnoides)*

Wuchshöhe: 1 bis 3 m.

Anwendungsbereich: An Wundhängen, Aufschüttungen und an Gewässern ab 0,5 m über SoMW im vorwiegend norddeutschen Flachland, west- und südwestdeutschen Hügel- und Bergland und süddeutschen Hügelland, im Mittelgebirge, im Alpenvorland, in voralpiner Moränenlandschaft einschl. Schotterflächen, in den Alpen zwischen etwa 800 und 1400 m ü. NN.

Standortangaben: Bodenarten: Rohe humus- und feinbodenarme Kies- und Sandböden (Sandzeiger!).
Feuchtezustand: Mäßig trocken bis sehr trocken, auch zeitweise überflutet.
Nährstoff- und Karbonatgehalt: Basenreich, karbonathaltig.

Biotechnische Eignung: Pionierpflanze und Bodenfestiger mit tiefer (bis 1,2 m langer) Hauptwurzel. Wurzelsprosse mit Wurzelknöllchen. Lichtpflanze. Windresistent. Auch für salzhaltige Böden.
Nicht für Rasenböschungen und nicht benachbart mit Röhricht.

Liguster, Rainweide *(Ligustrum vulgare)*

Wuchshöhe: 1 bis 5 m.

Anwendungsbereich: An Wundhängen, Aufschüttungen und an Gewässern ab 1,5 m über SoMW im vorwiegend norddeutschen Flachland, west- und südwestdeutschen Hügel- und Bergland und süddeutschen Hügelland, im Mittelgebirge, im Alpenvorland, in voralpiner Moränenlandschaft einschl. Schotterflächen in den Alpen zwischen etwa 800 und 1100 m ü. NN.

Standortangaben: Bodenarten: Steinige und reine Lehm- und Tonböden.
Feuchtezustand: Frisch bis wechseltrocken.
Nährstoff- und Karbonatgehalt: Basenreich, karbonatreich.

Biotechnische Eignung: Pionier und Bodenfestiger, ausläufertreibend. Intensivwurzler. Wärmeliebend, schattenverträglich, windfest.
Vegetativ vermehrbar, auch grüne Stecklinge im Juni–Juli.

Rote Heckenkirsche *(Lonicera xylosteum)*

Wuchshöhe: 1–2 m.

Anwendungsbereich: Nur auf Wundhängen und Aufschüttungen im vorwiegend norddeutschen Flachland, west- und südwestdeutschen Hügel- und Bergland, süddeutschen Hügelland, im Mittelgebirge, im Alpenvorland, in voralpiner Moränenlandschaft einschl. Schotterflächen, in den Alpen zwischen etwa 800 und 1000 m ü. NN.

Standortangaben: Bodenarten: Steinige und reine lehmige bis tonige Böden, locker, tiefgründig.
Feuchtezustand: frisch.
Nährstoff- und Karbonatgehalt: Nährstoffreich, basenreich, vorzugsweise kalkhaltig.

Biotechnische Eignung: Mittleres Stockausschlagvermögen. Flachwurzler, schattenverträglich. Vorsicht in Kirschanbaugebieten (Kirschfruchtfliege, Gespinstmotte)!

Schlehe, Schwarzdorn *(Prunus spinosa)*

Wuchshöhe: bis 3 m.

Anwendungsbereich: Nur auf Wundhängen und Aufschüttungen im vorwiegend norddeutschen Flachland, west- und südwestdeutschen Hügel- und Bergland, süddeutschen Hügelland, im Mittelgebirge, im Alpenvorland, in voralpiner Moränenlandschaft

	einschl. Schotterflächen, in den Alpen zwischen etwa 800 und 1400 m ü. NN.
Standortangaben:	Bodenarten: Steinige und reine Lehmböden. Feuchtezustand: Frisch bis trocken. Nährstoff- und Karbonatgehalt: Nährstoffreich, basenreich, karbonatreich bis neutral.
Biotechnische Eignung:	Bodenfestiger. Flachwurzelnder Wurzelkriechpionier (mit Wurzelschößlingen). Auch Rohbodenbesiedler. Stockausschlagvermögen. Licht- bis Halbschattenpflanze, etwas wärmeliebend. Windfest. Gutes Vogelnistgehölz. Nicht in Obst- und Hopfenanbaugebieten (Brutstätte aller Obstbaumschädlinge und der Hopfenblattlaus!) anpflanzen.

Hunds-Rose, Heckenrose *(Rosa canina)*

Wuchshöhe:	1 bis 3 m.
Anwendungsbereich:	An Wundhängen, Aufschüttungen und an Gewässern ab 1,5 m über SoMW im vorwiegend norddeutschen Flachland, west- und südwestdeutschen Hügel- und Bergland, süddeutschen Hügelland, im Mittelgebirge, im Alpenvorland, in voralpiner Moränenlandschaft einschl. Schotterflächen, in den Alpen zwischen etwa 800 und 1400 m ü. NN.
Standortangaben:	Bodenarten: Sand, steinige und reine tiefgründige Lehmböden. Feuchtezustand: frisch bis trocken. Nährstoff- und Karbonatgehalt: Nährstoffreich, basenreich, karbonatreich bis neutral.
Biotechnische Eignung:	Tiefwurzler. Pioniergehölz, Bodenfestiger. Starkes Stockausschlagvermögen. Absolut windhart. Licht- bis Halbschattenpflanze.

Kratzbeere *(Rubus caesius)*

Wuchshöhe:	0,3 bis 0,8 m.
Anwendungsbereich:	Nur auf Wundhängen und Aufschüttungen im vorwiegend norddeutschen Flachland, west- und südwestdeutschen Hügel- und Bergland, süddeutschen Hügelland, im Mittelgebirge, im Alpenvorland, in voralpiner Moränenlandschaft einschl. Schotterflächen, in den Alpen bis 1000 m ü. NN.

Standortangaben: Bodenarten: Wenig humose bis rohe Lehme und Tone (Schlickböden).
Feuchtezustand: Sickerfeucht, z. T. zeitweise überschwemmt.
Nährstoff- und Karbonatgehalt: Nährstoffreich, basenreich.

Biotechnische Eignung: Bis 2 m tief wurzelnder Rohbodenpionier. Bodenverdichtungs- und Nährstoffzeiger. Licht- bis Halbschattenpflanze.
Für Rohböden und trocken verlegte Böschungspflaster.

Echte Brombeere *(Rubus fructicosus, Sammelart*))*

Wuchshöhe: 0,5 bis 2,0 m.

Anwendungsbereich: Nur auf Wundhängen und Aufschüttungen im vorwiegend norddeutschen Flachland, west- und südwestdeutschen Hügel- und Bergland, süddeutschen Hügelland, im Mittelgebirge, im Alpenvorland, in voralpiner Moränenlandschaft einschl. Schotterflächen, in den Alpen zwischen etwa 800 und 1600 m ü. NN.Vorzugsweise in luftfeuchter, wintermilder Klimalage.

Standortangaben: Bodenarten: Sand, steiniger und reiner Lehm, locker, humos.
Feuchtezustand: Frisch, mäßig trocken.
Nährstoff- und Karbonatgehalt: ± nährstoffreich, basenreich, karbonatarm, schwach sauer.

Biotechnische Eignung: Durch Wurzelschosse und Absenker bodenlokkernde, Waldboden bereitende Pionierpflanze. Licht- bis Schattenpflanze. Starkes Stockausschlagvermögen.

Wolliger Schneeball *(Viburnum lantana)*

Wuchshöhe: 1 bis 2,5 m.

Anwendungsbereich: An Wundhängen, Aufschüttungen und an Gewässern ab 1,5 m SoMW im vorwiegend norddeutschen Flachland, west- und südwestdeutschen Hügel- und Bergland, süddeutschen Hügelland, im Mittelgebirge, im Alpenvorland, in voralpiner Moränenlandschaft einschl. Schotterflächen, in den Alpen zwischen etwa 800 und 1400 m ü. NN.

Standortangaben: Bodenarten: Humose, steinige, sandige oder reine Tone.

6) Sehr formenreiche, auch ökologisch spezialisierte Sippen mit Hauptverbreitung in Wäldern (Waldarten), in Hecken (Heckenarten), auf Schlägen (Kahlschlagarten) oder in Heiden; nähere Angaben siehe OBERDORFER, 1979!

	Feuchtezustand: Frisch bis trocken.
	Nährstoff- und Karbonatgehalt: Nährstoffreich, basenreich, karbonathaltig, karbonatreich.
Biotechnische Eignung:	Mittleres Stockausschlagvermögen. Für Rohauböden. Verträgt kurzzeitige Überschwemmungen. Absolut windhart. Licht- bis Halbschattenholz. Etwas wärmeliebend.

Gewöhnlicher Schneeball *(Viburnum opulus)*

Wuchshöhe:	1 bis 3 m.
Anwendungsbereich:	An Wundhängen, Aufschüttungen und an Gewässern ab 0,5 m über SoMW im vorwiegend norddeutschen Flachland, west- und südwestdeutschen Hügel- und Bergland und süddeutschen Hügelland, im Mittelgebirge, im Alpenvorland, in voralpiner Moränenlandschaft einschl. Schotterflächen, in den Alpen bis etwa 1000 m ü. NN.
Standortangaben:	Bodenarten: Humoser Lehm und Ton, auch Rohauböden.
	Feuchtezustand: Feucht.
	Nährstoff- und Karbonatgehalt: Nährstoffreich, basenreich, neutral bis schwach sauer.
Biotechnische Eignung:	Intensiv- und Flachwurzler. Starkes Stockausschlagvermögen. Feuchtezeiger; verträgt kurzzeitige Überschwemmungen.
	Fakultative Schattenpflanze, Vogelnistgehölz.
	Vorsicht in Hackfruchtgebieten (Schwarze Rüben- und Bohnenblattlaus)!

2.3 Baumarten verschiedener Gattungen

Berg-Ahorn *(Acer pseudoplatanus)*

Wuchshöhe:	15 bis 30 m.
Anwendungsbereich:	An Wundhängen, Aufschüttungen und an Gewässern ab 1,5 m über SoMW im Mittelgebirge und in den Alpen zwischen etwa 800 und 1600 m ü. NN.
Standortangaben:	Bodenarten: Stein, Grus, Schutt, steiniger Lehm. (Steinschuttböden).
	Feuchtezustand: sickerfrisch bis feucht.
	Nährstoff- und Karbonatgehalt: Nährstoffreich, basenreich, karbonatarm bis karbonathaltig.

Biotechnische Eignung: Mullbodenpflanze, Mullkeimer. Tiefwurzler, Bodenfestiger. Schatten- bis Halbschattenpflanze. Langlebig (bis 500 Jahre).

Schwarzerle *(Alnus glutinosa)*
Wuchshöhe: 10 bis 25 m.
Anwendungsbereich: An Wundhängen, Aufschüttungen und an Gewässern ab 0,3 m über SoMW im vorwiegend norddeutschen Flachland, west- und südwestdeutschen Hügel- und Bergland und süddeutschen Hügelland, im Mittelgebirge.
Standortangaben: Bodenarten: Humoser Kies, Geröll, Geschiebe, Sand, Lehm, Schluff, Ton und Torf.
Feuchtezustand: sicker- oder staunaß, zeitweise überschwemmt.
Nährstoff- und Karbonatgehalt: Nährstoffreich, karbonatarm bis mäßig sauer.
Biotechnische Eignung: Starkes Stockausschlagvermögen. Bodenfestiger auch an Ufern. Tief- und Intensivwurzler. Wärmeliebendes Halbschattholz. Relativ kurzlebig (bis 120 Jahre). Stickstoffsammler.

Grauerle *(Alnus incana)*
Wuchshöhe: 5 bis 25 m.
Anwendungsbereich: An Wundhängen, Aufschüttungen und an Gewässern ab 0,5 m über SoMW im Alpenvorland, in voralpiner Moränenlandschaft einschl. Schotterflächen, in den Alpen zwischen etwa 800 und 2000 m ü. NN.
Standortangaben: Bodenarten: Kies, Geröll, Geschiebe, Sand, Ton.
Feuchtezustand: Frisch, z. T. zeitweise überflutet.
Nährstoff- und Karbonatgehalt: Nährstoffreich, basenreich, karbonathaltig.
Biotechnische Eignung: Intensivwurzler. Kurzlebige Pionierpflanze (bis 50 Jahre). Bodenfestiger mit Wurzelbrut. Bodenverbessernder Stickstoffsammler. Licht- bis Halbschattholz.

Hänge-Birke *(Betula pendula, B. verrucosa)*
Wuchshöhe: 10 bis 20 m.
Anwendungsbereich: An Wundhängen, Aufschüttungen und an Gewässern ab 1,5 m über SoMW im vorwiegend

	norddeutschen Flachland, west- und südwestdeutschen Hügel- und Bergland, süddeutschen Hügelland, im Mittelgebirge, im Alpenvorland, in voralpiner Moränenlandschaft einschl. Schotterflächen, in den Alpen zwischen etwa 800 und 1400 m ü. NN.
Standortangaben:	Bodenarten: Stein, Schutt, Grus, Sand, Lehm, bevorzugt Sand. Feuchtezustand: Feucht bis trocken. Nährstoff- und Karbonatgehalt: Nährstoffarm und ± basenarm, meist ± sauer.
Biotechnische Eignung:	Flach-, aber Intensivwurzler. Bodenfestiger. In ± humider Klimalage, frosthart, Lichtholz. Humuszehrer und Waldbodenbereiter.
Alter:	bis 120 Jahre.

Moor-Birke *(Betula pubescens)*

Wuchshöhe:	5 bis 20 m.
Anwendungsbereich:	An Wundhängen, Aufschüttungen und an Gewässern ab 0,3 m über SoMW im vorwiegend norddeutschen Flachland, west- und südwestdeutschen Hügel- und Bergland, süddeutschen Hügelland, im Mittelgebirge, im Alpenvorland, in voralpiner Moränenlandschaft einschl. Schotterflächen, in den Alpen zwischen etwa 800 und 1400 m ü. NN.
Standortangaben:	Bodenarten: Humoser Sand, Torf. Feuchtezustand: staunaß bis feucht. Nährstoff- und Karbonatgehalt: Mäßig nährstoffreich, basenarm, sauer.
Biotechnische Eignung:	Frosthartes Pionierholz ohne Stockausschlagvermögen.

Hainbuche *(Carpinus betulus)*

Wuchshöhe:	5 bis 25 m.
Anwendungsbereich:	An Wundhängen, Aufschüttungen und an Gewässern ab 1,0 m über SoMW im vorwiegend norddeutschen Flachland, west- und südwestdeutschen Hügel- und Bergland, süddeutschen Hügelland, im Mittelgebirge, im Alpenvorland, in voralpiner Moränenlandschaft einschl. Schotterflächen.
Standortangaben:	Bodenarten: Humoser Sand und Lehm, möglichst tiefgründig.

	Feuchtezustand: Frisch bis trocken.
	Nährstoff- und Karbonatgehalt: Mäßig nährstoffreich, meist mäßig sauer.
Biotechnische Eignung:	Bodenaufschließender Tiefwurzler. Mullbildung förderndes Bodenschutzholz. Frosthart, Schatt- bis Halbschattholz. Sommerwarme Klimalage bevorzugend. Starkes Stockausschlagvermögen.
Alter:	bis 150 Jahre.

Gewöhnliche Esche *(Fraxinus excelsior)*

Wuchshöhe:	15 bis 30 (40) m.
Anwendungsbereich:	An Wundhängen, Aufschüttungen und an Gewässern ab 0,5 m über SoMW im vorwiegend norddeutschen Flachland, west- und südwestdeutschen Hügel- und Bergland, süddeutschen Hügelland, im Mittelgebirge, im Alpenvorland, in voralpiner Moränenlandschaft einschl. Schotterflächen.
Standortangaben:	Bodenarten: Steiniger bis reiner Lehm und Ton, locker durchlüftet. Feuchtezustand: sickerfeucht, frisch. Nährstoff- und Karbonatgehalt: Nährstoffreich, basenreich, bis mäßig sauer.
Biotechnische Eignung:	Intensiv- und Herzwurzler. Pionierbaum. Etwas wärmeliebend; jung spätfrostempfindlich, nicht frosthart. Halbschattholz. Jung schattenfest. Mittleres Stockausschlagvermögen.
Alter:	bis 200 Jahre.

Vogelkirsche, Süßkirsche *(Prunus avium, Cerasus avium)*

Wuchshöhe:	5 bis 20 (30) m.
Anwendungsbereich:	An Wundhängen, Aufschüttungen und an Gewässern ab 1,5 m über SoMW im vorwiegend norddeutschen Flachland, west- und südwestdeutschen Hügel- und Bergland, süddeutschen Hügelland, im Mittelgebirge, im Alpenvorland, in voralpiner Moränenlandschaft einschl. Schotterflächen.
Standortangaben:	Bodenarten: Steiniger und reiner Lehm, mittel- bis tiefgründig. Feuchtezustand: mäßig feucht bis frisch.

	Nährstoff- und Karbonatgehalt: Nährstoffreich, basenreich.
Biotechnische Eignung:	Herzwurzler. Mittleres Stockausschlagvermögen. Etwas wärmeliebend, Halbschattholz. Bienenweide. Vorsicht in Kirschanbaugebieten (Kirschfruchtfliege)!

Traubenkirsche *(Prunus padus, Padus avium)*

Wuchshöhe:	5 bis 15 m.
Anwendungsbereich:	An Wundhängen, Aufschüttungen und an Gewässern ab 0,5 m über SoMW im vorwiegend norddeutschen Flachland, west- und südwestdeutschen Hügel- und Bergland, süddeutschen Hügelland, im Mittelgebirge, im Alpenvorland, in voralpiner Moränenlandschaft einschl. Schotterflächen, in den Alpen zwischen etwa 800 und 1400 m ü. NN.
Standortangaben:	Bodenarten: Humoser Kies, Geröll. Geschiebe, Sand, Lehm, Schluff, Ton, ± humos. Feuchtezustand: sickernaß (± feucht), z. T. zeitweise überschwemmt. Nährstoff- und Karbonatgehalt: Nährstoffreich, basenreich.
Biotechnische Eignung:	Mittleres Stockausschlagvermögen. Intensivwurzler. Halbschattholz. Bienenweide. Vorsicht in Obstanbau- sowie Ackergebieten. (Mehlige Traubenkirschlaus, Kirschfruchtfliege, Haferblattlaus)!

Stiel-Eiche *(Quercus robur)*

Wuchshöhe:	20 bis 50 m.
Anwendungsbereich:	An Wundhängen, Aufschüttungen und an Gewässern ab 1,0 m über SoMW im vorwiegend norddeutschen Flachland, west- und südwestdeutschen Hügel- und Bergland, süddeutschen Hügelland, im Mittelgebirge, im Alpenvorland, in voralpiner Moränenlandschaft einschl. Schotterflächen.
Standortangaben:	Bodenarten: Humoser Lehm und Ton. Feuchtezustand: Mäßig feucht bis mäßig frisch. Nährstoff- und Karbonatgehalt: Basenreich und -arm, auch karbonathaltig, mäßig sauer.

Biotechnische Eignung: Tiefwurzler, Lichtholz. Verträgt mehrtägigen Überstau.
Alter: 500 bis 800 Jahre.
Erträgt größere Temperatur- und Feuchtigkeitsextreme als *Quercus petrea.*

Eberesche, Gewöhnliche Vogelbeere *(Sorbus aucuparia)*
Wuchshöhe: 5 bis 15 m.
Anwendungsbereich: An Wundhängen, Aufschüttungen und an Gewässern ab 1,5 m über SoMW im Mittelgebirge, im Alpenvorland, in voralpiner Moränenlandschaft einschl. Schotterflächen, in den Alpen zwischen etwa 800 und 2000 m ü. NN.
Standortangaben: Bodenarten: Stein, Schutt, Grus, steinige und reine Lehmböden, Torf.
Feuchtezustand: Feucht bis mäßig trocken.
Nährstoff- und Karbonatgehalt: Nährstoffarm und basenarm zumeist bis sauer.
Biotechnische Eignung: Tiefwurzelnder Waldpionier. Humuszehrer mit guter Streuzersetzung. Licht- bis Halbschattholz. Vorholz auf Schlägen und an Waldrändern. Verträgt Schneedruck.

Winter-Linde *(Tilia cordata)*
Wuchshöhe: 10 bis 25 m.
Anwendungsbereich: An Wundhängen, Aufschüttungen und an Gewässern ab 1,5 m über SoMW vorwiegend im norddeutschen Flachland, west- und südwestdeutschen Hügel- und Bergland sowie süddeutschen Hügelland.
Standortangaben: Bodenarten: Steiniger und reiner Lehm, Ton, meist tiefgründig.
Feuchtezustand: Frisch bis mäßig trocken.
Nährstoff- und Karbonatgehalt: Basenreich, karbonatarm.
Biotechnische Eignung: Sommerwarme Klimalage bevorzugend. Bodenfestiger: Oberboden- und Tiefwurzler. Halbschatten- bis Schattenbaum. Bodenpfleglich durch leicht zersetzliche Laubstreu. Gutes Stockausschlagvermögen.

Feld-Ulme, Rotrüster *(Ulmus minor, U. carpinifolia, U. campestris)*
Wuchshöhe: 5 bis 35 m.
Anwendungsbereich: An Wundhängen, Aufschüttungen und an Ge-

wässern ab 1,0 m über SoMW im vorwiegend norddeutschen Flachland, west- und südwestdeutschen Hügel- und Bergland, süddeutschen Hügelland.

Standortangaben: Bodenarten: Sand, Lehm, Schluff, Ton, auch steinig oder humos.
Feuchtezustand: sickerfrisch bis wechselfeucht, gelegentlich auch zeitweise überschwemmt.
Nährstoff- und Karbonatgehalt: Nährstoffreich, basenreich, karbonathaltig.

Biotechnische Eignung: Tiefwurzler mit Wurzelbrut. Pionierpflanze. Wärmeliebend. Lichtholzart. Sehr empfindlich gegen nachträgliche Grundwasserabsenkungen.

Berg-Ulme, Weißrüster *(Ulmus glabra, U. montana)*

Wuchshöhe: 10 bis 30 m.

Anwendungsbereich: An Wundhängen, Aufschüttungen und an Gewässern ab 1,5 m über SoMW im Mittelgebirge, im Alpenvorland, in voralpiner Moränenlandschaft einschl. Schotterflächen, in den Alpen zwischen etwa 800 und 1400 m ü. NN.

Standortangaben: Bodenarten: Steiniger Lehm und Ton.
Feuchtezustand: sickerfeucht, frisch.
Nährstoff- und Karbonatgehalt: Nährstoffreich, basenreich.

Biotechnische Eignung: Frostharte Halbschattholzart, besonders in kühl-humider Klimalage. Tiefwurzler. Langlebig (bis 400 Jahre).

2.4 Arten der Gattung Populus

Silber-Pappel *(Populus alba)*

Wuchshöhe: 15 bis 30 m.

Anwendungsbereich: Bei Wundhängen, Aufschüttungen und an Gewässern ab 0,8 m über SoMW im vorwiegend norddeutschen Flachland, west- und südwestdeutschen Hügel- und Bergland und süddeutschen Hügelland.

Standortangaben: Bodenarten: Roher oder humoser, lockerer Ton und Lehm.
Feuchtezustand: Sickerfeucht (frisch bis wechselfrisch), selten überschwemmt.
Nährstoff- und Karbonatgehalt: Nährstoffreich, basenreich.

Biotechnische Eignung: Pionierpflanze. Starkes Stockausschlagvermögen.

	Durch Wurzelbrut standortbeständig. Wärmeliebend. Langlebig (bis zu 400 Jahren).

Grau-Pappel *(Populus × canescens, (= P. tremula × alba))*

Wuchshöhe:	Bis 30 m.
Anwendungsbereich:	Bei Wundhängen, Aufschüttungen und an Gewässern ab 0,8 m über SoMW im vorwiegend norddeutschen Flachland, west- und südwestdeutschen Hügel- und Bergland und süddeutschen Hügelland.
Standortangaben:	Bodenarten: Kies, Geröll, Geschiebe, Sand, Lehm, Schluff, Ton. Feuchtezustand: Wechselfeucht bis frisch. Nährstoff- und Karbonatgehalt: Nährstoffreich, basenreich, karbonathaltig.
Biotechnische Eignung:	Breite Standortamplitude. Starkes Stockausschlagvermögen. Flachwurzler. Sehr windhart.

Schwarz-Pappel *(Populus nigra)*

Wuchshöhe:	15 bis 30 m.
Anwendungsbereich:	Bei Wundhängen, Aufschüttungen und an Gewässern ab 0,7 m über SoMW im vorwiegend norddeutschen Flachland, west- und südwestdeutschen Hügel- und Bergland und süddeutschen Hügelland.
Standortangaben:	Bodenarten: Gut durchlüfteten, milden humosen oder rohen, tiefgründigen Sand und Kies bevorzugend. Feuchtezustand: Feucht bis (wechsel)naß, auch zeitweise überschwemmt. Nährstoff- und Karbonatgehalt: Nährstoffreich, basenreich.
Biotechnische Eignung:	Pionierpflanze mit Wurzelsprossen. Starkes Stockausschlagvermögen. Flachwurzler. Als einzige Pappelart überschotterungsverträglich. Langlebig (bis zu 300 Jahren). Mäßig wärmeliebend.

Zitter-Pappel, Espe *(Populus tremula)*

Wuchshöhe:	5 bis 20 m.
Anwendungsbereich:	Nur für Wundhänge und Aufschüttungen im vorwiegend norddeutschen Flachland, west- und

	südwestdeutschen Hügel- und Bergland, süddeutschen Hügelland, im Mittelgebirge, im Alpenvorland, in voralpiner Moränenlandschaft einschl. Schotterflächen, in den Alpen zwischen 800 und 1300 m ü. NN.
Standortangaben:	Bodenarten: Stein, Schutt, Grus, Kies, Geröll, Geschiebe, Sand, Lehm, Schluff, Ton. Feuchtezustand: Frisch bis mäßig trocken. Nährstoff- und Karbonatgehalt: Nährstoffreich, basenreich, karbonatreich bis -arm, mäßig sauer.
Biotechnische Eignung:	Bodenbereitender Waldpionier (Vorholz). Rohbodenkeimer und Rohbodenbesiedler, Bodenfestiger. Durch Wurzelbrut herdenbildend. Starkes Stockausschlagvermögen. Auch als Wildfutter wertvolles Weichholz.

Bastard-Pappeln
Die Sammelart umfaßt die Gesamtheit der Kreuzungen zwischen der europäischen Populus nigra und der nordamerikanischen P. deltoides sowie anderen Pappelarten auch asiatischer Herkünfte. Es sind hauptsächlich Kreuzungen zum plantagenmäßigen Nutzholzanbau mit hohen, sortenspezifischen Standortansprüchen.
Nähere Auskünfte: Forschungsinstitut für schnellwachsende Baumarten (Bis 1976: für Pappelwirtschaft!), 3510 Hann. Münden 1.

2.5 Gräser und Kräuter des Röhrichts

Kalmus *(Acorus calamus)*

Merkmale der Einzelpflanze:	Blattspreiten: lineal-»schwertförmig« mit erhabener Mittelrippe und Querfältelung. Rhizome: dick, oberflächennahe sich ausbreitend, mit typischen aromatischem Geruch. Wuchshöhe: 0,6 bis 1,2 m.
Anwendungsbereich:	An Gewässern bis 0,3 m Wassertiefe vordringend; im vorwiegend norddeutschen Flachland, west- und südwestdeutschen Hügel- und Bergland und süddeutschen Hügelland.
Standortangaben:	Bodenarten: Humose Sande bis humose Tone. Feuchtezustand: Offenes Wasser, naß, auch zeitweise überschwemmt. Nährstoffgehalt: Nährstoffreich; verträgt auch mäßig verschmutztes Wasser. Wasserbewegung: stehend, langsam fließend.
Biotechnische Eignung:	Nur vegetativ vermehrbar, weil in Mitteleuropa keine keimfähigen Samen ausgebildet werden.

Anzusiedeln: in Form von Rhizomstücken.
Ansiedlungshöhe: auf SoMW-Linie.

Sumpf-Segge *(Carex acutiformis, C. paludosa)*

Merkmale der Einzelpflanze: Wuchsform: Großsegge
Blattanlage: dreizeilig
Blattspreite: M-Querschnitt, zähes Gewebe, 5–10 mm breit, borstig verwachsene Spitze kurz; blaugrün.
Blattscheiden: geschlossen; Querverbindungen zwischen den Längsnerven; Scheidenhaut stets netzfaserig verwitternd.
Ligula: vorhanden.
Rhizome: sehr zäh.
Wuchshöhe: 0,3 bis 1,0 m.

Anwendungsbereich: An Gewässern bis 0,5 m Wassertiefe vordringend, im vorwiegend norddeutschen Flachland, west- und südwestdeutschen Hügel- und Bergland, süddeutschen Hügelland.

Standortangaben: Bodenarten: Humose Tone, Torfe.
Feuchtezustand und Nährstoffgehalt: Offenes Wasser, stau- bis sickernaß, auch zeitweise überschwemmt, nährstoffreich, basenreich.
Wasserbewegung: stehend, langsam fließend.

Biotechnische Eignung: Die Pflanzen besitzen weitkriechende unterirdische Ausläufer.
Einzubringen: als Pflanzen mit und ohne Ballen sowie als Rhizomstücke.
Ansiedlungshöhe: 20 bis 50 cm über SoMW-Linie.

Schlanke Segge, Zierliche Segge *(Carex gracilis, C. acuta)*

Merkmale der Einzelpflanze: Wuchsform: Großsegge
Blattanlage: dreizeilig
Blattspreite: M-Querschnitt, zähes Gewebe, 5–10 mm breit, borstig verwachsene Spitze kurz; dunkelgrasgrün.
Blattscheiden: geschlossen; Querverbindungen zwischen den Längsnerven; Scheidenhaut häutig verwitternd.
Ligula: vorhanden.
Rhizome: sehr zäh.
Wuchshöhe: 0,3 bis 1,5 m.

Anwendungsbereich: An Gewässern bis 0,3 m Wassertiefe vordrin-

	gend, im vorwiegend norddeutschen Flachland, west- und südwestdeutschen Hügel- und Bergland und süddeutschen Hügelland.
Standortangaben:	Bodenarten: ± anmooriger Sand, Lehm und Ton.
	Feuchtezustand und Nährstoffgehalt: Offenes Wasser, naß, auch zeitweise überschwemmt, nährstoffreich, basenreich.
	Wasserbewegung: stehend, langsam fließend; Wellenschlag und Wasserstandswechsel werden ertragen.
Biotechnische Eignung:	Pflanzen mit langen Rhizomen.
	Einzubringen: Als Pflanzen mit und ohne Ballen sowie als Rhizomstücke.
	Ansiedlungshöhe: 20 bis 50 cm über SoMW-Linie.
	Große Bedeutung für Uferschutz bei groben Substraten (Bittmann: Mosel!).
	Auch hydrobiologisch wertvoll.

Ufersegge *(Carex riparia)*

Merkmale der Einzelpflanze:	Wuchsform: Kräftige Großsegge
	Blattanlage: dreizeilig.
	Blattspreiten: M-Querschnitt, zähes Gewebe, 8 bis 25 mm breit, borstig-verwachsene Spitze kurz; dunkelgrasgrün, etwas bläulich.
	Blattscheiden: geschlossen; Querverbindungen zwischen den Längsnerven; Scheidenhaut häutig verwitternd.
	Ligula: vorhanden.
	Rhizome: sehr zäh.
	Wuchshöhe: 0,6 bis 1,5 m.
Anwendungsbereich:	An Gewässern bis 0,5 m Wassertiefe vordringend, im vorwiegend norddeutschen Flachland, west- und südwestdeutschen Hügel- und Bergland, süddeutschen Hügelland.
Standortangaben:	Bodenarten: Humose Tone, Torfe.
	Feuchtezustand und Nährstoffgehalt: Offenes Wasser, stau- bis sickernaß, auch zeitweise überschwemmt, nährstoffreich, basenreich.
	Wasserbewegung: Stehend, langsam fließend.
Biotechnische Eignung:	Die Pflanzen besitzen weitkriechende unterirdische Ausläufer.
	Einzubringen: Als Pflanzen mit und ohne Ballen sowie als Rhizomstücke.

Ansiedlungshöhe: 20 bis 50 cm über SoMW-Linie.

Mädesüß *(Filipendula ulmaria)*

Merkmale der Einzelpflanze: Blattspreiten: Unterbrochen gefiedert, meist 2–3 (bis 5) Paare größerer bis 3 cm langer Fiederblättchen im Wechsel mit kleineren. Endblättchen $^{1}/_{3}$ bis $^{1}/_{4}$ so lang wie das ganze Blatt, tief 3- (selten 5-) lappig mit spitzen Lappen.
Rhizome: holzig – zäh.
Wuchshöhe: 0,5 bis 1,5 m.

Anwendungsbereich: An Gewässern bis 0,2 m Wassertiefe vordringend, im vorwiegend norddeutschen Flachland, west- und südwestdeutschen Hügel- und Bergland, süddeutschen Hügelland und im Mittelgebirge.

Standortangaben: Bodenarten: Lehm bis Ton, auch Torf. Humose, sandige oder reine Lehm- und Tonböden.
Feuchtezustand und Nährstoffgehalt: Naß bis mäßig feucht, nährstoffreich.
Wasserbewegung: Stehend und langsam fließend.

Biotechnische Eignung: Einzubringen: Als Pflanzen mit und ohne Ballen.
Ansiedlungshöhe: 20 bis 50 cm über SoMW.

Großer Wasserschwaden *(Glyceria maxima, G. aquatica)*

Merkmale der Einzelpflanze: Wuchsform: Rohrartiges Gras.
Blattanlage: gefaltet, Triebe mäßig platt gedrückt.
Blattspreiten: lederig-derb, 6 bis 20 mm breit, ungerieft, linealisch mit Doppelrille und Kahnspitze. Queradern in Spreiten und Scheiden sehr reichlich und deutlich.
Öhrchen: fehlen.
Ligula: meist höher als 3 mm, hinten mit einer hochgezogenen Spitze, häutig-durchsichtig bis weißlich.
Rhizome: lang, dick.
Wuchshöhe: 0,8 bis 1,5 m.

Anwendungsbereich: An Gewässern bis 0,3 m Wassertiefe vordringend, im vorwiegend norddeutschen Flachland, west- und südwestdeutschen Hügel- und Bergland und süddeutschen Hügelland.

Standortangaben: Bodenarten: Humose Sande bis humose Tone.

	Feuchtezustand und Nährstoffgehalt: Offenes Wasser, naß, feucht, auch zeitweise überschwemmt, nährstoffreich, basenreich, meist kalkhaltig. Wasserbewegung: Stehend, langsam fließend; wechselnde Wasserstände werden vertragen. Licht- und wärmeliebend.
Biotechnische Eignung:	Relativ flachwurzelnd. Einzubringen: Als Pflanzen mit Ballen und in Form von Rhizomstücken, auch Wurfpflanzung möglich. Ansiedlungshöhe: auf SoMW-Linie.

Gelbe (Wasser-)Schwertlilie *(Iris pseudacuros)*

Merkmale der Einzelpflanze:	Blattspreiten: »schwertförmig«, 10–30 mm breit. Rhizome: knollig-dick; ± auf der Bodenoberfläche sich ausbreitend. Wuchshöhe: 0,5 bis 1,0 m.
Anwendungsbereich:	An Gewässern bis 0,3 m Wassertiefe vordringend, im vorwiegend norddeutschen Flachland, west- und südwestdeutschen Hügel- und Bergland und süddeutschen Hügelland.
Standortangaben:	Bodenarten: Humose Sande bis humose Tone. Feuchtezustand und Nährstoffgehalt: naß, zeitweise oder meist überschwemmt, nährstoffreich. Wasserbewegung: Stehend, langsam fließend.
Biotechnische Eignung:	Verlandungspflanze; Licht- und Halbschattpflanze. Einzubringen: Als Pflanzen mit und ohne Ballen sowie als Rhizomstücke. Schwimmfrüchte, Lichtkeimer. Ansiedlungshöhe: auf SoMW-Linie.

Gewöhnliche Pestwurz, rote Pestwurz *(Petasites hybridus)*

Merkmale der Einzelpflanze:	Blätter erscheinen Ende März nach der Blüte. Blattspreiten: ± rundlicher Umriß, bis 60 cm breit, oberseits kurzhaarig, matt, glatt, unterseits grauwollig, später verkahlend; Blattrand ± gesägt; Blattgrund eingeschnitten, der Einschnitt erreicht die Seitennerven auf ziemlicher Breite; Blattstiel kantig, oben tief gefurcht. Rhizome: dick, kräftig. Wuchshöhe: 0,3 bis 1,0 m.

Anwendungsbereich:	An Gewässern bis zu 0,2 m Wassertiefe vordringend, im vorwiegend norddeutschen Flachland, west- und südwestdeutschen Hügel- und Bergland, süddeutschen Hügelland, im Mittelgebirge, im Alpenvorland, in voralpiner Moränenlandschaft einschl. Schotterflächen und in den Alpen zwischen etwa 800 und 1400 m ü. NN.
Standortangaben:	Bodenarten: Sandige und kiesige Tonböden. Feuchtezustand und Nährstoffgehalt: Sickernaß, auch zeitweise überschwemmt, nährstoffreich, basenreich. Wasserbewegung: Fließend, auch rasch fließend.
Biotechnische Eignung:	Wurzelkriechpionier, Schwemmland-Festiger; Licht- und Halbschattpflanze. Einzubringen: Als Pflanzen mit Ballen und in Form von Rhizomstücken. Ansiedlungshöhe: 30 cm über SoMW-Linie.

Rohr-Glanzgras *(Phalaris arundinacea, Phalaroides arundinacea)*

Merkmale der Einzelpflanze:	Wuchsform: rohrartig kräftiges Gras. Blattanlage: gerollt. Blattspreiten: 6 bis 20 mm breit; Blattgrund etwas schmaler, trichterförmig gegen die Scheide abgesetzt; mit Queradern auch in den Scheiden. Öhrchen: fehlen. Ligula: 4 bis 6 mm lang, rundspitz oder dreieckig, unregelmäßig gezähnt oder geschweift. Rhizome: lang. Wuchshöhe: 0,5 bis 2,0 m.
Anwendungsbereich:	An Gewässern bis 0,3 m Wassertiefe vordringend, im vorwiegend norddeutschen Flachland, west- und südwestdeutschen Hügel- und Bergland, süddeutschen Hügelland, im Mittelgebirge, im Alpenvorland, in voralpiner Moränenlandschaft einschl. Schotterflächen.
Standortangaben:	Bodenarten: Kies, Sand, Lehm, Schluff bis Ton. Feuchtezustand und Nährstoffgehalt: Meist offenes Wasser, naß, zeitweise überschwemmt, nährstoffreich, basenreich; sauerstoffreiches Wasser erwünscht. Wasserbewegung: Fließend, sogar schnellfließend; stark schwankende Wasserstände werden vertragen.

Biotechnische Eignung: Tiefwurzelnder Kriechwurzelpionier und Bodenfestiger.
Licht- bis Halbschattpflanze.
Einzubringen: Als Pflanzen mit und ohne Ballen, in Form von Rhizomstücken, als Rasensoden und als Ansaat, auch Halmstecklinge und Wurfpflanzung möglich.
Ansiedlungshöhe: Auf SoMW-Linie.

Schilfrohr *(Phragmites australis, Ph. communis)*

Merkmale der Einzelpflanze:
Wuchsform: robustes rohrartiges Gras
Blattanlage: gerollt.
Blattspreiten: 10 bis 40 mm breit; unter der Mitte am breitesten, scharf gegen den flachen, etwas schmaleren Grund abgesetzt, in eine grannenartig schmale Spitze verlaufend.
Blattscheiden: mit zahlreichen Queradern, Rand in der Jugend ± bewimpert.
Öhrchen: fehlen.
Ligula: ersetzt durch einen durchgehenden silberweißen, bei älteren Blättern abbrechenden Haarkranz.
Rhizome: lang, dick, zäh, holzig.
Wuchshöhe: 1 bis 4 m.

Anwendungsbereich: An Gewässern bis 1,0 m Wassertiefe vordringend, vorwiegend im norddeutschen Flachland, west- und südwestdeutschen Hügel- und Bergland und süddeutschen Hügelland; im Brackwasser bis 2,0 m unter Mitteltidehochwasser.

Standortangaben:
Bodenarten: Humose Sande bis humose Tone, auch Torfe.
Feuchtezustand: Meist offenes Wasser, naß, auch zeitweise überschwemmt.
Nährstoffgehalt: nährstoffreich, basenreich.
Wasserbewegung: stehend, langsam fließend.

Biotechnische Eignung: Über 1 m tief wurzelnder Wurzelkriech- und Verlandungspionier, Uferfestiger; Ausbreitung durch waagerecht im Boden wachsende Rhizome. Hydrobiologisch besonders wertvoll.
Einzubringen: Als Pflanzen mit Ballen, in Form von Rhizomstücken, als Sprößlinge und als Halmstecklinge (Merkblatt von Bittmann!); Ansaat unter Umständen möglich.
Ansiedlungshöhe: auf SoMW-Linie.

Seebinse, Flechtbinse *(Schoenoplectus lacustris, Scirpus lacustris)*

Merkmale der Einzelpflanze:	Wuchsform: hochwüchsige Scheinbinse mit blattspreitenlosen grundständigen Scheiden und unbeblätterten binsenartigen Sprossen; deren Innenraum mit Schwimmgewebe aus Längsröhrchen, die durch unregelmäßig angeordnete Querwände unterteilt sind, ausgefüllt ist. Farbe: dunkelgrasgrün. Blattspreiten: fehlen. Rhizome: vorhanden. Wuchshöhe: 1 bis 3 m.
Anwendungsbereich:	An Gewässern bis 3,0 m Wassertiefe vordringend, im vorwiegend norddeutschen Flachland, west- und südwestdeutschen Hügel- und Bergland, süddeutschen Hügelland; im Brackwasserbereich bis zwischen 0,5 m über und 2,5 m unter Mitteltidehochwasser.
Standortangaben:	Bodenarten: Humose Sande bis humose Tone. Feuchtezustand und Nährstoffgehalt: Offenes Wasser, auch zeitweise überschwemmt, nährstoffreich. Wasserbewegung: Stehend, langsam fließend.
Biotechnische Eignung:	Verlandungspionier. Wärmeliebend. Einzubringen: Als Pflanzen mit Ballen und in Form von Rhizomstücken. Ansiedlungshöhe: auf SoMW-Linie.

Schmalblättriger Rohrkolben *(Typha angustifolia)*

Merkmale der Einzelpflanze:	Wuchsform: aufrecht. Blattanlage: zweizeilig. Blattspreiten: aus schwammig-zusammendrückbarem Schwimmgewebe, außen gewölbt und innen flach, als Querschnitt einen Kreisabschnitt aufweisend; 5 bis 10 mm breit; Farbe: dunkelgrasgrün. Blattscheiden: offen; deutliche Querverbindungen zwischen den Längsnerven. Ligula: fehlt. Rhizome: lang, »fleischig«. Wuchshöhe: 1 bis 2 m.
Anwendungsbereich:	An Gewässern bis 0,5 m Wassertiefe vordringend; im vorwiegend norddeutschen Flachland, west- und südwestdeutschen Hügel- und Bergland.

Standortangaben:	Bodenarten: Humose Sande, humose Schlammböden. Feuchtezustand und Nährstoffgehalt: Offenes Wasser, naß, ± nährstoffreich, oft kalkarm. Wasserbewegung: Vorwiegend stehend.
Biotechnische Eignung:	Verlandungspionier mit Kriechsprossen; vorwiegend für offene Verlandungsstandorte; flachwurzelnd. Die biotechnische Eignung ist umstritten (Pionierfunktion; Faulschlammbildung). Einzubringen: Als Pflanzen mit und ohne Ballen sowie in Form von Rhizomstücken. Ansiedlungshöhe: auf SoMW-Linie.

Breitblättriger Rohrkolben *(Typha latifolia)*

Merkmale der Einzelpflanze:	Wuchsform: aufrecht. Blattanlage: zweizeilig. Blattspreiten: aus schwammig-zusammendrückbarem Schwimmgewebe, außen gewölbt und innen flach, als Querschnitt einen Kreisabschnitt aufweisend, 10 bis 20 mm breit; Farbe: blaugrün. Blattscheiden: offen; deutliche Querverbindungen zwischen den Längsnerven. Ligula: fehlt. Rhizome: lang, dick »fleischig«. Wuchshöhe: 1,5 bis 2,5 m.
Anwendungsbereich:	An Gewässern bis 1,0 m Wassertiefe vordringend (optimal von 0,5 m), im vorwiegend norddeutschen Flachland, west- und südwestdeutschen Hügel- und Bergland und süddeutschen Hügelland.
Standortangaben:	Bodenarten: Humose Sande, humose Schlammböden. Feuchtezustand und Nährstoffgehalt: Offenes Wasser, naß, nährstoffreich. Wasserbewegung: Stehend, langsam fließend.
Biotechnische Eignung:	Verlandungspionier mit Kriechsprossen; vorwiegend für offene Verlandungsstandorte; flachwurzelnd. Die biotechnische Eignung ist umstritten (Pionierfunktion; Faulschlammbildung). Einzubringen: Als Pflanzen mit und ohne Ballen sowie in Form von Rhizomstücken. Ansiedlungshöhe: auf SoMW-Linie.

2.6 Pflanzen der Wattküste

Meerbinse, Meerstrandsimse *(Bolboschoenus maritimus (= Scirpus maritimus))*

Merkmale der Einzelpflanze:	Wuchsform und Höhe: 0,3–1,3 m. Blattanlage: dreizeilig. Blattspreiten: grasgrün, 4–8 mm breit, an den Rändern und am Kiel stark rauh, mit V-Querschnitt; borstig verwachsene Spitze lang. Blattscheiden: mit einer Scheidenhaut verschlossen, mit Querverbindungen zwischen Scheidennerven. Ligula: fehlt. Rhizome: ± lang, mit Knollen.
Anwendungsbereich:	Küstengebiet, Flußmündungen, Unterlauf der küstennahen Flüsse, nur gelegentlich im Binnenland. Im Salz- und Brackwasser zwischen 0,5 und 1,5 m Wassertiefe.
Standortangaben:	Bodenarten: Schlick- oder Schlicksande, oft salzhaltig. Feuchtezustand und Nährstoffgehalt: naß, zeitweise überflutet, hoch.
Biotechnische Eignung:	Uferfestiger im Brackwasserröhricht. Anzusiedeln: als Ballenpflanzen und als Rhizomschnittlinge

Strandrotschwingel, Salzrotschwingel *(Festuca rubra ssp. litoralis)*

Merkmale der Einzelpflanze:	Wuchsform und Höhe: Halm knickig aufsteigend; 15–25 cm. Blattanlage: gefaltet. Blattspreiten: dunkelgrün, etwas glänzend, glatt, kahl, bis 20 cm lang, scharf gerieft. Grundblätter borstlich, Halmblätter ± flach. Blattscheiden: zart, glatt, kahl, junge hellgrün »mehlig« bestäubt, ältere grünbraun überlaufen. Öhrchen: fehlen. Ligula: sehr kurz, kaum erkennbar. Rhizome: lang.
Anwendungsbereich:	An den Meeresküsten der Nord- und Ostsee auf den Salzwiesen. Zwischen 0,3 und 1,0 m über MThw. Küstennahes Grünland an der Nord- und Ostsee, landeinwärts an die Andelzone anschließend.
Standortangaben:	Bodenarten: tonig oder sandig tonig, salzhaltig. Feuchtezustand und Nährstoffgehalt: feucht,

	hin und wieder überflutet.
Biotechnische Eignung:	Wertvoller Bodenfestiger, auch auf den unteren Teilen der seeseitigen Böschung der Deiche.
Anzusiedeln:	Soden mit Sturmflutschichtung, gelegentlich mittels Samen.

Strandsalzschwaden, Andel *(Puccinellia maritima)*

Merkmale der Einzelpflanze:	Wuchsform und Höhe: lockere Horste im offenen Bestand; 15–60 cm. Blattanlage: gerollt. Blattspreiten: graugrün, binsenähnlich »fleischig«, meist eingerollt. Blattoberseite matt, mit 2–4 deutlichen, rundlich gewölbten Riefen, von denen die Mittelriefe schärfer ausgebildet ist, so daß der Eindruck einer Doppelrille entstehen kann. Blattscheiden: bis fast zum Grunde offen, oft rötlich bis grünbraun überlaufen, glatt. Öhrchen: fehlen. Ligula: zart, weiß, ganzrandig spitz zulaufend, bis 2 mm lang, an der Scheide herabgezogen.
Anwendungsbereich:	Salzwiesen in Küstennähe der Nord- und Ostsee. 0,3 m über bis 0,1 m unter MThw im Vorland. Der Andel folgt landeinwärts auf die Queller-Zone, sobald das Neuland über die mittlere Fluthöhe aufgeschlickt worden ist.
Standortangaben:	Bodenarten: salzhaltige Schlickböden. Feuchtezustand und Nährstoffgehalt: naß, zeitweise überflutet; gute Nährstoffversorgung.
Biotechnische Eignung:	Wertvoller Neulandfestiger mit ausläuferartig verlängerten Kriechtrieben, die an den Knoten wurzeln. Schafbeweidung fördert die Ausbreitung, hoher Futterwert. Anzusiedeln: in Form von Rasensoden und Rasenbändern auf den sog. Wattäckern.

Abstehender Salzschwaden *(Puccinellia distans)*

Merkmale der Einzelpflanze:	Wuchsform und Höhe: Horste; 15–50 cm. Blattanlage: gerollt. Blattspreiten: grau- oder weißlich grün. 2–10 cm lang, 1,5–4 mm breit. Meist ausgebreitet. Oberseits etwas rauh durch 6–8 rundlich gewölbte Riefen. Unterseits matt.

	Blattscheiden: rund, glatt. Öhrchen: fehlen. Ligula: 1–2 mm lang, häutig.
Anwendungsbereich:	Im küstennahen Grünland außerhalb des Gezeiteneinflusses. Im Binnenland an salzhaltigen Stellen, z. B. in der Nähe von Salinen und Salzquellen; neuerdings an Straßen (Tausalz!).
Standortangaben:	Bodenarten: salzhaltige Lehme und Tone. Feuchtezustand und Nährstoffgehalt: frisch, nährstoffreich.
Biotechnische Eignung:	Lückenbesiedler offener salzhaltiger Stellen. Anzusiedeln: als Samen.

Wattqueller *(Salicornia europaea)*

Merkmale der Einzelpflanze:	Höhe: bis 30 cm. Wuchsform: Sukkulent; aus rundlichen, gelenkig miteinander verbundenen Gliedern bestehend. Blätter zu Schuppen reduziert. Geringe, quirlige armleuchterartige Verzweigung. Die Seitensprossen 1. Ordnung sind ± parallel zur Sproßachse aufgerichtet.
Anwendungsbereich:	Im Gezeitenbereich vor den Küsten der Nord- und westlichen Ostsee. Im Watt 0,3 m unter bis 0,1 m über MThw.
Standortangaben:	Bodenarten: salzhaltiger Schlick. Feuchtezustand und Nährstoffgehalt: naß, zeitweise überflutet, hoch.
Biotechnische Eignung:	Wertvoller Erstbesiedler offener Salzschlickböden. Anzusiedeln: Nur mittels Samen (Annuelle Pflanze!). Ansaat mittels Drillkufen bzw. Drillschar.

Graue Seebinse *(Schoenoplectus tabernaemontani (= Scirpus tabernaemontani))*

Merkmale der Einzelpflanze:	Wuchsform und Höhe: hochwüchsige Scheinbinse; 0,5–1,5 m. Sprosse: binsenähnlich, graugrün. Innenraum der Sprosse ist mit Schwimmgewebe aus Längsröhrchen, die durch unregelmäßig angeordnete Querwände unterteilt sind, ausgefüllt. Blattspreiten: fehlen. Scheiden: grundständig.
Anwendungsbereich:	An der Nord- und Ostsee im Salzwasserbereich zwischen 0,5 m über und 0,2 m unter MThw;

	im Brackwasserbereich zwischen 0,5 und 1,5 m Wassertiefe. Auch auf Salzstellen im Binnenland.
Standortangaben:	Bodenarten: Schluff- und Tonschlick, ± salzhaltig. Feuchtezustand und Nährstoffgehalt: Meist offenes Wasser, auch zeitweise überflutet, nährstoffreich.
Biotechnische Eignung:	Uferfestiger insbes. in Brackröhrichten. Anzusiedeln: als Ballenpflanzen und als Rhizomschnittlinge.

Schlickgras *(Spartina × townsendii)*

Merkmale der Einzelpflanze:	Wuchsform und Höhe: Horste; 0,3–1,3 m. Blattanlage: gerollt. Blattspreiten: Spitze dünn und hart, 6–30 cm lang, 4–15 mm breit, fest, oberseits dicht und flach gerippt, flach oder gerollt bei Trockenheit. Unterseits frisch dunkelgrün glänzend. Blattscheiden: glatt, kahl, längsgestreift, glänzend, untere grün, obere oft rot-grün überlaufen. Öhrchen: fehlen. Ligula: ersetzt durch einen dichten Kranz von seidigen 1–2 mm langen Haaren. Rhizome: weitkriechend, schuppig.
Anwendungsbereich:	Wattküsten der Nordsee in der Queller- und Andelzone. 0,3 m über bis 0,5 m unter MThw im Wattenmeer.
Standortangaben:	Bodenarten: Salzschlick. Feuchtezustand und Nährstoffgehalt: naß, meist offenes Meerwasser, zeitweise überflutet.
Biotechnische Eignung:	Biotechnischer Wert als Wattfestiger an der Deutschen Nordseeküste ist umstritten. Anzusiedeln: als Ballenpflanzen und als Rhizomschnittlinge.

2.7 Gräser der Küstendünen

Strandquecke, Binsen-Quecke *(Agropyron junceum)*

Merkmale der Einzelpflanze:	Wuchsform und Höhe: lockere Horste, 20–60 cm. Blattanlage: gerollt. Blattspreiten: blaugrün, fein zugespitzt, 10–30 cm lang, 2–8 mm breit, bei trockenem Wetter eingerollt. Oberseits gerieft, Riefen dicht mit

zahlreichen Reihen kurzer Härchen, die im Fischgrätmuster angeordnet sind, besetzt. Unterseite grün, glatt und glänzend.
Blattscheiden: derb, hell graugrün, glatt, kahl. Ränder übereinandergreifend.
Öhrchen: fehlen.
Ligula: 1–2 mm lang, gezähnt, weiß bis rötlich.
Rhizome: lang, dünn, drahtig.

Anwendungsbereich: Salzhaltige Vor- (= Primär-) Dünen der Nord- und Ostsee zwischen 0,5–1,0 m über MThw.

Standortangaben: Bodenarten: Salzhaltige Flugsande.
Feuchtezustand und Nährstoffgehalt: Abhängig vom Grundwasser; nährstoff- insbes. N-reich.

Biotechnische Eignung: Salz- und sandschliffverträglicher Dünenpionier.
Wirksamer Sandfänger: Die lockeren Horste sind ein durchblasbares Hindernis ohne Wirbelbildung, so daß vor, in und hinter ihnen Sand abgelagert wird. Die aufgewehten Sande werden durch das Sproß- und Wurzelwerk festgehalten, das mit zunehmender Aufsandung emporwächst.
Anzusiedeln: In Form von Rhizomschnittlingen; auch Ansaat ist möglich, jedoch besteht die Gefahr des Wegspülens bei höheren Wasserständen.

Strandhafer *(Ammophila arenaria)*

Merkmale der Einzelpflanze: Wuchsform und Höhe: kräftiges Gras, 60–120 cm.
Blattanlage: gerollt.
Blattspreiten: bis 60 cm lang, bis 8 mm breit, meist fest eingerollt (Rollblätter!). Oberseite mit 6 bis 10 breiten sehr fein und dicht behaarten Riefen, die sich beim Knicken der Spreite ablösen. Farbe graugrünlich matt. Unterseite ungekielt, glatt, hellgrün glänzend.
Öhrchen: fehlen.
Ligula: schmal, bis 2,5 cm lang, weißlich, an der Spitze tief geschlitzt.
Rhizome: kräftig, lang und stark verzweigt.

Anwendungsbereich: Küstendünen der Nord- und Ostsee oberhalb des Salzwasserbereiches. Optimum auf den Weißdünen.

Standortangaben: Bodenarten: lockere, humusfreie (-arme) frisch aufgewehte Sande meist salzhaltig.
Feuchtezustand und Nährstoffgehalt: frisch bis

trocken, nährstoffreich. pH-Wert >5, Salzkonzentration $<1\%$.

Biotechnische Eignung: Wertvoller Dünenpionier. Guter Sandfänger, optimale Aufsandung 30 bis 50 cm/Jahr. Wächst mit der Weißdüne hoch und durchzieht sie mit einem Flechtwerk von Rhizomen und bis zu 5 m langen Wurzeln. Rollblätter elastisch, sandschliff- und windfest.
Anzusiedeln: als Halmstecklinge in fächerförmigen Büscheln von 4 bis 7 Halmen.
Ansiedlungshöhe: sobald die Primärdünen höher als 1 m aufgeweht sind.

Baltischer Strandhafer *(Ammophila baltica (= Ammophila arenaria; Calamagrostis epigeios; Ammocalamagrostis baltica)*

Merkmale der Einzelpflanze: Wuchsform und Höhe: kräftiges Gras bis 1,5 m hoch.
Blattanlage: gerollt.
Blattspreiten: dünn zugespitzt, bis zu 100 cm lang und bis 12 mm breit, teilw. eingerollt. Oberseits matt graugrün, die 8 bis 14 Riefen, je bis 0,5 mm breit, deutlich sichtbar. Unterseits grün glänzend.
Blattscheiden: rötlich grün, untere dunkel violettrot.
Öhrchen: fehlen.
Ligula: lanzettlich, 1 bis 2,5 cm lang, tief geschlitzt.
Rhizome: kräftig, lang.

Anwendungsbereich: Vorwiegend auf den Künstendünen der Ostsee. An der Nordsee gelegentlich im Bereich der Graudünen.

Standortangaben: Bodenarten: Dünensande außerhalb der kräftigen Sandneuzufuhr.
Feuchtezustand und Nährstoffgehalt: frisch, mittlere Nährstoffversorgung. Verträgt weniger Salz als Ammophila arenaria.

Biotechnische Eignung: Zur Dünensicherung in weniger salzhaltigen Gebieten (Graudünen, Ostsee!).
Anzusiedeln: als Halmstecklinge.

Sand-Segge *(Carex arenaria)*

Merkmale der Einzelpflanze: Wuchsform und Höhe: Mittelsegge, einzelstehend, 15 bis 40 cm.
Blattanlage: dreizeilig.
Blattspreiten: V-Querschnitt, bis 40 cm lang.

	1,5 bis 3,5 mm breit, derb, rauh, gekielt, dunkelgrün, glänzend, meist eingerollt, daher rinnig erscheinend. Blattscheiden: geschlossen. Ligula: 3 bis 5 mm, gestutzt. Rhizome: bis zu 10 m lang; Sprosse entspringen etwa jedem 4. Knoten.
Anwendungsbereich:	In Küstendünen außerhalb des Salzwassereinflusses, auch in Binnendünen, Flugsandgebieten und Kiefernheiden.
Standortangaben:	Bodenarten: lockere humusfreie Sande. Feuchtezustand und Nährstoffgehalt: trocken, nährstoffarm, basenarm, sauer.
Biotechnische Eignung:	Sandpionier: Insbes. auf gestörten Stellen wertvoller Dünenfestiger. Anzusiedeln: als Pflanzen mit Rhizomen; Ansaat nicht möglich wegen Keimschwierigkeiten.

Silbergras *(Corynephorus canescens)*

Merkmale der Einzelpflanze:	Wuchsform und Höhe: dichte Horste, 15 bis 30 cm. Blattanlage: gerollt. Blattspreiten: bis 6 cm lang, borstenartig zusammengerollt 0,3–0,5 mm, grau- bis blaugrün, sehr fein und dicht rauh. Blattscheiden: rauh, hellrosa getönt. Öhrchen: fehlen. Ligula: 2 bis 4 mm lang, weiß, ganzrandig spitz zulaufend.
Anwendungsbereich:	Dünengebiete mit schwacher Sandzufuhr vorwiegend im Binnenland Nord- und Mitteldeutschlands.
Standortangaben:	Bodenarten: Humusfreie lockere durchlässige Flugsandböden. Feuchtezustand und Nährstoffgehalt: trocken; nährstoffarm, schwach sauer bis sauer.
Biotechnische Eignung:	Guter Sandbinder, der durch Sandüberwehungen bis 10 cm/Jahr gefördert wird, weil aus den übersandeten Knoten junge Wurzeln gebildet werden können. Anzusiedeln: als Samen.

Strandroggen, Blauer Helm *(Elymus arenarius)*

Merkmale der Einzelpflanze:	Wuchsform und Höhe: kräftiges Gras, 60 bis 160 cm. Blattanlage: gerollt.

Blattspreiten: bis 60 cm lang und bis 20 mm breit mit oberseits 30 bis 40 deutlichen Riefen. Unterseits ungekielt mit bläulich-grauem, abwischbaren Reif bedeckt.
Blattscheiden: mit deutlichen Querverbindungen.
Öhrchen: lang, dick, oft stark gewellt.
Ligula: weißlich grün, sehr kurz, nur als schmaler Saum sichtbar.
Rhizome: lang und kräftig.

Anwendungsbereich: An der Küste im Salzwasserbereich bis 3,0 m über MThw zwischen Primär- und Sekundär (= Weiß-)dünen und auf niedrigen Weißdünen.

Standortangaben: Bodenarten: lockere Dünensande, kalkhaltig.
Feuchtezustand und Nährstoffgehalt: trocken, nährstoff- insbes. N-reich; salzresistent.

Biotechnische Eignung: Pionierpflanze der küstennahen Dünen an der Nord- und Ostsee, die starke Übersandungen verträgt und mit der Aufsandung mit hochwächst und diese mit dem Rhizom- und Wurzelwerk bindet.
Anzusiedeln: Ballenpflanzen und Rhizomschnittlinge.

Sandrotschwingel *(Festuca rubra ssp. arenaria)*

Merkmale der Einzelpflanze: Wuchsform und Höhe: locker horstig, bis 50 cm.
Blattanlage: gefaltet.
Blattspreiten: grau- bis bläulichgrün, straff, schmal, lang. Oberseits mit 3 bis 5 im Querschnitt dreieckigen Riefen. Grundblätter ± borstlich, ziemlich starr, behaart.
Halmblätter ± flach oder locker zusammengefaltet.
Öhrchen: fehlen.
Ligula: sehr kurz, gestutzt.
Rhizome: weitkriechend.

Anwendungsbereich: Ältere Küstendünen der Nord- und Ostsee, im Übergangsbereich von der Weiß- zur Graudüne. Selten auch im Binnenland.

Standortangaben: Bodenarten: Dünensande, schwach salzhaltig oder ausgesüßt und entkalkt.
Feuchtezustand und Nährstoffgehalt: ± trocken, gering.

Biotechnische Eignung: Sandbinder, verträgt leichte Übersandung.
Anzusiedeln: mit Samen.

Professor Dr. Hildegard Hiller
Institut für Landschaftsbau,
Fachgebiet Ingenieurbiologie der
Technischen Universität Berlin
Lentzeallee 76
1000 Berlin 33

Hildegard Hiller

Literatur zur Ingenieurbiologie

1. Ingenieurbiologie allgemein

BITTMANN, E., 1969: Lebendbaumaßnahmen an Still- und Fließgewässern mit Ausnahme von Wildbächen. – In:
BUCHWALD, K. und W. ENGELHARDT (Herausgeber), 1969: Handbuch für Landschaftspflege und Naturschutz, Bd. 4: Planung und Ausführung. – BVL Verlagsgesellschaft, München, Basel, Wien, S. 158–172.
Bund Deutscher Garten- und Landschaftsarchitekten e.V. (BDGA), 1971: Lebender Baustoff – Pflanze. – Vorträge des IX. Seminars des BDGA. – Verlag Georg D. W. Callwey, München.
Bundesanstalt für Gewässerkunde, Koblenz (Herausgeber), 1965: Der biologische Wasserbau an den Bundeswasserstraßen. – Verlag Eugen Ulmer, Stuttgart.
DUTHWEILER, H., 1967: Lebendbau an instabilen Böschungen. – Forschungsarbeiten aus dem Straßenwesen, N. F. H. 70. – Kirschbaum-Verlag, Bad Godesberg.
Fachnormenausschuß Bauwesen im Deutschen Normenausschuß (DNA), 1973: DIN 18 918 – Landschaftsbau: Sicherungsbauweisen – Sicherung durch Ansaaten, Bauweisen mit lebenden und nicht lebenden Stoffen und Bauteilen, kombinierte Bauweisen. – Beuth-Vertrieb GmbH, Berlin.
Fachnormenausschuß Bauwesen im Deutschen Normenausschuß (DNA), 1973: DIN 18 919 – Landschaftsbau: Unterhaltungsarbeiten bei Vegetationsflächen – Stoffe, Verfahren. – Beuth-Vertrieb GmbH, Berlin.
Fachnormenausschuß Wasserwesen im Deutschen Normenausschuß (DNA): DIN 19 657 – Sicherungen an Gewässern, Deichen und Küstendünen, Richtlinien, 1973. – Beuth-Vertrieb GmbH, Berlin.
Forschungsgesellschaft für das Straßenwesen, 1962: Grünverbau im Straßenbau. – Kirschbaum-Verlag, Bad Godesberg.
Forschungsgesellschaft für Straßen- und Verkehrswesen: Richtlinien für die Anlage von Straßen (RAS) Teil: Landschaftsgestaltung (RAS-LG) Abschnitt 3: Lebendverbau RAS-LG 3. Ausgabe 1983. Köln.
HASSENTEUFEL, W., 1958: Die Pflanze als Bodenfestiger. – Forstwirtschaftliches Centralblatt, 77. Jg., 129–138.
KIRWALD, E. 1964: Gewässerpflege. – BLV Bayerischer Landwirtschaftsverlag GmbH, München.
KRUEDENER, A. von, 1951: Ingenieurbiologie. – Ernst Reinhardt Verlag, München/Basel.
LINKE, H. und W. MEISSNER (Bearbeiter), 1969: Ingenieurbiologi-

sche Bauweisen und Landeskultur. – Kammer der Technik, Fachausschuß Ingenieurbiologische Bauweisen im Fachverband Wasser, Berlin.

LOHMEYER, W. und A. KRAUSE 1975: Über die Auswirkung des Gehölzbewuchses an kleinen Wasserläufen des Münsterlandes a. d. Vegetation im Wasser u. a. d. Böschungen in Hinblick a. d. Unterhaltung der Gewässer. – SchrR f. Vegetationskunde, H. 9. Herausgeber: Bundesanstalt f. Vegetationskunde, Naturschutz und Landschaftspflege, Bonn-Bad Godesberg.

PFLUG, W., Gesellschaft für Ingenieurbiologie (Hrsg.), Jahrbuch 1, 1980: Ingenieurbiologie – Uferschutzwald an Fließgewässern. – Verlag Karl Krämer, Stuttgart.

PFLUG, W., Gesellschaft für Ingenieurbiologie (Hrsg.), Jahrbuch 2: Ingenieurbiologie – Wurzelwerk und Standsicherheit von Böschungen und Hängen. – Sepia-Verlag, Aachen.

PIETZSCH, W., 1970: Ingenieurbiologie. – Verlag von Wilhelm Ernst und Sohn, Berlin/München/Düsseldorf.

PRÜCKNER, R., 1963: Die Technik der Lebendverbauung. – Österreichischer Agrarverlag, Wien.

RÜMLER, R. 1974: Zur Entwicklung von Rasenansaaten und ihrer Bedeutung für die ingenieurbiologische Sicherung von Straßenböschungen. – Dissertation Rhein.-Westf. TH Aachen.

SAUER, G., 1968: Mutterbodenverwendung und mutterbodenlose Begrünung. – Neue Landschaft, 13. Jg., H. 1, 8–14.

SCHAARSCHMIDT, G., 1974: Zur Ingenieurbiologischen Sicherung von Straßenböschungen durch Bewuchs und Lebendverbau. – Dissertation Rhein.-Westf. TH Aachen.

SCHIECHTL, H.-M., 1965: Grundsätzliche Überlegungen zur Hangsicherung durch Grünverbau. – Zeitschrift f. Kulturtechnik und Flurbereinigung, 6. Jg., H. 3, 136–145.

SCHAARSCHMIDT, G. und V. KONEČNÝ, 1971: Der Einfluß von Bauweisen des Lebendverbaues auf die Standsicherheit von Böschungen. Mitteilungen aus dem Institut für Verkehrswasserbau, Grundbau und Bodenmechanik der Technischen Hochschule Aachen. H. 49. Aachen.

SCHIECHTL, H.-M., 1973: Sicherungsarbeiten im Landschaftsbau – Grundlagen, lebende Baustoffe, Methoden. – Verlag Georg D. W. Callwey, München.

SCHLÜTER, U., 1971: Lebendbau, Ingenieurbiologische Bauweisen und lebende Baustoffe. – Verlag D. W. Callwey, München.

TRAUTMANN, W., 1973: Vegetation als lebender Bau- und Gestaltungsstoff an Verkehrswegen. – Z. Straße und Autobahn *24,* H. 8, 348–355.

VOLGMANN, W., 1979: Landschaftsbau. – Verlag Eugen Ulmer, Stuttgart.

2. Lebendbaustoff Gehölzpflanzen

AMANN, G. 1954: Bäume und Sträucher des Waldes. – Verlag J. Neumann, Neudamm/Melsungen.
CHMELAR, J., W. MEUSEL, H. LATTKE und H.-J. HEMMERLING, 1979: Die Weiden Europas – Die Gattung Salix. – 2. Aufl. – Die Neue Brehm-Bücherei, A. Ziemsen Verlag, Wittenberg Lutherstadt.
Der Bundesminister für Verkehr, Abt. Straßenbau, 1980: Zusätzliche technische Vorschriften und Richtlinien für Landschaftsbauarbeiten im Straßenbau: ZTVLa – StB 80. – Bearbeiter und Vertrieb: Forschungsgesellschaft für das Straßenwesen, Maastrichter Straße 45, 5000 Köln 1.
EHLERS, M., 1960: Baum und Strauch in der Gestaltung der Deutschen Landschaft. – Verlag Paul Parey, Berlin und Hamburg.
Fachnormenausschuß Bauwesen im Deutschen Normenausschuß (DNA), 1973: DIN 18 916 – Landschaftsbau, Pflanzen und Pflanzarbeiten, Beschaffenheit von Pflanzen und Pflanzverfahren. – Beuth-Vertrieb GmbH, Berlin.
Fachnormenausschuß Bauwesen im Deutschen Normenausschuß (DNA), 1973: DIN 18 920 – Landschaftsbau, Schutz von Bäumen, Pflanzenbeständen und Vegetationsflächen bei Baumaßnahmen. – Beuth-Vertrieb GmbH, Berlin.
Fachnormenausschuß Wasserwesen im Deutschen Normenausschuß (DNA), 1973: DIN 19 657 – Sicherungen an Gewässern, Deichen und Küstendünen, Richtlinien. – Beuth-Vertrieb, GmbH, Berlin.
Forschungsgesellschaft für das Straßenwesen, Arbeitsausschuß Landschaftsgestaltung, 1971: Richtlinien für den Lebendverbau an Straßen (RLS), Entwurf 1971: Anhang: Saatgut von Bäumen und Sträuchern, Hinweise zur Ernte, Behandlung und Aussaat.
Forschungsgesellschaft für das Straßenwesen, Arbeitsausschuß Landschaftsgestaltung, 1973: Richtlinien zum Schutz von Bäumen und Sträuchern im Bereich von Baustellen (RSBB) – Köln.
Forschungsgesellschaft für das Straßenwesen, Arbeitsgruppe Straßenentwurf, 1975: Richtlinien für Straßenbepflanzung in bebauten Gebieten. – Köln.
Forschungsgesellschaft für das Straßenwesen, 1980 a: Richtlinien für die Anlage von Straßen (RAS), Teil: Landschaftsgestaltung (RAS-LG), Abschnitt 2: Grünflächen – Planung, Ausführung, Pflege: RAS-LG 2, Ausgabe 1980. – Kirschbaum-Verlag, Bonn-Bad Godesberg. – Zu beziehen von der Geschäftsstelle der Forschungsgesellschaft für das Straßenwesen e. V., Maastrichter Straße 45, 5000 Köln 1.
Forschungsgesellschaft für das Straßenwesen, 1980 b: Richtlinien für die Anlage von Straßen (RAS), Teil: Landschaftsgestaltung (RAS-LG), Abschnitt 1: Landschaftsgerechte Planung: RAS-LG 1, Ausgabe 1980. – Kirschbaum-Verlag, Bonn-Bad Godesberg. – Zu beziehen von der

Geschäftsstelle der Forschungsgesellschaft für das Straßenwesen e. V., Maastrichter Straße 45, 5000 Köln 1.
HEGI, G., 1957: Illustrierte Flora von Mitteleuropa Bd. III/Tl. I Dicotyledones Gattung Salix. – 2. Aufl. neubearbeitet und herausgegeben von Rechinger, K.-H., Carl-Hanser Verlag, München, 44–135.
KIRWALD, E., 1964: Gewässerpflege. – BLV Bayerischer Landwirtschaftsverlag GmbH, München.
KÖSTLER, J. N., E. BRÜCKNER und H. BIBELRIETHER, 1968: Die Wurzeln der Waldbäume – Untersuchungen zur Morphologie der Waldbäume in Mitteleuropa. – Verlag Paul Parey, Hamburg und Berlin.
LANG, K. J., 1979: Sommergrüne Laubbäume und Sträucher im Winterzustand. – Verlag Paul Parey, Berlin und Hamburg.
LATTKE, H., 1969: Verwendung von Weiden (Salix specc.) bei landschaftspflegerischen Maßnahmen. – Zeitschrift Landeskultur, Bd. 10, 1, 29 –42.
MEYER, F. J., 1951: Kulturtechnische Botanik. – Naturwissenschaftlicher Verlag, vorm. Gebrüder Borntraeger, Berlin-Nikolassee.
NIEMANN, E., 1963: Die natürliche Ufervegetation in ihrer Bedeutung für Uferbepflanzung und ingenieurbiologische Maßnahmen. – Z. f. Landeskultur, Bd. 4, H. 2, 187–206.
OBERDORFER, E., 1979: Pflanzensoziologische Exkursionsflora. – 4. erw. Aufl., Verlag Eugen Ulmer, Stuttgart.
PFLUG, W., 1959: Landschaftspflege, Schutzpflanzungen, Flurholzanbau – eine Anleitung für die Planung, Ausführung und Pflege. – Wirtschafts- und Forstverlag Euting KG, Straßenhaus über Neuwied.
RASCHENDORFER, I., 1953: Stecklingsbewurzelung und Vegetationsrhythmus. Einige Versuche zur Grünverbauung von Rutschflächen. – Forstwirtschaftl. Centralbl., 72. Jg., 5/6, 159–171.
SCHEERER, G. und H. DAPPER, 1980: Fruchttragende Hecken, Büsche und Bäume. – 5. verb. Aufl. – Siebeneicher Verlag Berlin.
SCHIECHTL, H. M., 1965: Grundsätzliche Überlegungen zur Hangsicherung durch Grünverbau. – Zeitschrift f. Kulturtechnik und Flurbereinigung, *6,* 3, 136–145.
SCHIECHTL, H.-M., 1973: Sicherungsarbeiten im Landschaftsbau – Grundlagen, lebende Baustoffe, Methoden. – Verlag Georg D. W. Callwey, München.
SCHLÜTER, U., 1967: Über die Eignung einiger Weidenarten als lebender Baustoff für den Spreitlagenbau. – Beiträge zur Landespflege, Bd. 3, H. 1, 54–64.
SCHLÜTER, U., 1971: Die Eignung von Holzarten für den Busch- und Heckenlagenbau – Untersuchungen an mergelhaltigen Kalkstein- und Lößlehmböschungen. – Beiheft 6 zu »Landschaft + Stadt«, Verlag Eugen Ulmer, Stuttgart.

SCHRÖTER, F. W., Frhr. von, 1966: Pappeln in der Landschaft. – Wirtschafts- und Forstverlag Euting KG, Straßenhaus/Westerwald.

3. Ansiedlung von Röhricht

BINZ, H. R. und F. Klötzli, 1978: Mechanische Wirkungen auf Röhrichte im eutrophen Milieu. Vergleich eines Modells. – Beiträge zur chemischen Kommunikation in Bio- und Ökosystemen; Witzenhausen.

BITTMANN, E., 1953: Das Schilf (Phragmites communis Trin.) und seine Verwendung im Wasserbau. – H. 7 der Reihe Angewandte Pflanzensoziologie. Zentralstelle für Vegetationskartierung, Stolzenau/Weser.

BITTMANN, E., 1956: Der biologische Uferschutz an den Bundeswasserstraßen unter besonderer Berücksichtigung der Verwendung von Röhricht; in: Olschowy, G. und H. Köhler (Bearbeiter): Naturnaher Ausbau von Wasserläufen, S. 41–61. – Heft Nr. 79 der Reihe Landwirtschaft – Angewandte Wissenschaft. – Landwirtschaftsverlag GmbH, Hiltrup.

BITTMANN, E., 1957: Der biologische Uferschutz an den Bundeswasserstraßen unter besonderer Berücksichtigung der Verwendung von Röhricht. – Z. Wasser und Boden, 9, H. 9, 350–358.

BITTMANN, E., 1961: Über die Bedeutung der Ufervegetation für Wasserbau und Gewässerpflege. – H. 17, Pflanzen und Pflanzengesellschaften als lebendiger Bau- und Gestaltungsstoff in der Landschaft der Reihe Angewandte Pflanzensoziologie, Bundesanstalt für Vegetationskartierung, Stolzenau/Weser, 49–55.

BITTMANN, E., 1965: Grundlagen und Methoden des biologischen Wasserbaus; in Bundesanstalt für Gewässerkunde Koblenz (Herausgeber): Der biologische Wasserbau an den Bundeswasserstraßen, S. 17–78 – Verlag Eugen Ulmer, Stuttgart.

BITTMANN, E., 1968: Landschaftspflege an Gewässern. In: BUCHWALD, K. und E. ENGELHARDT: Handbuch für Landschaftspflege an Gewässern. In: BUCHWALD, K. und W. ENGELHARDT: Handbuch für Landschaftspflege und Naturschutz. – Bayerischer Landesverlag, München, Bd. 2: Pflege der freien Landschaft. 350–374.

BITTMANN, E., 1969: Lebendbaumaßnahmen an Still- und Fließgewässern mit Ausnahme von Wildbächen. – In: BUCHWALD, K. und W. ENGELHARDT: Handbuch für die Landschaftspflege und Naturschutz, Bd. 4: Planung und Ausführung, 158–172.

BUERKLE, F., 1973: Naturnaher Gewässerausbau. Sd. aus: »Flurbereinigung und Wasserwirtschaft«.

Bundesanstalt für Gewässerkunde, Koblenz, 1965: Der biologische Wasserbau an den Bundeswasserstraßen. – Verlag Eugen Ulmer, Stuttgart.

Fachnormenausschuß Wasserwesen im Deutschen Normenschuß, 1973: DIN 19 657 – Sicherungen an Gewässern, Deichen und Küstendünen – Richtlinien – Beuth-Vertrieb GmbH, Berlin und Köln.

GLOOR, K., 1966: Eine Anregung zur Neupflanzung der natürlichen Ufervegetation. – Separatabdruck aus dem »Jahrbuch vom Zürichsee, 1964–66«. Bezugsquelle: Züricher Arbeitsgemeinschaft für Landschaftspflege, Mutschelenstraße 122, CH-8038 Zürich.

KLÖTZLI, F., 1973: Über die Belastbarkeit und Produktion von Schilfröhrichtarten. – Sd. aus: Verhandlungen der Gesellschaft für Ökologie, Saarbrücken.

KLÖTZLI, F. und S. ZÜST 1973: Conservation of Red-beds in Switzerland. – Polskie Archivum Hydrobiologii (Pol. Arch. Hydrobiol.) 20, H. 1, 229–235.

KLÖTZLI, F. und S. ZÜST, 1973: Nitrogen Regime in Reed-beds. – Polskie Archivum Hydrobiologii (Pol. Arch. Hydrobiol.) *20,* H. 1, 131–136.

KLÖTZLI, F. und A. GRÜNIG, 1976: Seeufervegetation als Bioindikator. – Daten und Dokumente zum Umweltschutz, Heft-Nr. 19: Vorträge der Tagung über Umweltforschung mit dem Rahmenthema »Organismen als Indikatoren für Umweltbelastungen«, S. 109–131. Herausgeber: Dokumentationsstelle der Universität Hohenheim.

KOVACS, M., 1976: Die Bedeutung der Balaton-Uferzone für den Umweltschutz am See. Sd. aus: Acta Botanica Academiae Scientiarum Hungaricae, Tomus 22 (1–2) S. 85–105.

Land Berlin, 1969: Gesetz zum Schutz des Röhrichtbestandes (Röhrichtschutzgesetz – RöSchG vom 27. November 1969. – GVBl. S. 2520). Loseblattsammlung Raum und Natur, 27. Erg. Lfg. IV/70, S. 1525: 65–66.

LINKE, E. und W. MEISSNER (Bearbeiter), 1969: Ingenieurbiologische Bauweisen und Landeskultur. – Kammer der Technik, Fachausschuß Ingenieurbiologische Bauweisen im Fachverband Wasser, Berlin (Ost).

MELSHEIMER, K., 1976: Der Schutz der Röhrichtbestände an den Berliner Gewässern. – Berliner Naturschutzblätter *20,* Nr. 59, (vom 15. 12. 1976) S. 226–229.

OLSCHOWY, G. und H. KÖHLER (Bearbeiter), 1956: Naturnaher Ausbau von Wasserläufen. – (Vorträge etc. der gleichartigen Arbeitstagung auf Bundesebene vom 10. bis 12. 10. 1956 in Würzburg). Z. Landwirtschaft – Angewandte Wissenschaft, Nr. 79, Landwirtschaftsverlag GmbH, Hiltrup bei Münster/Westfalen.

RAGHI-ATRI, F., 1976: Ökologische Untersuchungen an Phragmites communis Trinius in Berlin unter Berücksichtigung des Eutrophierungseinflusses. – Dissertation am Fachbereich Landschaftsentwicklung der Technischen Universität Berlin, D 83.

SCHLÜTER, U., 1971: Lebendbau – Ingenieurbiologische Bauweisen und lebende Baustoffe. – Verlag Georg D. W. Callwey, München.

SEIDEL, K., 1967: Aufnahme und Umwandlung organischer Stoffe

durch die Flechtbinse. Z. Wasser – Abwasser, H. 6, S. 138–139.
SEIDEL, K., 1974: Zur Revitalisierung von Röhrichtbeständen. Z. Die Naturwissenschaften. H. 12. S. 688–689.
SEIDEL, K., 1978: Gewässerreinigung durch höhere Pflanzen. The cleaning of bodies of water by higher plants. Deutsch und englisch. Z. Garten und Landschaft. 88. Jg. H. 1, S. 9–17.
STÖCKLI, P. P., 1972: Begrünung seichter und schlammiger Flachuferpartien an fließenden Gewässern. Aus Forschungsarbeit von Ing. Gloor. – Separatdruck aus Z. Der Gartenbau, *93,* Nr. 23 Solothurn.
SUKOPP, H., 1963: Die Ufervegetation der Havel. – Herausgegeben vom Senator für Bau- und Wohnungswesen, Berlin, Abt. VII E.
SUKOPP, H., 1968: Veränderungen des Röhrichtbestandes der Berliner Havel 1962–67. Herausgegeben vom Senator für Bau- und Wohnungswesen, Berlin, VII E Wasser- und Schiffahrtswesen.
SUKOPP, H. und W. KUNICK, 1969: Die Ufervegetation der Berliner Havel. Z. Natur und Landschaft, *44,* 10, 287–292.
SUKOPP, H., B. MARKSTEIN und L. TREPL, 1975: Röhrichte unter intensivem Großstadteinfluß. – Beitr. naturk. Forsch. Südw. Deutschl., Bd. 24, Oberdorfer-Festschrift. S. 371–385.
WOLF, H., 1977: Naturgemäßer Gewässerbau. Erfahrungen und Beispiele aus Baden-Württemberg. Veröff. Naturschutz Landschaftspflege Baden-Württemberg. H. 46, 259–320, Karlsruhe.

4. Landschaftsbau an Autobahnen und Straßen

ALBERT, H., 1962: Mutterbodenrutschungen an Böschungen. – Grünverbau im Straßenbau. – Kirschbaum-Verlag, Bad Godesberg, 27–36.
BAUCH, W. und H. LINKE, 1962: Ingenieurbiologische Maßnahmen zur Befestigung von Böschungen – Anleitung 5 der Ingenieurbiologischen Bauweisen. – Z. Wasserwirtschaft – Wassertechnik, 4, 171–174.
BECK, G., 1982: Pflanzen als Mittel zur Lärmbekämpfung. – 2. Aufl. – Schriftenreihe Landschafts- und Sportplatzbau, Bd. 3Verlag GmbH und Co. KG, Berlin, Hannover.
BOEKER, P., 1968: Rasen an Straßen und auf Böschungen. – Z. Garten und Landschaft, Sonderdruck aus Heft 11/1968.
BOEKER, P., 1969: Turfgrasses for roadsides. – Proc. First Int. Turfgrass Res. Conference. 576–579.
Der Bundesminister für Verkehr, Abt. Straßenbau, 1980: Zusätzliche Technische Vorschriften und Richtlinien für Landschaftsbauarbeiten im Straßenbau: ZTVLa – StB 80. – Bearbeiter und Vertrieb: Forschungsgesellschaft für das Straßenwesen, Maastrichter Straße 45, 5000 Köln 1.
Der Bundesminister für Verkehr, Abt. Straßenbau (Herausgeber), 1981: Richtlinien für Rastanlagen an Straßen, Teil 1: Allgemeine Pla-

nungsgrundsätze – Landschaftsgestaltung – Ergänzende Planungsgrundsätze für unbewirtschaftete Rastanlagen. – RR 1. – Zu beziehen von der Geschäftsstelle der Forschungsgesellschaft für das Straßen- und Verkehrswesen e. V., Maastrichter Straße 45, 5000 Köln 1.
Der Bundesminister für Verkehr, Abt. Straßenbau, 1981: Richtlinien für den Lärmschutz an Straßen – RLS-81. – Zu beziehen von der Geschäftsstelle der Forschungsgesellschaft für Straßen- und Verkehrswesen, Maastrichter Straße 45, 5000 Köln 1.
DUTHWEILER, H., 1960: Sicherung und Begrünung von Erd- und Felsböschungen im Spessartabschnitt der Autobahn Frankfurt-Nürnberg. – Z. Das Gartenamt, Jg. 9, H. 4, S. 94–98.
DUTHWEILER, H., 1967: Lebendbau an instabilen Böschungen. – Forschungsarbeiten aus dem Straßenwesen, N. F. H. 70 – Kirschbaum-Verlag, Bad Godesberg.
Fachnormenausschuß Bauwesen im Deutschen Normenausschuß (DNA), 1973: DIN 18 920: Schutz von Bäumen, Pflanzenbeständen und Vegetationsflächen bei Baumaßnahmen. – Beuth-Vertrieb GmbH, Berlin und Köln.
Forschungsgesellschaft für das Straßenwesen e. V., Arbeitsausschuß Landschaftsgestaltung, 1973: Richtlinien zum Schutz von Bäumen und Sträuchern im Bereich von Baustellen (RSBB), Ausgabe 1973.
Forschungsgesellschaft für das Straßenwesen e. V., Arbeitsgruppe Straßenentwurf, 1975: Richtlinien für Straßenbepflanzung in bebauten Gebieten. – Ausgabe 1975.
Forschungsgesellschaft für das Straßenwesen Arbeitsgruppe Straßenentwurf, 1980: Richtlinien für die Anlage von Straßen (RAS), Teil: Landschaftsgestaltung (RAS-LG), Abschnitt 1: Landschaftsgerechte Planung: RAS-LG 1, Ausgabe 1980. – Kirschbaum-Verlag Bonn-Bad Godesberg. Zu beziehen von der Geschäftsstelle der Forschungsgesellschaft für das Straßenwesen e. V., Maastrichter Straße 45, 5000 Köln 1.
Forschungsgesellschaft für das Straßenwesen Arbeitsgruppe Straßenentwurf, 1980: Richtlinien für die Anlage von Straßen (RAS), Teil: Landschaftsgestaltung (RAS-LG), Abschnitt 2: Grünflächen – Planung, Ausführung, Pflege: RAS-LG 2, Ausgabe 1980. – Kirschbaum-Verlag, Bonn-Bad Godesberg.
Forschungsgesellschaft für Straßen- und Verkehrswesen: Richtlinien für die Anlage von Straßen (RAS) Teil: Landschaftsgestaltung (RAS-LG) Abschnitt 3: Lebendverbau RAS-LG 3. Ausgabe 1983. Köln.
GATTIKER, E. H., 1966: Die Art der Begrünung bestimmt den Unterhalt. – Separatdruck aus »Schweizer Baublatt« Nr. 64, vom 12. August 1966.
GATTIKER, E. H., 1971: Begrünungs-Pflanzen als lebende, dauerhafte Baustoffe. – Z. Der Gartenbau (Solothurn/Schweiz), 92. Jg., H. 33, 1461–1464.

KRELL, K., 1980: Handbuch für Lärmschutz an Straßen und Schienenwegen. – Otto Elsner Verlagsgesellschaft mbH 2 Co. KG, Darmstadt.

KURUSA, J., und A. BRAUSE, 1974: Gehölze auf den Mittelstreifen der Bundesautobahnen. – Z. Neue Landschaft *19,* H. 2, 70–77.

LEH, H.-O., 1973: Untersuchungen über die Auswirkungen der Anwendung von Natriumchlorid als Auftaumittel auf die Straßenbäume in Berlin. – Nachrichtenblatt des Deutschen Pflanzenschutzdienstes *25,* H. 3, 68–69.

LEH, H.-O., 1974: Untersuchungen über Toleranzunterschiede von Straßenbäumen gegenüber Auftausalz (Natriumchlorid) unter besonderer Berücksichtigung ihres Aufnahmeverhaltens. – Sonderdruck aus: Schriftenreihe »Grün ist Leben«, Herausgegeben vom Bund deutscher Baumschulen (BDB) e. V., Pinneberg.

LEH, H.-O., 1975: Die Gefährdung der Straßenbäume durch Auftausalz. – Sonderdruck aus: Z. Deutsche Baumschule, Nr. 10, Oktober 1975 (4 Seiten).

LOHMEYER, W., 1968: Über die Ansaat niedrigbleibender Rasen an Straßen und Autobahnen. – Z. Natur und Landschaft *43,* H. 3, 68–69.

OLSCHOWY, G., 1968: Zur Planung von Fernstraßen-Begrünungen. – Z. Natur und Landschaft *43,* H. 3, 60–64.

PFLUG, W., 1971: Die Pflanzen als Baustoff im Bereich des Straßenbaues. – S. 46–51 in: Lebender Baustoff Pflanze. – Vorträge des XI. Seminars des Bundes Deutscher Garten- und Landschaftsarchitekten e. V. (BDGA). – Verlag Georg D. W. Callwey, München.

SAUER, G., 1968: Mutterbodenverwendung und mutterbodenlose Begrünung. – Z. Neue Landschaft *13,* H. 1, 8–14.

SAUER, G., 1968: Rasenansaat ohne Mutterboden an Straßen. – Z. Natur und Landschaft *43,* H. 3, 51–54.

SCHIECHTL, H. M., 1962: Zwei neue Methoden der Grünverbauung zur Befestigung der Böschungen beim Bau der Brenner-Autobahn. – Sonderdruck aus: Österreichische Ingenieur-Zeitschrift, Wien, H. 7, Jg. 5, 234–241.

SCHIECHTL, H. M., 1963: Die heutige Technik der Grünverbauung beim Straßenbau in Österreich. – In: Brücke und Straße, H. 1/1963 (15. bzw. 31. Jg.).

SCHLÜTER, U., 1971: Lebendbau, Ingenieurbiologische Bauweisen und lebende Baustoffe. – Verlag Georg D. W. Callwey, München.

TRAUTMANN, W., 1968: Die Vegetationskarte als Grundlage für die Beweissicherung im Straßenbau. – Z. Natur und Landschaft *43,* H. 3, 64–68.

TRAUTMANN, W., 1973: Vegetation als lebender Bau- und Gestaltungsstoff an Verkehrswegen. – Z. Straße und Autobahn *24,* H. 8, 348–355.

5. Naturnaher Ausbau von Wasserläufen

ANSELM, R., 1975: Analyse der Ausbauverfahren, Schäden und Unterhaltungskosten von Gewässern. – Mitt. aus dem Inst. f. Wasserwirtschaft, Hydrologie und landwirtschaftl. Wasserbau der TU Hannover, H. 36, 11–189.

Arbeitsgemeinschaft Deutscher Beauftragter f. Naturschutz und Landschaftspflege, 1975: Naturschutz und Gewässerausbau. – Bd. 24, Jahrbuch Naturschutz und Landschaftspflege, herausg. v. W. Erz, Bonn-Bad Godesberg.

BAUER, L., W. HIEKEL und E. NIEMANN, 1967: Zur Aufnahmemethode des Uferzustandes von Fließgewässern – Ein Beitrag zur Ermittlung von Grundlagen für den biologischen Wasserbau und Uferschutz – Arch. Naturschutz und Landschaftsforsch., Bd. 7, H. 2, 99–127. – Institut für Landesforschung und Naturschutz Halle/S. der Deutschen Akademie der Landwirtschaftswissenschaften zu Berlin.

BEGEMANN, W., 1971 a: Gewässerunterhaltung – aber wie? Z. Natur und Landschaft, *46,* H. 6, 163–166.

BEGEMANN, W., 1971 b: Umweltschutz durch Gewässerpflege – Ingenieurbiologische Gewässerunterhaltung gemäß 1 28 des Wasserhaushaltsgesetzes. – DRW-Verlag GmbH, Stuttgart.

BINDER, W., 1979: Grundzüge der Gewässerpflege. – Schriftenreihe des Bayerischen Landesamtes für Wasserwirtschaft, H. 10. – München.

BÜRKLE, F., 1978: Lebendbau an Wasserläufen. – Grundsätze und Beispiele aus dem süddeutschen Hügelland. – Z. Garten- und Landschaft, *88,* H. 1, 18–24.

DAHL, H.-J., 1976: Biotopgestaltung beim Ausbau kleiner Fließgewässer. – Naturnaher Ausbau kleiner Fließgewässer in Niedersachsen. – Z. Natur und Landschaft, *51,* H. 7/8, 200–204.

Eidgenössisches Amt für Straßen- und Flußbau, 1973: Lebendverbauung an fließenden Gewässern. – Bezugsquelle: Eidg. Drucksachen- und Materialzentrale, Bern.

ENGELHARDT, W., 1962: Probleme von Forschung und Lehre auf dem Gebiet des Wasserbaues aus der Sicht des Landschaftsökologen und Landschaftspflegers. – Z. Natur und Landschaft, *37,* H. 10, 152–157.

ERZ, W., 1980: Feuchtgebiete erhalten und gestalten. – AID-Heft Nr. 406. – Herausg. vom Auswertungs- und Informationsdienst für Ernährung, Landwirtschaft und Forsten (AID) e. V., Bonn-Bad Godesberg.

Fachnormenausschuß Wasserwesen (FNW) im Deutschen Normenausschuß (DNA), 1973: DIN 19 657: Sicherungen von Gewässern, Deichen und Küstendünen – Richtlinien. – Beuth-Vertrieb GmbH, Berlin und Köln.

Fachnormenausschuß Wasserwesen im Deutschen Normenausschuß, 1959: DIN 19 660 – Richtlinien für Landschaftspflege im landwirt-

schaftlichen Wasserbau. – Beuth-Vertrieb GmbH, Berlin und Köln.
Gesellschaft für Ingenieurbiologie e. V. (Herausgeber), 1980: Uferschutzwald an Fließgewässern erster und zweiter Ordnung – Exkursionsführer zu den Exkursionen am 26. und 27. September 1980 in der Nähe von Mosbach/Baden. – Aachen.

HAUTUM, F., 1968: Wasserbauliche Anlagen – In: BUCHWALD, K. und W. ENGELHARDT: Handbuch für Landschaftspflege und Naturschutz. – Bayerischer Landwirtschaftsverlag, München, Bd. 2, Pflege der freien Landschaft, 330–350.

Hessische Landesanstalt für Umwelt, 1975: Richtlinie R: Bepflanzung von Wasserläufen. – Herausgeber: Hessische Landesanstalt für Umwelt, Wiesbaden.

HEUSON, R., 1946: Biologischer Wasserbau und Wasserschutz. – Siebeneicher Verlag, Berlin-Charlottenburg.

KERSTING, W., 1979: Die ausgleichenden Maßnahmen des Umweltschutzes bei der Hochwasserregulierung der Aller. – Schweiger & Pick Verlag, Celle.

KIRWALD, E., 1950: Forstlicher Wasserhaushalt und Forstschutz gegen Wasserschäden (einschl. Wildbachverbauung). – Verlag Eugen Ulmer, Stuttgart.

KIRWALD, E., 1954: Höckerschwellen im kombinierten Bachausbau. – Mitt. der Württemberg. Forstlichen Versuchsanstalt, Band XI, H. 1. – Verlag Eugen Ulmer, Stuttgart.

KIRWALD, E., 1959: Die Einbindung von Wasserläufen in die Landschaft und ihre Sicherung mit naturnahen Mitteln. – Herausgeg. v. Ministerium für Ernährung, Landwirtschaft und Forsten des Landes Nordrhein-Westfalen, Düsseldorf.

KIRWALD, E., 1960: Forstliche Wasserhaushaltstechnik im Schwarzwald. – S. 108–130 in: Jahresbericht des Deutschen Forstvereins – Landwirtschaftsverlag GmbH, Hiltrup.

KIRWALD, E., 1963: Die gesicherte Einbindung von Gewässern in die Landschaft. – Deutsche Gewässerkundl. Mitt., Sonderheft 1963, 40–44.

KIRWALD, E., 1964: Gewässerpflege. – Bayerischer Landwirtschaftsverlag, München.

KLAUSING, O., 1973: Vegetationsbau an Gewässern. – Hess. Landesanstalt für Umwelt, Wiesbaden.

KLEINE, H.-D., 1963: Naturnaher Wasserbau bei Bächen und kleinen Flüssen. – Z. Natur und Landschaft, *38,* H. 10, 145–151.

KLEINE, H.-D., 1969: Organisatorische Probleme bei der Ausführung und Pflege von landschaftspflegerischen Arbeiten an Bächen und Flüssen. – Z. Natur und Landschaft, *44,* H. 6, 143–144.

KRAUSE, A., 1976: Gehölzbewuchs als natürlicher Uferschutz an Bächen des Hügel- und unteren Berglandes. – Z. Natur und Landschaft, *51,* H. 7/8, 196–199.

KRAUSE, A., 1978: Die Schwarzerle (ALNUS GLUTINOSA), wichtigstes Ufergehölz an Flachland- und Mittelgebirgsbächen. – Anmerkungen zu U. SCHLÜTER: Überlegungen zum Naturnahen Ausbau von Wasserläufen. – Z. Landschaft und Stadt, *10,* H. 1, 44–45.
KRAUSE, A. und W. LOHMEYER, 1978: Über Erosionsschäden an gehölzfreien Bachufern in Nordwestdeutschland – ein Beitrag zur Geschiebeherkunft. – Z. Natur und Landschaft, *53,* H. 6, 200–206.
KRÖGER, S., 1980: Gewässer naturnah gestalten – Moderner Wasserbau in Flurbereinigungen. – Herausg.: Landesamt f. Agrarordnung NW, Münster.
Landesamt für Wasser und Abfall Nordrhein-Westfalen (Herausg.), 1980: Fließgewässer in Nordrhein-Westfalen – Richtlinie für naturnahen Ausbau und Unterhaltung. – Düsseldorf.
LOHMEYER, W., 1969: Über einige bach- und flußbegleitende nitrophile Stauden und Staudengesellschaften in Westdeutschland und ihre Bedeutung für den Uferschutz. – Z. Natur und Landschaft, *44,* H. 10, 271–273.
LOHMEYER, W. und A. KRAUSE, 1974: Über den Gehölzbewuchs an kleinen Fließgewässern Nordwestdeutschlands und seine Bedeutung für den Uferschutz. – Z. Natur und Landschaft, *49,* H. 12, 323–330.
LOHMEYER, W. und A. KRAUSE, 1975: Über die Auswirkung des Gehölzbewuchses an kleinen Wasserläufen des Münsterlandes auf die Vegetation im Wasser und an den Böschungen im Hinblick auf die Unterhaltung der Gewässer. – Sch.-R. f. Vegetationskunde, H. 9, Herausg.: Bundesanstalt f. Vegetationskunde, Naturschutz und Landschaftspflege, Bonn-Bad Godesberg.
MESZMER, F., 1961 a: Das Beispiel eines naturnahen Bachausbaues. – Sd. aus H. 27/28 der Veröff. d. Landesstelle für Naturschutz und Landschaftspflege Baden-Württemberg. – Ludwigsburg.
MESZMER, F., 1961 b: Natur- und landschaftsnaher Bau von Fließgewässern, Überblick und Beitrag. – Veröff. d. Landesstelle für Naturschutz und Landschaftspflege Baden-Württemberg, H. 29, 100–125, Ludwigsburg.
MESZMER, F., 1962: Zur Frage eines naturnahen und zeitgemäßen Gewässerausbaues. – Z. Wasser und Boden, *14,* H. 3, 92–96.
MESZMER, F., 1969: Der Ufersaumwald, ein Wasserbau-Element. – Z. Natur und Landschaft, *44,* H. 6, 140–142.
MESZMER, F., 1970: Das Saumwaldprofil. – Z. Wasser und Boden, *22,* H. 2, 29–33.
MESZMER, F., 1972: Die Sichelberme, ein Gestaltungselement landschaftsgerechten Wasserbaues.–Z. Wasser und Boden, *24,* H. 1, 16–19.
MESZMER, F., 1977: Naturnaher Bau von Fließgewässern. – In: Ingenieurbiologische Maßnahmen bei Rekultivierungsverfahren. – BDLA, H. 20, 19–26. – Verlag Georg D. W. Callwey, München.

MRASS, W. et al., 1966: Hochwasserbedingte Landschaftsschäden im Einzugsgebiet der Altenau und ihrer Nebenbäche. – Schr.-R. Landschaftspflege und Naturschutz, H. 1, 129–192. – Herausg.: Bundesanstalt für Vegetationskunde, Naturschutz und Landschaftspflege, Bonn-Bad Godesberg.
NIEMANN, E., 1963: Die natürliche Ufervegetation in ihrer Bedeutung für Uferbepflanzung und ingenieurbiologische Maßnahmen. – Z. f. Landeskultur, Bd. 4, H. 2, 187–206.
NIEMANN, E., 1970: Ufervegetation und Gewässerpflege. – Z. Wasserwirtschaft – Wassertechnik, *20,* H. 10, 344–348.
NIEMANN, E., 1971: Zieltypen und Behandlungsformen der Ufervegetation von Fließgewässern im Mittelgebirgs- und Hügellandraum der DDR. – Z. Wasserwirtschaft – Wassertechnik, *21,* H. 9, 310–316.
OLSCHOWY, G., und H. KÖHLER, 1956: Naturnaher Ausbau von Wasserläufen. – H. Nr. 79 d. R. Landwirtschaft – Angewandte Wissenschaft. – Landwirtschaftsverlag GmbH, Hiltrup b. Münster.
PFLUG, W., G. RUWENSTROTH, E. STÄHR, K. LIMPERT, G. REGENSTEIN und K. SCHOTT, 1980: Wasserbauliche Modellplanung Ems bei Rietberg auf landschaftsökologischer Grundlage. – Herausg.: Landesamt f. Agrarordnung Nordrhein-Westfalen, Münster.
PFLUG, W. (Herausg.), 1982: Ingenieurbiologie – Uferschutzwald an Fließgewässern. – Jahrbuch 1980 der Gesellschaft für Ingenieurbiologie e. V., Aachen. – Karl Krämer Verlag, Stuttgart.
PRÜCKNER, R., 1965: Die Technik der Lebendverbauung. – Ein Leitfaden der Ingenieurbiologie für Schutzwasserbau, Forstwesen und Landschaftsschutz. – Österreichischer Agrarverlag, Wien.
RADERMACHER, H., 1975: Chemische oder mechanische Gewässerunterhaltung? – Hydraulische Wirkung und Kosten. – Z. f. Kulturtechnik und Flurberein., *16,* H. 5, 268–278.
SCHLÜTER, U., 1975: Überlegungen zur Planung von Altarmen beim Ausbau von Wasserläufen. – Z. Landschaft und Stadt, *7,* H. 2, 49–62.
SCHLÜTER, U., 1977: Überlegungen zum naturnahen Ausbau von Wasserläufen. – Z. Landschaft und Stadt, *9,* H. 2, 72–83.
SCHWABE, G. H., 1968: Das Binnengewässer als Glied der Landschaft. – Z. Natur und Landschaft, *43,* H. 7, 160–165.
SEIBERT, P., 1960: Naturnahe Querprofilgestaltung beim Ausbau von Wasserläufen. – Z. Natur und Landschaft, *35,* H. 1, 12–13.
SEIBERT, P., 1967: Die Bedeutung der natürlichen Ufervegetation für die Ufersicherung von Gewässern. – Deutsche Fassung von: Conservation des Eaux – Influence de la végétation naturelle le long des torrents, des rivières et des canaux en rapport avec l'aménagement des rives. – Conseil de l'Europe. Sauvegarde de la nature et des ressources naturelles. Straßbourg 1967.
STODTE, G., 1975: Gedanken zur naturgemäßen Behandlung von

Fließgewässern. – Z. f. Kulturtechnik und Flurberein., *16,* H. 5, 279–295.
TRIER, H., 1970: Sind Gewässerregulierungen heute noch vertretbar? – Z. Die Wasserwirtschaft, *60,* H. 9, 301–303.
WALLNER, J., 1954: Die Gesundung unserer Flüsse durch Pflanzung und Lebendverbauung. – Pflanzensoziologie als Brücke zwischen Land- und Wasserwirtschaft der Reihe Angewandte Pflanzensoziologie, Zentralstelle für Vegetationskartierung, Stolzenau/Weser, H. 8, 173–183.
WANDEL, G., o. J.: Über den Nutzen und Schaden des Uferbewuchses an fließenden Gewässern. – Als Manuskript vervielf.
WOLF, H., 1977: Naturgemäßer Gewässerausbau – Erfahrungen und Beispiele aus Baden-Württemberg. – Veröff. Naturschutz Landschaftspflege Baden-Württemberg, *46,* 259–320.
ZIMMER, W., 1958: Die geordnete Flußlandschaft. – Schr.-R. der Naturschutzstelle Darmstadt. Bd. 3, 135–157. Im Selbstverlag der Naturschutzstelle Darmstadt.

6. Deichschutz durch Grasnarben

Arbeitsgruppe »Küstenschutz« im Küstenausschuß Nord- und Ostsee, 1955: Allgemeine Empfehlungen für den deutschen Küstenschutz. – Z. Die Küste, H. 4, 52–61.
Arbeitskreis Flußdeiche im DVWW et al. (Herausgeber), 1975: Empfehlungen für Flußdeiche. – 2. Aufl. Herausgeber: Arbeitskreis Flußdeiche des Deutschen Verbandes für Wasserwirtschaft e. V. (DVWW), Länderarbeitsgemeinschaft Wasser (LAWA) und der Deutschen Gesellschaft für Erd- und Grundbau e. V. (DGEG). – Verlag Paul Parey, Hamburg.
BECKER, A., 1969: Die Deichschafhaltung an der Oldenburger Nordseeküste. – Z. f. Kulturtechnik und Flurberein. *10,* H. 2, 81–89.
BLASZYK, P., 1962: Zur Vermeidung von Deichschäden durch Tiere und Unkräuter bei Sturmfluten. – Z. Wasser und Boden *14,* 286–288.
BRÖSSKAMP, K. H. (Herausgeber), 1976: Seedeichbau – Theorie und Praxis. – Vereinigung der Naßbaggeruntersuchungen e V., Hamburg.
EHLERS, M. und Mitarbeiter, 1964: Gutachten zur Sicherung von Hochwasserschutzanlagen durch Begrünung der Deiche im Gebiet der Freien und Hansestadt Hamburg. – Als Manuskript vervielf.
ERCHINGER, H. F., 1969: Deichbau an der Knock, 1. Bauabschnitt einer völligen Neuordnung der Hauptvorflut für den 1. Entwässerungsverband und den Ems-Jade-Kanal. – Z. Wasser und Boden *21,* 25–29.
ERCHINGER, H. F., 1970: Küstenschutz durch Vorlandgewinnung, Deichbau und Deicherhaltung in Ostfriesland. – Z. Die Küste, H. 19, 125–185.

Fachnormenausschuß Wasserwesen im Deutschen Normenausschuß, 1973: DIN 19 657: Sicherungen an Gewässern, Deichen und Küstendünen, Richtlinien. – Beuth-Vertrieb GmbH, Berlin.
HILLER, H., 1969: Problematik der Deichsicherung durch biologische Maßnahmen – Erste Untersuchungsergebnisse von beweideten Seedeichen an der Westküste Schleswig-Holsteins. – Z. f. Kulturtechnik und Flurberein. *10,* H. 3, 157–173.
HILLER, H., 1970: Hochwasserschutz durch gepflegtes Deichgrünland. – Z. Feld und Wald, 89. Jg., Nr. 5, 9–10.
HILLER, H., 1973: Über das Schutzvermögen der Grasnarben auf einigen Seedeichen in Ostfriesland. – Z. f. Kulturtechnik und Flurbereinigung *14,* H. 2, 99–111.
HILLER, H., 1974: Grasnarben auf Flußdeichen: Vegetationsuntersuchungen nahe Oldenburg i. O. zur Ermittlung ihrer Abwehrkraft und Vorschläge für biotechnisch geeignete Ansaaten sowie Pflegemaßnahmen. – Z. f. Kulturtechnik und Flurberein. *15,* H. 1, 21–36.
Küstenausschuß Nord- und Ostsee, Arbeitsgruppe Küstenschutzwerke, 1962: Empfehlungen für den Deichschutz nach der Februar-Sturmflut 1962. – Z. Die Küste, H. 10, 113–130.
LAFRENZ, P., 1957: Über die Pflege und Nutzung des Anwachsens und der Deiche an der Dithmarscher Küste. – Z. Die Küste, H. 6, 94–129.
LÜKEN, H., und R. MEIER, 1960: Die Unterhaltung der Deiche im Tidegebiet. – Z. Wasser und Boden *12,* 391–395.
MEYER, H., 1952: Halten unsere Deiche? – Z. Wasser und Boden *4,* 332–335.
PETERSEN, H., 1955: Über die Grundlagen zur Bemessung der schleswig-holsteinischen Landesschutzdeiche. – Z. Die Küste, H. 3, 153–180.
RIJKSINSTITUUT voor het RASSENONDERZOEK van CULTURGEWASSEN (RIVRO), 1980: 55 e Beschrijvende Rassenlijst voor Landbouwgewassen. – Wageningen.
RODLOFF, W., 1963: Über die Form von Seedeichen mit Grasdecke. – Z. Wasser und Boden *15,* 55–60.
Schleswig-Holstein. Landesamt für Wasserwirtschaft, 1962: Die Sturmflut vom 16./17. Februar 1962 an der Schleswig-Holsteinischen Westküste. – Z. Die Küste, H. 10, 55–80.
SEGGERN, F. v., 1967: Der Bau des Wangerdeiches. – Z. Wasser und Boden *19*, 305–306.
SNUIS, H., 1966: Die Küstenschutzarbeiten an der Westküste Schleswig-Holsteins nach der schweren Sturmflut vom 16./17. Februar 1962. – Z. Die Wasserwirtschaft *56*, 389–395.
WIELAND, P., 1967: Begrünung von Deichen und Dämmen des Küstenbereiches. – Z. Neue Landschaft *12,* 114–119.

WOHLENBERG, E., 1963: Der Deichbruch des Ülvesbüller Kooges in der Februar Sturmflut 1962. – Z. Die Küste, H. 11, 52–89.
WOHLENBERG, E., 1969: Deichbau und Deichpflege auf biologischer Grundlage. – In: BUCHWALD/ENGELHARDT: Handbuch für Landschaftspflege und Naturschutz, Bd. 4: Planung und Ausführung. – BLV Verlagsges. München, Basel, Wien.
ZUNKER, H., 1957: Gefährdung der Seedeiche durch unsachgemäßes Beweiden. – Z. Wasser und Boden 9, 50–51.

7. Dünensicherung

BERGER-LANDEFELDT, U. und H. SUKOPP, 1965: Zur Synökologie der Sandtrockenrasen, insbesondere der Silbergrasflur. – Verhandlungen des Botanischen Vereins der Provinz Brandenburg, gegr. 1959, 102. Bd., S. 41–98.
BENECKE, W., 1930: Zur Biologie der Strand- und Dünenflora I. Vergleichende Versuche über die Salztoleranz der Ammophila arenaria Link, Elymus arenarius L. und Agropyrum junceum L. Ber. d. Deutsch. Bot. Ges. 48, 127 (1930).
BENECKE, W. und ARNOLD, A., 1931: Zur Biologie der Strand- und Dünenflora II. Ber. d. Deutsch. Bot. Ges. 49, 363 (1931).
BICKENBACH, K., 1932: Zur Anatomie und Physiologie einiger Strand- und Dünenpflanzen. Beitr. Biol. Pflanzen 18 (1932).
CZOCK, H. und P. WIELAND, 1965: Naturnaher Küstenschutz am Beispiel der Hörnum-Düne auf der Insel Sylt nach der Sturmflut vom 16./17. Februar 1962. – Z. Die Küste, 13. Jg., S. 61–72.
Deutscher Rat für Landespflege, 1966: Naturschutzgebiet Nord – Sylt. H. 6 Schr.-R. des Dt. Rates für Landespflege.
ECKE, H., LOHMEYER, W., OLSCHOWY, G. und TRAUTMANN, W., 1965: Gutachten »Lister Dünen mit Halbinsel Ellenbogen auf Sylt« und Stellungnahme zur angestrebten teilweisen Umwandlung in ein Landschaftsschutzgebiet. – SchrR. f. Landschaftspflege und Naturschutz, H. 2, 1967, S. 65–114. Herausgeber: Bundesanstalt für Vegetationskunde, Naturschutz und Landschaftspflege.
ELLENBERG, H., 1982: Dünen und ihre Vegetationsabfolgen. – S. 490–516. In: Vegetation Mitteleuropas mit den Alpen in ökologischer Sicht, 3. Aufl. – Verlag Eugen Ulmer, Stuttgart.
EMEIS, W., 1955: Studien über das Zusammenwirken von Flugsand und Heidevegetation in den Amrumer Dünen. – S. 34–43. In: Festschrift für Dr. h. c. Willi Christiansen zur Vollendung des 70. Lebensjahres. Mitteilungen der Arbeitsgemeinschaft für Floristik in Schleswig-Holstein und Hamburg, H. 5.
ERCHINGER, H. F., 1975: Schutz sandiger Küsten in Abhängigkeit vom Schutzdünen-Strand-Profil. – Z. Die Küste, H. 27, S. 19–27.

FACHNORMENAUSSCHUSS Wasserwesen im Deutschen Normenausschuß, 1973: Sicherungen an Gewässern, Deichen und Küstendünen – Richtlinien DIN 19 657. Beuth-Vertrieb GmbH, Berlin und Köln.

GRIPP, K. 1968: Zur jüngsten Erdgeschichte von Hörnum/Sylt und Amrum mit einer Übersicht über die Entstehung der Dünen in Nordfriesland. – Z. Die Küste, H. 16, S. 76–117.

HARNISCHMACHER, 1952: Zur Unterscheidung der auf den ostfriesischen Inseln vorkommenden 3 Helmarten. – Z. Wasser und Boden, 4. Jg., S. 370–371.

HARNISCHMACHER, 1954: Die Dünenlandschaft der ostfriesischen Inseln in Hinblick auf den Dünenschutz. – Z. Wasser und Boden, 6. Jg., S. 263–264.

HEYKENA, A., 1965: Vegetationstypen der Küstendünen an der östlichen und südlichen Nordsee. – Mitteilungen der Arbeitsgemeinschaft für Floristik in Schleswig-Holstein und Hamburg, H. 13.

LUX, H., 1964: Die biologischen Grundlagen der Strandhaferpflanzung und Silbergrasansaat im Dünenbau. – S. 5–53: In: Angewandte Pflanzensoziologie – Arbeiten aus der Abteilung Vegetationskunde der Bundesanstalt für Vegetationskunde, Naturschutz und Landschaftspflege, H. 20.

LUX, H., 1965: Flugzeugeinsatz zur Düngung der Amrumer Dünen. – Z. Wasser und Boden, 17. Jg., S. 387–390.

LUX, H., 1966: Zur Ökologie des Strandhafers (Ammophila arenaria) unter besonderer Berücksichtigung seiner Verwendung im Dünenbau. – Beiträge zur Landespflege, Bd. II, H. 1/2, S. 93–107.

LUX, H., 1969: Festlegung und Begrünung von Dünen. – In: Buchwald/Engelhardt, 1969: Handbuch für Landschaftspflege und Naturschutz, Bd. 4: Planung und Ausführung, S. 237–248.

LUX, H., 1969: Planmäßige Festlegung der schadhaften Binnendünen auf den nordfriesischen Inseln Sylt und Amrum. – Z. Natur und Landschaft, 44. Jg., H. 6, S. 135–139.

MEIJERING, M. P. D., 1964: Der Strandweizen in seinem außergewöhnlichen Lebensraum. – Z. Natur und Museum, 94. (8.) Jg., S. 319–324.

PREISING, E., 1954: Neue Erfahrungen über die Begrünung von Flugsandböden. – Begrünen und Rekultivieren von extremen Standorten, Nr. 43 der Reihe »Landwirtschaft – Angewandte Wissenschaft«, S. 101–112.

SCHLÜTER, U., 1971: Lebendbau – Ingenieurbiologische Bauweisen und lebende Baustoffe. – Verlag Georg D. W. Callwey, München. (Abschnitt 3.3 Maßnahmen zur Dünenfestlegung, S. 48 ff.)

SCHRATZ, E., 1937: Beiträge zur Biologie der Halophyten. IV. Die Transpiration der Strand- und Dünenpflanzen. – Jb. wiss. Bot. 84, S. 593–638 (1937).

STRAKA, H., 1963: Über die Veränderungen der Vegetation im nördlichen Teil der Insel Sylt in den letzten Jahrzehnten. – Schr. Naturw. Verw. Schlesw.-Holstein, Bd. 34, S. 19–43, Kiel.
WESTHOFF, V., 1961: Die Dünenbepflanzung in den Niederlanden. – Angewandte Pflanzensoziologie, H. 17: Pflanzen und Pflanzengesellschaften als lebendiger Bau- und Gestaltungsstoff in der Landschaft, S. 14–21.
WIEMANN, P. und W. DOMKE, 1967: Pflanzengesellschaften der ostfriesischen Insel Spiekeroog – I. Dünen, 1. Teil., S. 191–353. Mitt. Staatsinst. Allg. BoHamburBd. 12.
ZIMMERMANN, F., SAXEN, A. und SEIFERT, E., Ein neuartiges Verfahren zur Beschleunigung der luvseitiung von Dünen im Küstenbereich. – Z. Die Wasserwirtschaft, 56. Jg., S. 383–388.

Professor Dr. Hildegard Hiller
Institut für Landschaftsbau,
Fachgebiet Ingenieurbiologie der
Technischen Universität Berlin
Lentzeallee 76
1000 Berlin 33

Arthur von Kruedener

Der unterirdische Wald
The Subterranean Forest

Vorwort des Herausgebers

Der unterirdische Wald in seiner ganzen Vielfalt, ein Schwerpunkt ingenieurbiologischen Denkens und Handelns, fand bereits vor geraumer Zeit einen beredten Anwalt. Vor 35 Jahren formulierte Forstdirektor Dr. h.c. Arthur Freiherr von Kruedener seine Gedanken zu diesem Thema und veröffentlichte sie in der Allgemeinen Forst- und Jagdzeitung (122 - 1950/51, H. 8, 226–233). Da diese Arbeit nur Forstleuten und wenigen Bauingenieuren und Landschaftsarchitekten bekannt wurde, nach wie vor trotz inzwischen wesentlich erweitertem Wissen aktuell ist, eine enge Beziehung zum Thema des zweiten Jahrbuches der Gesellschaft für Ingenieurbiologie aufweist und oft nach ihr gefragt wird, drucken wir sie im Gedenken an einen der Altmeister der Ingenieurbiologie mit Einverständnis von Redaktion und Verlag der Allgemeinen Forst- und Jagdzeitung nach.

I. Gedanken über den unterirdischen Wald

In meinen Berichten über waldbodenkundliche Beobachtungen, Untersuchungen und waldbiologische Erfahrungen habe ich des öfteren den Ausdruck »unterirdischer Bestand«, »unterirdischer Wald« gebraucht. Dieser Ausdruck mag viele fremd anmuten. Und doch ist er berechtigt. Und ein jeder Naturbeflissene sollte diesen Begriff in sich verarbeiten und nutzanwenden.
Es ist eine – ich möchte sagen »bittere Tatsache«, daß wir uns über den unterirdischen Wald gar keine oder viel zu wenig Gedanken machen, Gedanken, die von größter praktischer Bedeutung für die Leistung und das ganze Leben des Waldes sind. –
Wald ist ein Gesamtbegriff von Bäumen, Sträuchern und Pflanzen der Bodendecke wie: Blattpflanzen, Gräsern, Moosen und Flechten aller Ausmaße und Böden. Und dennoch denkt man dabei mehr an den Baumbestand und dann fast ausschließlich an

den über dem Boden. Er reckt und streckt sich, wächst in den Luftraum, in die Atmosphäre hinein. In ihr sind die Luft selbst, ihre Bewegung, vom kleinsten Hauch bis zum Orkan, der Wassergehalt der Luft, die Niederschläge in jedweder Form – sei es Dunst, Tau, Nebel, Regen, Reif, Schnee oder Eis, – von geradezu ausschlaggebender Bedeutung. Und desgleichen die Temperaturunterschiede von frostiger Kälte bis zur größten Hitze. – Und endlich das Wasser selbst, das über dem Boden und in demselben als solches sich auswirkt.

Indes besteht ein beträchtlicher Teil des Waldes als Gesamtbegriff, seiner ober- wie unterirdischen Teile, mit aus größten bis kleinsten Würzelchen und Wurzeln bis zu den feinsten spinnennetzdünnen Geweben und Einzelfasern. Diese leben – wie die oberirdischen im Medium der Atmosphäre – in einem Medium, das wir im gewöhnlichen Leben unter dem Gesamtbegriff »Boden« zusammenfassen. Die genannten Faktoren des Mediums Atmosphäre wirken sich auch zu einem Teil im Medium Boden mit aus, direkt oder indirekt; nur ist diese Auswirkung eine Transitauswirkung; denken wir nur an den mehr oder weniger gehinderten Zutritt, Eintritt und die Arbeit von Luft, Wasser (Feuchtigkeit) und Temperatur (Temperatur- und Wärmeleitung) im Medium Boden.

Denken wir aber auch an unsere »prähistorischen« Waldungen, die zu jenen Zeiten, ober- wie unterirdische Teile derselben, Massengebilde darstellten, zu deren Restaurierung im Geiste unsere Phantasie nicht ausreicht. Heutzutage als geologisch-stratigraphische Schichten seit Urzeiten zum Gesamtbegriff eines Waldes gehörend, beanspruchen sie aus rein praktischen Gründen unser Interesse (Steinkohlen, Braunkohlen).

Der prähistorische Wald war Geburtsstätte, Wiege, Lebensbetätigungsraum und Begräbnisstätte. Der temporäre Wald ist es längst nicht mehr; fast von Jugend an muß er den Menschen seinen Tribut als Nutzungsobjekt zollen. Nur in Urwäldern hat er sich, zum Teil wenigstens, noch erhalten; in fernen Erdteilen, in Europa aber kaum noch in Restbeständen. Diese hütet jetzt der Kulturmensch als kostbares Kleinod historischer Überbleibsel, auch aus naturwissenschaftlicher Ehrfurcht, endlich, zwangsläufig, zufolge ihrer Unzugänglichkeit, die ihnen, vorläufig wenigstens, ihre Unberührtheit sichert. Soweit meine Erfahrungen hauptsächlich in europäischen Urwäldern (in Bialowies, im Kaukasus, dem hohen Norden Europas bis zur Tundra am Weißen Meer, Teilen Sibiriens). Aber auch hier hat der Einfluß des Menschen seine Spuren hinterlassen (Feuersbrünste), oder ist jedenfalls umgestaltend wirksam gewesen. Immerhin können wir hier noch von Urwäldern sprechen. Und immerhin haben diese primären wie sekundären, auch heute noch vorhandenen Urwälder – sei es als verkohlter Wald, sei es als noch grüner – zur Bildung nicht nur prähistorischer geologischer Schichten beigetragen, sondern auch zur weiteren Ausbildung von in statu nascendi befindlichen. Hierzu haben wir auch die Verwitterungsgebilde von Gesteinen zu zählen, ihre Ablagerungen in situ, an Ort und Stelle, sowie solche, die durch ober- wie unterirdischen Transport gekennzeichnet sind. Zerfall, Lösung, Vermischung, Ansammlung organischer Stoffe (Torfmoore), in Urwäldern vornehmlich, gehören mit zu geologischen Bildungen.

Aber auch rein mechanisch wird der ganze Bewuchs erzeugende Bodenraum verändert; durch Auflockerung des Bodenraumes, des Ober- und Unterbodens, des Untergrundes bis in bedeutende Tiefen. Der Boden wurde in diesem Gesamtraum lebendig, der produktionsfähige Raum erweitert, in seiner Tätigkeit intensiviert.

Das ganze Wurzelwerk des unterirdischen Bestandes trug zur Bildung eines »Fachwerkgebäudes« aus mineralischem und organischem Baumaterial bei. Wände und Hohlräume entstanden, Zellen, Gänge aller Größen. Die stoßende, wühlende, schiebende, drängende, bohrende und feilende Arbeit der größten bis feinsten Wurzeln in ihrem ganzen Umfange zu erfassen, ist nur möglich, wenn man Tausende von diesbezüglichen Untersuchungen bis in große Tiefen des Gesamtbodenraumes anstellt, ja selbst geschichtetes Gestein, sei es einheitlich oder in mehr oder weniger ausgesprochener Quaderlagerung vorhanden, selbst in ihren Fugen und Fugenwänden untersucht. Alle Wurzeln, von den größten in Oberbeinstärke bis zu den kleinsten Fasern, trugen da zur Bildung und Auflockerung des Gesamtbodens bei. Und damit zum Luftzutritt, zum Eindringen des Wassers, zur Ausgleichung der Temperaturen, von Kälte und Wärme. Unter Mitarbeit von Makro- und Mikrofauna und -flora, von Bodendecke und Boden auflockernden, durchwühlenden, verarbeitenden, verzehrenden Lebewesen, von Wildschweinen, Mäusen, Maulwürfen, Engerlingen, Maden, Würmern aller Art und Pilzen wurde der Boden mineralisiert, zu CO_2, N, NH_3, Nitriten und Nitraten, zuletzt zu salpetersauren Salzen und anderen Verbindungen. Sie wurden zu Stoffen erweiterter Bodenbildung, zu Nährstoffen, vor allem unserer Wurzeln. Diese dringen sowohl in die vorhandenen wie auch neu entstandenen und entstehenden Hohlräume und Ritzen ein. Sie führen insgesamt, abgesehen von Luft und Wasser, Wärme (außer ihrer Eigenwärme) mit sich. Sie dringen in die kleinsten Gesteinsspalten und Ritzen und leiten so die Verwitterung bis weit in die mineralischen Gesteinsteile hinein. Es wurde auf diese Weise durch des Gesamtwurzelwerks, hauptsächlich aber der Holzgewächse Arbeit, an Fläche und Tiefe gewonnen, der Raum selbst aber intensiver eingenommen und ausgenutzt. Der unterirdische Wald eroberte den Boden als erweiterten Gesamtbegriff.

Der unterirdische Wald wurde so zur Riesenwerkstatt des architektonischen Aufbaus von einem gewaltigen Bodenskelett und dessen Füllung mit mineralischer und organischer Bodensubstanz aller Korngrößen, von Gesteinstrümmern, Gesteinsbrokken, von Kies, Grus, Grand, Grobsand bis zum Feinsand und Ton, von absterbenden, abgestorbenen, zerfallenden, verwesenden und zu Humus werdenden und gewordenen Holzmassenteilen.

Die Urheber und Begründer dieses Fachwerkgebäudes unter dem Erdboden waren gewaltige Mischwälder aus Laubholzarten und Nadelholzarten, aus Laubholz-Nadelholz, aus Nadelholz und Laubholz im Zwischen- und Unterstand.

Das war einmal! – Und heutzutage? –
Der Urwald ist in Europa so gut wie verschwunden, wie bereits gesagt wurde. Westeuropa kennt ihn kaum mehr, nur im Kaukasus und Ural habe ich ihn noch in seiner ganzen Größe und Herrlichkeit angetroffen.
Die Jahrhunderte alten Baumriesen sind nurmehr noch in einzelnen Exemplaren hier und da erhalten. Sie zeugen von einstiger Waldespracht. Wie lange noch? – Bis die Technik auch ihre Ausnutzung ermöglicht hat.
Der heutige Wald aber bedeutet eine neue Welt, ärmer an Arten, kleiner an Ausmaßen. Er wird auch nicht alt. Tempo, Tempo, Schnellwuchs ist die Parole. Die durchschnittliche Höchstleistung wurde vielfach zum Maßstab, der Rechenstift mußte entscheiden. Der oberirdische Wald wurde ärmer in seiner Zusammensetzung, und damit auch der unterirdische. Die Umtriebe wurden herabgesetzt. Die Artenwahl fiel zu Gunsten der Fichte aus, die auf einigermaßen besseren Böden noch relativ hohe Erträge gab, auf ärmeren Sandböden aber zu Gunsten der Kiefer.
Der Urwald war Sinnbild von Werden, Gestaltung, Vergehen. Er erneuerte sich aber ständig wieder, er schien gleichsam ewig. Aus den Ruinen verrottender, verwesender, zum Teil konservierter Baumleichen erblühte immer wieder neues Leben. Das war einmal.

Der heutige Wald ist oft »nachhaltig« nur auf dem Papier. So die Nachhaltigkeit des Bodens, seine Produktionskraft.
Zugleich mit dem heutigen Raubbau am oberirdischen Bestand geht häufig ein Raubbau an der Bodendecke, der Streu vor sich. Was die Natur häufig unter den schwierigsten Umständen für eine ungehinderte Verrottung, Verwesung, Mineralisation Jahr für Jahr gebildet hatte, wurde rücksichtslos erst mit hölzernen Rechen weggerecht; dann trat an die Stelle des hölzernen Rechens der eiserne und zuletzt die Hacke.
Und jetzt wird sogar nicht nur die Streu, sondern der ganze Oberboden mit weggehackt, so daß nur ein »bodenloser«, potentiell unfruchtbarer und stickstoffbarer Boden nachbleibt. Damit wurde dem Wald, Stätte der jährlichen Erneuerung und Gesunderhaltung des Bodens, der Lebensnerv, der jährliche Dung genommen, die Verwitterung gehemmt, ja so gut wie unterbrochen, jegliches Leben von Makro- und Mikrofauna und -flora gestört. In vielen Fällen sank die Produktivität des Bodens ins Unvorstellbare, er wurde geradezu hart wie eine »Tenne«, steril; der Wald wurde zum Krüppel, denn sein Gesundheitszustand ging rapid zurück, die Stammausformung gleichfalls. Stärkster Insektenbefall mit seinen äußeren und inneren Kennzeichen und Formen war die Folge (Triebwickler, Waldgärtner mit der charakteristischen Bajonettbildung des Stammes als Resultat usw.). Das Laub, die Nadeln fraßen die Raupen. Die Pilze vollendeten die Arbeit. Das Holz wurde faul; mitunter setzte sich die Fäulnis mehrere Meter hoch in die Stämme fort.
Und die Wurzeln? – Durch das ständige Berechnen wurden die hierdurch schon flach zwischen Rohhumus und Oberboden hinstreichenden Wurzeln völlig bloßgelegt, verwundet, faul; und die Wurzelfäulnis setzte sich auch von ihnen aus bis hoch in den Stamm fort.
Bei all dem findet auch die insektenvertilgende Vogelwelt keine Nist- und Nährstätten mehr, weder auf den Bäumen und Sträuchern, noch auf dem Boden, weder in der Bodendecke, noch im Boden selbst. Der Wald wird für sie unbewohnbar, unbelebt, leblos, tot:
Wir sollten aus historischen Beispielen eine Lehre ziehen. Gerade uns in Deutschland ist viel Gelegenheit dazu geboten. Als warnendes Menetekel treffen wir noch häufig die sogenannten »Keltenäcker«, deren Anlage schon Jahrhunderte zurückliegt, an. Auf den Rückenstreifen, mit dem aufgetragenen Erdboden, stockt starkes und dabei tiefwurzelndes Holz; in den Senkenstreifen hingegen, von denen der Boden für die Rückenstreifen entnommen wurde, stockt nur dünnstämmiges, flachwurzelndes, lückiges Holz, oder – diese Fälle sind jetzt gar nicht so selten – überhaupt keines mehr. Oberboden und Unterboden sind nicht mehr vorhanden; der Untergrund hart, und nur eine dünne Schicht von den Rückenstreifen herabgeschwemmten Erdbodens überdeckt ihn noch. In dieser Schicht fristet der Holzbestand der Senken ein kümmerliches Leben. Die Hälfte dieser einstigen Ackerflächen ist so zur Mindestproduktivität verurteilt.
Doch das sind örtliche, wenn auch häufige Erscheinungen, von denen selbst bessere Sandböden nicht verschont bleiben.
Ein viel ernsteres Übel, weil weit verbreitet und rücksichtslos ausgeübt und dabei meist radikal, ist das Stockroden, das dem Waldboden tiefe, zum Teil unheilbare Wunden schlug und schlägt. Mit dem Absinken des Haubarkeitsertrages setzte diese Nutzung, als Raubbau auch am unterirdischen Wald, unbarmherzig ein. Er fiel nicht nur der Gewohnheit der »Holzbeschaffungsaktion mit allen Mitteln« anheim, sondern auch dem Wunsche, die Waldarbeiter in der verhältnismäßig ruhigeren, warmen Jahreszeit zu beschäftigen. Da wurde denn das fleißige Roden erst ein remedium, dann zur Gewohnheit. Das klingt wie ein Märchen, ist aber traurige Wahrheit, die ich selbst zu hören bekommen habe.
Die Folgen, leider viel zu wenig beachtet und in ihrer Schädlichkeit verkannt, sie waren und sind katastrophal. Der unterirdische Bestand, das ehemalige »Fachwerkgebäude«, fiel zusammen. Der einst lockere, von Wurzelhohlräumen durchsetzte Boden wurde durch Einschlämmung von Feinerde in diese Hohlräume fest. Diese Einschlämmung war so dicht, daß jeglicher Luftzutritt aufhören mußte. Deutlich erkennbare Desoxydationserscheinungen begannen, sogenannte Gleibildungen, die ich, zum Unterschiede von den gewöhnlichen, durch inneren Wasserstau hervorgerufenen Gleibildungen, als »Wurzelglei« bezeichnen möchte. Diese Gleibildungen unterscheiden sich vom übrigen, gelblich, bräunlich bis roströtlich gefärbten Boden durch ihre Horizontlosigkeit, ihre Fleckigkeit in allen Richtungen und Formen, die sich noch nach Jahrzehnten erhält. In ihnen stößt man hin und wieder noch auf schwärzliche bis schwarze Flecken und Streifen humoser Beschaffenheit; das sind die gleichsam »einbalsamierten«, nicht verrottenden, »unvollkom-

men humifizierten« Überbleibsel des einstigen unterirdischen Bestandes. Die Wurzeln der folgenden Generationen weichen diesen Wurzelgleistellen geradezu aus, denn es fehlt ihnen dort vor allem an Luft (an Sauerstoff). Auf diese Weise geht ihnen ein keineswegs geringer Teil des einstigen Bodenraumes, direkt als Teilraum, indirekt durch eben diese als Sperrgitter wirkenden Gleibildungen, verloren.
Die Lage unserer Waldwirtschaft ist ernst, es geschieht zur Holzbeschaffung vieles, was früher nicht gang und gäbe war. »Not kennt kein Gebot«, heißt es. Und dennoch müssen wir sparsamer mit dem Rohstoff Holz umgehen denn je zuvor.
Der Weg zur Sanierung unserer Landeswirtschaft (Land- und Forstwirtschaft) ist schwer. Aber, wo ein Wille ist, ist auch ein Weg, der Weg der Belehrung durch Wort und Schrift und des Verständnisses und der Unterstützung von Seiten der höheren Regierungsstellen.

II. Der unterirdische Wald und der Forstmann als Waldgefügearchitekt und Bodeningenieur

In diesem Abschnitt soll gezeigt werden, in wie hohem Grade insbesondere in nicht ebener Landschaft, bereits im Hügelland, aber erst recht im Mittelgebirge, das Gedeihen des Waldes, Wuchsrückgang und -stillstand von den biologisch-technischen Maßnahmen des Forstmannes abhängen. Und dies direkt oder indirekt im Boden und über dem Boden, denn die Über-Bodenwelt, Boden- und Unter-Bodenwelt stehen oder sollten wenigstens in innigem Kontakt miteinander stehen. Beide Welten sind naturgebunden, die Gesundheit der einen Welt bedeutet die Gesundheit der anderen.
Da fangen wir mit der Luft an, mit dem kalten und heißen Lufthauch bis zum Sturm. Wie leicht kann das Abholzen einer schützenden Waldeswand den Standort hinter ihr in einen Froststand umwandeln, die Kultur und den Jungwuchs schädigen, die dann nur mit großer Mühe und unverhältnismäßig großem Kostenaufwand hochzubringen sind. Wie leicht kann solch ein Abholzen zu Sturmschäden hinter dem abgeholzten Schlagstreifen führen, in Beständen, die vorher als geschützt gelten konnten.
Wie leicht können auch solche Kahlhiebe die Ursache von Bodenauswehungen im bisher geschützten Bestand werden, also auch zur Bodenverdichtung und zum Dürrestand führen, zur Entstehung trockener Standorte mit andauernden Wuchsstokkungen. Ähnliche Folgen haben unter Umständen auch Aushieb des Unterwuchses von Nadel- bis Laubholz, zu starke Durchforstungen, wenn an das veränderte Windklima als Resultat sonst ganz richtiger Maßnahmen dabei nicht gedacht würde.
Und denken wir endlich auch an die Sturmschäden am Bodenaufbau und ihre Folgen. Ein jeder gestürzte Baum hinterläßt eine Wunde im gewachsenen Boden, die sich nachhaltig ungünstig auf den ganzen Boden an Ort und Stelle wie ringsum auswirkt und dessen Aufbau, Gefüge, das Bodenklima zerstörend beeinflußt. Es ist leicht, hier das beste Rezept zu geben: alle Stämme vom Stumpf zu trennen, diesen mitsamt dem Ballen zurückzuwerfen, den Boden ringsum einzuebnen. Das ist jedoch eine kostspielige Maßnahme, wenn es sich um eine größere Zahl von Stümpfen handelt, bei der man unter Umständen zum »Stockabschwarten« und Loshieb der Stockwurzelanläufe der Wurzeln, mit nachträglichem Einebnen der Stockentnahmestellen natürlich, überzugehen gezwungen ist.
Nur noch einige Worte über das Geologische im Zusammenhang mit dem Wasserhaushalt. In unebener, besonders aber in bergiger Landschaft, ist der Wasserhaushalt ungleichmäßiger. Schon durch das äußere und innere Relief, die stratigraphische Schichtenlagerung, durch die Felsblock- und Steinverteilung, durch unregelmäßige und unebene wasserdurchlässige, wasserführende, wasserundurchlässige, wasserleitende, wasserhaltende und wasserstauende Schichten, Lagen, Einsprengelungen, unter Umständen in geologisch verkehrter Reihenfolge und Mächtigkeit, werden sie verursacht. Verwerfungen, Felsausbildungen, Überrollungen, Fließerden-Spaltungen, Rißbildungen wechseln, lösen einander ab. Dazu ist das Gestein, electrolytarm bis electrolytreich, sauer, alkalisch, basisch, schwer bis leicht löslich, kalkreich bis kalkarm, eisenhaltig bis eisenreich usw. Das Wasser führt CO_2, die zur Beschleunigung des weiteren mechanischen wie chemischen Vermittlungsvorganges führt, oder aber entbehrt ihrer gänzlich.
Das ganze Bodengerüst wird so natürlich Veränderungen unterworfen, das Bodengebäude entsprechend gewandelt. Ganze Steinblöcke geraten in Bewegung, werden geschoben, verändern ihre Lage, wenn es auch nicht mehr zu Felsenmeerbildungen (Entstehung von Blockmeeren) kommt. Aber die Spuren periglacialer wie posthumer Reliefveränderungen im großen wie im kleinen (Bayer. Wald) sind leichter erkennbar, wirken sich auch heute noch aus.
Was die Felsblöcke anbetrifft, bis zu Einzelgesteinen aller Größen, so finden ihre Translocationen bis auf den heutigen Tag statt. Wir beobachten die Stauungen von Erde, von Hanglosspülungen, von Erosionen von ihnen bis ins kleinste, von einzelnen Kleingesteinen; die Losspülungen an den Seiten; die Anhäufungen dicht unterhalb derselben bis zur Einbettung und selbst Überdeckung.
Diese Vorgänge ändern, wenn auch meist nicht in großen Ausmaßen, den Standort doch wesentlich. Sie sind der Beginn der Anhäufung von infolge ihres geringen spezifischen Gewichtes am ehesten dem Druck von Hangwässern, überhaupt von Wässern nicht ebener Standorte bis Hangrieselwässern, nachgebenden organischen Massen (Brücher, Lohen). Kleine Ursachen, große Wirkungen! Denselben Anlaß kann auch:
a) ein umgestürzter Baum bzw. Baumstumpf geben; nur, daß hier unterhalb des Wurzeltellers das Wurfloch bleibt, und seinerseits
b) zur Wasserstauung und Bruch- bzw. Lohebildung führen kann.
Damit sind wir nun zum Wasserfragenkomplex im unterirdischen Wald gelangt.
Zur Anhäufung von organischen Massen kann es von den kleinsten Anfängen an schon durch ein entwurzeltes, quer zum Hang geworfenes Stämmchen kommen. Fehlt dann der nötige

Wasserzug, so bildet sich eine Mikro-Staulohe. Sind es ihrer jedoch eine ganze Anzahl, die vielleicht in einer Windwurf-Bestandeslücke flach wurzelnd aufgewachsen waren, so haben wir bereits eine Makro-Staulohe vor uns, schon angezeigt durch eine charakteristische Bodendecke. Erst zeigt sich eine geschlossene Decke von Polytrichum commune, dann stellen sich, je nachdem, Sphagnum Kissen ein; bei geringstem, noch vorhandenem Wasserzug auch Calamogrostis villosa. In beiden Fällen hat rechtzeitig eine Einebnung bzw. Aufräumung der Ursachen stattzufinden; an Nässe hatte hier der Standort jedenfalls schon gelitten, die Bäumchen wurzelten flach, es fehlte, wie gesagt, der unterirdische Bestand. Der Kostenpunkt fällt hier nicht ins Gewicht. Es kann sonst zu den Anfängen einer Lohebildung kommen, wenn eine Wasserstauung eintritt, und damit zu einer Staulohe. Aber auch schon durch das Relief allein können Staulohen entstehen. Das ist der Fall in Mulden, deren Oberflächen quer zum Hang Parabelbildung zeigen. In ihr geraten Ablagerungen organischer Massen nur zu leicht in ihrer Hangabwärtsbewegung ins Stocken, führen zu Stauungsvorgängen und zur Staulohenbildung. Es fehlt in solchen Fällen am pumpenden Baumbestand, am unterirdischen Bestand. Es können aber auch muldenartige Senkungen, die längs dem Hange verlaufen, zu Staulohebildungen führen. Endlich kann es sich um solche Muldenbildungen handeln, die am Fuße eines Hanges als Hangfußmulden verlaufen.

All diese Lohen benötigen die Schaffung oder Wiederherstellung eines Wasserzuges, einer Entwässerung, wie wir sie der Reihe nach nannten, und nach den in ihnen in Betracht kommenden forstlichen Ingenieurarbeiten.

Ein umgestürzter Baum kann natürlich nur zu einer Mikrostauung führen; sind es ihrer mehrere, so kann es doch zu einer Lohebildung kommen. Ernster liegen die Fälle, bei denen eine Parabelmuldenlohe in statu nascendi vorliegt, erst recht jedoch, wenn es sich um längs dem Hang verlaufende Lohen handelt (hierüber s. weiter unten), insbesondere um Hangfußlohen.

Die Arbeit des Waldgefügearchitekten, des Waldbodeningenieurs, beginnt vorbeugend schon bei der kleinsten Wasserzugstockung. Der Mangel an Wasserzug wirkt sich nach den Seiten und unterhalb aus. Er offenbart sich in der schlechten Entwicklung der Bäume, in der schlechten Wuchsleistung der oberirdischen Stamm- und Stämmchenteile, in der Anfälligkeit Insekten und Pilzen gegenüber. Faule Wurzeln im Bodengebäude bei lebendigen oberirdischen Teilen werden zur Regel. Ständige Beobachtungen und Untersuchungen werden zur Notwendigkeit. Wir ahnen oft nicht, was hier eine solche Arbeit der Kontrolle und des rechtzeitigen Eingreifens für segensreiche Folgen mit sich bringt.

Leider aber werden vielfach die Entwässerungsarbeiten technisch und biologisch nicht richtig geplant, in die Wege geleitet und ausgeführt. Eine Lohe mit gutem Wasserzug ist ein Waldkapital, Trägerin bester Bestände. Eine Staulohe jedoch wird nur zu leicht zum Krebsschaden für den ober- wie unterirdischen Bestand. Hierzu nun einige Beispiele:

Eine Hanglohe, oberhalb welcher der Hang steiler ansteigt, von dem die Lohe hauptsächlich ihr Wasser erhält, zeigte Stauungserscheinungen. Hiergegen wurde ein tiefer und breiter Graben von der Hangkante oberhalb der Lohe hangabwärts geradeaus bis in ein offenes Rinnsal unterhalb der Lohe gezogen. Resultat: der Graben hatte nur eine geringe seitliche Saugwirkung, setzte aber doch die Lohe in seiner nächsten Umgebung geradezu aufs trockene; der organische Boden verlor seine Struktur, die Textur, wurde pulverförmig. Die Bäume aber, stärkeres Fichten-Stangenholz, dessen Wurzelwerk nunmehr lose im lockeren „Erdpulver" stockte, verloren den festen Halt im Boden; der Wind schaukelte sie hin und her; die Wurzeln wurden aus dem Boden gehoben, der unterirdische Bestand war nicht mehr. Die Stämme aber nahmen eine regellose, schräge Stellung ein, stützten sich zum Teil bereits einer auf den anderen. Es war nunmehr noch eine Frage der Zeit, wann der erste Herbstwind sie vollends werfen, der Borkenkäfer sie auch im oberirdischen Bestand lebensunfähig gemacht haben würde. Der Lohe selbst aber war auch wenig geholfen; der Wasserhaushalt blieb ungeregelt, schlecht, der Boden war seiner Sorbtionsfähigkeit verlustig gegangen.

Es hätten folgende Maßnahmen ergriffen werden müssen:

1. um der ganzen Lohe einen guten Wasserzug zu sichern und damit zugleich auch eine ausreichende Durchlüftung und eine Reaktivierung, eine Wiederbelebung des Bodens, war das überflüssige Wasser aber zur Berieselung der Hänge, insbesondere solcher mit trockenem Aufliegehumus, oder zur Belebung eines wasserarmen Rieselbaches, der Berieselung allzu trockener Hangwiese zu benutzen;
2. war die Führung eines Hanggrabens längs dem Hang an der Grenze zwischen Hanghartboden und Lohe als Abfanggraben unerläßlich; dieser soll das Hangwasser nicht in dem „Schwamm" lassen und die Lohe nur ungenügend, längs dem erwähnten Graben, entwässern;
3. Abführung des sich im Hanggraben sammelnden Wassers in mehrere, durch die Lohe schräg oder in Zickzackgraben geführten Wasserabfuhrgräben, um die Wasseraufnahmekapazität zu erhöhen und gleichzeitig die Wasserabfuhrschnelligkeit zu verlangsamen, wodurch die Bildung des Pulvertorfes mit den beschriebenen Folgen vermieden wird;
4. Anlage einiger Schleusen mit Schiebetüren, um in Trockenjahren oder Trockenperioden mit Wassermangel am Hartbodenhang und u. U. am Lohehang selbst eine Durchwässerung der Lohe aufrechtzuhalten. Da hier das Druckwasser vom Hartbodenhang auch durch Impression in die Lohe in die Zickzackgräben gelangt, so gelangt auch geichzeitig Luft und CO_2 in die Lohe zur Belebung der Bodentätigkeit und Wuchsfreudigkeit des unterirdischen und oberirdischen Bestandes.

Es muß noch mit allem Nachdruck darauf hingewiesen werden, daß nicht genug vor Überentwässerung gewarnt werden kann. Es muß stets eine gute Durchlüftung mit genügender Entwässerung Hand in Hand gehen; ein ausgeglicheneres Bodenklima, die Erhaltung der Produktionsfähigkeit des Bodenklimas ist eine sine qua non Vorbedingung für einen guten Wuchs des ober- wie unterirdischen Bestandes, des höheren und stärkeren Wachs-

tums des ersteren, des tieferen und damit ebenfalls stärkeren des letzteren.
Derartige Beispiele mit ihren schädlichen Folgen bei falscher Grabenführung und segensreichen bei richtiger Grabenziehung, könnte ich noch mehr anführen.
Bei diesen Arbeiten ist es eine Notwendigkeit, auf die Bestandesflora als Bodendecke des Standortes, und das, bevor auch nur ein Spatenstich getan wird, viel mehr Obacht zu geben, als dies bisher geschieht. Zwischen naß und naß bestehen große Unterschiede: Dauernässe, zeitweilige Nässe, bewegtes, bewegungsloses Wasser, alkalisches und saures, Ton- und Eisenkolloide enthaltendes – alles das ist von Bedeutung. Nicht allein die Elemente, die chemischen Verbindungen, Wasser, Luft, Wärme, die Makro- und Mikroflora und -fauna, die Organismen, die aeroben und anaeroben Bakterien und Boldenbildner, auch der Mensch ist es als Bodeningenieur, als Mitbeleber und Gestalter des ober- wie unterirdischen Waldes, mit einem Wort, als forstlicher biologischer Ingenieur im weitesten Sinne des Wortes.
Richtige Hiebsführung, Schlagordnung, räumliche Ordnung, Ent- und Bewässerung, Holzartenwahl und -behandlung, Mischwald, hochentwickelte Technik, wirtschaftliche Zielsetzung, – alles das nicht ohne forstlich-biologisches Denken, Sehen, Beobachten, Planen und Handeln sind die Aufgaben.
„Ein jeder ist seines Glückes Schmied“, heißt es; ein jeder Forstmann aber seines Waldes Gestalter und Erhalter, über dem Erdboden und unter demselben. –
Unter den Wässern haben wir zu unterscheiden einerseits zwischen Oberflächenwässern, die als Niederschlagswasser, als Sicker- bis Rieselwässer, ja Bächlein, ihren Weg über und durch die Lohen in statu nascendi nehmen, und andererseits solchen Wässern, die als unterirdische Quellwässer plötzlich auftreten und oft wieder in den Lohen verschwinden. Das sind die ausgebildeten Lohen, die, im Grunde genommen, nichts anderes sind als Hangbrücher.
Das Verbleiben der Wässer in den Lohen – einerlei, ob in denen in statu nascendi, oder solchen, deren Entstehung lange Zeit zurückliegt, – ist nicht wünschenswert. Es führt nur zu Wasserstauungen. Das bisherige Verhältnis zwischen Abbau organischer Ansammlungen und Ansammlungen solcher, die den letzten Prozeß nur um ein Weniges überwiegen lassen, nimmt häufig immer mehr den Charakter von Fäulnis der organischen Stoffe anstatt von Verwesung an; es leidet der ganze Wurzelbaum an schlechter Durchlüftung, die Tätigkeit der aeroben Bakterien wird unterbrochen, anaerobe treten an ihre Stelle, die Mächtigkeit der organischen Schichten nimmt zu. Die Wurzeln, in ihrer Atmung gehemmt, sterben ab; erst in tieferen Horizonten um 1 m, sodann immer höher bis in die obersten 10 bis 20 cm. Die feinen Wurzeln suchen in trockeneren Jahren doch wieder tiefer vorzudringen, denn der unterirdische Wald will leben; aber dann steigt das Wasser doch wieder, und sie fangen an zu faulen, der unterirdische Bestand wird krank. Und auch der oberirdische Bestand wird wuchsrückständig, zum Teil trockenständig. Meist sind es Schwarzerlen, vergesellschaftet mit Birken, anfangs sogar mit Eschen. Nach Maßgabe der Zunahme des Stauwassers kränkelt zuerst die Esche, sodann die Birke (die Warzenbirke als die empfindlichere vor der Haarbirke), endlich kommt auch die Reihe an die Schwarzerle. Die Bodendecke, die Bodenpflanzen charakterisieren diesen Vorgang der rückgängigen Entwicklung vom „Filter“ zum Schwamm, von der gesunden Lohe zum Waldmoor deutlich nach Zeit und Intensität.
In Lohen, die auf wasserhaltendem Felsgestein mit schlechtem Wasserzug entstanden, z.B. auf Granit, finden wir oft ein Dickicht von Schilf (Phragmites communis) oder von Hallers Reitgras (Calamagrostis villosa). Entsprechend ist der Bestand, niedrig beastet, lückig, von geringer Leistung. Nur an den stark wasserzügigen Stellen, angezeigt vor allem durch das Waldschilf (Scirpus silvaticus), stockt noch ein besserer Bestand. Wir benötigen da nicht eine Entwässerung im gewöhnlichen Sinne des Wortes, sondern eine gut angelegte Drainung durch Zickzackgräben, die einer besseren Wasserbewegung die Bahn ebnen, zugleich aber auch den Wasserzug in der Lohe ins Leben rufen, bzw. ihn erhalten und steigern. –
Auf alle Übergänge einzugehen, führte zu weit. Hier waren die Anfänge der Großlohenentstehung in nicht ebener Landschaft geschildert. Wir haben aber auch Großlohen, gespeist von Sicker-, Riesel- und Quellwässern, in denen sich Abbau und Aufbau der organischen Stoffe fast die Waagschale halten, wenn auch letzterer Prozeß überwiegt; es geht dann daher der Prozeß des Lohewachstums sehr langsam vor sich. Die Wasserzügigkeit bleibt noch erhalten. Davon zeugt eine üppige Staudenflora und Grasflora nebst Farnen sowie ein Bestand von starken Stämmen an Schwarzerlen, Warzenbirken und Eschen, auf den Hümpeln sogar von Fichten.
Man glaube bei all diesen Schilderungen nur nicht, daß einer allgemeinen Entwässerung der Lohen das Wort geredet wird. Es soll hier bloß der Staulohenbildung schon in ihren Anfängen vorgebeugt werden, einer Versauerung und Torfbildung, die zum Wurzelabsterben von unten nach oben führt, zum Wuchsrückgang bis zu Fäulniserscheinungen und Trockenständigkeit der Bestände.
Gute Lohen mit guter Durchlüftung und Durchwärmung, einem gesunden Bodenleben der Organismen, sind ein Kapital, worauf bereits hingewiesen wurde. Lohen mit plattiger, wasserführender Gesteinsunterlage, Lohen auf grusigem, wasserzügigem Felstrümmergestein tragen häufig bessere Bestände als von organischen Ablagerungen fast unbedeckte Felsunterlagen. Wichtig ist hierbei nur eines: Das Wasser in der Lohe nicht zum Stauwasser werden lassen, sondern es als Leben spendendes, Wachstum erweckendes, Leben erhaltendes Transitwasser zu erhalten. Unterhalb der Lohe aber, sobald es ans Tageslicht gekommen ist, soll die Arbeit der weiteren Erhaltung und Ausnutzung der Lohe mit dem kostbaren Gut des Wassers beginnen und geführt werden. In welcher Form, – das kann nur standörtlich entschieden werden. Ob das Wasser in der Lohe zur Berieselung von Hartbodenstandorten, die an Wassermangel in der Vegerationsperiode leiden, ganz oder teilweise ausgenutzt wird, ob, weiter geführt, zur Belebung von Hangwiesen, die

ungünstige Bodenverhältnisse haben, unter Umständen bloß eine Mahd im Jahre geben, ob es ganz in eine Wasserader, einen Bach oder Fluß geleitet wird – das ist Sache der Gesamtplanung in der Landschaft. Das ist eine Frage, die sich der forstlich, der landwirtschaftlich geschulte Forstmann als Waldgefügearchitekt und Bodeningenieur zu stellen und nach reiflicher Überlegung zu entscheiden hat.

Eines ist dabei nimmer außer acht zu lassen, das ist die Tatsache, daß der Wald, der oberirdische wie unterirdische, der große Quellenspeiser und überhaupt Wasserlieferant auch für die ebeneren Landschaften ist, und dabei nicht nur für den Wald unterhalb, sondern auch für die landwirtschaftlich genutzen Fluren, Wiese, Grünland und Acker. Es heißt daher: sparsam umgehen mit dem Wasser, und die Standorte, die es durchfließt, als Transitwasserbehälter ansehen. Hierzu gehört allerdings ein bewußtes, umfassenderes Denken, Planen und Ausführen, als dies häufig der Fall ist. Standörtlich ist allerdings der Befund. Aber die Zusammenhänge des Gesamtobjekts in seinen einzelnen Teilen dürfen und müssen nicht außer acht gelassen werden.

III. Die Korngrößen des Bodens und der unterirdische Wald

Wir sprachen bereits von den Korngrößen des mineralischen Bodens und ihrer Verteilung. Am gröbsten ist sie in den Sanden, von 2 mm bis 0,02 mm, wenn wir auch hier zwischen Grobsand über 0,5 mm, Mittelsand 0,5 bis 0,2 mm und Feinsand 0,2 bis 0,02 mm unterscheiden. Von den Sandböden trennen wir die Grand über 0,2 mm bis zu den Kiesen, die bereits Feingeröll darstellen. Alles Abschlemmbare unter 0,02 mm dagegen fassen wir in dem Begriff der tonigen Bestandteile vom Grobton unter 0,02 mm bis zum Feinton (unter 0,002 mm) zusammen.

Für den unterirdischen Wald hat diese Unterscheidung eine große Bedeutung. Sie bedingt das Verhältnis der Raumverteilung, der Durchlüftung, Durchfeuchtung und Durchwässerung, das Bodenklima, die Durchlässigkeit und Undurchlässigkeit in ihren Gradationen, das Sorbtionsvermögen und die Aufnahmefähigkeit für die Faktoren des Bodenklimas.

Aber zu allem wird durch die verschiedene Lagerung der Korngrößen, ihre Verlagerung und Verteilung auch der Grad der Möglichkeit des Vordringens der Wurzeln im Boden bestimmt. Je lockerer das Gefüge des Gesamtbodens, desto erleichterter auch das Vorgehen der Wurzeln. Und nicht nur das: je schwächer die Widerstandskraft der verbleibenden Teile des Bodens den Atmosphärilien gegenüber, desto stärker der Zerfall, die Zersetzung, die Aufteilung in Feinteile bis zu den feinsten Tonen. Desto intensiver sind aber auch die Vorgänge nicht bloß der physikalischen, sondern auch der chemischen Verwitterung und die Angriffe auf die den Gesamtboden bildenden Bestandteile.

Nun sind aber diese Vorgänge nicht ad infinitum zu begrüßen. Wir sprachen daher auch von Bodenverdichtung, Luft-, Wasser-, Wärmeabschluß einerseits und Lockerheit des Bodengefüges unter Luft-, Wasser-, Wärmezutritt, der Notwendigkeit für die Wurzeln, ungehindert atmen zu können, andererseits.

In wie hohem Grade die Wurzeln denjenigen Stellen nachgehen, die ihnen diese Möglichkeit gewähren, sehen wir selbst bei in jeder Hinsicht anspruchslosen Holzarten, wie z.B. der Kiefer. Es ist interessant, wie diese Holzart ihre Wurzeln geradezu in die Stellen des Bodens sendet, die ein lockeres Gefüge haben, obgleich sie auch bei festerem Gefüge noch arbeiten können, wenn auch lange nicht so intensiv.

In dichteren, verdichteten Böden versagen andere Holzarten gänzlich (z.B. die Eschen). Sie kümmern und gehen ein, wenn ihnen nicht in letzter Minute ein Retter kommt, vielfach eine andere heranwachsende Holzart aus dem Unterholz, die die Arbeit der Wurzelgangvorbereitung ausführt (Aspe und Erle). Oder die betreffende Holzart stellt ihr ganzes Wurzelwerk auf „flach“ um und lebt zum großen Teil im durch Bodenpflanzen und Bäume aufgelockerten Oberboden oder fast unmittelbar über demselben (nach intensiverem Streurechen, z.B. die Fichte). Dabei fehlt es nicht an zeitweilig sich einstellenden Hindernissen, die zu Fäulniserscheinungen im ganzen Stamm führen.

Es gibt aber auch Holzarten, die verdichtete Böden zu durchwurzeln vermögen; so einerseits so manche unserer Harthölzer (Eichen z.B.). Die Harthölzer zeichnen sich vielfach durch stärkere Krümmungen der Wurzeln aus, wodurch „Reservekammern“ für Luft, Wasser und Wärme gebildet werden. Einen Energieverlust bedeutet das in jedem Fall und damit an produktiver Arbeit im unterirdischen wie oberirdischen Bestande. Wo das nicht der Fall ist, gehen sie eben, wie vorher gesagt, leicht ein.

Die Weichhölzer teilen das Schicksal, überwinden aber zum Teile doch solche Hindernisse, wie z.B. die Aspe, obgleich sie ein ausgesprochenes Weichholz ist. Welche Kräfte hier am Werke sind, ist noch in seiner Vollständigkeit zu klären. Es sind wohl dieselben Kräfte, die, wenn sie sich in einem Gestein auswirken, z.B. beim Vorhandensein von Eiche und Buche im Buntsandstein, zur Bildung von Höhlungen führen, vorhandene vergrößern und so zur Großhohlraumentstehung beitragen. Die lösende Wirkung der Wurzeln gerade dort, wo die mechanische nicht ausreicht oder zu langsam vor sich geht, ist jedenfalls ein chemo-physikalisches Problem, an dessen Lösung man bereits herangetreten ist. So haben wir z.B. Böden (Gleipodsolböden) mit einer derartig durch Streunutzung verdichteten bis verhärteten B-Schicht, daß keine Wurzel sie mehr zu durchdringen imstande ist. Allein der Dampfpflug vermag das . Offenbar spielt die Konzentration der Ausfällungen eine Rolle, von Ausfällungen, die wir im mineralischen, sog. „gewachsenen“ Boden in dem Grade sonst gar nicht antreffen, sondern nur bei der Bildung solcher, ich möchte sagen, – schwer kranker Böden (auch Ortsteinböden). Auch der Kalk, von wie hervorragender Wirkung er sonst auch sein mag und ist, vermag das nicht.

Das Vorhandensein im Boden verteilter Feinteile in gröberen Böden als es unsere Sandböden sind, wodurch sie zu anlehmigen bis lehmigen Sanden werden, ist von größter Bedeutung für die physikalische wie chemische Bewertung des Bodens, dessen Optimum wir bei den leichteren wie mittleren Lehmböden antreffen. Mit zunehmender Ausschlämmung der Fein- und besonders der Tonteile wird der Boden nun immer durchlässiger bis in größere Tiefen, physikalisch extremer, chemisch ärmer. Dieser Ausschlämmung entgegen wirken die Wurzeln. Ein stark in allen Richtungen durchwurzelter Boden, wie wir ihn im gesunden Mischwald antreffen,fördert die Wasserverteilung, verlangsamt also die Wasserbewegung in die Tiefe. Zugleich halten die Wurzeln mechanisch die Lösungen auf, die sich oberhalb und auch dicht unter den Wurzeln absetzen und so als Reservenahrungsablage dienen. Dadurch, durch ihr größeres Sorbtionsvermögen, halten sie immer mehr Wassertrübe auf, die schließlich zu Lehmstreifenbildung Veranlassung gibt. Andererseits suchen wiederum auch die Wurzeln vorhandene Restbestände von Lehm auf, seien es nun Schmitzen, Streifen, Nester oder gar Bänke. Dicht nebenan aber ist der Boden bisweilen ausgewaschen, ja sogar reiner Podsol, ohne auch nur eine einzige Wurzel. Mitunter kommt ein Baum gerade auf der Grenze solch verschiedenen Bodenvorkommmens zu stocken und veranschaulicht so das Gesagte in hervorragender Weise (ich besitze solch ein der Natur entnommenes Profil).

Die Wurzeln der Laubbäume neigen in besonders hohem Maße zu Verzweigungen. Es hat überhaupt eine jede Holzart ihre Eigenart in der Bodendurchdringung, Bodendurchlüftung, Bodenbearbeitung und Bodenausnutzung. Dadurch wird auch die Bedeutung der Laubholzbeimischung veranschaulicht, die Bedeutung des unterirdischen Laubholzbestandes (in Gleiböden benötigen Fichte wie Esche die durchlüftende Bodenarbeit der S-Erle).

Aber die durch ihren Abfall den Boden deckenden Laubhölzer düngen auch den Boden, es gelangt durch die Arbeit der bodenlockernden Lebewesen Humus in den Boden, damit außer Mineralsalzen auch Stickstoff; der Boden wird lebendig. Der unterirdische Laubholzbestand, der unterirdische Mischwald sind anders aufgebaut als der unterirdische reine Nadelwald.

Das Fehlen der Wurzeln – wie wir sie bei ihrem Vorhandensein sonst am idealsten im Mischwald vorfinden – führt, wie wir es auch schon bei intensiver Stockrodung und intensivem Streurechen auch in der Ebene beobachten, zu Stauungen im inneren Relief in aderweise oder sogar schichtenweise verschlämmten und dann „vergleiten Böden". Es entstehen bei durchlässigen Böden in den oberen Schichten auf 1 bis 2 m, nur zu leicht auf Kahlschlägen, durch Binsen und Molinia angezeigte Verwässerungen, die selbst die relativ trockenere Vegetationsperiode durchhalten, Naßgleitypen (die Gleitypen nach Kruedener), oder in der Vegetationsperiode trocken werden (Trockengleitypen). Ist die Gleibildung durch Niederschläge verursacht, so sind es Niederschlagsgleitypen, durch Grundwasser hervorgerufen jedoch Grundwassergleitypen. Auf Kahlschlägen fehlt es an wasserpumpenden Wurzeln, vor allen Dingen der Laubhölzer. Die Wurzeln von Nadelhölzern meiden die Gleistellen, wurzeln flach; berecht, werden sie nur zu leicht verwundet, fangen an zu faulen; die Fäulnis setzt sich in den Stamm fort bis auf mehrere Meter (3 bis 4). Bestände, die in 70 Jahren 90 fm geben (nebenbei in geschonten Beständen 350 fm), sind das Resultat. Vor über 100 Jahren wurden die Laubhölzer ausgeschlagen. Binsen und Blaugras (Molinia) bilden die Bodendecke. –

Mischwald ist seit Gayer, dem größten Verfechter des Mischwaldes, die Parole. Aber Mischwaldbegründung ist nicht so leicht. Sonst hätten wir nicht auf unseren stockgerodeten, streugenutzten Böden, mit reiner Fichten- oder Föhrenbestockung, auf größeren Flächen Krüppelwälder mit Stämmen, an denen der Waldgärtner (Myelophilus piniperda) in zehn Jahren dreimal eine „Bajonettbildung" des Stammes verursacht hat. Anlage von Buchenforsten mit Rechnung auf Laubüberwehung führt auch vom Standpunkt der Bodenlockerung nicht zum Ziel, welches Mischwaldbegründung im ober- wie unterirdischen Bestande ist.

Grabenziehen auf vergleiten Kahlschlägen führt meist nur im Frühjahr zur Verbesserung des Bodenzustandes, im Sommer aber zur Übertrocknung von Wurzeln und Nadeln, und das gerade zur Zeit, in der das erwartete Wachstum der Holz- und anderen Pflanzen den größten Wasserverbrauch aufweist.

Hügelpflanzungen veranlassen meist ein sich „Kringeln" der Wurzeln innerhalb der Hügel, solange der junge Bestand noch nicht imstande ist, den ganzen Standort wasserwirtschaftlich zu regulieren.

Löcherpflanzungen auf weniger nassen Böden lassen des zu kalten Wassers wegen die Wurzeln nicht atmen und auch das Wasser, trotz des erhöhten Wasserbedarfs, nicht aufnehmen (physiologischer Durst). Das Resultat ist das Gelbwerden der Nadeln, Wuchsstockung und teilweises Eingehen der Nadelholz-Kulturpflanzen.

Das beste Mittel einer Bestandsbegründung und richtigen Zielsetzung für den Zukunftsbestand ist und bleibt jedenfalls die Schaffung eines Mischbestandes aus Laub- und Nadelholz in einer in Bezug auf die Artenzahl begrenzten bis reichhaltigen Form. Zur Erreichung dieses Zieles führt der Weg wohl am besten über einen Vorwald. Dieser kann sowohl im vorgelichteten Bestand als Schneesaat (Birke), als auch durch Einstufung, vorzüglich in den Stockachseln (Eichen z.B.) wie durch Saat im mit der Rollegge (Auerochs) aufgelockerten Boden erzielt werden. Auf Kahlschlägen ist die Begründung schon schwieriger, kann aber auch durch Saat und Einstufen erreicht werden. Näher hierauf einzugehen verbietet mir der mir von der Schriftleitung freundlichst gewährte Raum.

Hiermit schließe ich meine in Arbeit begriffene Schrift über den „unterirdischen Wald". Das Thema ist so umfangreich, Atmosphärilien, Boden und Bodenleben in sich schließend, daß es unerschöpflich scheint. Vielleicht erscheint der hier nur in kurzem Auszug behandelte Stoff in anderem, weiterem Gewande doch noch in absehbarer Zeit, wenn mein hohes Alter mir die Kraft dazu verleiht.

München, Januar 1950.

Aus dem Inhalt des Jahrbuchs 1, 1980

W. Pflug
Wasserschutzwald, Gewässerschutzwald, Uferschutzwald – eine Einführung in die Jahrestagung 1980 der Gesellschaft für Ingenieurbiologie e. V. in Mosbach/Baden.

F. Meszmer
Baum und Strauch als Bau- und ökologisches Element an Fließgewässern.

E. Kirwald
Schäden und Nutzen von Gewässerwäldern.

Gesellschaft für Ingenieurbiologie
Exkursionsbeispiele auf der Tagung der Gesellschaft für Ingenieurbiologie am 26. und 27. September 1980 in Mosbach/Baden.

Lehrstuhl für Landschaftsökologie und Landschaftsgestaltung der Technischen Hochschule Aachen
Naturnaher Ausbau der Prims bei Schmelz im kombinierten Lebendverbau nach § 31 WHG.

W. Begemann
Der Gewässerwald

K. Hähne
Messungen des Widerstandes von Gehölzwurzelsystemen gegenüber oberirdisch angreifenden Zugkräften.

R. Johannsen
Zur Wirkung ingenieurbiologischer Bauweisen am Beispiel lebender Uferdeckwerke im Flußbau.

W. Begemann
Von der Pflanzenphysiologie zur Bauphysik.

W. Pflug
Laudatio zur Verleihung der Würde eines Doktors der Ingenieurwissenschaften ehrenhalber an Professor Dr.-Ing. Eduard Kirwald.

Verzeichnis der Veröffentlichungen von Professor Dr.-Ing. E. h. Kirwald.

Umfang 132 Seiten mit 65 Abbildungen
Textzusammenfassung deutsch/englisch, DM 42,–
Karl Krämer Veralg, Stuttgart
(Für Mitglieder ist das Jahrbuch im Mitgliedsbeitrag enthalten)

Gründungsmitglieder der Gesellschaft für Ingenieurbiologie

Anmerkung des Herausgebers
Durch ein Versehen sind im Jahrbuch 1, 1980, nicht alle Gründungsmitglieder der Gesellschaft für Ingenieurbiologie genannt worden. Der Herausgeber bittet dafür um Entschuldigung. Hier die Gesamtheit der Gründungsmitglieder:
Ltd. Regierungsdirektor Dr. H. J. Bauer, Aachen
W. Begemann, Lennestadt
stud. biol. M. Bernardi, Bozen
Gartenbaudirektor W. Beyer, Bochum
Gartenbauamtmann P. Breuer, Koblenz
Ltd. Regierungsbaudirektor F. Bürkle, Stuttgart
Dr. H.-J. Dahl, Hannover
Professor Dr. H. Duthweiler, Höxter
Dr. F. Florineth, Schlanders/Südtirol
Regierungsrat Dr. P. Forster, Kempten
cand. ing. K. Hähne, Aachen
Dipl.-Ing. C.-R. Hess, Hannover
Professor Dr. H. Hiller, Berlin
Dipl.-Ing. R. Johannsen, Aachen
Prof. Dr.-Ing. Dr.-Ing. E. h. E. Kirwald, Freiburg i. Br.
Professor Dr. F. Klötzli, Zürich
Dr. D. König, Kronshagen bei Kiel
Regierungsrat S. Kolb, Lahnstein
Professor Dr.-Ing. W. Leins, Aachen
Ltd. Regierungsbaudirektor K. Limpert, Münster
Dr. K. Meisel, Linz/Rhein
Dipl.-Ing. F. Meszmer, Mosbach
Akademischer Rat W. Nelihsen, Aachen
Dipl.-Ing. M. Noll, Aachen
Dr.-Ing. K. Obendorf, Wuppertal
Professor W. Pflug, Aachen
Professor Dr.-Ing. G. Rouvé, Aachen
Landesgartenbauoberrat Dr.-Ing. R. Rümler, Köln
stud. ing. D. Schampanis, Aachen
Professor Dr. H. M. Schiechtl, Innsbruck
Professor Dr. U. Schlüter, Hannover
cand. ing. R. Sentis, Aachen
Dipl.-Ing. E. Stähr, Alsdorf
Diplomgartenbauinspektor M. Thomas, Hamburg
Professor Dr.-Ing. W. Wittke, Aachen
Oberregierungsbaurat H. Wolf, Ellwangen/Jagst